城 市 规 划 经 典 译 丛

规划 20 世纪的首都和首府城市

Planning Twentieth Century Capital Cities

[加拿大] 戴维·戈登 编著
(David Gordon)

王伊倜 王 川 译

U0269395

中国建筑工业出版社

著作权合同登记图字：01-2014-6394号

图书在版编目(CIP)数据

规划20世纪的首都和首府城市 / （加）戴维·戈登编著；王
伊倜，王川译.— 北京：中国建筑工业出版社，2018.10
（城市规划经典译丛）
书名原文：Planning Twentieth Century Capital Cities
ISBN 978-7-112-22792-1

Ⅰ.①规… Ⅱ.①戴… ②王… ③王… Ⅲ.①首都 — 城市规
划 — 城市史 — 研究 — 世界 Ⅳ.① TU984

中国版本图书馆CIP数据核字（2018）第233818号

责任编辑：董苏华 施佳明 焦 扬
责任校对：王 烨

城市规划经典译丛
规划20世纪的首都和首府城市
[加拿大] 戴维·戈登 编著
王伊倜 王 川 译
＊
中国建筑工业出版社出版、发行（北京海淀三里河路9号）
各地新华书店、建筑书店经销
北京点击世代文化传媒有限公司制版
北京中科印刷有限公司印刷
＊
开本：787×1092毫米 1/16 印张：19¾ 字数：419千字
2019年1月第一版 2019年1月第一次印刷
定价：89.00元
ISBN 978-7-112-22792-1
（26836）
版权所有 翻印必究
如有印装质量问题，可寄本社退换
（邮政编码 100037）

目　录

译者序

序　言/奥托尼·J·萨克利夫

编者致谢

插图引用和来源

作者简介

第1章　20世纪的首都和首府城市　　　　　　　　　　　　　　　　　1

　　　　戴维·L·A·戈登（David L. A. Gordon）

第2章　首都和首府城市的七种类型　　　　　　　　　　　　　　　　8

　　　　彼得·霍尔（Peter Hall）

第3章　20世纪的首都和首府城市设计　　　　　　　　　　　　　　15

　　　　劳伦斯·J·韦尔（Lawrence J. Vale）

第4章　巴黎：从奥斯曼的遗产到文化至上的追求　　　　　　　　　38

　　　　保罗·怀特（Paul White）

第5章　莫斯科和圣彼得堡：双城记　　　　　　　　　　　　　　　58

　　　　迈克尔·H·朗（Michael H. Lang）

第6章　赫尔辛基：从区域中心到国家中心　　　　　　　　　　　　73

　　　　劳拉·科尔比（Laura Kolbe）

第7章　伦敦：矛盾之都　　　　　　　　　　　　　　　　　　　　87

　　　　丹尼斯·哈迪（Dennis Hardy）

第8章　东京：市场力量形成的都市，而非规划力量的作为　　　　101

　　　　渡边俊一（Shun-ichi J. Watanabe）

第9章　华盛顿：规划冲突无法调和的特区历史　　　　　　　　　115

　　　　伊莎贝尔·古尔奈（Isabelle Gournay）

第10章　堪培拉：卓越的景观　　　　　　　　　　　　　　　　　130

　　　　克里斯托弗·韦尔农（Christopher Vernon）

第 11 章　渥太华－赫尔：从木材小镇到国家首都　　　150

戴维·L·A·戈登（David L. A. Gordon）

第 12 章　巴西利亚：位于内陆腹地的首都　　　164

杰拉尔多·诺盖拉·巴蒂斯塔（Geraldo Nogueira Batista）、西尔维娅·菲谢（Sylvia Ficher）、弗朗西斯科·莱唐（Francisco Leitão）和迪奥尼西奥·阿尔维斯·德弗兰萨（Dionísio Alves de França）

第 13 章　新德里：从帝国首都到民主国家的首都　　　184

苏洛·D·乔达尔（Souro D. Joardar）

第 14 章　柏林：政治体系变革下的首都　　　198

沃尔夫冈·松内（Wolfgang Sonne）

第 15 章　罗马：超越常规规划的大事件造就了城市发展　　　214

乔治·皮奇纳托（Giorgio Piccinato）

第 16 章　昌迪加尔：印度的现代化试验　　　226

尼哈尔·佩雷拉（Nihal Perera）

第 17 章　布鲁塞尔——比利时首都和"欧洲之都"　　　237

卡萝拉·海因（Carola Hein）

第 18 章　纽约：超级首府——公私力量共同推动的结果　　　253

尤金妮亚·L·伯奇（Eugénie L. Birch）

第 19 章　首都和首府城市未来将走向何处？　　　270

彼得·霍尔（Peter Hall）

参考文献　　　275

主题索引　　　301

译者序

　　20 世纪世界各地的首都和首府城市数量空前增加。本书用大量的实例，采用比较研究方法，对 16 个首都和首府城市在 20 世纪这一政治、经济、人文变动剧烈的时期的规划与发展历程进行了深入的分析和研究，探讨了是什么使首都和首府城市与其他城市有所不同，为什么它们的发展路径是独特的，以及为什么首都和首府城市在不同阶段有这样的变化。其中，每篇文章聚焦一个城市（莫斯科与圣彼得堡在一个章节中讲述），由扎根于当地的国际知名学者所作。区别于其他城乡规划的书籍，本书邀请了来自不同领域的学者从不同视角来阐释他们了解的首都和首府城市。他们不仅从规划的角度，还从政治、历史等多个角度进行解读。例如澳大利亚首都堪培拉的规划，早已为城乡规划专业人士所熟悉，但撰写这一章的克里斯托弗·韦尔农，作为景观设计学方向的学者则另辟蹊径，以澳大利亚特殊景观为切入点，对其在堪培拉规划中的重要作用进行了细致、生动的描述；同时他也对沃尔特·伯利·格里芬夫妇的规划生涯进行了追踪和研究。在本书有关堪培拉一章中，他把格里芬夫妇参与堪培拉规划的过程娓娓道来，他还提到很多有趣的小细节，例如格里芬夫妇有关堪培拉规划的效果图大多由夫人玛丽昂·格里芬所绘。与当时很多方案效果图不同的是，玛丽昂的效果图使用了大量深褐色、金色等发光色调，这与澳大利亚的植被和地貌高度一致，受到了广泛认可。我十分喜欢文中一位评论员对格里芬夫妇规划的评价："建筑物在地面上低矮地扩展开，掩映在树林中，与雄伟地势相比如此渺小，你看到的，不是它们（建筑），而是澳大利亚。"在翻译这一章的时候，我迫不及待地想飞去堪培拉，一睹那"深褐色、金色的发光"的景观。此外，彼得·霍尔、戴维·L·A·戈登、劳伦斯·J·韦尔三位城市规划的权威学者在本书中作了精彩的综述与总结。

　　因此，本书是一本全面学习与思考首都和首府城市规划历史的优秀著作，对于我国从事城市规划、建筑设计、城市历史、城市地理学与相关专业的人士，以及有关政府部门的工作人员，将是一本非常重要的参考书，对于我国目前的首都规划建设以及区域中心型城市的规划建设都有很强的借鉴意义。我特别希望那些正在学习或者刚刚接触规划的同学们能够看到此书。刚看到本书英文版的时候，我刚刚走出校门，那时我喜欢的案例城市是巴西利亚、堪培拉、昌迪加尔等新建城市。因为在那里，规划师能够成为主宰城市规划的"上帝"（当然现实也复杂得多）；而已经工作了 6 年的今天，我更加喜欢纽约这样的案例城市。规划在纽约发展过程中的作用微乎其微，尤金妮亚·L·伯奇在有关纽约的一章中展示了公共和私人部门如何共同合作从而塑造创新性的投资和管理架构，正是这种公私合作机制塑造了今天的超级首府纽约。通过本书你可能学习不到太多的规划技巧，但绝对可以激发你对城市规划和发展的思考：到底是什么在引导城市良性发展？规划师在其中应当担任何种角色？

　　说到纽约，就必须说明本书在翻译中遇到的一个难题。"capital"在英语环境中指国家或区域政府所在地，相当于中文"首都"和"首府"，但是中文中二者不能混用，一般"首都"仅指中央政府所在城市。从本书的内容来看，"capital"包括三类城市：国家首都、区域政府所在城市和超国家组织（例如联合国）行政中心城市。我们从词语意义和中文习惯出发，把第一种翻译成"首都"，后两种类型城市翻译为"首府"（例如昌迪加尔和纽约）。但是文中有几处"capital"是包含多种类型的城市的，那么我们按照"首都和首府"来翻译。

简单谈谈翻译本书的感想。本书的翻译经历了一个漫长的过程，其中有让人抓狂的时刻，但更多的是与各方面专业人士进行的有趣的探讨。2014 年前后，我和王川师弟从时任编辑的佳明师妹那里看到本书。我们三人均是学习建筑学和城乡规划学出身，看惯了也写惯了各类专业书籍和文献，因此，本书一拿到手，就感觉耳目一新。谁知道，"看起来"和"翻译起来"的确是有很大差距，我们都不是专业翻译，再加上本书各章节来自不同语言系统、专业背景的学者，翻译过程并不顺利。例如上文提到的有关堪培拉的章节，作者所写内容有多有趣，语言就有多晦涩。在翻译的初期，我们秉持尽量忠实于英文原文的原则，导致有些译文十分"别扭"，后来偶然看到朱苏力教授的"波斯纳译丛"，他也遇到了类似的问题，并提出"当出现这种翻译上的'别扭'时，并不意味着哪种语言错了"，而是应当"在价值无涉的立场上通过这种'别扭'尽可能理解这些别扭的语言在各自的语境中是如何使用的，理解它们是如何同各自语境中其他广义上的行为联系起来的"。*因此，在本书译文的"别扭"之处，我们力求通过搜索更多相关资料，更好地理解作者的用意，以顺畅的中文语法把原文要表达的内容更全面、精准地展现给读者，在这个过程中，我们也了解到了更多作者未提及的内容。

最后，感谢在本书翻译和出版过程中提供了大力帮助的朋友们。感谢中国建筑工业出版社董苏华老师、施佳明和焦扬编辑，没有她们在版权、翻译、出版等方面的辛勤工作，就没有本书的面世。感谢北京大学俄语系的陈思齐女士，她是长期参与俄语翻译工作的专业人士，在有关莫斯科和圣彼得堡的章节中给我们纠正了很多问题。感谢梁蓓楠女士，她是法国留学的建筑学专业人士，帮助我们在有关巴黎的章节中更好地理解某些法语词汇。还要感谢 Alex Jarvis Collins 博士在疑难语句翻译上的帮助。

本书英文版还有一本"前传"——《规划 19 世纪的首都和首府城市》，如果多年以后各国学者编纂一本《规划 21 世纪的首都和首府城市》，北京必然是要占据其中一章的，可能还要包含上海。想想今天所做的规划工作，可能出现在遥远的 2118 年出版的《规划 21 世纪的首都和首府城市》的某一句话中，也是挺有趣的。

王伊侗

2018 年 8 月于北京

---

* 苏力 . 思想的组织形式——《正义 / 司法的经济学》译序 . 来自理查德 • A • 波斯纳 著，苏力 译，正义 / 司法的经济学，中国政法大学出版社，2002.

序 言

奥托尼·J·萨克利夫（Authony J. Sutcliffe）

　　首都和首府城市有其特殊之处。我经常声称我是在一个首都城市中长大的，尽管我住在大伦敦行政边界50英里以外的地方。我妈妈为住在埃塞克斯*而自豪，听起来具有乡村气息或者有些"土里土气"，但我的金树枝则是新的现代化的地铁中央线，它带着我以及大量的颠簸、碰撞和空气冲刷以平均每小时12英里的速度进入帝国充满烟尘的心脏。冬天我走出电梯时灼热的雾气摩擦着我的喉咙。到了晚上我最好的白色的校服衬衫领口上则沾染了雾霾污渍。然而，从来没有一个时刻，我怀疑过伦敦是我或其他任何人想要居住的唯一地方。

　　其他首都和首府城市也迅速俘虏了我。我在牛津短暂逗留了一段时间然后去了巴黎。我从来不是一个真正的牛津人，但轻而易举地成为一个真正的巴黎人，鄙视粗鲁的省份和所有国外的气候。作为一个游客和历史学家，相比于佛罗伦萨和威尼斯的所有宝藏，我更倾向于平民化的罗马。我曾经辛勤工作去了解和评价世界上最大的首府，同时也是无冕之王，纽约，并赞叹伟大的市长允许我通过双脚认识纽约，也没有常常对我进行严密监视。有一段时间我居住和工作在渥太华，它不是最为庄严优美的首都，但也吸引着我。从我住在高原上开始，我就爱上了那个伟大的无冕之王，法语首府城市——蒙特利尔。

　　然而，在过去四十年中，我已经适应了英国的乡村生活，虽然离伦敦只有一百多英里，但隔着一个世界。更糟的是，当我拜访那里时愈发感觉不舒服。那些伦敦人可能已经逐渐适应的变化，看起来十分突然，并令人烦恼——星期天的交通堵塞，令人窒息的机动车尾气，和原来的雾霾不一样，它们出现在阳光最充足的夏日里，还有地铁发生故障，威斯敏斯特议会大厦和银行前不知名的流浪者一直延伸到圣保罗教堂，鹅卵石组成的新狄更斯仙境，泰晤士河南岸的维护和拼凑，码头区的丹·戴尔（Dan Dare）式景观，和出租车司机吵架，以及街道上的喋喋不休。现在，我正在戴维·威尔逊庄园里完成伦敦建筑史，这里距离舍伍德森林不远，我很少去伦敦，还会在自己曾经熟悉的地方迷失方向，无法顺应大众潮流，过去的记忆也经常失真。但是也许这就是历史的全部内容。

　　不管他们的个人感受如何，城市规划历史学家轻而易举地被首都和首府城市所吸引。它的规模、复杂结构、多样的外部联系以及财富和权力的光环既令人畏惧也令人迷醉，同时他们经常能够获得大量的公开研究成果，媒体稿件和参与者的访谈。他们会普遍意识到与首都和首府以外地区**的联系，他们试图寻找与其他首都和首府城市的竞争以及融合过程。在世界

---

* 　英国英格兰东南部的郡。——译者注

** 　原文为Province，在此处应指的是：the parts of a country except the part where the capital is situated，即专指包围首都城市但在首都城市以外的地区。——译者注

范围内把城市与经济、社会和战略变化联系起来,这些互动对历史学家来说是有吸引力的主题。不仅仅是符号,首都和首府城市本身就很容易被看作改变的力量,比如,资本主义、不道德行为、骄傲、共产主义、宗教信仰、无政府主义、痛苦、暴食、享乐主义和革命主义。它们的建筑和设计体现了它们的价值,同时它们的文化也被广泛了解和尊重,远胜于它们周边的地区。更加值得一提的是,有关首都和首府城市的书和文章出版后比描写它们以外地区的能吸引更多读者,而研究首都和首府城市的专家(包括历史学家)会比研究它们以外地区的学者更多地出现在英国的电台和电视台里。

这些特点能够吸引大量的学者,包括城市历史学家、历史地理学家以及众多文化研究学者、区域研究学者,甚至处于模糊领域的批判理论家。把规划历史学家吸引到首都和首府城市中来的主要是由经济和地理要素决定的不受控制的开发力量的互动,以及通过公共权力结合有意识的目标和相关理论形成的经过权衡的城市增长方向。作为一个开放的政治过程,规划把特点和趋势带入城市增长,使之更加清晰地进入视野。规划,按照普遍认可的定义,贯穿了过去六百年的城市化历史。在这个更广泛的形式里,城市发展是有机生长的过程,而非当局强制推行的结果。有时它会成为狭隘政治力量的表现,如希特勒的柏林和尼禄的罗马,但在这个案例中对于历史学家来说权力和野心转化为形式和空间具有自身意义。同时,城市的空间特性对规划和规划决策的应答增加了一个理解维度,规划历史学家比其他城市专家更易接受。

规划历史学家经常参与比较研究工作,但是首都和首府城市内部的研究对于一个学者而言要求过高难以开展。彼得·霍尔(Peter Hall)对于世界城市化的惊人把握,远远超越了他原来的基础学科地理,把"世界城市"的概念从它古老的德国起源带到了当今世界的主要城市问题和通过规划得出的潜在解决方案中来。像一个巨人雄踞在我们狭隘世界之上,霍尔已经启发了不止一代做比较研究的规划历史学家,但始终没有产生一个真正的传承者。托马斯·霍尔(Thomas Hall)的《规划欧洲首都和首府城市》(*Planning Europe's Capital Cities,1997*)在此系列中是一个独特的论述 19 世纪欧洲城市规划的著作,斯蒂恩·艾勒·拉斯马森(Steen Eiler Rasmussen)和唐纳德·奥尔森(Donald Olsen)在一本令人难忘的书中共描述了两或三个首都和首府城市规划,在一个编著者或编著组的组织下形成的合辑更加常见。在此系列中有三本类似的比较研究著述已经出版(Elsheshtawy: *Planning Middle Eastern Cities* [2004], Almandoz: *Planning Latin America's Capital Cities*, 1850–1950 [2002],和 Sutcliffe: *Metropolis* 1890–1940 [1984]),还有很多采用比较研究方法的著述,至少可以追溯到 20 世纪 30 年代,包括会议论文集,比如本书的前身,《首都和首府城市》(*Capital Cities – Les Capitales*),由约翰·泰勒(John Taylor)、让·伦格雷(Jean Lengellé)和卡罗琳·安德鲁(Caroline Andrew)在 1993 年编著。

对规划历史学家来说首都和首府城市作为一个主题的兴起,伴随着劳特利奇(Routledge)出版社出版系列图书的过程,本书正是在这个系列中。"规划、历史和环境"(Planning,

History and Environment）系列丛书在 1980 年出版了它关于规划历史的第一本书，当时正值第一届国际城市规划历史大会召开三年之际，会议在伦敦召开，以现在的形式发布了规划历史在世界范围内的研究成果。到目前为止已经有 40 余份成果发布，首都和首府城市这个独特的合辑适宜在此系列中出版。

首都和首府城市的七个类型为本书提供了最初的结构。源自彼得·霍尔过去 40 年中不断深入的想法，无须质疑应当选择范围更加宽泛的案例进行研究，除了大城市还应当包括一些小城市，重视功能的重要性而不是仅仅关注规模。但是，本书的研究主题，并不是城市本身，而是它们的规划，主要从 19 世纪末现代城镇规划概念和力量出现开始。

首都和首府城市的存在不是来源于它们自身的规模或经济重要性等特征，而是由于它们与整个国家的关系。国家，成为它现在的形式，作为世界上发达地区的政府最常见和有效的解决方式，是从中世纪末期以后缓慢出现的。即便是联邦制国家，比如美国和加拿大，一般也存在一个全国性的首都。这些国家的多样化和它们的起源使得它们的首都城市没有一般性特征，包括空间特征。可能它们唯一的共同特征是可被感知，这种首都城市经常被看作它们所服务的国家的代表。甚至是存在了很短时间的德意志联邦共和国首都波恩，一个中等规模的地方城市，也选作案例城市，主要因为它与过去的希特勒政权没有明显的联系，它经常被看作二战后德国思考反军国主义、勤勉工作的典型代表。

不管如何，城市或国家当局经常怀有一种共同信仰，那就是首都和首府的面貌在物质空间上可以改变从而产生适应国家或城市神话的景象。他们也追求更高的效率从而使得首都和首府承担它们不断变化的功能。结果经常是更大的建筑和街道，但是开放空间和艺术装饰没有获得发展空间。本书中的论文提及了这些工作，但是它们也被放置在了权力、财富和冲突的大环境下，涉及城市和国家作为一个整体，其内部广大民众和资本的分布。首都和首府城市因此成为广阔的历史力量中的一个参与者和表达者。这些对一个作者来说是最难的议题，但是他们把首都和首府城市及其历史联系成为一个整体。本书对于历史辩论的潮流和当下规划的议题均有贡献。

编者致谢

　　我首先要感谢那些让这本书面世的贡献者们，同时要感谢成书过程中提供了帮助和建议的多位朋友——奥托尼·萨克利夫、斯蒂芬·沃德、彼得·霍尔、劳伦斯·韦尔、迈克尔·黑博尔特，丹尼斯·哈迪和安·拉德金都提供了帮助和建议。

　　加拿大首都研究中心为本书观点讨论提供了场地，卡罗琳·安德鲁和约翰·泰勒作为讨论的主持人。我们还要感谢加拿大国家首都委员会为本场研讨会提供了资金支持。

　　一个极富热情且天资聪颖的助理研究员团队帮助编者完成了本书原稿。我衷心感谢劳拉·埃万杰利斯塔、韦斯利·海沃德、约翰·科茹什科尼什、凯利·麦克尼科尔、杰弗里·奥尼尔和乔–安妮·鲁达恰克，同时感谢女王大学城市和区域规划学院的安吉·拉韦为本书项目提供了管理方面的支持。

　　来自加拿大社会科学和人文研究委员会的两项基金为本书和编者在渥太华的研究提供了支持。富布赖特高级奖学金资助我在宾夕法尼亚大学度过了一年的学术休假，期间我完成了大部分关于本书的项目组织架构。宾大现代艺术研究所有两位彬彬有礼的东道主，盖里·哈克和尤金妮亚·伯奇。

　　我最感谢的是凯瑟琳·鲁德尔和萨拉·戈登，她们没有因为我舍弃了陪伴她们的时间而抱怨，从而让我有了大量的时间去研究、游学和写作。我对她们的亏欠无以回报。

戴维·L·A·戈登

金斯顿，安大略省（加拿大的第一个首都……）

2006 年 3 月

插图引用和来源

编辑、作者和出版商对授权本书复制插图的所有者们深表感谢。我们已尽一切努力联系并确认版权所有者，但如果出现任何错误，我们将非常乐意在以后的印刷中予以纠正。

第 3 章

图 3.1　*Source*: Lawrence Vale, personal collection
图 3.2　© Lawrence Vale
图 3.3　*Source*: US Commission of Fine Arts Collection
图 3.4　*Source*: National Capital Planning Commission, Washington DC
图 3.5　*Source*: National Capital Commission, Ottawa
图 3.6　*Source*: National Archives of Australia
图 3.7　*Source*: Bierut (1951)
图 3.8　*Source*: Bierut (1951)
图 3.9　*Source*: Department of City and Regional Planning, Middle East Technical University, Ankara
图 3.10　*Source*: Constantinos Doxiadis Archives
图 3.11　© Lawrence Vale
图 3.12　*Source*: Kenzo Tange Associates; *photo*: Osamu Murai
图 3.13　*Source*: James Rossant, Conkin Rossant Architects
图 3.14　*Source*: Sri Lanka Urban Authority
图 3.15　© Lawrence Vale
图 3.16　© Lawrence Vale
图 3.17　© Wesley Hayward

第 4 章

图 4.1　© Paul White
图 4.2　*Source*: Paul White redrawn from Rouleau (1988)
图 4.3　*Source*: Evenson (1979)
图 4.4　*Source*: Institut Paul Delouvrier
图 4.5　*Source*: Atelier Parisien d'Urbanisme
图 4.6　© Anthony Sutcliffe
图 4.7　© Paul White
图 4.8　© Anthony Sutcliffe
图 4.9　© Anthony Sutcliffe
图 4.10　*Source*: Noin and White (1977)

第 5 章

图 5.1　© Michael H. Lang
图 5.2　© Michael H. Lang
图 5.3　© Michael H. Lang
图 5.4　*Source*: Punin (1921)
图 5.5　*Source*: *Gorodskoye khozyaistvo Moskvy* (1949) no. 12, following p. 6
图 5.6　© Tretyakovskaya Gallery, Moscow
图 5.7　*Source*: *Arkhitektura SSSR* (1935) nos. 10/11, pp. 26–27
图 5.8　© Michael H. Lang
图 5.9　© Michael H. Lang
图 5.10　*Source*: Kaganovich (1931), cover photograph.
图 5.11　*Source*: Astaf'eva-Dlugach (1979), p. 39
图 5.12　*Source*: Tretyakovskaya Gallery, Moscow

第 6 章

图 6.1　*Source*: National Board of Antiquities, Helsinki
图 6.2　*Source*: Helsinki City Museum
图 6.3　*Source*: Helsinki City Museum
图 6.4　*Source*: Helsinki City Archives
图 6.5　*Source*: Museum of Finnish Architecture, Helsinki
图 6.6　*Source*: Helsinki City Museum
图 6.7　*Source*: Helsinki City Museum
图 6.8　*Source*: Lehtikuva Oy
图 6.9　*Source*: Helsinki City Museum

第 7 章

图 7.1　*Source*: Museum of London
图 7.2　*Source*: Museum of London
图 7.3　© Jane Woolfenden
图 7.4　*Source*: Museum of London
图 7.5　*Source*: Purdom (1945)
图 7.6　*Source*: Royal Institute of British Architects (above) and Greater London Authority (below)
图 7.7　© Jane Woolfenden

第 8 章

图 8.1　*Source*: Fujimori (1982), fi gure 50
图 8.2　*Source*: Collection of Shuni-ichi J. Watanabe
图 8.3　*Source*: Fukuda (1919), fi gure 48
图 8.4　© Kawasumi Photograph Offi ce, *photo*: Akio Kawasumi
图 8.5　*Source*: Collection of Shuniichi J. Watanabe

第 9 章

图 9.1　*Source*: Moore (1902), p. 35

图 9.2　*Source*: Allen (2001), p. 456

图 9.3　*Source*: US National Archives and Records Administration

图 9.4　*Source*: Moore (1902), frontispiece

图 9.5　*Source*: National Capital Planning Commission (1961), p. 47

图 9.6　*Source*: President's Council on Pennsylvania Avenue (1964), p. 55

图 9.7　*Source*: National Capital Planning Commission (1997), p. 7

第 10 章

图 10.1　*Source*: National Capital Authority, Canberra

图 10.2　*Source*: National Library of Australia

图 10.3　*Source*: National Archives of Australia

图 10.4　*Source*: National Archives of Australia

图 10.5　*Source*: National Archives of Australia

图 10.6　*Source*: National Archives of Australia

图 10.7　*Source*: National Capital Authority, Canberra

图 10.8　*Source*: National Capital Authority, Canberra

图 10.9　*Source*: National Capital Authority, Canberra

图 10.10　*Source*: National Capital Authority, Canberra

图 10.11　*Source*: National Capital Authority, Canberra

第 11 章

图 11.1　© Jeffrey O'Neill

图 11.2　*Source*: Federal Plan Commission for Ottawa and Hull (1916), figure 6

图 11.3　*Source*: Gréber (1950), diagram 143

图 11.4　*Source*: Library and Archives Canada, PA-201981143

图 11.5　*Source*: Gréber (1950), diagram 128

图 11.6　*Source*: National Capital Commission, negative 172-5

第 12 章

图 12.1　*Source*: Correio Braziliense – CD Brasilía 40 anos, 2000

图 12.2　*Source*: Governo do Distrito Federal/SEDUH

图 12.3　*Source*: Correio Braziliense – CD Brasilía 40 anos, 2000

图 12.4　*Source*: Governo do Distrito Federal/SEDUH

图 12.5　*Source*: Governo do Distrito Federal/SEDUH

图 12.6　*Source*: Correio Braziliense – CD Brasilia 40 anos, 2000

第 13 章

图 13.1　*Source*: Irving (1981), p. 54

图 13.2　*Source*: Delhi Development Authority (1990) redrawn by Souro D. Joardar

图 13.3　*Source*: Souro D. Joardar

13.4　*Source*: Irving (1981), p.77

13.5　*Source*: National Capital Region Planning Board (1988) redrawn by Souro D. Joardar

13.6　*Source*: Delhi Development Authority (2001)

第 14 章

图 14.1　*Source*: Lehwess (1911)

图 14.2　*Source*: Häring and Wagner (1929)

图 14.3　*Source*: Schäche (1991)

图 14.4　*Source*: Bundesminister für Wohnungsbau Bonn und Senator für Bau- und Wohnungswesen Berlin (1960)

图 14.5　*Source*: Verner (1960)

图 14.6　*Source*: Zwoch (1993)

第 15 章

图 15.1　*Source*: Archivio Capitolino, Rome

图 15.2　*Source*: Archivio Capitolino, Rome

图 15.3　*Source*: Archivio Capitolino, Rome

图 15.4　*Source*: Archivio Cenrale dello Stato, Rome

图 15.5　*Source*: Archivio Cenrale dello Stato, Rome

图 15.6　*Source*: Comune di Roma

第 16 章

图 16.1　*Source*: Sarin (1982)

图 16.2　*Source*: Nihal Perera adapted from Kalia (2002)

图 16.3　*Source*: Nihal Perera adapted from Kalia (2002)

图 16.4　© Nihal Perera

图 16.5　© Nihal Perera

图 16.6　© Nihal Perera

第 17 章

图 17.1　*Source*: Gouverment Belge (1958)

图 17.2　*Source: Journal Le Soir*, Brussels

图 17.3　*Source*: European Parliament

图 17.4　*Source*: SCAB (1979).

图 17.5　*Source*: ARAU (1984)

图 17.6　© Carola Hein

图 17.7　*Source*: European Parliament, Brussels

第 18 章

图 18.1(a)　*Source*: Rockefeller Center Archives

图 18.1(b)　*Source*: Rockefeller Center Archives

图 18.1(c)　*Source*: Rockefeller Center Archives

图 18.2　*Source*: Dudley (1994)

图 18.3　*Source*: Newhouse (1989)

图 18.4　© Downtown Lower Manhattan Association

图 18.5　© Downtown Lower Manhattan Association

图 18.6　© Downtown Lower Manhattan Association

图 18.7　*Source*: Newhouse (1989)

图 18.8　*Source*: Newhouse (1989)

作者简介

杰拉尔多·诺盖拉·巴蒂斯塔（Geraldo Nogueira Batista）是巴西利亚大学，建筑和城市规划学院，历史和理论系的教授。他是《巴西利亚建筑指南》（Guiarquitectura de Brasilia）的作者。

尤金妮亚·L·伯奇（Eugénie L. Birch）是宾夕法尼亚大学城市和区域规划系的教授和系主任，城市研究所的联合主任。她是《美国规划协会期刊》（Journal of the American Planning Association）的联合编辑，是美国城市和区域规划历史协会和规划院校联合会的会长，同时作为编辑部成员供职于多个专业期刊。她目前的研究重点是美国城市中心区生活状况。20世纪90年代她是纽约城市规划委员会成员之一，从2002年开始她作为评判委员会成员为世贸中心挑选设计师。

迪奥尼西奥·阿尔维斯·德弗兰萨（Dionísio Alves de França）是一位建筑师，他目前在日本名古屋技术研究中心工程研究生院教授建筑方面的课程。

西尔维娅·菲谢（Sylvia Ficher）是巴西利亚大学，建筑和城市规划学院，历史和理论系的教授。她的著述包括《现代巴西利亚的架构》（Arquitetura moderna brasileira）和《建筑遗产的保护》（Preservação do patrimônio arquitetônico）。

戴维·L·A·戈登（David L. A. Gordon）是加拿大女王大学城市和区域规划学院的教授。他是《巴特雷公园城：纽约滨水地区的政策和规划》（Battery Park City: Politics and Planning on the New York Waterfront）的作者，并完成了大量有关规划实施和渥太华规划历史的文章。作为一个实践者，他在1991年和1992年作为共同获奖人获得了加拿大规划师协会国家杰出奖。

伊莎贝尔·古尔奈（Isabelle Gournay）是马里兰大学建筑学院的副教授。她的著述包括《新特罗卡德罗广场》（The New Trocadéro）和《蒙特利尔大都会》（Montréal Métropole），并在美国、加拿大、法国和意大利的多个建筑、艺术历史和保护方面的期刊上发表过文章。她目前的研究重点是西欧和美国在建筑和都市主义领域中的不同观点（cross-currents）。

丹尼斯·哈迪（Dennis Hardy）是米德尔塞克斯大学城市规划方面的退休教授，目前作为自由职业者进行写作和提供咨询。他是劳特利奇出版社出版的《规划、历史和环境》（Planning, History and Environment）丛书的编辑，其中他写作了三本书：《从田园城市到卫星城》（From Garden Citites to New Towns, ）、《从卫星城到绿色政治》（From New Towns to Green Politics）和《英格兰乌托邦：社区实验，1900–1945》（Utopian England: Community Experiments, 1900–1945）。他是国际社区研究协会的主席。他最新的著述是《庞德伯里：查尔斯建成的城镇》（Poundbury: The Town that Charles Built）。

彼得·霍尔（Peter Hall）是伦敦大学学院巴特莱特建筑学院规划和更新方向的教授。他写作或编写了近40本有关城市和区域规划的著述，包括《明日城市》（Cities of Tomorrow）、《文明中的城市》（Cities in Civilization）和《社会城市》（Sociable Cities，与科林·沃德合著）。他的《16世纪初以来城市的社会和文化史》（Cultural History of Cities since the beginning of the 16th century）获得了2005年的国际巴赞基金奖。

卡萝拉·海因（Carola Hein）是布林茅尔学院（宾夕法尼亚州）城市生长和结构方面的副教授。她出版了很多有关当代和历史建筑以及城市规划方面的著述——尤其是关于欧洲和日本的。在过去二十年间，她一直致力于欧洲首都愿景的考察、三个总部城市的现状以及逐渐浮现的多中心首都议题。她的著述《欧洲首都：建筑、城市规划和欧洲人的冲突》（The Capital of Europe. Conflicts of Architecture, Urban Planning and European）在2004年出版。

苏洛·D·乔达尔（Souro D. Joardar）是新德里规划和建筑学院的教授。在这之前他是新德里国家城市事务研究所的教授。他还曾经在克勒格布尔的印度科技研究所和利雅得的沙特国王大学担任过学术职位，并曾在政府和私人规划办公室工作。

劳拉·科尔比（Laura Kolbe）是赫尔辛基大学历史系的教授。她是《赫尔辛基，波罗的海的女儿》（Helsinki, the Daughter of the Baltic Sea）一书的作者，编写了《芬兰文化史1–5》（Finnish Cultural History I–V），作为共同编者完成了《1945年以后的赫尔辛基大都市发展史》（History of Metropolitan Development in Helsinki –

Post 1945）系列丛书。她的研究方向是芬兰和欧洲历史、城市和大学历史。她的最新研究涉及了 21 世纪赫尔辛基的城市管控和政策制定。科尔比教授还是芬兰城市研究协会的创始者和主席，同时是世界规划历史协会（International Planning History Society, IPHS）委员会的成员。

迈克尔·霍拉科·朗（Michael Holavko Lang）是罗格斯大学卡姆登分校研究生院公共政策和管理系的教授和系主任。他是《设计乌托邦：约翰·拉斯金对英国和美国的城市设想》（Designing Utopia: John Ruskin's Urban Vision for Britain and America）一书的作者，同时发表了多篇关于莫斯科规划历史的文章。他教授有关规划和规划历史的课程，以及有关圣彼得堡和莫斯科的城市规划课程。

弗朗西斯科·莱唐（Francisco Leitão）是一位建筑师和城市规划师。他在巴西利亚中央大学技术系教授有关建筑历史的课程。从 1991 年开始他就为区域联邦政府服务，从事有关城市规划和历史保护方面的工作。

乔治·皮奇纳托（Giorgio Piccinato）是罗马第三大学城市和区域规划系的教授，城市研究系的系主任。1992—1994 年他担任欧洲规划院校协会主席期间，为联合国和欧盟的多个项目提供咨询，包括城市和区域规划、城市保护、专业教育。他的著述包括《都市主义的建构：德国 1870—1914 年》（*La costruzione dell'urbanistica. Germania 1870–1914*）、《拉丁美洲的城市、区域和规划政策》（*Città, territorio e politiche di piano in America Latina*）、《寻找历史中心》（*Alla ricerca del centro storico*）和《世界城市》（*Un mondo di città*）。

尼哈尔·佩雷拉（Nihal Perera）是印第安纳鲍尔州立大学的城市规划副教授和 CapAisa 计划的负责人。他的著述包括《锡兰的非殖民化：斯里兰卡的殖民主义，民族主义和空间政治》（*Decolonizing Ceylon: Colonialism, Nationalism, and the Politics of Space in Sri Lanka*）和《社会和空间：斯里兰卡的殖民主义、民族主义和后殖民身份认同》（*Society and Space: Colonialism, Nationalism, and Postcolonial Identity in Sri Lanka*）。他的主要研究领域是空间的政治。

沃尔夫冈·松内（Wolfgang Sonne）是格拉斯哥，斯特拉斯克莱德大学建筑系建筑历史和理论方面的讲师。他曾经在慕尼黑、巴黎和柏林学习历史和考古，并在苏黎世联邦理工学院获得了博士学位。他曾在苏黎世联邦理工学院、哈佛大学和维也纳大学任教。他的著述包括《国家的代表：20 世纪初的首都城市规划》（*Representing the State. Capital City Planning in the Early Twentieth Century*）。

奥托尼·J·萨克利夫（Anthony J. Sutcliffe）是莱斯特大学历史方向的退休教授。他（和后来的戈登·彻丽共同）创建了《规划视角》（*Planning Perspectives*）期刊，并组织编写了《历史、规划和环境研究系列丛书》（*Studies in History, Planning and Environment*）。他撰写或编写了多本书籍，包括《现代城市规划的崛起：走向规划的城市》（*The Rise of Modern Urban Planning: Towards the Planned City*）、《大都会：1890—1940》（*Metropolis, 1890–1940*）、《巴黎：一部建筑的历史》（*Paris: An Architectural History*）以及《伦敦：一部建筑的历史》（*London: An Architectural History*）。

劳伦斯·J·韦尔（Lawrence J. Vale）是马萨诸塞州技术研究院城市研究和规划部门的教授和负责人。他撰写了《从清教徒到项目》（*From the Puritans to the Projects*）、《重塑公共住房》（*Reclaiming Public Housing*）和《建筑、权力和民族认同》（Architecture, Power and National Identit，获得了建筑历史协会的斯皮罗·科斯托夫奖。他和山姆·巴斯·华纳共同编写了《想象城市》（*Imaging the City*），和托马斯·坎帕内洛共同编写了《弹性城市》（*The Resilient City*）。

克里斯托弗·韦尔农（Christopher Vernon）是澳大利亚西部大学建筑和现代艺术学院景观建筑学方向的高级讲师。他是国家首都规划机构的设计顾问。他撰写了多篇有关堪培拉的文章，目前正在准备一本有关沃尔特·伯利·格里芬的书。

渡边俊一（Shun-ichi J. Watanabe）是东京理科大学建筑系城市规划方向的教授。他撰写了多本书籍，包括《城市规划的诞生：国际视角下的日本现代城市规划》（*The Birth of City Planning: Japan's Modern Urban Planning in International Perspective*）。他的工作也为他赢得了多个奖项，例如日本城市规划研究所奖。渡边俊一教授还是国际规划历史协会理事会成员。

保罗·怀特（Paul White）是设菲尔德大学的前副校长和地理方面的教授。他对巴黎有长期的研究，并形成了一本非常重要的著述，《巴黎》（*Paris*），这本书是和丹尼尔·诺林共同完成的（1997 年由威利出版社出版）。他近期的其他工作还包括有关描绘巴黎郊区社会问题的创新文学的研究。

第1章

20 世纪的首都和首府城市

戴维·L·A·戈登（David L. A. Gordon）

20 世纪见证了全球范围内首都和首府城市数量的空前增长。1900 年只有大约 40 个首都和首府城市；其中一半在拉丁美洲，它们是由于西班牙和葡萄牙帝国 19 世纪末的衰败而产生的。很快情况发生了变化。第一次世界大战和它的余波敲响了奥匈帝国、德国和奥斯曼帝国的丧钟；第二次世界大战目睹了英法帝国的逐渐崩溃；20 世纪 80 和 90 年代见证了苏联的消亡和南斯拉夫的解体。因此，到 2000 年已经有超过 200 个首都和首府城市。而这已经具备足够的理由形成一本书，专门致力于阐述 20 世纪首都和首府城市的规划和发展。

另一方面，本书的关注点不仅仅在于最近产生的首都和首府城市。实际上，组成本书核心部分的案例城市显示出巨大的差异性，伦敦和罗马的开发对规划师和政治家表现出巨大的挑战，巴西利亚和昌迪加尔的设计和建筑也一样。简单来说，本书试图发掘是什么导致了首都和首府城市与其他城市之间的不同，为什么它们的规划是独特的，以及为什么每个首都和首府城市之间具有较大差异性。

为了解答上述问题我们求助于彼得·霍尔的"首都和首府城市的七种类型"——多功能首都；全球首都；政治首都；前首都；前帝国首都；区域性首府；超级首都和首府——他会在本书第 2 章中详细叙述，并明确每类首都和首府城市的功能和特征，区分它们部分重合的角色。书中每一个首都和首府城市都会被划入七类中的一类或几类，比如，纽约既是地区性首府也是一个超级首府，东京是一个多功能首都也是一个全球首都，伦敦同时是全球首都和多功能首都，还是一个前帝国首都。

彼得·霍尔根据首都和首府城市的功能和形成优势地位的原因给它们分了类，在此基础上，劳伦斯·韦尔（Lawrence Vale）在第 3 章阐述了城市设计。就像他说的，"首都和首府城市的规划、设计和政治、经济、社会力量密不可分，它们为首都和首府城市提供了场所并塑造了它们的发展"。他针对三个关键性的发展背景分析 20 世纪首都和首府城市的城市设计政策和行动，这三个背景是：帝国的瓦解，新联邦体制的出现，以及超国家组织的重要性日益增加。他得出结论，不管哪一种因素影响了首都和首府城市，所有这些都力求保持首都和首府城市的面貌与"符号中心性"，并且"20 世纪城市设计仍然是公众对首都和首府城市产生预期和反应的一个重要部分"。

第 2 章和第 3 章为我们选择案例城市提供了一个平台。第一个案例城市是巴黎，一个多功能城市的原型。然而，就像保罗·怀特（Paul White）阐述的那样，在这个城市的规划历史上，20 世纪的前 60 年是一个停滞期。实际上，直到今天，巴黎内城仍然保持着奥斯曼规划的样子，他的规划计划在 20 世纪 60 年代被采用，更多的是把这个城市当作一个巨大的城市区域而非一个国家首都。过去四五十年间的战略规划把重点放在首都区域内的管理开发和改善严重的不均衡上。在这样的背景下，面对日益增长的全球竞争，巴黎花费了更多的精力去保持它作为世界性主要首都城市的地位。政治家和规划者都试图通过提高城市的文化形象实现这一目标，不是通过创建首都具有吸引力的单一区域，而是贯穿整个巴黎内城布置新的开发（第 4 章）。

迈克尔·朗在第 5 章从规划历史的视角提供了俄罗斯现在和以前的首都的概述，这些首都如他所说都具有"极权主义统治者残酷手腕不可磨灭的烙印"。圣彼得堡，18 世纪由彼得大帝创建，1918 年以前是俄国首都。

在 20 世纪的最初几年中，圣彼得堡城市中心拥有辉煌壮观的建筑，也拥有所有首都当中最差的房屋和服务。布尔什维克革命以后，列宁把首都迁回莫斯科，在彼得沙皇着手建立这座"像鹰一样飞翔的城市"以前，它一直是首都。毫无疑问，斯大林是社会主义莫斯科的总规划师。然而，很多革命前的建筑师和规划师还留在莫斯科帮助建设一座理想中的社会主义城市，把国外的理念和俄罗斯传统设计融合起来以满足新的社会主义社会的要求。与西方的竞赛是这个城市发展的长期推动力量。结果造成了莫斯科的增长失控，民众无法获得适宜住房。现在谈论苏联社会主义瓦解和私人市场重新引入对多种功能的莫斯科和前首都圣彼得堡的长期发展产生何种影响也许为时尚早。

接下去一章（第 6 章）的主题是赫尔辛基，它在 1812 年由俄国沙皇亚历山大一世裁定成为芬兰自治大公国的首都。劳拉·科尔比介绍了城市规划措施如何为应对该城市的快速发展而被引入。第一个城市总体规划在 20 世纪第一个十年中编制，但是从未得到批准。芬兰 1917 年获得独立；1918 年发生了血腥内战，此时沙里宁和荣格也提出了第二版总体规划（Pro Helsingfors）。*这个规划在 20 世纪对赫尔辛基产生了相当大的影响。芬兰同苏联进行战争的几年是城市发展的转折点，但直到 1959 年，区域规划和总体规划才成为强制性规划。五年以后，赫尔辛基第一个城市规划部门成立，阿尔瓦·阿尔托（Alvar Aalto）为城市中心编制了他的第二个规划。

---

* 原句为 Finland gained independence in 1917; bloody civil war followed in 1918, but so too did Saarinen and Jung's master plan Pro Helsingfors.——译者注

尽管该规划几乎没有得到实施，但从那以后城市政策开始具有维持强大城市中心的特点。

本书谈及的主题显然不能忽视伦敦。20世纪目睹了首都城市从帝国时代走向了全球城市。丹尼斯·哈迪（Dennis Hardy）在第 7 章从三个方面描述了这个城市——首先概述了 20 世纪使城市发生转变的巨大变化；然后回顾了与其首都特征相关的公共干预的性质和程度；最后，质询了为什么伦敦作为首都长期占据支配地位的特点没有在它的建筑和城市设计中完全体现出来。他认为这个城市的成功和政治支持或积极的规划几乎没有关系。1944 年帕特里克·阿伯克隆比（Patrick Abercrombie）的大伦敦规划给二战后的城市规划提供了一个标杆，当时还没有全面性的框架去保障它的实施，然而 1969 年大伦敦发展规划则满载着政治冲突和对抗，而现在评价 2002 年提出的伦敦规划草案的实施效果为时尚早。同样也没人能够猜出最近的恐怖活动，或者，获得 2012 年奥运会举办权会对城市产生什么影响。

东京，是第 8 章的关注点。与伦敦一样，东京也是一个全球首都城市。在 20 世纪初，正如渡边俊一所描述的，江户老旧城堡城镇的城市形态几乎消失殆尽。1919 年城市规划法令对城市结构产生了一定影响，但是乏力的土地利用控制阻碍了城市空间的改善。然而，灾难袭击了这个城市，1923 年，一场巨大的地震摧毁了城市的大部分地区。接下来的七年重建工作强调了现代化以及针对未来地震的保护措施，但是第二次世界大战带来了另一种破坏，1945 年规划师们再次面临重建工作，为随后东京的快速发展打下了基础。城市快速增长来自大规模的开发项目，但也

和国家政治、经济和文化活动在东京的过度集中有关。20 世纪 90 年代见证了经济大潮结束，而城市此后的发展更趋平缓，并且更加注重人的尺度。

毋庸置疑，华盛顿是一个政治首都。也许这也正是伊莎贝尔·古尔奈提出的城市的根本特征"未解决的冲突和特有的紧张关系"。在第 9 章，她提出了产生以上特征的三个因素："华盛顿属于美国全体公民，而非它自己的居民，这一概念已经深深植入国家精神中"，因此导致了仪式性的符号比改善社区质量受到更多关注；"城市人口结构、经济和文化重要性与其政治特征之间存在不平衡"，尤其形成了这个城市的种族多样性；最后，华盛顿人民"没有国会选举权但要交税"*——虽然华盛顿现在还没有能代表城市居民陈情的国会代表，但规划的筹备和实施持续依赖"封建的"国会年度拨款。古尔奈通过国家首都公园和规划委员会（National Capital Park and Planning Commission）和它的继承者国家首都规划委员会（National Capital Planning Commission）的工作从 1902 年的麦克米伦（McMillan）规划开始对华盛顿的规划发展进行了一个具有启发性的调查。

堪培拉，同样也是一个政治首都，正如克里斯托弗·韦尔农提到的，它体现了"澳大利亚在景观建筑和城镇规划方面的最高成

---

* "Taxation without Representation" 指的是美国首都华盛顿居民和其他各州居民一样，要向联邦政府缴纳所得税等税项，但是他们不像其他人可以选举议员，没有国会代表，也就无法在国会制订如何收税、如何拨款的法律时代表自己的利益。这句话首先出现在华盛顿汽车车牌照上，华盛顿交管局为了支持民意，从 1990 年开始制作带有这个口号的车牌，大受欢迎。——译者注

就"。新首都首先选定了场地，它位于一片更大的联邦直辖区内，随后在 1912 年举办了全球范围的城市设计竞赛，沃尔特·伯利·格里芬（Walter Burley Griffin）胜出。设计由格里芬夫妇完成，他们对场地的自然要素进行了谨慎的回应。首都的宏伟壮丽代替了"旧世界"城市中的文化和纪念性的人文作品，这个新国家中缺乏类似事物。1921 年格里芬被一个咨询顾问团代替，导致了与原规划的大量背离以及对于新首都不断增长的反感情绪；在三十余年中，城市几乎没有发展。然而，20 世纪 50 年代这个城市找到了它的捍卫者，当时的总理罗伯特·孟席斯（Robert Menzies），邀请威廉·霍尔福德（William Holford）为城市发展编制设计方案。霍尔福德的方案从 1958 年开始实施，由同年成立的国家首都开发委员会（National Capital Development Commission）监督。1988 年该委员会由国家首都规划局（National Capital Planning Authority）代替。今天，就像韦尔农所提到的那样，"堪培拉成功实现了风景如画的区域景象"，而堪培拉人民在他们的城市中保留了宝贵的"自然"。

和堪培拉不同，渥太华不是一个绿色城市，正如笔者在第 11 章中所阐述的，也没有一个针对加拿大首都的总体规划。而且，政治家和国家公职人员也不愿意住在这个伐木小镇中。渥太华最初有一段时间被忽视，之后渥太华促进委员会（Ottawa Improvement Commission，1899—1913 年）委任景观建筑师弗雷德里克·托德（Frederick Todd）设计这个城市的公园和绿道系统。对委员会工作的批评催生了另一个机构——联邦规划委员会（Federal Planning Commission），它是由爱德华·贝内特（Edward H. Bennett）支持成立的。贝内特为首都准备了一个规划。第一次世界大战开始，由于缺乏资金和政治支持，首都规划进入了停滞期，但在两次世界大战中间的那些年中，首都发展仍有有限进展。第二次世界大战之后，麦肯齐·金（Mackenzie King）总理建立了国家首都规划委员会（National Capital Planning Commission），他选择的建筑师雅克·格雷贝尔（Jacques Greber），成为国家首都规划机构的领导者；他的国家首都规划，于 1950 年发布，在加拿大规划历史上具有里程碑意义。随着 1959 年国家首都委员会（National Capital Commission）的成立，渥太华急速发展，原来的伐木小镇摇身一变成为今天的绿色和开阔的首都城市。

巴西早在迁都三百年以前就第一次提出了迁都构想。热拉尔多·诺盖拉·巴蒂斯特和他的同事阐述了中央平原上的新首都建立，并被写进了 1891 年的共和国宪法，尽管如此，场地的选择在一段相当长的时间里几乎没有真正的进展。事实上直到 1956 年，通过进一步的勘察和技术报告之后，在总统库比契克（Kubitschek）的支持下，首都获准从里约热内卢迁往巴西利亚，并建立联邦直辖区。同年成立新首都城镇化公司（Company for Urbanization of the New Capital），任命奥斯卡·尼迈耶（Oscar Niemeyer）主持建筑设计，并发起了一场城市设计试行方案的竞赛。卢西奥·科斯塔（Lucio Costa）的获奖方案中引入了超大街坊，后来成为巴西利亚最为独特和创新的物质空间要素。总统确定了 1960 年 4 月 16 日作为新首都正式成立的日子——虽然当时还有大量建设未完成。从此以后，尽管尝试了进行控制，实验规划范围内和联邦直辖区中的人口仍然快速增长，导致城市蔓延出了整个行政区域，卫星城的开发以及贫民窟的出现。"预期的一个规划良好的核心带来对行政范围内有秩序的占据—— 一个重要的现代乌托邦——并没有实现"，不过巴西利亚今天仍然是个卓越的成就—— 一个政治首都给富人和穷人提供了相同的机会。

在第 13 章，苏洛·乔达尔阐述了新德里的规划和开发，跨越了 20 世纪的最初 30 年。然后，他提出，"越来越多的，从物质空间和行政管理上，正在爆发的缺乏个性的大都市区德里及其周围区域日益成为一个整体，特别是在印度独立以后"。1911 年报告中提出的把印度帝国首都从加尔各答迁出，受到当时印度总督查尔斯·哈丁（Charles Hardinge）的支持，他在首都场地选择上有相当大的话语权，但在成立德里城镇规划委员会（Delhi Town Planning Commission）方面则较少，后者聘请了爱德华·勒琴斯（Edward Lutyens）作为总规划师。新首都规划和设计的关键问题在于如何把主要的首都要素和德里历史地标连接起来，这得到了广泛认同。勒琴斯的规划包括了辽阔的景致和巨大的开放空间以及景观，和老德里拥挤的环境产生鲜明对比。而且他也没有考虑老城中的人民和他们的居住环境，而在这样一个规模巨大、人口稠密的国家，其首都城市的开发也没有任何补贴。直到 1931 年新德里落成的时候，帝国也即将灭亡。独立前后的增长压力催生了新的行政管理机构和新的规划措施。今天，勒琴斯的新德里不管是土地面积还是人口规模都只占德里国家首都直辖区（Delhi National Capital Territory）的 3%，但它仍然陷于以保护为主还是以更高密度开发为主的论战之中。

正如沃尔夫冈·松内所述，柏林拥有"一个曲折的规划历史，提供了许多视角去看待导致首都城市规划成功或失败的因素"。20 世纪初柏林作为德意志帝国的首都，几乎不需要规划干预，重要的制度被安置在"不朽的辉煌"中，而总体规划的发展倾向性很小，突显了皇室和社会民主城市之间的紧张的政治局势。第一次世界大战带来了戏剧性变化；德国和它的首都进入了魏玛共和国时代。在那段时期，针对首都中的民主政府区域产生了设计提案，但它的实施被衰败的国家经济所阻碍。国家社会主义党在 1933 年取得了政权。希特勒（Hitler）任命艾伯特·斯皮尔（Albert Speer）根据他的野心把柏林打造成"一个真正的德意志帝国的首都"，但是到了 1945 年这项浮夸的愿景也只不过是一堆瓦砾。松内提出，直到 20 世纪下半叶柏林才表现出清晰的连贯性——德意志民主共和国存在了大约 40 年，而德意志联邦共和国从 1949 年以后形成稳定状态——成功的首都城市规划进入了柏林——虽然这个城市很大一部分时间是分裂状态的。1990 年两德统一预示着柏林城市历史的新篇章。

罗马，在 1861 年成为意大利首都之前，曾经是强大的罗马帝国的首都，然后成为梵蒂冈首都，它经历的变革和发展大多借由"大事件"而非定期编制的各种形式的城市规划。乔治·皮奇纳托在第 15 章中探讨了罗马。他举了几个例子，比如 1911 年的全国大型展览，庆祝意大利统一 55 周年，都独立于任何一个规划以外带来了空间上的变革。法西斯时期给罗马带来了快速的变化，因为墨索里尼（Mussolini）企图通过这座城市来反映法西斯主义的伟大。1931 年的规划，由马尔凯洛·皮亚琴蒂尼（Marchello Piacentini）主持编制，很快被否定，取而代之的是 1942 年世界博览会所做的筹备，包括丰碑式的大理石公共建筑和宽阔的街道。战争打断了一切，到 1945 年，难民从全国各地涌入罗马，出现了严重的住房短缺问题，交通和服务也很糟糕。1960 年奥运会以另一个"大事件"的形式来到罗马并促进了它的发展，1962 年城市议会发布了一个新的规划。40 年以后它被另一个总体规划代替，但皮亚琴蒂尼认为世界博览会（EUR）是罗马二战后城市规划真正成功的故事。

昌迪加尔不是一个全国性的首都，而是两个邦的首府，旁遮普邦（Punjab）和哈里亚纳邦（Haryana）；它不属于两个邦中任何一个，而是划为联邦直辖区，目前由联邦政府直接管理。正如尼哈尔·佩雷拉在第 16 章中所描述的那样，印巴治后原旁遮普一分为二，原首府拉合尔（Lahore）划归巴基斯坦境内，这就要求印度境内的旁遮普产生新的首府。当然，提到昌迪加尔就不能不提勒·柯布西耶（Le Corbusier）在其城市规划中所起的作用。然而他并不是旁遮普政府的第一人选。1950 年，美国迈耶（Mayer）和惠特尔西（Whittlesey）公司受到委托，阿尔伯特·迈耶（Albert Mayer）和马修·诺维茨基（Matthew Nowicki）着手编制了第一版总体规划。诺维茨基不幸逝世，随后勒·柯布西耶被邀请实施规划——但他完全颠覆了原规划，把一个基于田园城市原则的规划修改成了现代主义作品。更糟糕的是，迈耶和诺维茨基对印度文化和社会有所了解，但勒·柯布西耶并没有；他的规划缺乏对传统生活方式的尊重，

他的兴趣点在于如何基于国际现代建筑协会（CIAM）所提出的原则创造一个城市。通过比较两个规划方案，佩雷拉阐述了为什么旁遮普邦政府甚至尼赫鲁（Nehru）被勒·柯布西耶的设计所说服。今天，作为一个拥有超过 90 万人口的城市，昌迪加尔已经经历了并且还将继续经历"城市化、熟悉化、印度本土化"的过程。

布鲁塞尔在 1830 年成为比利时首都，如卡萝拉·海因所阐释的那样，当利奥波德（Leopold）二世在 1865 年登上王位，他"为美化城市引入了一套规划，带来了主要的公园和绿色空间、宽阔的林荫路以及一套统一的私人住宅设计方法"。从那以后再没有类似的美化尝试。相反的，尤其是在 20 世纪 60年代，"新的办公楼迅速拔地而起，'布鲁塞尔化'成为专门指代城市衰败的名词"，同时全国两个主要语言群体之间的争端导致了地区和社区的组织产生分离，其中除了一个组织以外，其他都把布鲁塞尔当作首都。然而这些组织对城市的影响远没有布鲁塞尔作为"欧洲首都"的角色的影响大。海因阐述了在20 世纪 50 年代后期，比利时政府如何利用欧盟总部的出现来促进比利时城市发展，并追溯了利奥波德区成为比利时欧洲区以及欧盟委员会、欧盟部长理事会和欧洲议会所在地的纷繁复杂的过程。

最后一个案例城市是纽约，毫无疑问它是个超级首府。尤金妮亚·伯奇探讨了三方政府结构下（城市、州、联邦）开展的工作，每一层级政府都明确界定了权力和实施体系，使得公私部门合作产生创新性的资金体系和行政架构，从而促使"设计、政治和金融产生'化学反应'，催生了作为超级首府的纽

约"。为了更加清晰地展示这个过程，伯奇探讨了四个大型开发项目——联合国总部、洛克菲勒中心、世贸中心和林肯表演艺术中心。到 20 世纪 40 年代，由于人口大量增长，经济占据支配地位，主导了文化、交流和时尚，这座城市逐渐成为"资本主义的首府"。截至 20 世纪 70 年代，它成为一座超级首府，但这并不来源于总体规划。这些令人眼花缭乱的变化是由于小规模的公私团体领导者推动大规模项目塑造城市形成的，今天仍然如此。作为案例研究的结束，这个城市具有极大的吸引力。

案例研究展示了 20 世纪首都和首府城市的大量内容，包括它们的规划和设计，以及在它们发展中不同参与者所起的作用。那么 21 世纪的首都和首府城市会是什么样子？彼得·霍尔在总结章节中给出了解答，"这都取决于城市自身"。但是，两个关键的趋向——全球化和信息化——共同促使世界城市日益重要。在全球化框架中城市处于动态变化中，比如北京崛起进入世界城市排行榜前几名，而其他城市排名滑落。他总结 20 世纪创造新首都和首府的要素，比如规模，在 21 世纪不会再出现，但历史总能带来惊喜。

第 2 章

首都和首府城市的七种类型

彼得·霍尔（Peter Hall）

不是所有首都和首府城市都是相似的。有一些并没有承担政府所在地的职责；至少有一个（阿姆斯特丹）是首都但并不是政府所在地。联邦系统中的首都的政府职能可能比中央集权系统中的首都城市发展的弱。虽然大多政府所在地会为它们自己吸引其他全国性的功能（商务、金融、媒体、高等教育），但不是所有城市都能做到同样水平。我们可以有效区分以下案例：

1. 多功能首都 (Multi-Function Capitals)：整合了所有或大多数最高级别的全国性功能（伦敦、巴黎、马德里、斯德哥尔摩、莫斯科、东京）。

2. 全球首都 (Global Capitals)："多功能首都"的一个特例，作为代表的城市在政治、商业生活或两个方面也表现出超越国家级别的作用（伦敦、东京）。

3. 政治首都 (Political Capitals)：作为政府所在地而产生，和更早建立的商业城市相比往往缺乏其他功能（海牙、波恩、华盛顿、渥太华、堪培拉、巴西利亚）。

4. 前首都 (Former Capitals)：往往和"全球首都"相反的；这些城市已经失去了作为政府所在地的功能但还保留着其他历史功能（1945—1994 年的柏林、圣彼得堡、费城、里约热内卢）。[1]

5. 前帝国首都 (Ex-Imperial Capitals)："政治首都"的一个特例，代表性的前帝国首都已经失去了它们的帝国，但它们可能仍然作为全国首都，在前帝国领域内也表现出重要的商业和文化功能（伦敦、马德里、里斯本、维也纳）。

6. 区域性首府 (Provincial Capitals)*：联邦

---

* 此处"capital"即指中文的"首府"而非"首都"，因此翻译为"区域性首府"；下文"super capital"既包括国家首都，也包括非国家首府，因此翻译为"超级首都和首府"。具体解释参见本书开头的译者序。——译者注

国家中的一个特殊案例，和"政治首都"有部分重叠；城市曾经承担了实际上的首都职责，有的是和其他城市共同承担这一职责，但现在已经失去了该职能，但是仍然对其周边地区保留了首府功能（米兰、都灵、斯图加特、慕尼黑、蒙特利尔、多伦多、悉尼、墨尔本）。作为一个全球性的区域首府，纽约在这里是一个很特殊的案例，几乎是自成一格的。

7. 超级首都和首府 (Super Capitals) 的功能是作为国际组织的中心；它们可能是或不是国家首都（布鲁塞尔、斯特拉斯堡、日内瓦、罗马、纽约）。

有的人可能会提出不是所有这些案例都应当作为首都和首府。但是所有城市表现出的角色都是与首都和首府类似的，并被其他首都和首府城市表现出来。无论如何，正如笔者应该努力去证明的，区分这些重叠的功能是很重要的，因为它们正在以不同的方式甚至向不同的方向变化着。

政治功能

20 世纪发生了三次重要的政治变革，深深地影响了首都和首府作为政府所在地的角色。第一个是帝国的瓦解，包括以陆地为基础的（德国、奥地利和近代的俄罗斯）和以海洋为基础的（英国、法国、葡萄牙）。第二个是新联邦制的发展（澳大利亚、南非、德国、西班牙和苏联）和更多的中央集权制国家中权力下放的发展（法国）。第三个是新的超国家联合体的发展（国际联盟、联合国及其机构、欧洲理事会、欧洲共同体）。

所有三个趋向在 18—19 世纪均有预兆（西班牙帝国的崩溃；美国的建立和加拿大的自治；维也纳国会成立），但都在 20 世纪呈现出强烈的加速趋势。

政治变化对某些城市的影响是深远的。维也纳失去了它作为一个陆地帝国的首都功能，一并失去的还有它的很多政治和经济功能；自从 1918 年到现在，它的公共建筑一直反常地过于巨大和过于宏伟。同样的情况也发生在 1945 年以后的柏林。在这两个案例中，相应影响由于欧洲分裂为两个对立部分而加剧，伴随而来的还有贸易关系和贸易功能的损失。位于领导地位的德国区域性城市在 1945 年以后作为联邦共和国有效的权力分享首都重获新生；特别是慕尼黑，重新获得了很多它在 1871 年失去的给予柏林的功能。由于《罗马条约》，比利时获得了原本无法得到的重要性和活力。

在所有这些案例中，变化都是突然而剧烈地发生在战争的余波中。在其他地方，变化更多的是渐进的，甚至不易察觉的。伦敦和巴黎显而易见并没有因为帝国瓦解受到损失；如果它们的经济经历了部分缩减、去工业化（deindustrialization），帝国瓦解也不是原因——伦敦的就业基础又开始增长。澳大利亚主要城市并没有因为较晚时候堪培拉的崛起而明显地失去重要性；同样的，巴塞罗那、毕尔巴鄂或者塞维利亚的自治并没有威胁马德里的首要性和活力。联合国对于整个纽约市的经济来说仍然只是位于边缘地带。

这些历史上的案例给出了大量的经验教训，对首都和首府城市的未来都很重要。它要求一个相当彻底的政治变革——突发性的一个帝国完全解体，一个国家分裂——给一个首都和首府城市带来角色和命运上的主要转变。其他改变倾向于边缘化，而现存城市经济倾向于保持大量的回弹性。主要的全球城市可能失去帝国政治，但是可能在它们之前的领土范围内在很大程度上保持相关经济实力和文化主导权。规模巨大的城市在整体作用上并没有受到很大影响，不管增强或减弱。

经济功能

首都和首府城市的分类明确显示并不存在这样一个规律，那就是一个政治首都或首府会自然而然地吸引相应的经济功能。更进一步，首都和首府发展了这些功能是因为某些历史偶然原因。特别是，大型的欧洲首都是在 16—18 世纪中央集权的君主制基础上建立起来的，这也是强大的贸易帝国发展的时期。这两种力量互相影响互相辅助；政治统治和经济力量平行增长。在贸易功能基础上发展出了金融功能。中央集权和贸易功能要求法律条文化和按照法律条文执行，由此催生了一系列特定功能——法庭、律师及其附属功能。而且，因为这些城市是文化和炫耀性消费的中心，当地一些活动的需求得到了提高，比如大学、剧院、艺术和建筑、音乐厅、新闻和书籍出版，以及它们在 20 世纪的媒体分支。这些功能倾向于互相促进，有一个功能产生的需求在另一个功能处得到了满足。伴随着不断发展的服务经济，大多数这些功能在规模和重要性上不断延伸。

但是，这些功能并不能有效互相适应。比如那些从一开始就是专门的政治首都的城市，我们发现典型的很多或者大多数其他功能仍然在其他地方，要么在前首都要么在已有的重要的金融中心。以美国为例，纽约占据了商业、金融和娱乐功能，还在法律、教育和出版领域发挥重要作用。华盛顿在 20 世纪最后的 25 年中发展出了一些独立的文化生活，但仍然活在它的近邻的阴影中。在加拿大，这些功能分布在区域性首府里，但不均衡地聚集在蒙特利尔和多伦多；它们显然没有在渥太华发展起来。澳大利亚的情况类似，悉尼和墨尔本占据了其他功能；堪培拉通过政府有计划的行为（澳大利亚国家大学、澳大利亚国家艺术画廊）获得了文化特征，但是仍然无法和已经建立的老中心相抗衡。显而易见的，在以上每一个案例中，政治首都出现得相对晚一些，这时最初的城市等级已经发展起来。

即便是在欧洲，大陆上所有强大的多功能首都得到了最好的发展，但它显然也不是万能的。那些从一开始就是联盟或同盟制的国家可能在几个中心之间分享经济和文化功能，就像瑞士展现的那样。意大利的商业生活从罗马时期以后就在北方平原发展得较为成熟了；特别是米兰始终占据了意大利高水平服务城市的地位，只是略落后于伦敦和巴黎。[2] 在德国，1949 年以后的联邦制加强了自中世纪以来的长期的城市自治传统，其中汉堡、法兰克福和慕尼黑保留了它们在 1871 年部分失去的功能和声誉。在荷兰，阿姆斯特丹始终是最主要的商业、金融和文化中心（以及由于皇宫的存在，它还是荷兰的首都），即便政府位于海牙。值得注意的是，海牙吸引了一些总部功能，比如荷兰皇家壳牌石油公司，但它仍然基本上属于一个单一功能城市。在所有这些城市中，历史演进的偶发性解释了功能的分离；但是这些并不是罕见的异常现象。

变革的力量

11 我们可以分辨出大量在下一个二十年中可能产生变革的力量：政治的、技术的、经济的。

1. 政治力量

对于下一个二十年来说，就像刚刚过去的一样，最重大的政治变化看起来似乎是俄罗斯帝国的有效瓦解，包括在其 1917 年边界内的部分，以及边界以外的部分。民族主义再次成为一个主要的政治力量，就在当时，欧洲似乎向超民族主义投降了。在东欧，这似乎导致回到了 1918—1939 年间的政治地理时期，当时有强大的国家首都。但不确定的因素是两德重新统一后对于国家城市等级的影响。柏林再次成为政治首都，而把居住功能留在了波恩。这是否会导致其他方面的国家级活动，包括金融、商业、文化和传媒，重新积聚在首都，目前还不明确。随着法兰克福作为一个驻扎了欧盟银行、经济上超越了首都的城市的出现，功能重新积聚在首都的可能性更小了。最新的问题是，2004 年 5 月的欧盟扩大会议上是否会允许柏林和维也纳重新承担它们在 1914 年以前作为帝国首都的部分角色。考虑到替代了之前大陆帝国的联邦国家和国家首都的强大程度，这个问题值得怀疑。

2. 技术力量

两个几乎可以肯定的发展，已经在进行中，似乎有可能影响到国家首都城市和其他中心城市在其国家城市体系中互相之间的关系。它们包括信息化革命，以及高速陆路交通新系统的发展。

信息化。大量对信息基础服务的研究显示更高级别的生产性服务业，依赖于面对面的信息交换，仍然集中在全国发展最好的经济区域中的高度开发的大都市中心区的核心地带（伦敦、巴黎、纽约、东京）。但是，专门性活动，比如研究实验室和日常生产服务业，可能分散在易于到达主要大都市区中心的次中心城市，或者能够提供较低租金和适宜中等技术工人的区域中心城市。[3] 一个悬而未决的问题是"总部基地"这种类型的活动是否也会分散到"边缘城市"，从而导致大都市区的多中心化发展，正如在旧金山海湾区和英格兰东南部观察到的那样。[4] 但是在这个过程中大都市区作为一个整体持续扩张——特别是具有"指令–控制"特点的全球城市，它们之间的联系大大增长，远超它们和世界其他城市之间的联系：伦敦、纽约、东京。[5] 然而，第二等级的区域中心城市，以及欧洲更小的国家首都，也表现得很强大。[6] 因此大都市区的核心区可能会分流低等级的功能给其他中心，包括该都市区内的次中心和区域性首府，同时它们继续占据信息化程度最高的产业活动。

高速陆路交通。一个相当重要的发展是高速铁路系统的延伸。看来几乎可以肯定的是，到 2010 年欧洲将通过一个交通网络连接各个国家首都和主要区域中心城市，并把目

前空中交通速度提高到约 800 公里的临界极限值，这已经在日本和法国实现。这些国家的观察员提出，这个新系统促进了它们的终端城市（东京 / 大阪，巴黎 / 里昂），同时削弱了中间的城市（名古屋）。一个关键的角色将通过铁路和洲际航空服务之间的相对较少的链接点发挥作用，比如巴黎戴高乐机场和阿姆斯特丹史基浦机场。

*技术的全面影响。*因此技术变革更像是加强了而不是减弱了主要城市的作用，包括国家首都。但是作用不是统一的，因为高速铁路会发现它的理想距离从 300 公里到 600 公里不等。高等级城市，包括首都和首府城市，聚集在该距离范围内的会比其他城市获得更多的好处。效果在欧洲会更加明显，在那里新的铁路会为伦敦、巴黎和法兰克福围合成的"金三角"带来事实上的相对优势，相对于外围的中心比如马德里、柏林、哥本哈根甚至米兰。但是很多会依赖于经营特点，特别是新系统的平均速度。

3. 经济变革

最重要的经济变革是向信息化经济的转变，以及公司的全球化。二者都有利于高等级世界城市，但是可能对于它们内部的地方去中心化增加了压力。这些经验并非必然仅由首都或首府城市产生，正如纽约表现出的那样。尽管它们之间有很重要的联系——比如在传媒帝国和政府之间——这些是在每一个国家首都中都必然会出现的。但是控制这么庞大的联合体的复杂性有可能促使总部基地聚集在一个地方，最多两个。这里的决定

因素是国际信息联系的质量。最大的城市倾向于拥有最好的质量、最高的信息技术网络以及人员流动的最佳设施：国际机场、高速铁路线。这些优势会累加在一起，尽管它们可能被主要机场周边领空拥堵和第二梯队竞争者不断建立的联系所减弱。

政策的影响

在 20 世纪 50 到 60 年代，欧洲各国政府作出了强有力的努力推动国家首都区域的去中心化。但在 20 世纪 80 到 90 年代，这些政策失去了效力，因为它们主要基于转移制造业，而制造业突然衰落——特别是在这些城市中。相反，政府的政策开始针对相对较小的区域——通常是紧邻中央商务区的内城区域——通过公私合营开展的大规模开发加强该区域的更新改造。这种政策转变目前已经几乎完成。但是，它迫使大城市中的大面积土地——东伦敦、巴黎北部区域——争取寻求一个新的经济角色去代替已经消失的工厂和货物装卸工作。

最终解决方案：迁都

在刚刚过去的 50 年中，南美和非洲的十几个国家已经计划重新为它们的首都城市选址，或者已经建立起了一个完完整整的新首都，像华盛顿或堪培拉那样的，在一个待开发地区或者基于一个已有的小城市。[7] 迁都理由是多样的，但都和政治动机有关，但旧首都的拥堵和因此造成的低效率经常被提及。

在那些新建立的国家政权中，有一些迁都是符合逻辑甚至很有必要的；也有很多为了获得金融和组织资源，好高骛远，导致失败。在大多数发达国家中，近期的深思熟虑的首都迁移案例远比我们想象的要少得多；波恩在1949年作为联邦德国首都建立起来，是对一年前这个国家分裂的反映。从1960年开始日本曾两次认真考虑把政府所在地从东京移出；20世纪90年代土地价值激增引发了第三次热议，东京北部的仙台和名古屋是新首都的热门城市（表2-1）。[8]

在英国，迁都一次又一次地被讨论，但从未得到官方的认真考虑。

更有可能的是政府向后退却，不仅因为直接的经济成本，也由于不可避免必须承受的间接损失。德国政府曾经因为把首都迁到柏林而面临着巨大的成本，同时还要为东德经济现代化买单——而且，事实上柏林吸收内向投资的能力比预想的差。其他国家，在没有这样重大的政治变革前景时，更加不会冒险尝试。

除了成本和损失以外，还有两个原因需要慎重考虑。第一个，正如让·戈特曼（Jean Gottmann）指出的，首都城市经常作为国家不同区域之间的枢纽[9]；很难在不引起区域激烈竞争的情况下迁移首都，区域会通过迁都表达他们的政治诉求。另一个原因是，城市，包括所有主要的全球城市，越来越多的互相竞争以吸引顶级的全球活动、国际资本和精英人群。[10]由于这一事实，国家、政府不太可能鼓励会危及领导性城市地位的行为，而且这一行为也有可能损害国家地位。因此可能性更大的是，他们会试图把更多的常规政府职能下放到区域中心城市，把首都打造成更加专门化的政府指令和控制中心，这也间接控制了全国的经济和政治生活。

表 2-1　1960 年以来非洲、亚洲和美洲的新首都城市

年份	国家	新首都	旧首都
1956	巴西	巴西利亚	里约热内卢
1957	毛里塔尼亚	努瓦克肖特	圣路易斯
1959	巴基斯坦	伊斯兰堡	卡拉奇
1961	博茨瓦纳	哈博罗内	马弗京
1963	利比亚 *	贝达	的黎波里 / 班加西
1965	马拉维	利隆圭	松巴
1970	伯利兹	贝尔莫潘	伯利兹城
1973	坦桑尼亚	多多马	达累斯萨拉姆
1975	尼日利亚	阿布贾	拉各斯
1982	利比里亚 *	？ TBA**	蒙罗维亚
1983	科特迪瓦	亚穆苏克罗	阿比让
1987	阿根廷 *	别德马 / 卡门 - 德巴塔哥内斯	布宜诺斯艾利斯

* 迁都计划未实现。

** 原文如此。——译者注

资料来源：Gilbert，1989，表1。

注释

1. Gottmann (1983*a*).

2. Brunet (1989).

3. Baran (1985); Nelson (1986); Mills (1987).

4. Beers (1987); Buck, Gordon, and Young (1986), p. 97.

5. Castells (1989), pp. 151, 169.

6. Hall (1987); Gillespie and Green (1987).

7. Gilbert (1989).

8. Miyakawa (1983); Anon (1988).

9. Gottmann (1983*b*).

10. Gastellars (1988); Lambooy (1988).

第 3 章

20 世纪的首都和首府城市设计

劳伦斯·J·韦尔（Lawrence J. Vale）

引言：城市设计，首都 * 以及 20 世纪政治历史

国家首都的规划和设计与其所处的政治经济社会环境密不可分。[1] 彼得·霍尔在第 2 章提出的首都和首府类型，主要根据两方面确定，其一是这些首都在国家和全球经济层面的地位，其二是它们所处支配地位形成的时期和原因。就经济影响力而言，霍尔在政治首都中更加突出两种类型，一是主要作为政府所在地而建成的首都，二是功能更广的"多功能集合型首都"。同时霍尔将全球经济中处于超国家地位的"全球首都"和另外一些拥有国际组织却不是国家首都的"超级首

府"区分开来。接着，霍尔肯定了形式的变化，依据三个条件将几种不同形式的"旧首都"区分开：是否为"旧帝国首都"，是否仅仅曾经是重要城市，是否在联邦国家中还保留着"区域首府"的重要地位。城市设计让首都成为了与众不同的城市类型，这一章尝试将 20 世纪首都城市设计所扮演的角色进行全球性的比较。

首先，20 世纪首都的城市设计与规划和更大范围的政治环境变化密不可分。20 世纪开始于帝国扩张的最后阶段，被连续不断的战争折磨，逐渐累积的结果就是超过 100 个新兴民族国家的兴起，每个国家都有自己的首都。比较 1900 年和 2000 年的首都列表，只有少数城市均在其列。19 世纪末的首都中，有超过四分之三在 20 世纪初不再是独立国家的首都。有伦敦、巴黎和里斯本这样保留了自身的地位和集权性（尽管其帝国外沿已经瓦解）的首都存在，就有类似安卡拉、贝尔

---

* 本章也提到了昌迪加尔和纽约的城市设计，但主要关注的是首都城市设计中的国家特性的表达，从上下文来看，大多指的也是国家首都城市，因此除了专指昌迪加尔和纽约的地方，"capital"仍然翻译为"首都"。——译者译

莫潘（伯利兹）、努瓦克肖特（毛里塔尼亚）这样的新首都成立。此外，一些城市在 1900 年和 2000 年名义上都是国家首都城市，但它们在中间这些年也经历了变化极大的政权更迭空位期（interregnum）。

20 世纪初，莫斯科是沙皇俄国事实上的联合首都，到 20 世纪末仍然是俄罗斯的首都。但整个 20 世纪中有四分之三的时间，莫斯科是苏联的首都，期间国家社会主义政策驱动了大部分莫斯科的视觉设计变化。尽管早期的苏维埃理论学家计划探求田园城市的理念，但事实上斯大林主义者却变革着城市，铲除教堂，开拓出宽阔的林荫大道，树立起反标志性的摩天大楼（retrograde signature skyscrapers），同时保留克里姆林宫作为军事和思想体系展示的背景场所。类似的，柏林也经历了不断被扰动的重大演变过程，经历了从展现日耳曼精神妄自尊大的城市设计方案，到战争期间的毁灭，从二战后的分裂到柏林墙倒塌后的再次统一。这也导致了柏林的城市设计总是不断变化去迎合意识形态上的喜好和纷争。北京的城市面貌也经历了一个世纪的动荡，20 世纪初以紫禁城为中心的都城在 1949 年以后经历了翻天覆地的变化。中华人民共和国的城市设计师重构了天安门广场，将北京城最明显的特征——中轴线——进行了改造，故宫前的区域从过去 T 形的宫殿道路变成了大型集会空间，以容纳大量群众进行集会（图 3.1）。[2]

为了评价 20 世纪首都城市中设计所扮演的角色，我们必须认识到两点：设计有许许多多的形式；首都则具备各种各样的功能。在 20 世纪，有些首都依靠精心规划的法案诞生；对大部分首都来说，20 世纪只是一段被人为划定的发展历史而已。甚至全新设计的首都也在不同的背景下建立。在一些例子中，首都以人为意志选在了远离旧有权力中心的乡村地区，这些首都包括巴西利

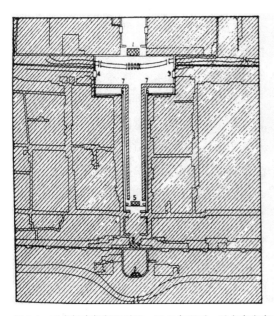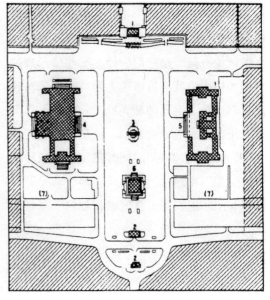

图 3.1 天安门广场新旧对比。1949 年以后，毛主席发布命令将天安门广场拓展，得以能够满足大型游行集会需求，并布置新的国家纪念建筑

亚、堪培拉、尼日利亚的阿布贾和坦桑尼亚的多多马。在另一些例子中，新首都则建在旧首都相邻的地方，比如新德里和伊斯兰堡。评价设计影响力必须同时评价首都区位在国家的整体城市发展模式中的地位。此外，国家发展模式也受到国际大事件的深刻影响，比如大萧条与两次世界大战。因为这些事件都大大延迟甚至限制了城市设计上的花费。然而本质上说，首都城市设计是非常独特的，因为国家会大力支持首都规划设计，也会自觉性地投入大量精力来展现国家抱负。接下去的篇章里，我将关注三种 20 世纪首都发展的主要趋势：帝国的瓦解，新型联邦体系的兴起，以及超国家体不断提升的重要性。然后以此分析这些发展趋势对城市设计的影响。

帝国的瓦解与首都城市设计

殖民主义在城市生活中的痕迹

17

20 世纪初，首都城市在城市设计中迎来了巴黎美术学院风格（Beaux-Arts）的繁荣。宽阔的林荫大道，巨型的新古典主义结构与纪念建筑，广阔的轴线对称性是这种形式的三个主要特征。即使很多首都实际上都远离此风格的发源地巴黎，这些特征似乎都能完美地表现权力所在地庄严宏伟和权力中心集中的两大要求。在殖民主义者的伪装下，这种手法最完美地体现在埃德温·勒琴斯（Edwin Lutyens）和赫伯特·巴克尔（Herbert Baker）的新德里规划上。新德里在 1926 年

之前被称为"帝国德里"（Imperial Delhi）。勒琴斯对巴黎、凡尔赛和罗马三座城市非常熟悉（这些城市的旧议会大厦和中轴林荫大道都是教皇西克斯特五世精心布局的），他依此经验进行设计。勒琴斯和巴克尔都非常欣赏皮耶·查尔斯·朗方（Pierre Charles L'Enfant）的华盛顿规划。对勒琴斯来说最重要的是，他将总督府（Viceroy's Palace）设计在了整个规划序列的顶点和最重要的地方。勒琴斯和他的伙伴巴克尔因为在坡度上无法达成一致而分道扬镳。坡度设计的失误导致了总督府无法在城市画面中处于突出的位置（图 3.2）。勒琴斯保留了市政厅场址，并期待在当地人口达到一定数量之后，人们可以逐渐对自己的城市负起责任，但此场址毫无疑问只是处在次要位置。[3]

其他 20 世纪的首都也表现了巴黎美术学院风格的抱负，但是也重视自身所在的不同政治体制。在美国取得菲律宾的控制权后不久，丹尼尔·伯纳姆（Daniel Burnham）规划了马尼拉拓展方案，马尼拉被规划成了由林荫大道、公园与纪念性建筑共同组成的城市。伯纳姆将都市主义（Urbanism）和振兴主义（Boosterism）巧妙地结合在一起，并在 1893 年芝加哥哥伦布纪念世界博览会上展出并一举成名。由此，他马上成为参议院公园委员会（Senate Parks Commission）中的重要成员。委员会为华盛顿特区制定了 1901—1902 年的麦克米伦规划（McMillan Plan），此规划是美国城市美化运动的一个缩影。[4] 此规划方案在 20 世纪虽然用了很多年才建成，但它奠定了美国首都核心纪念区的基调：林荫道和绿地点缀的交叉轴线，排列着博物馆与政府办公建筑，尽头则是国家领导人的新古典主义纪

图 3.2　折中设计后的新德里通向权力的大道。由于错误的坡度，当人走近的时候，勒琴斯设计的总督府突显位置逐渐下降，反而位于侧翼的秘书处大楼在视觉上变得更为突出，而这个大楼正是巴克尔设计的

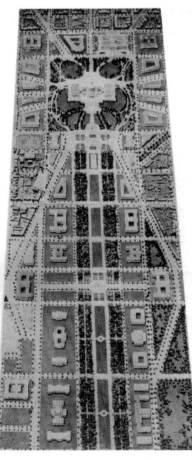

图 3.3　1901—1902 年的麦克米伦规划。麦克米伦委员会制作了华盛顿国家广场的模型，展示了其现状（左），并提出了建设方案（右）。经过了超过百年的建设，华盛顿国家广场变得风景如画，但仍有一条铁路穿过其中。新的规划引入了轴线状的建筑布置方式，包含了博物馆、纪念建筑和办公建筑，这些建筑当下构成了城市的纪念核心区

念碑（图 3.3）。美国人对于帝国野心有着非常矛盾的心态，甚至是抵触情绪，但为了保险起见，他们还是设计了一座表现帝国情怀的首都。

然而，与勒琴斯设计的新德里不同的是，朗方与参议院公园委员会设计的华盛顿是想要利用宏伟的城市设计（Grand Urban Design）为民主服务。尽管华盛顿的设计也采用了过去王国与帝国对都城在形态和尺度上的修饰方式（Rhetoric），但华盛顿的社会空间结构是以民主选举产生的政府首脑工作地点为核心，而非以国王自己或者国王指派大臣的官邸为核心。与新德里不同的是，伯纳姆、查尔斯·麦金（Charles McKim）和小弗雷德里克·劳·奥姆斯特德 (Frederick Law Olmsted, Jr) 的华盛顿规划以国会大厦为中心，聚焦于如何通过巧妙设计来突显代表民主制度和国家文化的机构。[5] 随着 20 世纪的结束，华盛

顿国家首都委员会（National Capital Planning Commission）发布了"遗产拓展"规划方案（*Extending the Legacy Plan*）。这个咨询性的规划方案，缺乏可靠的实施措施。该方案提出，华盛顿需要更加正式地将其中心落于国会大厦，同时认为当时有大量资金投入纪念中心，但大部分资金不平衡地集中到了国会大厦西侧、城市的西北区以及波托马克（Potomac）河岸。现在，规划师建议联邦资金需要帮助一直被忽视的地区，比如国会大厦的其他三个方向，比如华盛顿特区最不发达的社区（图 3.4）。

城市设计总是把政治形象化，但其实政治和城市设计都是多变的。或许华盛顿的政治没有灵活到能够接受 1997 年华盛顿国家首都委员会的方案，但这仍然值得我们来记录并了解新政治体制是如何接纳那些为旧体制服务的场所的。苏联解体后，莫斯科的克里

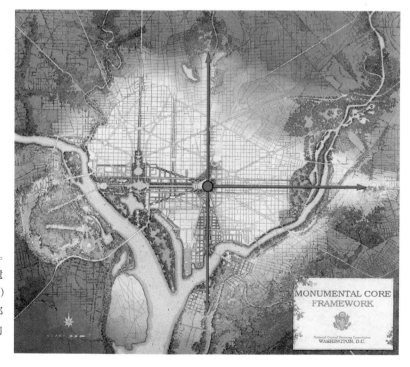

图 3.4 21 世纪华盛顿愿景。华盛顿国家首都委员会的"遗产拓展"规划方案（1997 年）将国会大厦重新定义为首都中心，并向城市的四个方向拓展开发

姆林宫变回了沙皇宫殿和东正教所在地。仅仅开建 16 年以后，新德里就被新成立的印度政府迅速占用，而这座城市原本想要成为大英帝国统治的展示牌（Showcase）。印度总统（主要作为国家仪式性作用的虚职）将以前的总督府占据成为自己的府邸，轴线上的"中央景观带"（Central Vista）很快就成为游行队伍用来庆祝印度独立日的场所。新政治体制在新德里似乎毫不费力就替代了殖民政体下的军事喧嚣（military hoopla）。

爱德华·H·贝内特（Edward H.Bennett，伯纳姆的著名 1909 年芝加哥规划的共同作者）于 1915 年为加拿大联邦规划委员会（Canada's Federal Plan Commission）精心制定了城市美化计划。渥太华于 19 世纪中叶被指定为加拿大首都，这座城市最值得纪念之处便是新哥特式议会大厦，这座大厦位于安大略省一侧的河流悬崖峭壁上。但贝内特的规划方案延伸到了河流另一侧，并将位于魁北克省的赫尔城也包含在内。尽管城市设计几十年以来一直试图将英语区和法语区关联在一起，然而考虑到政治敏感性和必要性，这个方案并没有实现。与许多新规划而成的首都不同的是，渥太华仅仅保持其风景如画的本底条件，而非执着于建立轴线体系。即使在 1950 年雅克·格雷贝尔（Jacques Gréber）的规划方案中，新哥特风格的议会大厦尖塔还是允许以最佳倾斜角度延伸，得以让这些庄严的建筑群表现出最令人惊奇的视觉效果。[6] 随着 20 世纪的结束，新的美术馆、博物馆、政府部门办公建筑紧贴着联邦大道（Confederation Boulevard）形成的内环，这样一来，渥太华和赫尔城如愿地紧密联系在了一起，将整座城市的中心逐渐转移到了渥太华河之上。如许多其他文化多元的民族国家一样，规划师用城市设计表现了理想社会的

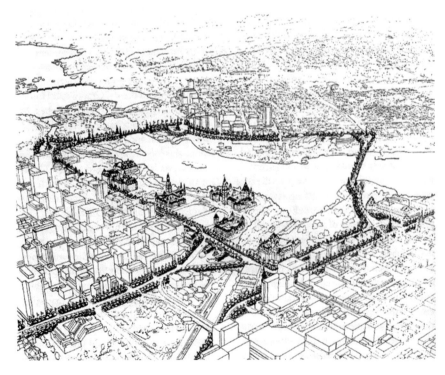

图 3.5　加拿大联邦大道：城市设计提升了渥太华与加蒂诺（Gatineau）的联系，甚至是安大略省与魁北克省之间的联系

缩影（图 3.5）。

沃尔特·伯里·格里芬（Walter Burley Griffin）的堪培拉规划设计几乎和勒琴斯的新德里规划同时进行，这个获誉无数的设计既采用了城市美化运动的轴线对称性设计，也采用了华盛顿特区以民主体制为导向的象征手法。与新德里规划类似，格里芬在堪培拉规划方案中也采用了一些六边形，这些形状与巴黎美术学院风格的城市实践有着一定联系。[7] 尽管斜向道路的规划汇聚于首都山（Capital Hill），格里芬的规划将澳大利亚议会大厦布置在了整个轴线的末端，位于首都山之上（图 3.6）。格里芬原计划希望首都山山顶由金字塔形状的议会大厦以及绿地组成。但四分之三个世纪之后，澳大利亚人逐渐合并了格里芬计划中两个不同设想，用草地覆盖的议会大厦替代了原有的首都山计划，这座大厦由阿尔多·朱尔戈拉（Aldo Giurgola）设计。设计者希望民主可以真正地深深印入环境之中。[8] 在堪培拉的中心地带，城市设计充分利用自然环境空间形态，以周边山体来排列轴线，利用波浪起伏的地理形态精心安排本土植被，以此来克服周边地理形态上的严酷条件。

战争与重建

21　　除了那些规划师有意而为之的优秀规划，很多规划是对现状不得不作出的回应。城市必须对预料之外的灾难事件作出回应，这些灾难包括战争与自然灾害。毁坏也常常对改变城市形态提供重要机会，改进灾难前的缺点。然而毁坏之后也常常加强土地所有者的

利益，导致城市建设形成惯性而非创新，其中最著名的就是 1666 年伦敦大火之后的重建。两次世界大战以及不计其数的局部战争和国家内战造成了大量毁坏，随之形成了实体空间毁坏以及政体变迁，两者因素相结合深刻影响了 20 世纪城市设计在性质和规模上对城市建设的影响。

有些首都既承受了战争毁坏，也遭遇了自然灾害，东京就是个典型例子。从 1923 年

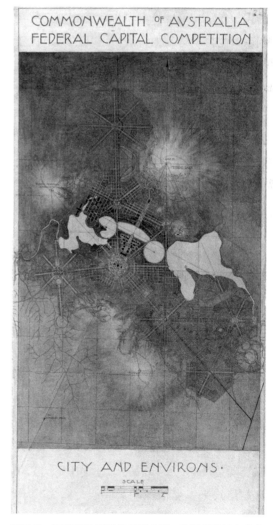

图 3.6　格里芬的堪培拉规划方案。格里芬将城市美化运动的理想带到了澳大利亚的丛林之中，同时着重表现民主政府的公共机构，并强调环境质量的重要性

的关东大地震到 1945 年的战火侵袭，东京一直面临着不断需要重建的问题。除了这些巨大毁坏后的机会，20 世纪东京城市设计并没有与其他主要城市设计项目有多大区别。唯一的例外是丹下健三那个疯狂的东京湾千万人新城提案。相反，东京根本上的城市肌理仍然令人惊讶地保持原样，一如没有受到灾难与重建影响一般。这座城市的主要变化依赖于现代化努力的设想之上（这种努力包括许许多多的垃圾填埋场项目）。从这个方面来说，东京与其他日本城市非常相似，甚至和京都这样从未遭过战争毁坏的城市比较也是一样。和其他首都相比，东京的规划师和设计师似乎很少去构想东京的城市意象。当然，这座市场化的城市也有创造自己意象的例子，比如以 333 米高的东京塔（建成于 1958 年）来招揽游客，比如作为 1964 年奥运会的主办城市重新获得了世界范围内的辨识度。[9]

其他毁于战争的首都采取了更加激动人心的城市设计计划。二战中，德国人毁坏了整个华沙的 80%，130 万人只剩下了 50 万。但战后不久，规划师和设计师就精心工作，细致筛选，将旧城部分复原，同时引入地下道路改善原本拥挤的交通。重建后的华沙，许多片区采取了苏联式的大型住宅区建设模式，以此来展现对工人阶层的集中投资，而工人阶层正是波兰战后新型工业驱动经济下的主导力量。考虑到万一这种经济符号不足以表现共产主义，苏联的监督者还用了文化宫的形式来主导华沙的天际线（图 3.7、图 3.8）。[10] 苏联解体触发了原共产主义国家对城市设计的极大兴趣，不仅包括原来受苏联影响的东欧国家，也包括新独立的原苏联加盟

共和国。和别处一样，历史保护原则使得华沙有必要重建苏联时期之前的历史建筑，同时也能够将旅游业的吸引力与显著的国家精神紧密联系在一起。

柏林面临着 20 世纪全世界最为复杂的城市设计挑战：不同的政体在这座城市分别统治，并试图同时用自己的设计方式来影响城市。无论城市设计师是通过构筑建筑语言 * 来支持希特勒和施佩尔对建造日耳曼尼亚（Germania）的狂热理想；还是用戏剧化的手法来表现东德斯大林大道（Stalinallee）两边的社会主义理想；无论城市设计的目标是歌颂战后资本主义在西柏林现代汉莎街区的胜利，还是对重新统一的德国是否会威胁到整个全球政治格局所保持的谨慎的态度：20 世纪柏林城市设计一直都在通过形象化的手段表现政治进程。施佩尔尚未实现的主要工作——南北向轴线——对柏林有着巨大的影响，以至于这个未曾建设的方案如同魔鬼般占据着德国规划师和设计师的脑海。20 世纪 90 年代曾组织斯普林伯根（Spreebogon）国际城市设计概念竞赛，斯普林伯根这个地段被预留作为德国联邦议会大厦和联邦总理府，以取代原本希特勒设想中的巨型大礼堂。竞赛组织者警告参赛者注意这里幽灵般的过往历史，地段曾经是纳粹时期规划的南北轴线的尽端。果不其然，获胜方案着重强调了东西向的建筑带。[11]

其他二战后涌现出的欧洲城市在物质空间和精神上都留下了伤痕，但没有哪座城市如柏林一样长期被政治深刻影响。比如，20

---

* 原文 The word in stone，代指用建筑的形式来表现思想意识形态，源于希特勒的建筑设想。——译者注

图 3.7 和图 3.8 华沙的毁坏与重建。二战导致了许多欧洲城市前所未有的毁坏。在毁坏程度和人口损失上,华沙毫无疑问特别严重。华沙旧城成了瓦砾废墟(图 3.7,上),但战后谨慎细致地重建了部分(图 3.8,下)。其他被毁坏部分则在战后彻底重建为了工人住宅区

世纪伦敦的面貌同样有着显著的变化，高层办公楼在城市中涌现，但可以说，二战期间伦敦遭受的大轰炸对城市的影响远小于海上帝国的瓦解，海上贸易的萎缩使得大片码头区域需要用改造来应对，为新的商业和住宅功能提供再开发机会。从城市发展的角度来说，伦敦在 20 世纪初期表现了帝国的最后喘息，清除旧建筑，用宏伟的新古典主义建筑建成了金斯威路（Kingsway）。同时，在 20 世纪末，伦敦在经济和文化上建成了一座世界城市。在两个时期中间，规划师和设计师则在徒劳地探索，以新城或卫星田园城市疏解城市，并且建设城市绿带，期望延缓城市的无序蔓延和减少过分集中的趋势。相反，伦敦持续地缓慢增长，在城市中心和金丝雀码头形成了由两条天际线共同形成的城市特征。与此同时，大力开发泰晤士河沿岸，将其转变为具有商业和居住吸引力的地方。不论在协调物质空间规划上遇到怎么样的困难（或许正是因为这些困难的激励），伦敦都在坚持不懈地追求世界金融中心的地位。[12]

二战中巴黎遭受的毁坏相对小得多，同时巴黎也没有采纳柯布西耶简单粗暴的方案——1925 年以来未曾执行的巴黎市中心改造方案（Voisin Plan）。实际上从 20 世纪初到大约 1960 年之前，巴黎未经历过任何大型城市设计的介入。与大部分其他首都不同的是，法国政府的主要功能建筑仍然深藏在小巷之中。只有卢浮宫，这座已经改建成博物馆的旧国王宫殿，在都市风貌上保持着突出的统治地位。巴黎保持着自己的经济和政治上的中心地位，这种地位并不是依靠建设突显政府存在感的项目实现的，而是通过密特朗十

大建筑[*]来加强不同城市区域中的文化机构复兴。这些项目主要是在密特朗执政时期下开展的，但也可以追溯到戴高乐 1960 年拆除中央批发市场（Les Halles）的决定。在 20 世纪剩下的岁月里，大部分建筑项目得到了后几任总统的支持并得以持续建设。不出预料地，巴黎对卢浮宫以及向西延伸直到拉德方斯的大轴线（Grand Axe）进行了强化，这座轴线一直延伸到了约翰·奥托·冯·施普雷克尔森（Johann Otto von Spreckelsen）设计的超大尺度新凯旋门（Arche de la Défense）；出人意料的是，在一些被忽视的地区，巴黎也通过投资文化资本进行复兴，比如科学与工业城（Cité des Sciences）、拉维莱特公园（Parc de la Villette）以及巴士底歌剧院（Opéra de la Bastille）。20 世纪末的巴黎城市设计通过一系列重大项目重新得到了全球性的赞誉与关注。[13]

对 20 世纪末全球的首都进行汇总，诸如伦敦和巴黎这样的地方自然特别引人注目，但对其他首都来说，它们在世界舞台上的地位面临着许多挑战。大部分政府需要通过建筑与城市设计上的激动人心的大项目才能展现政府对于城市的控制，似乎只有根基最牢固的政府才能摆脱这样的诉求。

城市设计与对后殖民时期国家认同（Post-Colonial Identity）的探索

伦敦和巴黎这样的首都以拥有长期稳定 24

---

* 原文为 grand travaux，法语官方名字 Grandes Operations d'Architecture et d'Urbanisme，指密特朗执政时期的十个重大建筑项目。——译者注

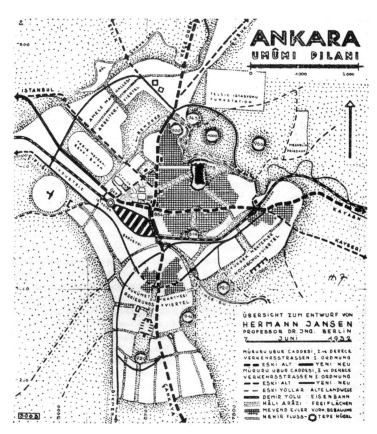

图 3.9　安卡拉规划概念图。赫尔曼·扬森（Hermann Jansen）的安卡拉总体规划在市中心开发了议会大厦，并与政府部门所在城区联系在一起。长长的林荫大道从议会大厦一直通向原有城堡的高处，但夜光照明的阿塔蒂尔克陵墓占据着整条天际线

的集中性布局为荣，与此相对的，稍晚出现的是，20 世纪的首都城市更倾向于把它们的政府职能放置在新的独立的区域内进行建设。诚然，世界上的许多地方将统治机构建立在隔离的街区之中，通常是宫殿或者军营，或者两者皆备的地方。然而，人们认为 20 世纪是民主统治立场不断上升的时期（尽管这种认识并不一致）。这个世纪的规划与设计也在追求将各类政府机构在城市中显现出来，而不是仅仅体现象征性的统治结构。政府机构不断增长，这表现在大量的新政府部门开始监督公共投资的方方面面之上，反过来这也为设计者提供了新契机，他们可以以此提出新计划来建设以政府为中心的新区甚至整个新城。

成功的独立运动不断激励很多地方，鼓舞新生政权逃离到新的地方。奥斯曼帝国解体以后，伊斯坦布尔在土耳其处于过于偏离中心的位置，战略上选址于安纳托利亚的新生首都安卡拉似乎是摆脱这一境况的好机会。最终形成的实际方案突出了新议会体系的存在形式，同时也依照阿塔蒂尔克*纪念碑的最佳位置（图 3.9）。[14] 俄国革命**以后，赫尔辛基在 1917 年末取得了新生芬兰共和国的首都地位。不久以后，芬兰的领导人立刻着手，用设计方式来阐释独立国家的首都地位，以区别 7 个世纪以来瑞典皇家城镇和沙俄帝国

*　Atatürk，即土耳其国父凯末尔。——译者注
**　Russia Revolution，指 1917 年发生在俄国的一系列革命。——译者注

城市的地位。尽管进程缓慢，但芬兰人立刻委托建设新的议会大厦，用堆填的方式来扩展中心商务区，并为首都的国家中心建立替代选择。[15]

其余新首都大都与衰落的帝国没有直接联系。尽管巴西在 19 世纪后正式从葡萄牙人的殖民统治中分离出来了，但巴西一直紧紧依赖着海岸沿线的港口城市。直到 20 世纪 50 年代末，库比契克总统在他第一个任期内承诺，在内地建设新首都巴西利亚才改变了对海岸城市的依赖。卢西奥·科斯塔（Lúcio Costa）赢得了规划竞赛，确立了新城建立在大片自然景观之上的原则。巴西利亚的规划是一个简单十字轴线结构。一条轴线是以住宅功能为主的超级街坊结构；另一条则是精心安排的政府功能轴，相同形式的政府部门办公建筑排列其中，在三权广场处达到顶峰，广场两侧用现代主义的建筑形式建造了政府最为核心的三个部门。广场第四边则保持开放姿态，朝向自然景观与天际云景。巴西利亚立刻成为政府强有力的姿态，巨大的经济赌注，以及勇敢的尝试，试图以此清除巴西政府的腐败问题。巴西政府的腐败在里约的政治生活中已经是显而易见。同时巴西利亚也成为高度现代主义首都设计的经典试验。建成后的第一个 50 年，巴西利亚在巴西国内逐渐赢得了更好的声誉。尽管主要设计师们采用了激进式的设计方式，然而，超级街坊最终并未能为巴西政府官僚机构中的所有人提供无等级差别的和谐居住环境。诸如政府轴线、政府广场之类毫无功能的开放空间似乎更多地吸引了建筑摄影师们，而非需要进行社交的市民们。巴西利亚成功地为巴西在世纪范围内赢得了现代化的赞誉，但其设计

意图并没有太多为各个阶层的人服务，巴西利亚的规划既没能满足领导人们希望住在湖滨别墅这样的高端住宅的愿望，也没有能够帮助穷困的破产阶级住进这个试验城市中，但要知道这样的破产人群在当下的联邦特区人口中占到了 85%。[16]

去殖民化对首都城市设计的影响开始变得越来越明显，特别是在 1960 年后十几个全新首都逐渐建立起来，同时也包括在现有首都上建设许多稍小的国会大厦。很多案例中，新独立民族国家的领导人都将城市设计看作是支撑其掌握政权的机制。印巴分治之后，巴基斯坦委托康斯坦丁·道萨迪亚斯（Constantine Doxiadis）在现有城市拉瓦尔品第（Rawalpindi）旁边设计伊斯兰堡（图 3.10）。这里同样依照

图 3.10 伊斯兰堡议会大道。1959 年到 1963 年，道萨迪亚斯事务所（Doxiadis Associates）规划的伊斯兰堡设想了一条长长的大道通往政府中心，同时模型左侧则布置条状的市政中心（Civic Center）

现代主义城市设计所影响的轴线规划进行设计，一条长长的大道通往总统府。和巴西利亚、新德里还有许多其他地方一样，首都城市设计将国会大厦从城市的其余部分隔离了出来。20世纪新首都的城市设计再一次强调了为政府功能规划独立城区的特点。

现代城市主义展现了对巴黎美术学院风格的继承，同时也存在显著的变化。在经典现代主义设计的首都或首府昌迪加尔和巴西利亚，轴线和长景（long-views）仍旧保持着主导地位。但与巴黎美术学院风格的先例相比，终点广场的构成和重要性已经全然不同。现代城市主义强调复杂的不对称平衡，建筑和框景（framed landscape views）错落并置在一起。建筑之间的空间与建筑本身一样重要，但是实施情况空旷，功能失调（图3.11）。现代城市主义同时也热情拥护汽车时

代的到来，这种热情在 20 世纪初是不可想象的。对于速度的强调使得现代主义城市改变了距离的设计准则，实现了城市尺度观念的大幅拓展，这种尺度大大超过了过去主要依靠马车和步行的旧时代。即便是在现代主义盛行之前设计的城市，比如华盛顿、新德里、堪培拉也拥护大尺度的概念——这似乎暗示了城市设计尺度概念主要取决于设计师的自由度，伴随设计师自由度而来的是任何尺度的城市方案都能在城市远郊的空白场地上得以实现——现代城市主义的介入形成了从未有过的开放性（openness），可以说几乎将原有建筑和景观的图底关系倒转了。与此同时，至少在最早尚未蔚然成风的年代，现代主义建筑成为突显进步的标志。这种进步往往与左翼政权联系在一起，或者至少表达一种想要与新古典主义决裂的姿态，那时新

图 3.11　昌迪加尔议会综合体。柯布西耶设计的昌迪加尔议会大厦是一个由广场和框景（Framed View）组成的复杂系统。但建成的成果却是大量对步行非常不友好的路面铺装。孤立的感觉在人工土堆（见图左侧）建成之后更加明显，土堆的建设就是为了阻挡人们看到城市其余部分

古典主义建筑总是自然地与欧洲殖民统治联系在一起。

1960 年以后，许多新独立的国家逐渐着手新首都的城市设计，比如伯利兹和博茨瓦纳。同时还有许多已经建立很久的国家也在 20 世纪 80 年代到 90 年代严肃地讨论首都搬迁的可能，比如日本、韩国和阿根廷。20 世纪后半叶两个最雄心勃勃的迁都计划是尼日利亚的阿布贾和坦桑尼亚的多多马。直到 20 世纪末，这两个迁都计划实际上并未完成。尼日利亚阿布贾现在已经大致上运转起了政府功能，这座首都设计于 20 世纪 70 年代短暂的民主执政时期。当时，尼日利亚人选择了美国式的政体，因此他们也希望拥有一个类似华盛顿的首都符合这一政治体制。来自丹下健三事务所的北美规划师和驻扎在日本的设计师构想了一座纪念性

的城市，像华盛顿国家广场一般的中央轴线位于城市中间，并和堪培拉一样与远处的山顶遥相呼应。阿布贾的中央轴线一直通向三权广场（Three Arms Zone），广场由政府的三个主要权力组成部门构成，以此展示三权相互分离制约。不幸的是，这样的设计导致了这三个权力与这座新兴城市的其他部分脱离了。[17] 由于经济发展的停滞和长时间的政治不稳定，城市建设运转得并不顺利。但是由于阿布贾对政府专区规划了极高的安全性保障，无论是军政府还是文职政府对此都很满意，因此政府专区建设仍旧保持进行（图 3.12）。

从城市设计的角度看，多多马止住了20 世纪对于纪念性轴线的不断追捧。这座城市中心区从根本上倾向于适度的设计方式。设计这座城市的康克林·罗桑事务所

图 3.12　尼日利亚阿布贾构想图。丹下健三事务所在阿布贾中心设计了宽阔的国家广场，这个广场同时也是通向议会大厦的轴线，议会大厦则背靠着阿索山（Aso Hill）的山丘。现在这座城市仍旧处于建设期，最终采取了不同于规划的建筑形式

（Conklin Rossant）也设计了弗吉尼亚州的雷斯顿（Reston）。坦桑尼亚承诺建立成为一个以乡村为基础的社会主义国家，设计师试图以此为依据设计首都，因此设计师着重强调了住宅区和公共交通，并保持城市中心以低密度和步行为导向的特质。与其他新首都单独建立政府特区不同的是，设计师提出了混合使用的设计方案，其中最大的建筑物是体育场（图 3.13）。然而，大部分适宜的设计方法都被新方案削弱了，中国设计师提出了另一新方案，在整座城市耕种背景（Cultivated Understatement）之上，建立政党总部和临时议会大厦。无论多多马最初的设计意图与典

型的首都有多么不一样，多多马建设中遇到诸多挫折使得它变得和华盛顿以及堪培拉越来越一样，而华盛顿和堪培拉设计理念已经远远滞后于时代的步伐。[18]

建设一座新首都会消耗大量资金，同时也会对国家产生重大改变。因此，毫无意外地，大部分国家都选择更加适当的方式投资于城市设计。很多地方很快就停止了新首都的建设，代之以奢侈豪华的方式建设新的议会大厦，诸如斯里兰卡、科威特、孟加拉、巴布亚新几内亚和马来西亚这样的国家就是典型代表。这些议会大厦不仅作为立法机关的所在地（至少理论上），而且将其他政府

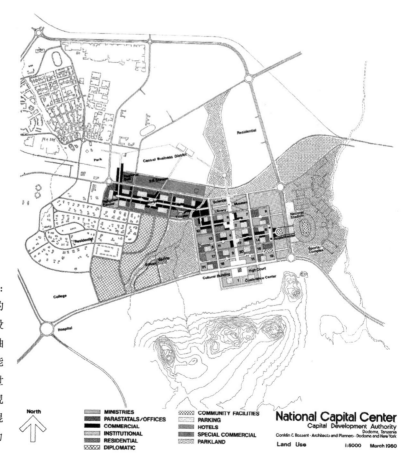

图 3.13　坦桑尼亚多多马：这真是一个反纪念性设计的首都么？大部分 20 世纪设计的首都往往都严重依赖轴线和为政府设计的单独功能区域，与此不同的是，20 世纪 70 年代设计的多多马规划构想了一个更加适宜并混合使用的城市中心，并致力于注重城市中的住宅区域

和国家功能也建设在周边地区。政府机关优
先安排在了这些保障安全的地方，因此可以
毫不意外地发现，这些大厦的功能如同为政
府特别设计的孤岛。在一些案例中，确切说
比如在斯里兰卡，议会大厦结构可以说实实
在在位于一座真正的人工岛之上（图 3.14）。
虽然建筑本身具有较强的包容性，但议会大
厦地区的城市设计只强调了为占多数的僧伽
罗佛教徒而设计的功能。此外，由于议会大
厦建于泰米尔暴乱时期，因此议会大厦挑衅
性地建在了 15 世纪的宫殿 / 城堡旁边，这座
宫殿 / 城堡是殖民时期之前僧伽罗佛教徒最
后有效控制全岛的地方。[19] 路易斯·康为独
立孟加拉国设计的"议会要塞"（citadel of
assembly，这个议会大厦原本是为东巴基斯
坦设计的，期望设计得和西巴基斯坦的伊斯
兰堡一样）令人瞩目。这座建筑远离水岸，
同时也远离达卡的主要交通（图 3.15）。[20] 在
所有的案例中，无论是首都规划还是议会大
厦设计，城市设计总是被当作工具，用来布
置功能，进而强调城市的重要组成部分，也
就是政权希望能够体现国家抱负的部分。

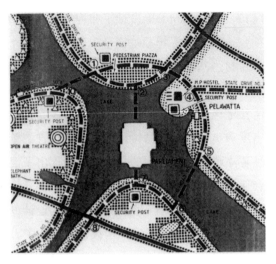

图 3.14　安全牢固的议会大厦：斯里兰卡。建设于 20 世
纪 80 年代的斯里兰卡议会大厦将整个建筑建设在了一座
人工岛屿之上

如果将首都设计的政治只是单纯地看作
民族主义的表现，这未免有些过分简单。更
准确地说，需要去看民族主义概念如何存在
于许多不同尺度之上，既有在国家尺度之下，
也有在国家尺度之上。通过承载大规模展示
与活动的仪式空间的组织，加强了首都作为
文化中心的吸引力，首都城市设计试图包含

图 3.15　孤立的议会大厦：孟加拉国达卡。孟加拉国议会大厦占有了整片区域，远离城市的喧嚣

"国家性"的同时也在努力取得国际认可，同时也是在多元化社会中提升占主导地位的群体存在感的方式。与此同时，至少在诸如巴西利亚、达卡或者昌迪加尔这样的城市，小部分建筑师和规划师被给予了自由创作的空间。因此对于国家特质的追求到头来可能只是在个人特质的狭小表达之外蒙上了一层假面而已。这可能是建筑师的设计行动计划，或者是客户的政治行动计划，或者两者兼有。简要地说，政治体制设计了首都和议会中心区域，主要以服务于个人的、次国家性的、超国家性的为动力，而并非真心想要推动国家特质（National Identity）。

联邦制、首都和城市设计

31 很多首都在新联邦体制成立之后自然生长而成，在这些首都中寻找不寻常的城市设计趋势非常有趣。这些首都总是被问及如何协调国家尺度和省州级强大政府权力的关系，然而无论这个问题怎样问及，联邦首都仍旧面临着相当大的压力：它们需要在视觉上展现代表国家的必要标识，而不是仅仅展示它们的存在。来自遥远领土的国内游客需要通过参观首都强化国家概念，因此需要一些他们家乡的地方特征能在国家首都中表现出来。从城市设计的角度来说，联邦制产生了一个矛盾：越来越多的压力期待首都能够跳出首都本身展现出国家性的一面，但同时也要强调首都所在城市的意象。在许多案例中，国家首都保持特定政府机关作为标志形象，但后台办公的雇员们则可以隐藏于更为分散的街巷之中。同样的，若首都之外有其他主要大城市存在，很多国家机构就允许

分散到州省级城市，比如公立大学，甚至是政府的一个重要部门。

与此同时，联邦体系也鼓励，或者说至少允许，构成联邦的州省能够展示其州省级的特征，有的时候这种展示是通过具有感召力的政治人物的个人提案得以实现。在美国，最典型的案例就是纽约州州长纳尔逊·洛克菲勒在 20 世纪 60 年代对奥尔巴尼商场（Albany Mall）进行的夸张现代化。不过 1932 年路易斯安那州的州长休伊·皮尔斯·朗（Huey P. Long）主导下完成的巴吞鲁日州议会大厦也在激进程度（Sheer Audacity）上不相上下，建成的州议会大厦当时是美国南部第一高楼。[21] 从加拿大到印度，其他州省级首府的建设和扩张，也在强调省级主导区域片区的重要存在。比如在魁北克，省级政府对下城区（Lower Town）大力投资，试图恢复其在英国政府殖民之前的城市面貌，或许是期待能够在后加拿大（Post-Canada）政府体制中的法语区占据更为主导的地位。

多中心首都和都市意象的培育（Cultivation of Urban Image）

无论是早已成型的首都还是新创立的首都，都有一个共同的渴望：希望形成具有国家重要性的都市意象。在很多具有悠久历史的首都中，城市设计方法已被用来在历史中心区限制发展。新建设则被认为对城市经济的扩展有重要作用，但对于塑造城市形象来说则没那么重要，因此城市外缘的新建设显得对城市意象的影响并不大。巴黎保持了

限高，但在城市西侧的拉德方斯引导高层建筑开发。类似的，罗马的规划师也在城市郊区开发了 EUR 区，此区最开始是作为墨索里尼时期世界博览会的选址。渥太华的限高保持了半个世纪，以确保议会山能够在全城处于统领地位，但在 20 世纪 60 年代还是屈从于了发展压力。华盛顿特区对限高控制保持了更长时间，并且直到现在还在首都区（Capital District）保持高度控制，以确保 19 世纪规划的结构能够保持其集中性。华盛顿的规划师们通过新的纪念建筑（有些建筑引起特别多争议）加强了中心的纪念性，但也只能眼睁睁地看着投资量巨大的高层办公建筑群在波托马克河对岸聚集。因为这片区域属于相邻的弗吉尼亚州，这些投资并不能助力摇摆不定的华盛顿特区经济。这种多中心的增长模式使得中心商业区环绕着一系列"边缘城市"（Edge City）的模式在首都城市变得越来越常见。同时这种模式也因为国家政府意志的介入而与一般多中心城市有所不同，国家意志总是希望能够保留首都重要的中心区域，并在区位和外观上展现国家重要性。

联邦国家的首都也经常用城市设计的方式展示构成州省的存在感。比如堪培拉，从首都山向外呈放射状的街道都以各州首府来命名。同样的，华盛顿许多主要街道也以美国各州命名。但这里也有个棘手的问题，许多州之间都存在竞争关系，联邦系统需要来装点和平共处的景象。在这些例子中，对于如何表现各个州的面貌，设计师总是面临更加严峻的挑战，特别是如果州省之间主要建筑传统具有极大差别。最好的情况下，核心问题是：谁应当在国家尺度上得以表现？国家形象的愿景建设总是

需要克服边缘人群的严厉批评。

超国家组织对城市设计的挑战

最后，超国家组织的兴起（比如国际联盟、联合国和欧盟）加速了大型园区项目的兴起，这些项目往往建在诸如纽约和布鲁塞尔这样的城市。两次世界大战之间，已经解散的国际联盟曾计划在日内瓦建设新区（国际联盟不幸的城市设计竞赛花了很长时间才决定，以至于竞赛本身花费的时间比它曾经想要服务的国际联盟存在时间还要长）。二战以后，新成立的联合国曾经提议在纽约郊区之中建造一座 40 平方英里的"世界首府"，但这项提议很快就屈从于纽约独断专横的决定，当时曼哈顿中城清理出了 17 英亩的贫民窟，用作联合国的建设。很快，纽约得到的不再是卫星城一般的世界首府，而是对外交官来说更加适宜的新区。如前所述，城市设计的默认手法是将政府区域与城市其他片区隔离开。在 20 世纪末的布鲁塞尔，同样的事情还在发生，欧盟占有一大片城市玻璃闪耀的飞地，在整座城市中显得格格不入（图 3.16）。

结论：首都意象的建立

首都是展示之地，承载着国家文化渴望展现的各种元素，不仅对当地居民展示，也是对来访游客展示。首都也是游客的朝圣之地，也因为良好的就业前景有巨大的经济吸引力。首都是外交使领馆区（diplomatic

图 3.16 布鲁塞尔：布鲁塞尔的超国家政府和地方街区对比。金光灿灿的欧盟总部建筑在布鲁塞尔的利奥波德区（Quartier Léopold），显得格格不入

quarters）的所在地，但同时也会毫无商量地（undiplomatic）将贫苦人口赶出他们的避难所。城市设计师会因为绘制官方首都规划方案而出名，但他们也会被召集来设计首都周边卫星城，用来安置那些并不靠近权力中心（或者不想靠近权力）的平民百姓。

20 世纪的首都城市设计，毫无疑问不能从城市设计理论的整体发展脱离开，特别脱离不开这个世纪城市设计理论最大的贡献——土地利用分离概念。在很多方面，首都将区划概念用到了极致，特别是那些从空地上完全新建而成的首都。尽管很多有历史的首都仍旧将公共建筑大范围地分散在城市的各个部分，但这并不是首都建设的趋势。

相反的，20 世纪首都城市设计最注目的遗产就是政府功能的集中性和隔离性（图 3.17）。

然而同时，首都也在尽力吸引游客，既希望吸引参观国家机构的国内游客，也希望吸引国外游客。一部分国外游客被认为是潜在的投资者，因此首都现代化的面貌是培养他们好感、鼓励他们投资的重要方式。20 世纪初城市设计受到了巴黎美术学院风格夸张轴线的强烈影响，由此开始，20 世纪城市设计经历了很长的变化，但对于首都城市设计来说，有时候变化程度并不那么明显。少量首都模仿历史首都中的多功能步行街区和广场，形成了新的公共空间。更多首都则自认为是国家城市，往

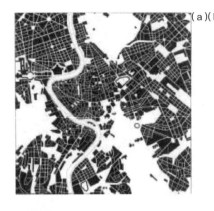

（a）罗马图底关系

（b）伦敦图底关系

（c）东京图底关系

（d）莫斯科图底关系

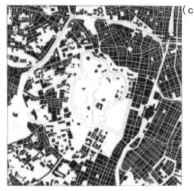

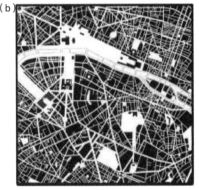

（a）华盛顿图底关系

（b）巴黎图底关系

（c）纽约图底关系

（d）曼哈顿中城图底关系

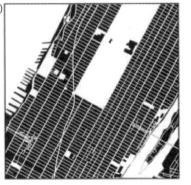

图 3.17　首都和首府城市设计在相同尺度下的比较（5 平方公里）。15 个首都和首府的图底关系分析案例展示了许多不同城市形态。其中四座城市（堪培拉、新德里、昌迪加尔和巴西利亚）完全是 20 世纪城市规划的成果，其他城市则展现了几个世纪甚至是上千年的城市积累。小尺度街区的复杂度毫不意外地在诸如伦敦、巴黎和罗马这样的老城市中显得更加明显。不过在巴黎和罗马，可以很明显地看到轴线叠加于城市肌理之上，这是由 19 世纪奥斯曼的巴黎改造和 20

（a）赫尔辛基图底关系
（b）渥太华图底关系
（c）柏林图底关系
（d）布鲁塞尔图底关系

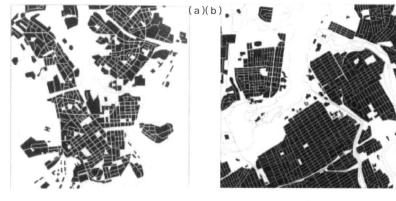

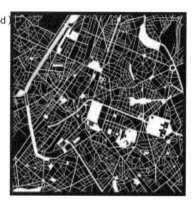

（a）堪培拉图底关系
（b）新德里图底关系
（c）昌迪加尔图底关系
（d）巴西利亚图底关系

世纪墨索里尼的罗马改造所
形成的。类似的，莫斯科也
揭示了规划后向心发展的清
晰脉络，而曼哈顿中城则由
19 世纪早期网格状的肌理所
占有，中间则有少许的 20 世
纪现代主义时期的超大街区
介入，比如联合国大厦所占
据的 17 英亩土地。相对而言，
大部分 20 世纪创立的首都和
首府都应用了更大的设计尺
度，这可以在巴西利亚巨大
而毫无街道感的超大街区略
见一斑，当然从昌迪加尔的
街区规划（Sector Planning）
以及堪培拉和新德里的空旷
尺度也能明显看出

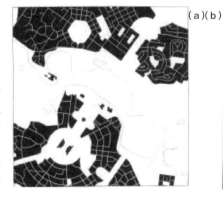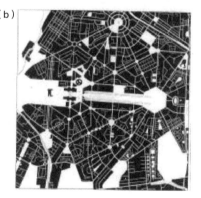

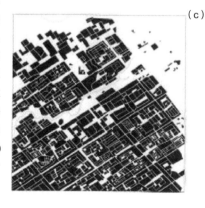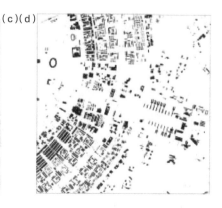

往缺少旧市中心那种亲密的建筑尺度。相反的，特别是在新设计的首都之中，首都特征往往是由汽车导向的林荫大道组成，这些大道一致通向山顶的政府特区。在安全因素越来越重要的年代里，首都设计师们面临着越来越大的需求与压力：希望能够通过隔离分区来达到安全保障的目的。首都城市设计是宏大轴线城市规划最后的避难所，甚至耻辱的施佩尔柏林规划方案都在一定程度上得以留存下来。一些首都依照护城河围绕的城堡为原型建设，这些地方也没有因为技术的全面更新而消失。[22] 整个 20 世纪可以说是现代主义在各个方面全面复苏的世纪，但首都城市设计的很多方面还是延续了现代化之前的感情，根植于对阶层、等级和关系的清晰表达。

为了评价这种似乎在退化的趋势，我们需要将设计与政治体制区分来看。诚然，轴线形式在独立革命后的华盛顿肯定比庆祝希特勒执政的日耳曼尼亚更加让人感觉愉快。在民主政治的背景下，城市设计的清楚表达或许能够实现非常有用的目的：让游客和当地居民能够理解主要的纪念建筑以及首都的主要社会政治关系。因为首都必须具有说教的功能，它们可能需要展示不同的等级，方才能显示对国家最为重要的人物和建筑。大部分当下的首都仍旧在延续宏大的城市设计方式，这种城市设计只有与实际形成的民主在某种程度上得以联系方才值得称颂，而每个特定民族国家的民主形式又不尽相同。宏大的形式在服务暴政统治的时候是令人不愉快的，但这种形式要是用以表彰对民主合作形式的尊重，或许就能合情合理地鼓舞人民。

综上所述，每座首都投入的巨大资金都令人震惊，这些资金用以控制和维持首都意象和象征集中性。从 20 世纪初帝国新古典主义的首都城市设计，到产生了浮夸形象的高度多样化的现代主义城市设计，20 世纪城市设计始终是公众意见对首都城市进行具象的投射和反馈的重要部分。

注释

1. Vale (1992).

2. Hung (1991), pp. 84–117.

3. See Irving (1981), pp. 82–83, 142–154, 311–312.

4. See Wilson (1989), pp. 53–95.

5. See Gillette (1995), pp. 88–108; and Gutheim (1977), pp. 118–136.

6. Taylor (1986).

7. 在 20 世纪的前三分之一，这种六边形的城市形态常常使用，它的原型可能来自克里斯托弗·雷恩的 1666 年伦敦灾后修复规划。这种原型后来在巴里·帕克（Barry Park）和雷蒙德·昂温（Raymond Unwin）的工作中重新阐释并再次发扬光大。

8. Vale (1992), pp. 73–88.

9. Hein (2005a).

10. Goldman (2005).

11. Helmer (1985), pp. 27–48; Ladd (1997), pp 127–235; Wise (1998), pp. 57–80, 121–134.

12. Hebbert (1998).

13. Mission Interministérielle de Coordination des Grandes Opérations d'Architecture et d'Urbanisme (1988); Curtis (1990), pp. 76–82.

14. Vale (1992), pp. 97–104.

15. 芬兰人的努力也强调了首都发展经常出现的问题，这些问题表现在区域中心上升到国家首都这个过程中。对于那些曾经只占有有限地理空间(比如渥太华的议会山)的小政府首都来说,想要容纳所有的政府机构(从政府部门到法院再到外交使领馆区)并不容易。

16. Vale (1992), pp. 115–127.

17. *Ibid*., pp. 134–147.

18. *Ibid*., pp. 147–160.

19. *Ibid*., pp. 190–208.

20. *Ibid*., pp. 236–271.

21. Bleecker (1981); Goodsell (2001).

22. Vale (1992), p. 293.

第 4 章

巴黎：从奥斯曼的遗产到文化至上的追求

保罗·怀特（Paul White）

一座规划的首都——巴黎

　　在本书描述的所有城市之中，巴黎的建都历史最为悠久。公元 486 年，法兰克国王克洛维一世击退了罗马人，之后便选择这一位置作为他的行政中心。之后的公元 987 年，卡佩王朝将其选为中心，并从这一中心逐渐延伸，形成了法国的国家概念和法兰西政治体制。[1] 因此，上千年以来，巴黎的发展和巴黎在全法国的功能紧密相关，甚至超出了法兰西的边界。

　　然而，巴黎之外的人民对于巴黎的增长深感不安，因为巴黎的增长总是不公平地占据着整个法国的资源。在推翻专制统治的旧制度*后两百年以来，法国一直保持着强大的集权统治，仅仅在 1981 年以后才出现一些表面上的分权。一直以来，有一种观点是将巴黎看作是一座超级首都（Hypercapital），认为

它源源不断地吸收了法国其他地区的血脉。[2] 在法国政治界，巴黎利益和整个法国利益之间的竞争一直是吸引着政府注意力的重要话题。这可以从巴黎规划所持的不同态度明显地看出来：是自身独立的巴黎，还是作为法国首都的巴黎。

　　彼得·霍尔在第 2 章的分类中，把巴黎归为第一类的多功能首都，无论是从商业、教育还是文化等各个方面来说，其他法国城市都对巴黎毫无挑战。然而，也可以将巴黎看作是一座"超级首都"，它的影响力已经超越了一般意义上首都定位——对内控制和对外作为国家门户。19 世纪末，人们视巴黎为整个美好时代**的首都，巴黎在全世界范围内都拥有无与伦比的声誉与威望。第二帝国时期（1852—1870 年）的城市设计对塑造巴

---

*　原文 ancien régime。——译者注

**　原文 Belle Époque，是欧洲社会史上的一段时期，从 19 世纪末开始，至第一次世界大战爆发而结束，被欧洲上流社会认为是一段黄金时代。——译者注

黎产生了重大影响，因此巴黎成为众人所知的"城市美化运动"[3]的最佳案例。巴黎在许多方面都被视为世界各国首都的模板。[4]在后面论述中将会看到，在 20 世纪末的法国，人们曾讨论巴黎在更大舞台上的地位，尤其是巴黎作为欧洲首都的可能性。即使不能在政治上或者经济上成为欧洲中心，也希望能在文化和声誉上有所作为。[5]与此雄心紧密相关还有另外一点，巴黎是整个法语世界的首都，这一点常常被英国评论家所忽略。[6]

有人或许会想，巴黎一直能够保持著名首都城市地位的状态，肯定要求巴黎不断地在城市规划角度进行战略思考，来点缀法兰西的荣光。但矛盾的是，整个 20 世纪中，巴黎的实践却是大相径庭的。尽管几十年以来，人们一直热烈讨论巴黎，但直到 20 世纪 60 年代，巴黎的战略规划才得以采纳并实施。即使在当时，这些规划也是与大范围的城市空间重构相关，而非将巴黎作为世界权力体系中的首都之一进行考量。到了 1960 年，从巴黎建设成为现代首都组织方式的缩影，成为法兰西第二帝国的形象代表算起，已经过了近百年的时光。曾经专门撰写巴黎内城的萨克利夫（Sutcliffe）将法兰西第二帝国于 1870 年灭亡之后的百年称为"城市规划挫败"的世纪。[7]

19 世纪 50–60 年代，奥斯曼的巴黎改造重新设计了巴黎并重新发展了整座城市，这一影响在城市规划和建筑的历史上都被一再强调。[8]第二帝国为巴黎留下了现代化城市脉络的遗产，这一脉络的构建基础是一座早已建成的功能完整的大都市。然而，也不能过分强调奥斯曼的功绩，因为主要的新轴线和新林荫大道之间的空间，也就是过去巴黎人

生活的空间，在很大程度上并未改变。[9]不仅如此，1870 年巴黎就有平面规划和一系列功能空间，它们在 130 余年的历史中仅仅经历了极少的变化。20 世纪里，这座首都里增加的活动嵌入到城市之中，却很少影响巴黎城市肌理，也没有影响对于更新的需求。

20 世纪巴黎规划干预其实也是一个矛盾体：一方面，巴黎是法国规划理论、设计、战略的试验场，这些思想在巴黎创造并得到检验；但另一方面，这些开发战略很少涉及有关"首都城市"的概念。巴黎的首都地位被自然而然确立，人们不认为需要通过规划将其地位法定化。巴黎城市规划，尤其以巴黎为基础的首都规划，几乎主要都是 19 世纪的遗产，而非 20 世纪的成果。若要为 20 世纪大巴黎城市聚集区提供广阔的城市规划背景，或许就超出了这一章的目标：相反，本章专门着重于规划思考与规划干预，因为这才与巴黎作为法国首都所呈现的面貌紧密相关。[10]尽管在很大程度上，现代巴黎可能是许多现代首都城市设计的模板，但在 20 世纪大部分时间里，巴黎的首都功能却并不是法国规划行动的重点。

作为首都，巴黎内城本身就是一座纪念之城，纪念建筑并不只是点缀其中，而是构成了整座城市，纪念性的建筑在 1900 年甚至更早之前就已经屹立在这座城市之中 [比如杜伊勒里花园（Tuileries Gardens）与凯旋门连线的纪念轴线、荣军院前广场]。拉波波尔（Rapoport）点评道，"政治意义通过固定或者半固定的单个元素不断被传达，而非通过整座城市或者城市的局部来展现"。[11]这一观点来描述巴黎最合适不过了：直到 20 世纪末期，巴黎仍旧通过重大建筑项目来强化巴黎的国际形象。巴黎

近期的环境改善项目都仅仅是在不变动现有城市平面的基础上，做一些微小改动，比如现有的城市框景或者重要轴线中创造一些微小的景致。这些改动有时候甚至只能通过在竖向高度的改变吸引人们的注意力[12]，这与 19 世纪奥斯曼大刀阔斧的改动可谓大相径庭。

　　类似的，巴黎也从不试图去创建首都功能特区，尽管巴黎首都功能中的大部分位于较为富裕的内城西部，这样的分布是几个世纪以来有机发展的结果。总统官邸（爱丽舍宫）和总理官邸（马提尼翁府）都位于小街道之中，其他主要政府部门散落在高密度的城市环境之中。直到 20 世纪 50 年代拉德方斯的建设开始之前，巴黎中心商务区仍没有形成规划或建筑来展现它广为人知的声望。文化和教育设施（比如国家图书馆、艺术画廊和学术机构）可以在城市各个角落看到。事实上，在 20 世纪的大部分时间里，城市建成环境上增加的部分很少能够影响首都特征；而之前几个世纪留下的遗产在各个方面产生明显的影响，在巴黎甚至法国层面上保持了重要性。

　　然而，巴黎并不是整个法国。这个简单宣言隐藏着的紧张关系解释了 20 世纪前 60 年里首都城市规划迟钝的原因。本章剩余部分将从两个主题分析 20 世纪的巴黎：首先是 1960 年之前规划活动的停滞；其次是巴黎在 20 世纪后 40 年中的新战略思考，这也促使巴黎成为世界上规划干预最强的城市区域之一。对第一阶段到第二阶段的演变过程，本章将从整个法国和首都巴黎之间的关系进行解释。

巴黎与法国

　　首都规划有许多需要考虑的因素，其中

三个方面尤其重要。第一，首都本身作为一个复杂的大都市单元进行运转，首都功能造成的复杂程度远远超过了一般城市。如前所述，第一方面不在这里详细论述：许多重要的城市开发不仅仅与首都职能相关，同时也回应了整个大城市建成聚集区。

　　第二方面是首都与首都之外部分的关系。第三方面，随着全球化进程的不断加速，全球化的意义不断增强，首都在全球城市网络中的国际竞争力也成为重要方面。在每一方面内容中，战略性考量都扮演了极其重要的角色，这表现在：清晰表达发展纲领，创立机制保障实施，以及预测未来几十年的需求。总的来说，这三个方面构成了 20 世纪巴黎规划目标（或者说缺乏目标）的基石。这三个方面的重要程度在不同时期起起伏伏。但巴黎和法国的关系一直是重中之重。

　　在第三共和国时期（1871—1940 年），巴黎是一座存在问题的城市。巴黎和它的市民已经被拿破仑三世的无度统治以及第二帝国时期（1852—1870 年）建设的批评所损害。[13]奥尔森（Olsen）说，巴黎已被"故意描述成了一座展现失信帝国价值观的城市"。[14]在 19世纪的各种革命起义中，巴黎的形象不断毁坏，尤其是 1871 年巴黎公社运动将这种毁坏推向了顶峰。那一年，有评论者说，"巴黎的法国性比我们认为的要弱得多。巴黎其实形成了一个独立国度，认为自己超脱于法国的首都，已成为世界首都"。[15]

　　奥斯曼与拿破仑三世认为巴黎属于全法国人民，而非仅仅属于巴黎市民。因此他们认为，如果去询问巴黎市民关于宏大城市方案意见的话，那么没有方案能够得以实施。[16]在 1884 年和 1887 年法国地方政府改革之后，巴黎成为法国唯一不能选举自己市长的市镇（commune）。这种状况一直延续到了 1977 年，当时雅克·希拉克第一次赢得了执政巴黎的权力。即使在 20 世纪末，国家仍旧保留了一定权力，可以依据法令批准作为一个整体的大巴黎地区的战略规划，但在整个法国范围内，更多的城市规划仍然处于定位和思考之上，而非真正的实践中的具体控制。[17]1975年的法令为巴黎设立了市长办公室，与其他地方性改革一起，这标志着巴黎最终从国家权力之中独立出来（至少是相对而言）。1981年，左翼社会党政府在国家层面引入了去中心化的方针，这进一步增强了巴黎地区的权力，但是却仍没有完全除去国家监管。

第三共和国的政治精英们试图限制巴黎的发展（或者说不让巴黎得到更大的权力），他们认为，这种限制能够让巴黎之外的各省获益。这样的理由在法国思想界深入人心，这种想法在第四共和国时期（1944—1958 年）达到了顶峰。1947 年，让·弗朗索瓦·格拉维耶（Jean François Gravier）出版了自己的研究《巴黎与法兰西荒漠》（Paris et le Désert Français）。[18]研究认为，巴黎榨干了法国巴黎以外的地区，人口、资本、企业创新、公共机构的控制都集中流向巴黎，这一现象在19 世纪的前三分之一时间里就已显现出来。这些论点很大程度上成为法国新的中央规划体系的基础：从 1947—1953 年首个国家规划方案以来，法国就尝试"重新平衡"巴黎与其他各省之间的关系。当人们的注意力再次转移到巴黎地区时，第一个主要的区域规划方案（制定于 1960 年）中引入了保持巴黎增长的需求。[19]

直到 1958 年创立的第五共和国，对待巴黎及其周边地区态度方才改变，这可以从 1965 年以来的规划思考中明显看出。秉持扩张主义的戴高乐主义者认为，通过增强巴黎的国际地位，才能最好地为法国利益服务。因此，巴黎需要成为一座高效的现代大都市，并寻求联合的国家和首都的双重国际威望。"世界城市"这一构想最开始出现在巴黎规划实践的思考之中（而不是理论上的探讨），第一次亮相于 1965 年的城市规划和发展总体规划（Schema Directeur d'Amenagement et d'Urbanisme，简称 SDAU），开始强调巴黎作为欧洲范围内的全球性重要角色，甚至是追求更大范围内的全球地位。

无论巴黎和法国的关系如何，首都地区人口在整个 20 世纪持续成长，需要规划干预措施（但这些措施也不是总能立刻解决当下的问题的）应对增长的问题。图 4.1 显示，巴黎市本身以及它周边城市聚集区所形成的中央部分居住人口在不断增长。[20]1901 年，聚集区人口中的 75% 居住在城市之内，但在一个世纪之后，巴黎郊区大规模增长，完全逆转了这一平衡。[21]

纵观整个 20 世纪，郊区和远郊区成为大巴黎城市聚集区的主要发展区域。而 19 世纪的规划干预则只是局限于城市。虽然在奥斯曼任期内[22]，巴黎市在 1859 年拓展了界限，但从此再也没有了改变，因此巴黎市（Ville de Paris）在 2000 年和 1870 年具有相同的空间覆盖范围。萨克利夫指出，"一个担心首都独立的政府，自然不会毫不犹豫地赋予它更大的区域。"[23]广阔的无规划的郊区蔓延以及高度碎片化的管理架构占据了该区域，这些地区表现出来的问题愈发突出。20 世纪 60年代初，整个大巴黎地区规划政策终于确立，

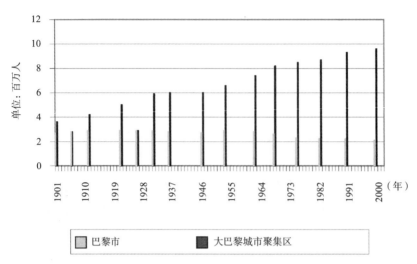

图 4.1 巴黎市和大巴黎城市聚集区[*]人口增长，1901—2000 年

这一策略的主要驱动力是：在预测到未来人口大规模增长的背景下，希望区域规划能够促进巴黎郊区的高效运行。

相对沉寂的时期，1900—1958 年

42   奥斯曼的离职留下了一些未完成项目，接下来的 50 年见证了巴黎市的持续改造活动（图 4.2）。[24] 在 20 世纪最初几年，很多思考都希望能够进一步干预城市，尤其是在政府总建筑师欧仁·埃纳尔（Eugène Hénard）1903 年到 1909 年的任期内，但最终都受到极大的限制（就如巴黎在二战之前的所有城市开发一样），因为政府部门不愿建立合适的财政措施支持开发。[25]

    20 世纪前半个世纪，无论是巴黎市还是它迅速增长的郊区都没有整体视野，巴黎的这段时间可以在巴黎规划历史中定位为理念、项目和语用学的时代（era of ideas, projects and pragmatics）。从规划角度看，许多思想相当超前，但只有一小部分的项目最终得以建成，同时规划活动也只限于有限区域内。其中的主要计划有：1925 年柯布西耶的巴黎改造方案（Plan Voisin，未实施），其次是他于 1937 年世界博览会展出的改进方案（也未实施），以及亨利·塞利耶（Henri Sellier）的花园城市计划（cités-jardins，实施方案）。[26]两次世界大战之间时期的大多数思考并未关注巴黎的首都角色，而是在意城市本身的物理环境。自第三共和国成立以来，巴黎就一直被忽视。无论在内城，还是在城市边界外蓬勃发展的郊区，贫民窟、贫困和过度拥挤是大部分巴黎人的日常现实。[27] 考虑到战时租金管制政策的延续，业主们对重建毫无兴

---

[*] 本翻译中，"巴黎市"指的是巴黎中心的 20 个区，英文原文为 City of Paris 或者法语的 Ville de Paris；"大巴黎城市聚集区"指巴黎市和周边的郊区建成区，英文原文为 Paris agglomeration；"大巴黎地区"指巴黎市及其周边若干省，具体边界参见图 4.10 的大巴黎地区总体规划，英文原文为 Paris Region，现在这一地区也被称为法兰西岛，法语为 Île-de-France。——译者注

趣。其他问题还在于金融和控制，因为法国参议院不愿意为巴黎的项目投资，而法国最高行政法院对因公共产品而征收税赋的权力控制得非常严格。[28] 因此，很难在没有整体战略的背景下，认定这些建设措施能够增加公共利益。

建筑及规划竞赛是巴黎的独特传统，这可以一直追溯到 19 世纪 70 年代，并且至今仍在运用。一系列重大竞赛在 1919 年至 1920 年举行，获奖方案却很难得以实施。[29] 后奥斯曼时期的几个巴黎世界博览会——1878 年、1889 年、1900 年和 1937 年——都有潜力增强首都的形象。然而，每个博览会都集中于塞纳河下游市中心的同一区域，在城市之中

增加了重要的单体建筑。[30] 因此，巴黎并未通过世界博览会大幅度重构或大规模重建，也没有采取行动来平衡城市空间或城市力量。[31]

首个有效的大巴黎地区战略规划思考始于 1928 年，大巴黎地区发展和组织高等委员会（*Comité Supérieur d'Aménagement et d'Organisation Générale de la Région Parisienne*，简称 CARP）和立法机构于同一年开始考虑郊区土地细分（land division）。[32] 这最终形成了 1934 年的"普罗斯特"规划（Prost Plan，图 4.3），此方案于 1939 年批准，于 1941 年开始执行，直到 1960 年仍然有效。直到 1971 年，它还催生了一系列地方性和跨市镇一级的详细计划。和 1960 年继承它的 PADOG（详

0100　500　1000m

图 4.2　奥斯曼规划在 20 世纪里实现的部分（图中加粗标示部分）

见第 45 页）一样，此规划旨在通过限制物质空间的扩张来限制巴黎城市蔓延。[33] 每个市镇的开发程度都受到城市设施方面可负担程度的限制，同时也限制在正在制定中的总体区域规划内。[34]

不同于一些法国城市，如勒阿弗尔、卡昂或敦刻尔克，巴黎在二战期间遭受的损伤很小。因此，中央战后重建资金并未注入巴黎。倾向于支持其他省的观点仍在继续，这一点在维希政权时期更是如此。不过，即使战后第四共和国的领导人更加维护法国农村和各省的利益，但农村和各省的人们还是离乡背井，迁移到大城市，特别是迁居到巴黎，这样的趋势正是发生在第四共和国时期。1946年到 1975 年之间，大巴黎地区占法国总人口的比例从 11.5% 上升到 16.3%。[35] 这带来了大量的爆发性的住房建设，但这却与管理首都增长的战略计划毫无关联，因为当时根本没

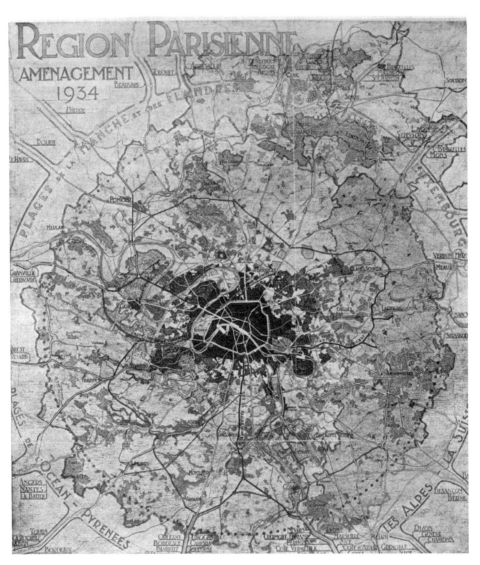

图 4.3 1934 年的"普罗斯特"规划

有任何关于首都的发展规划。事实上，当时战略思考的核心在于，当时的成见认为巴黎不该在规模和权力上有任何增长。

　　郊区的快速增长导致了许多问题，这些问题涉及住房标准，基础设施建设，以及大巴黎地区内的经济社会平衡。这也引起了一些政治问题，特别是相对富裕的内城（巴黎市本身）和位于周边产业郊区的相对贫困的共产主义者组成的带状"红色区域"长期并存。[36] 这些不断累积的忧虑促使产生了自 1934 年普罗斯特方案以来的第一个综合规划。新战略于 1960 年被批准为大巴黎地区发展与组织总体规划方案（*Plan d'Aménagement et d'Organisation Générale de la Région Parisienne*，简称 PADOG），规划立法的成果构成了 1958 年成立的新第五共和国的一些战略措施。PADOG 方案仍然把早期的规划思考作为依据，这些思考希望减缓巴黎人口增长的浪潮。当然，方案当时已经认识到，将巴黎的增长设置一个极限并不可取，而是应该采取增长极的策略。通过制定 PADOG，对巴黎发展产生了重要的直接和间接的影响。这一策略基于新城区的高密度开发，也就是开发位于城市西郊的拉德方斯，这可以说是这一方案为巴黎在各方面留下的持久遗产。然而，PADOG 批准一年后，关于巴黎的国家战略思考就产生了新转折，这一转折在政治哲学上被称为戴高乐主义，产生于 1958 年到 1969 年戴高乐担任法国总统期间。

第五共和国时期的规划，1958 年—

　　随着 1958 年第五共和国成立，法国政治

家的视角更新颖也更有前瞻性，决心去解决那些困扰了第三共和国和第四共和国[*]的问题。新一届政府首脑的其中一个目标便是将巴黎建设成为未来欧洲最伟大的城市之一。调动起来的新体系在整体上促进了巴黎多方面特征的巨大改变，这主要体现在大巴黎城市聚居区的生活和景观方面。但对巴黎作为首都的城市结构影响来说，却可能比预期少得多。中央政府的控制显然依然强劲，直到 20 世纪 80 年代初社会党左翼总统的上台，方才引入了一些可视为三心二意的政治分权措施。

　　正如拿破仑三世和奥斯曼之间的关系，政治领袖和行政幕僚的配对也至关重要。1961 年，戴高乐任命保罗·德卢弗里耶（Paul Delouvrier）为巴黎大区总代表（图 4.4）——这个新成立的岗位由新建立的法兰西地区性行政结构产生，德卢弗里耶的岗位代表了整个法兰西岛地区，包括巴黎盆地以及周边距离城市中心 100 公里以内的乡村土地。1966 年，德卢弗里耶同时被授予大区首长的职位，他的职责包括控制整个巴黎大区的预算。[37] 实际上，德卢弗里耶于 1968 年被迫离职，但那时他和戴高乐已经为巴黎开启了一个新的篇章。

　　德卢弗里耶着手确定了巴黎及其周边地区的新战略愿景，包括现代化和可持续增长的城市发展机制，这些政治分权覆盖范围既包括过去被视为拥挤不堪的城市中心，也包括未曾得到有效支持的城市郊区。[38] 他借鉴了格拉维耶的《巴黎与法兰西荒漠》想法（前文"巴黎与法国"一节提到过），但他将内城

---

[*]　第三共和国为 1871 年至 1940 年；第四共和国为 1944 年至 1958 年。——译者注

图 4.4　保罗·德卢弗里耶（图中位于右侧）与同事

和周边的郊区进行比较，这些郊区正好是前60年无规划发展的产物。然而，德卢弗里耶的思想其实从中进行了革新，从原来以遏制为主的目标转变。尽管面临来自支持省级利益群体的猛烈批评，巴黎地区的城市发展还是被接受并开始规划。[39] 主要规划方案包括建立一系列郊区新城；新建高速公路；建立跨区域服务的 RER* 铁路网络；除了 PADOG 指导下建设的拉德方斯之外，建设其他郊区发展极；划定建成区内的保护区。[40] 整个巴黎城市聚集区开始大规模地重新塑造，形成一系列平行于塞纳河的轴线。和百年前一样，巴黎规划脱颖而出，再次成为国际典范。[41] 尽管首都方面作为巴黎规划的起始点，特别是戴高乐主义政府热衷于在全球范围内建立法国的大国地位，但是规划本身关注的主要问题仍然是巴黎城市聚集区内部如何合理运转的问题。

城市规划专家兼地理学家皮埃尔·乔治（Pierre George）的理论著作中，清楚地反映了关于巴黎的讨论，他认为在规划高效的现代世界首都过程中，有一种可能性是：移除内城中所有涉及城市本身的服务功能，并将这些功能分散到更为广泛的城市环境新增长极之中。[42] 内城中取而代之的将是国家和国际层面的功能。乔治的评论可以被解读为试图理顺在 1965 年城市规划和发展总体规划（*Schéma Directeur d'Aménagement et d'Urbanisme*，简称 SDAU）[43] 创造的郊区发展极。除了城市服务活动，许多巴黎的"首都"功能也在接下来的几年迁往郊区，包括主要办公室和部门迁往拉德方斯或其他郊区新城，高等教育和科研院迁往南部郊区的马西 – 萨克雷（Massy-Saclay）轴线。各种财政措施和建筑法规都鼓励这一郊区化进程，这些措施

---

* 全称为区域性快速铁路网，法语为 Réseau Express Régional，缩写为 RER。——译者注

包括市内建筑物高度限制，以及市内办公建筑更高的税收。[44] 但是从来没有人认为，需要在历史内城之外集中建设一个包容所有首都功能的行政中心。在国家和国际层面，巴黎的功能仍旧散落在城市中心，一如几个世纪以来，不曾改变。

1980 年发布的巴黎市详细城市规划，明确了限制内城的就业增长。[45] 大公司和政府本身毫无选择，只能分散其发展计划，很多都迁移到了拉德方斯和其他郊区新城。[46] 和巴黎首都城市功能相关的目标只有一个，那就是维护巴黎城市特征的重要性，并进一步提到了保持城市空间质量和维护城市形象的目标。[47]

除了将巴黎大区作为整体考量以外，在一定程度上，法兰西第五共和国也对巴黎城本身进行了自 19 世纪 60 年代以来的首次城市内部管理变革。与奥斯曼和拿破仑三世的革新一样，这一次改革也超越了简单操作，并促进了极富声望的大型项目，提升了巴黎乃至法国的形象。越来越多的改革手段集中在了巴黎的"文化"地位，而非仅仅政治或经济层面的考量。连续几任总统都特别注重巴黎的项目，但在密特朗治理时期（1981 年至 1995 年），为项目引入了欧洲和全球的视野，最为深刻地影响了首都的城市规划。正如安布鲁瓦兹－朗迪（Ambroise-Rendu）在 1987 年所言，所有密特朗的重大项目都开始于他的任期之前："四位总统*都为巴黎作出了许多贡献，如同 19 世纪两位皇帝**作出的贡献一样"。[48]

有时相互补充、有时相互竞争的许多力量促进了巴黎的战略性干预。这些措施包括：以确保更高租金的资本主义土地开发[49]；对既有问题的技术性解决；通过更新和相关计划控制人口的社会组成[50]；遗产保护和景观保护；标志性的城市开发以提升倡导者的（特别是在任总统）的个人声誉，乃至巴黎或者全法国的声誉。

从第五共和国一开始，就决定改善内城部分地区，并带来了大量的拆迁和重建工作。巴黎中央市场（Les Halles market）的搬迁就是典型例子，新生力量早已试图发起行动，但却在各方面同意方案之前延误了许久。[51] 巴黎的 20 世纪 60 年代有时候被妖魔化成了扫荡旧有特征的时期[52]，但也有一个有力的回应：巴黎已经太长时间缺乏改变，一段时间的规划干预显然是急需的，这才能改进城市功能，重建成为世界强国的高效首都。城市保护这时也提上议事日程，1962 年的"马尔罗法案"（Malraux Act）规定法国城市需要在城市范围内建立保护区域（secteurssauvegardés），并补充了 1840 年，1913 年和 1930 年零星关于历史遗迹的法律条文。[53] 在巴黎，历史保护区的建立在一定程度上视为邻里尺度的社会变革原因，特别是在 1965 年被指定为历史保护区的玛莱区。

为了管理巴黎市的战略规划，巴黎城市规划工作室（Atelier Parisien d'Urbanisme，简称 APUR）创建于 1967 年，其最初的目的是为城市提供总体规划方案。当然，这样的任务不能简单委托给巴黎本身：APUR 的资金最初定为 42% 由中央财政支持，42% 由巴黎市提供，16% 由法兰西岛地区资助。1978 年后资金支持出现了变化，法兰西岛地区拒绝支

---

*　指第五共和国的前四位总统：戴高乐、蓬皮杜、德斯坦和密特朗。——译者注

**　指拿破仑和拿破仑三世。——译者注

图 4.5　皮埃尔 – 伊夫·利热，巴黎城市规划工作室领导者，1968—1984 年

持这一规划，因为法兰西岛地区认为巴黎城市规划工作室只是致力于特定区域内的专门讨论。自此，国家拨款减少到了 25%，巴黎市承担了剩下的 75%。[54]APUR 被证明是支持巴黎市战略思考的有效工具，最开始在总统的直接领导之下，1977 年以后则是在希拉克市长领导之下。1968 年到 1984 年之间，皮埃尔 – 伊夫·利热（Pierre-Yves Ligen，图 4.5）担任该机构领导者，由于 APUR 活动涉及的广度，他被喻为"奥斯曼二世"。[55] 不过，利热的成就很大程度在于他将自己所管辖的巴黎市（巴黎内城本身）建成了一座伟大的城市，而不是对整个法国首都负责。

1969 年至 1974 年期间任职的蓬皮杜总统，是最接近完成巴黎内城改造的总统，他

希望突破现有的建筑法规，通过采取"垂直化"和高层建筑的建设方法，把巴黎建成现代化的首都。[56] 他还推动了塞纳河河堤改造，将河堤转换成为机动车道，期望巴黎能够更加适应成为一座为汽车服务的城市。如果蓬皮杜的生命更长一些，关于巴黎的战略思考或许也会发生改变，巴黎或许会更加注重内城的功能分区，更加倡导汽车交通的便利化。相较于前几任总统，蓬皮杜对于内城的传统形象并不感冒，在某些方面，蓬皮杜的想法让人联想起 1925 年柯布西耶未实现的巴黎改造规划方案。1974 年春天，季斯卡·德斯坦当选为新一任总统，几个星期后，他停止了大部分蓬皮杜的计划，其中包括塞纳河左岸的高速公路项目（在补偿给开发商支出的条件下）。[57]

总统和市议会之间关于巴黎的争论还在继续，直到 1977，巴黎市长仍然由国家任命[58]，1977 年以后，巴黎市长才由选举产生。德斯坦任内，这种紧张关系尤其明显。德斯坦对于巴黎中央市场的意见与民选巴黎议会的意见相左，造成了僵持。直到 1978 年，国家退出了这些项目，这被视为城市对抗国家的胜利。不过，作为交换条件，城市议会同意留下德斯坦的另一个项目——拉维莱特公园里的科学与工业城（图 4.6）。1974 年至 1978 年的这种斗争大概不会发生在任何一个"正常"的城市。[59]

1981 年总统选举后，密特朗上台，他特别加强了中央政府对于巴黎规划的关注，特别是巴黎在欧洲层面和"世界城市"层面的角色。1980 年的巴黎市 SDAU 草案已经谈到"重申其作为首都的影响力"。[60] 强调的重点包括行政职能（包括国内和国际组织）、教育、

图 4.6　拉维莱特公园里的科学与工业城

文化、从机场到城市中心的交通联系，以及酒店业。然而，矛盾的是，密特朗时期也采取措施将权力下放，使得国家对控制巴黎发展状态的影响力削弱了。

在 20 世纪 90 年代初，更广泛的相对地位变得更加明晰。1990 年，巴黎市和大巴黎地区的规划机构联合制作了咨询性质"白皮书"[61]，该白皮书在其序言部分写道，法兰西岛的愿景是成为最佳的欧洲大都市。此白皮书和次年的"法兰西岛宪章"（la Charted' île-de-France）[62] 一起，明确提及了全球化带来的压力和 1992 年欧盟完成市场一体化的背景。巴黎在国际舞台上的地位一直被认为存在问题：巴黎大区在国际化上一直表现不佳，例如，外国直接投资的吸引力不足，重要的美国和日本的跨国公司在巴黎建设欧洲总部数量并不多。[63] 在"宪章"中，许多篇幅涉及了巴黎作为欧洲首都的愿景，巴黎的主要竞争对手包括伦敦（其金融市场是巴黎的 5 倍），布鲁塞尔（许多欧洲机构所在地）和柏林（在当时被认为有望从德国统一中受益）。在"宪

章"中，交通可达性问题覆盖了整个欧洲，而非单单法国境内，也就是说，巴黎与布鲁塞尔、法兰克福和米兰三座城市之间的交通联系被给予了和巴黎与各省联系一样的重视程度（甚至更加重视）。

在"宪章"中，关于巴黎的未来首都发展讨论主要集中在区域层面或者城市聚集组团层面，而并非在内城层面。如前所述，尽管一些首都功能随着郊区化分散到了郊区增长极之中，但主要首都功能仍然集中在内城之中。战略思考仍然认为，郊区的重组可以为实现未来城市目标做出贡献，但这些想法现在正从国际层面上进行思考。从一开始规划为首都，巴黎从未拥有一个现代"首都综合体"，从而整合新城市中国家和国际功能。对于以首都为开端的新规划的城市来说，这类功能汇聚几乎是最显著的特点。尽管在整个城市聚集组团中，发展节点的扩散数量有限，但当时想法还是希望能够在空间上进一步扩散这些功能。这实际上展现了自 20 世纪 60 年代初以来的"没有变化"的情景。

在这样的背景下，过去 25 年里，总统的"重大建筑项目"或"重大工程"已经成为首都"纪念主义"形式在空间的具体表现。大部分人都只是特别关注了密特朗总统任期内的活动[64]，但其中几个项目在他的前几任总统的任期内就已经开始建设，甚至他们的想法也已贯穿在一些建筑项目之中（图 4.7）。例如，将拉德方斯作为城市主轴结束点的项目已在 1980 年由德斯坦选定，第二年，密特朗继任总统之后，首要施政措施之一便是取消了该项目，密特朗认为这个项目规模太小，无法体现该场地的特征。最终，1989 年该地落实了以私营为主的建设方针，但所有的重大决策都需要得到总统的首肯。[65]

对于巴黎来说，总统重大项目和首都城市功能的关系有趣而复杂。经济和政治领域相较于文化来说处于次要地位。可以明显看出，巴黎成为世界首都的明显优势在于文化领域，这也是巴黎期待创造的重点。在近 40 年的总统支持之后，建设成果包括：新建或者提升了三大艺术空间（蓬皮杜艺术中心[66]，奥赛博物馆和卢浮宫扩建），一个新的歌剧院（巴士底歌剧院），一座新的国家图书馆（位于托尔比亚克，铁路场址再开发场址），把旧有屠宰场建成了博物馆，展览和表演场所组成的综合体（位于拉维莱特），以及阿拉伯世界文化中心。[67] 阿拉伯世界研究中心的建设也有政治根据，法国将其作为地缘政治的区域国际关系产物，而这对于大部分西方国家来说缺乏和自身利益的关联，因而并不如法国一般重视。[68]

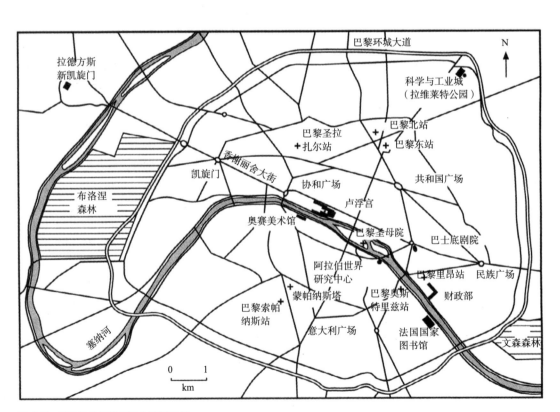

图 4.7　最近几任总统的重大建筑项目

文化为主导的目标在"大卢浮宫"项目可以看出，该项目不得不将财政部从久负盛名的城市中心宫殿搬走，为整个项目扩建和卢浮宫美术馆的改造腾出空间（图4.8）。在贝西（Bercy）的财政部大楼是唯一明确作为政府大楼的重大工程建设，相对而言，许多其他政府部门至今还占据着拉德方斯新凯旋门的一部分。新凯旋门本身也是人权历史博物馆，反映了法国大革命的理想，在法国大革命两百周年纪念日正式落成。

这些重大项目散落在城市之中，一些项目坐落在著名场址之中，另一些场址却并没有那么重要。只有拉德方斯的新凯旋门（图4.9）为城市形象做出了重大贡献，并为20世纪50年代末起步的发展节点提供了一个中心片区。这些重大工程和整个城市基础设施的连接并不是那么完美，例如拉维莱特公园和城市联系就很不方便。另一方面，地铁二号线延伸到了新的国家图书馆，巴士底歌剧院占据了城市历史片区的一个重要空间，虽然这一场址在以前并不被认为是久负盛名的

区位。只有卢浮宫和蓬皮杜艺术中心位于城市中心的心脏地带。这些项目的目标并不是一起创造项目的共同整体效果，而是为特定的街区提供新的活力，从而对巴黎地方性发展起到推动作用。许多项目特别侧重于城市东部街区的开发，历史上这些街区比较贫穷，因此期望这些项目可以刺激城市更新。从某些方面来说，巴黎这座城市具有不断演化的传统，将主要纪念物和国家功能建筑分散在整个城市环境之中：比如两个世纪前的凯旋门、老歌剧院和荣军院就是典型的例子。然而，有一点非常明确，巴黎期望广泛加强整体声誉，巩固自己作为国际文化之都的地位。

20世纪末可能标志着法国中央政府对巴黎重大项目介入的转折点。总统重大项目的时代似乎已经结束，希拉克（1995年首次当选总统，2002年连任）对于为巴黎打上自己的烙印并无多大兴趣。在他于1977年和1995年之间作为巴黎市长的任期以内，他已经打上了足够的自我烙印。同时，规划权力下放在当时已经得到了落实。为了通过1998年足

图 4.8　卢浮宫透明金字塔

图 4.9　拉德方斯新凯旋门

球世界杯向全世界展示法国形象，坐落在圣丹尼平原（Plaine St Denis）的法兰西大球场（就位于巴黎市的北部边界之外）是首都当时的重大项目。法国队在此地赢得了世界杯决赛，更加赋予了法兰西大球场重要的象征意义。但体育场的建设表明，这样的项目现在需要中央政府和地方政府之间大量的合作和妥协方可顺利完成。[69]

然而，虽然巴黎越来越重视作为全球首都的目标，但这并没有把注意力从区域间不平衡、大巴黎区域的高效运作以及地方规划政策的细节等三个方面转移。[70]1994 年的总体规划（图 4.10）预计首都地区的人口到 2015 年将上升到大约 1180 万[71]，并将巴黎以东的塞纳 – 马恩省指定为主要的城市化区域。这不仅是因为相较而言这里是城市化程度较低的欠发达地区（尽管有马恩河谷新城的存在），同时也因为巴黎在这个方向上可以通过高速公路、铁路（法国高速列车，*Train à Grande Vitesse*，简称 TGV）和航空（戴高乐机场）三种方式与欧洲其他国家紧密相连，

这一点和大多数具有国际抱负的城市如出一辙。正如其他首都一样，巴黎的国际交通联系是近期主要的城市投资领域，机场和 TGV 连接作为国家门户，得到了特别多的重视——虽然最终通向巴黎的联系并未改变，仍然通过已经老化的巴黎北站，以及从机场而来的拥挤高速公路和区域铁路连接。

从 20 世纪 60 年代以来，规划的持续议题是多中心城市空间开发，这也被认为是巴黎地区未来发展的模式，这种模式在郊区通过区域性增长极和轴线组织。其中四个增长极期望能够成为联系欧洲各个方向的中心（centres d'envergure européennes），还有一个第五中心则是巴黎市本身。早期的咨询文件特别提到了要加强郊区发展极，以保持巴黎"卓越的国际地位"。[72] 自 1960 年以来，法国规划在各种尺度上都一直应用增长极的概念，作为减少重大结构性失衡的关键要素，这种失衡原本体现在法国生活的各个方面，包括首都与各省之间的失衡，以及首都域内内城和郊区之间的失衡。

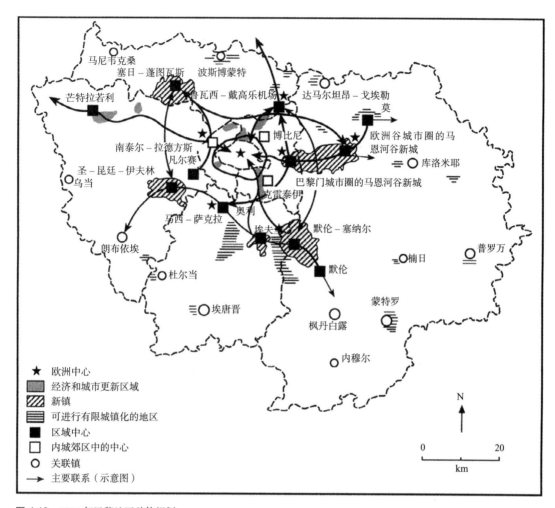

图 4.10　1994 年巴黎地区总体规划

结论

54　　法国首都城市区域的规划干预在 20 世纪明显不一致。很大程度上，巴黎内城仍然保持着 19 世纪 50 年代和 60 年代奥斯曼规划的形态。之后一段时间的特点是没有行动，也没有充足的战略发展解决巴黎问题。这些问题包括巴黎如何适应 20 世纪，如何满足人口迅速增长的需求，以及如何进一步加强其首都和世界城市的地位。在二战后早期，主要目标还是重新平衡巴黎和法国的关系。但从 1958 年第五共和国成立开始，目的已经变成促进巴黎发展，同时试图改善首都内区域严重失衡的问题。

　　法国首都需要维持其国际地位的思路越来越多地受到了人们的重视。当下的战略规划思路反映了加强巴黎地位，提升在全球舞台的竞争力，以及成为主要世界首都的愿望。在这一点上，伦敦和柏林被巴黎视为欧洲范围内的主要竞争对手。[73] 规划者和政治家们没有试图去打造有吸引力的首都功能区，相反的，他们把新的开发项目安排在整个巴黎内城，从而保持两个世纪基本未曾改变的城市精神，同时也极大地提升了城市的国际形象。21 世纪开始，巴黎的首都特征可以从千年以来的演变之中看出。

然而，越来越多的迹象表明，与潜在竞争对手比较而言，文化的重视是巴黎最大的优势，国家的干预加强了这一特点。[74] 法国政治家们敏锐地意识到，巴黎需要在文化上得到持续支持，以实现他们的抱负。巴黎地区面临的许多问题其实更是法国整体竞争力和声望的问题。然而，这就是首都的本质。

注释

1. Noin and White (1997), pp. 1–4.

2. Noin (1976); George (1998).

3. Hall (1998), pp. 937–938。有趣的是，这个词很少在法国使用。

4. Sutcliffe (1993); 巴黎对拉丁美洲的首都影响参见 Almandoz (2002)。

5. 城市作为国际组织所在地的功能也不容忽视：巴黎是经合组织和联合国教科文组织总部所在地，以及北约曾经的总部所在地。诺玛·埃文森（Norma Evenson）曾指出，"一些观察家认为，仅仅以法国首都为目标似乎是长期以来对巴黎使命过分谦虚的解读。"参见 Evenson (1984)，p. 259. 对于欧洲首都的广泛论述请参见 Hein (2001)。

6. Noin and White (1997), p. 11.

7. Sutcliffe (1970).

8. For example, see Hall (1997a); Sutcliffe (1993); des Cars and Pinon (1992).

9. Sutcliffe (1970), p. 321.

10. 读者如果希望深入研究法国 20 世纪规划在巴黎城市聚集区和区域的应用，请参考以下主要研究：Evenson (1979); Gaudin (1985); Lacaze (1994); Pinon (2002); Sutcliffe (1970); Voldman (1997)。

11. Rapoport (1993), p. 54.

12. 例如，蓬皮杜艺术中心或者位于托比亚克的新国家图书馆。新国家图书馆就超过城市规划限制的景观范围。自 1607 年起，巴黎就有了一系列的建筑限高规定，参见 Evenson (1979), pp. 147–154; Bastié (1975), pp. 55–89。

13. Ambroise-Rendu (1987), p. 20. 来自巴黎民众压力在一定程度上导致了第二帝国的覆灭，但这一作用一直以来都被忽略，但事实证明，巴黎市民的行动是未来抗衡巴黎权力的力量：前一点参见 Price (2002)。

14. Olsen (1986), p. 53.

15. Veuillot (1871) quoted in Marchand (1993), p. 124。更多关于巴黎和各省之间的关系，尤其是第三共和国时期（1871—1940 年）的关系，参见 Cohen (1999) 和 George (1998)。

16. Ambroise-Rendu (1987), pp. 193–194.

17. Lacaze (1994), p. 34.

18. Gravier (1947).

19. Berger (1992).

20. 以建成区为定义的聚集区空间范围不断拓展。每年统计的结果如图 1 所示。参见 Noin and White (1997), pp. 19–23。现在被称为法兰西岛的大巴黎地区，其范围比巴黎建成聚集区更广。

21. 具有讽刺意味的是，虽然 20 世纪 60 年代试图通过改变规划来引导巴黎地区未来人口增长，自 1962 年以来的年增长率却一直小于二战后早期的年增长率。

22. 这种结果与其说是游说地方政府的结果，还不如说是国家鼓励之下的结果。参见 Ambroise-Rendu (1987), p. 194。

23. Sutcliffe (1979), pp. 71–88.

24. 1870 年后房产价格下跌，意味着政府部门在完成建设项目的时候，可以付出比原来少许多的征地拆迁补偿费用。参见 Sutcliffe (1981), p. 135。

25. Evenson (1984), pp. 273–274。蒙马特高地的圣心大教堂（1871 年至 1919 年）是这种趋势的一个例外，因为巴黎人民认为这样做能够对第二帝国（1852 年至 1870 年）犯下的罪行进行救赎，参见 Harvey (1979), pp. 362–381。

26. 对于 1940 年以前巴黎未完成方案的讨论，参见 Evenson (1979), pp. 2–75 和 Bastié (1984), pp. 174–181。对于花园城市，参见 Burlen (1987) 和 Sellier and Brüggemann (1927)。花园城市是城市设计中的一项有趣工作，表现出了法国规划思路从其他国家的规划思考汲取营养，但这些想法和巴黎作为法国首都的城市功能并无关联。

27. Hall (2002), p. 222; Sutcliffe (1970), pp. 104–112, 240–243; Evenson (1979), pp. 212–216; Evenson (1984), pp. 274–275. See also Fourcaut (2000).

28. Roncayolo (1983), p. 146.

29. 参见 Evenson (1979), pp. 275 和 pp.329–332。巴黎区域规划中的一些想法可能在后来支撑了 1934 年的普罗斯特规划方案。1919 年竞赛的一位法国获奖者，雅克·格雷贝尔虽然在法国参与了几个小规模开发项目，但更令人瞩目的是他为加拿大首都渥太华所做的规划。参见 Gordon and Goumay (2001), pp. 3–5; Gordon (2001)。

30. 比如埃菲尔铁塔（1889 年）、巴黎大小皇宫（1900 年），以及位于特罗卡德罗的夏乐宫（1937 年）。

31. 第五共和国的总统项目（1958 年以来）近来总是通过重要的国际设计竞赛形式，但同样在很大程度上只是与单体建筑物相关。

32. Bastié (1984), pp. 178–179; 1928 年的萨罗法（Sarraut Law）是遏制郊区扩张的最恶劣暴行。

33. Dagnaud (1983), p. 219.

34. Evenson (1984), p. 278; Marchand (1993), pp.258–261.

35. White (1989), pp. 13–33.

36. Stovall (1990). See also Guglielmo and Moulin (1986), pp. 39–74.

37. Savitch (1988), pp. 100–106.

38. Ambroise-Rendu (1987), p. 21。1960 年 PADOG 和 1965 年 SDAU 之间的显著区别在于，前者预计 1000 万为合理的人口集聚数量，而后者的预计是 1600 万。参见 Dagnaud (1983), p. 220。

39. Marchand (1993), p.314; Thompson(1970), p.216。然而，传统上官方对于在巴黎和法国其他地区之间平衡的关注还在保持——尤其是巴黎之外的八大平衡大都市区(métropolesd'équilibre)，这八个都市区由空间规划和区域行动代表团（ *Delegation à l'Aménagement du Territoire et à l'Action Régionale*, 简称 DATAR ）确定，以制衡巴黎增长。

40. See Noin and White (1997), chapter 4.

41. As Peter Hall has observed, 'If audacity is a criterion for merit in urban planning, then the Paris Schéma Directeur of 1965 must surely belong in some category by itself'. Hall (2002), p. 346.

42. George (1967), pp. 287–292.

43. The total number of new towns to be built had

quickly been reduced from 8 to 5.

44. IAURIF (1993).

45. 对巴黎有效的增长限制可以在以下数据中看到：1975 年至 1995 年的 20 年里，巴黎市办公面积仅仅增加了 11%，与此相对的是，近郊增加了 194%，远郊增长了 296%，郊区新城增长了 1542%。

46. DREF (1995); Lacaze (1994), p. 59。彼得·霍尔认为，巴黎市中心发展受到遏制是为了促进拉德方斯的增长，但动机本身很可能更复杂，其中包括防止巴黎城市景观被"美国化"的普遍愿望。Hall (1998), p. 926。

47. SDAU (1980), pp. 74, 92.

48. Ambroise-Rendu (1987), p. 25.

49. 巴黎 13 区的意大利广场大型早期重建规划的背后逻辑讨论请参见 Godard *et al.*(1973)。

50. 希拉克在履任巴黎市长期间的讨论请参见 Carpenter, Chauviré and White (1994), pp. 218–230。颇具讽刺意味的是，2002 年，当希拉克在总统之位的时候，发现自己同在巴黎执政的是社会党市长贝特朗·德拉诺埃（Bertrand Delanoë）。希拉克并不是第一个操纵巴黎社会构成的执政者：拿破仑和查尔斯十世在 19 世纪早期也有相似观点，详见 Rouleau (1985), p. 215。Lidgi (2001) 认为，1995 年之后，希拉克的继任市长让·迪贝利（Jean Tibéri）削弱了希拉克在这方面的部分目标。

51. Michel (1988). This provides a detailed account of the evolution of the plans for the area.

52. Chevalier (1977).

53. Kain (1981), pp. 199–234.

54. Ambroise-Rendu (1987), pp. 264–267.

55. Michel (1988), p. 215.

56. 1967 年引入了新建筑限高规定，这使得巴黎市外部靠近郊区的位置得以建设高层建筑。但在 1974 年，在巴黎市内的高度限制再一次收紧。参见 Evenson (1979), pp. 175–179。这一时期基本上可以看作是蓬皮杜总统对巴黎影响的时期。

57. Ambroise-Rendu (1987), pp. 22–23.

58. Chaslin (1985), pp. 12–13.

59. 在巴黎市长任职期间，希拉克于 1978 年声称，"巴黎中心市场的首席建筑师就是我！"（l'architecteen chef des Halles, c'est moi!）：当然事实上这项工作最终由 APUR 完成。对于整个时期参见 Michel (1988), pp. 61–71, pp. 243–244。鉴于巴黎中心市场重建在近期被认为是失败项目，特别是 2004 年的规划准备重建巴黎中心市场相当大的一部分，希拉克很可能不会想再提及自己此前的声称。

60. APUR (1980), pp. 92–96.

61. DREIF/APUR/IAURIF (1990). DREIF is the Direction Régionale de l'Equipement de l'Île-de-France; IAURIF is the Institut d'Aménagement et d'Urbanisme de la Région d'Île-de-France.

62. IAURIF (1991).

63. 对于巴黎为何没有充足的国外直接投资，以及为何在国际商业中心这一角色逐渐落后，参见 Marchand (1993), pp. 373–376 和 Berger (1992), p. 19。关于此问题的最新报告于 2002 年 7 月由 IAURIF 编写，名称为 Note Rapide sur le Bilandu SDRIF, No. 302。

64. 一些评论家认为，密特朗的重大项目，实际上更多的是为了提升巴黎市本身，而非加强巴黎作为法国首都的功能。比如参见 Woolf (1987), pp. 53–69。

65. 关于密特朗个人在重大项目中的参与，参见 Andreu and Lion (1991), pp. 570–580 和 Ambroise-Rendu (1987), p. 25。

66. 法语全称为 Centre National d'Art et de Culture Georges Pompidou。

67. 在文化的主要领域内，唯一尚未提供的是管弦乐演奏，这使得巴黎不能提供世界级的音乐会设施，已成为了争议话题。

68. 该研究中心的建设曾有曲折的历史，其中包括一些阿拉伯合作者坚持，除非允许使用研究中心为自身宣传，不然拒绝提供资金支持。参见 Marchand (1993), pp. 350–351。

69. Newman and Tual (2002), pp. 831–843。目前新音乐厅建设可行性的讨论也表明了这种平衡在国家层面的转变：2002 年 11 月，文化部部长认为，音乐厅的大部分资金应该由巴黎市支持，而非国家资金。

70. DREIF/APUR/IAURIF (1990), p. 25.

71. DREIF (1994).

72. DREIF/APUR/IAURIF (1990), p. 57.

73. 关于"欧洲"首都的广泛竞争，参见 Hein (2001)。

74. Robert (1994) 强调，在未来，巴黎作为"世界"城市的角色很有可能依赖于旅游、文化和会议，而非经济上的实力。

第 5 章

莫斯科和圣彼得堡：双城记

迈克尔·H·朗（Michael H. Lang）

20 世纪，俄罗斯有两个风格迥异的首都；一个是圣彼得堡，现代和欧洲气质的帝国首都。另一个是莫斯科，古老同时极有俄罗斯传统风格。20 世纪之初，圣彼得堡作为俄罗斯首都，是俄国沙皇政府及其皇室专制权力的所在地。但是在 1918 年，布尔什维克革命以后，新的苏联领导者，列宁，"暂时的"把首都迁回莫斯科，恢复了莫斯科自 14 世纪起的首都地位。革命不但摧毁了沙皇帝制，而且扼杀了建立西方式的民主体系的萌芽，取而代之的是强制建立了一个马克思 – 列宁主义形式的政府。这一切赋予莫斯科一个新的重要特征——世界上第一个社会主义共和国，苏维埃社会主义共和国联盟（简称苏联，USSR）的首都。本章回顾了这两个大型首都的规划历史，以及彼得大帝和斯大林这样的铁腕人物所扮演的重要角色。除此之外还包括苏联为把莫斯科打造成为一个社会主义城市模板所进行的规划和设计产生的结果。

两个首都都被有效管控它们的设计和规划的统治者打下了不可磨灭的烙印。两个首都值得人们观察和思考，因为它们一方面在现代规划历史上占据了重要地位，另一方面，拥有 900 万人口的莫斯科和拥有 500 万人口的圣彼得堡也是俄罗斯最大和最重要的城市。20 世纪最初 10 年，莫斯科并不是俄罗斯帝国的首都，但仍然保持了占据优势的中心城市地位。如果说圣彼得堡是宫廷生活和政府部门的核心，那么莫斯科则保留了很多重要的文化中心的职能。沙皇一直在克里姆林宫加冕，俄罗斯重要的东正教教堂也坐落于莫斯科，同时它的工业和贸易功能也得以保留。在两个城市都建有著名的博物馆，比如圣彼得堡的冬宫博物馆（埃尔米塔什）和俄罗斯博物馆（Hermitage and Russian Museum），莫斯科的普希金美术馆（Pushkin Museum of Fine Arts）和特列季亚科夫画廊（Tretyakov Gallery），这些博物馆都是俄罗斯历史文化的宝贵遗产。

圣彼得堡：缘起

　　作为俄罗斯帝国的新首都，圣彼得堡是一个由独裁统治者彼得大帝（1682—1725 年，即彼得一世）于 1703 年开始打造的全新首都。他是俄国历史上第一个现代规划师，他的座右铭是"为了一个新的、有秩序的国家，和有秩序的首都"。[1]他开启了一种模式，即由国家对城市开发进行严格管控。俄罗斯城市规划是强制性的，是根据建设法令和早在 1649 年就发布的"法律全集"（Complete Collection of Laws）相关条款形成的严格指导性文件草拟出来的。圣彼得堡被设想成为一个"天堂"，希望它的壮丽辉煌能够超越任何欧洲同类城市。在彼得大帝和追随他脚步的俄罗斯统治者，如叶卡捷琳娜二世的努力下，他的愿望得以实现。

　　从一开始，彼得大帝就密切参与了城市设计和规划的所有方面，包括选择它的位置。他有一句很著名的话经常被引用，"城市将矗立在这里"（The City will be here）。普希金的《青铜骑士》使得沙皇作为这个容易洪水泛滥的城市的总设计师永远被一部分人诟病。彼得大帝设计并描绘了运河甚至主要的街道——比如著名的涅瓦大街（Nevsky Prospect，1715 年）。他的法令覆盖了与这个城市的设计相关的所有事务，比如针对"贵族"、"富人"或者"普通人"的典型住房。在他的关注下，设计修建了著名的彼得保罗要塞（Peter and Paul Fortress），海军部大楼及其闪闪发光、宏伟壮丽的尖塔，十二部委（Twelve Collegia，政府部门）和标志性的围绕夏园（Summer Garden）的建筑群。后者为接下来 150 年的城市设计定下了基调。

　　因此，彼得大帝控制了城市规划的重要方面，城市规划基于三条集中于宫殿广场（图 5.1）的放射性道路，海军部大楼位于涅瓦河（Neva River）河堤南侧，彼得保罗要塞则位于另一侧。与更加有机的俄罗斯乡村城市不同，圣彼得堡呈现出几何式、有秩序的和受到良好规划的城市形象，包括沿着阿姆斯特丹式排列的笔直的街道和运河。但是彼得大帝希望他的城市超越其他任何一个欧洲城市："他的城市会像鹰一样高飞：它应该是一座城堡，一个港口，和一个巨大的码头，是整个俄罗斯的模板，同时也是面向西方的一扇窗口。"[2]但是我们必须注意到，彼得大帝的天堂是征用了农奴和罪犯作为主要劳动力的，他们中的很多人都在建设工程中献出了生命。

图 5.1　总参谋部大楼（General Staff）位于宫殿广场上，正对冬宫和修道院博物馆（1754—1762 年）

　　最终，圣彼得堡复制了之前存在于莫斯科的，与一个大国首都城市相匹配的所有功能要素——大学、科学机构、艺术博物馆、剧场、大会堂、历史博物馆和图书馆被建设并被安置在永久性场地上。俄罗斯很多社会、艺术、知识和文化活动都向新首都迅速集中。

　　20 世纪初的圣彼得堡，作为一个首都具有令人震惊的贫富分化程度。很多肮脏污秽是由于 20 世纪最初 10 年工业化的快速进程导致的。在大量劳动力需求的推动下，圣彼得堡的人口在 1913 年达到 2125000 人，几乎是 1864 年人口的 4 倍。面临着解决疯狂的人口增长和组织混乱的住房产业等问题，圣彼得堡市中心虽然有华丽壮观的建筑，却为人民提供了最残破的房屋和最差的配套服务设施。再加上俄罗斯正饱受第一次世界大战之苦，在前线勉强维持。这些情况都促使了 1917 年 10 月发生在冬宫（图 5.2）的政变和布尔什维克革命。

图 5.2　冬宫博物馆

在圣彼得堡和莫斯科，很多城市规划活动在革命之前就活跃起来。宫廷建筑师，列昂蒂·伯努瓦（Leontii Benois），与他的兄弟亚历山大（Alexandre）以及其他艺术家组成团队回溯了古典美学，引入了历史保护并建立了城市规划专业。[3] 伊万·福明（Ivan Fomin），伯努瓦的学生之一，按照古典传统为首都发展区绘制了规划。失去了来自俄罗斯国家杜马的稳定支持以后，列昂蒂·伯努瓦让他的团队在 1910 年准备了一个独立规划。这个规划受到了 1909 年大柏林规划的影响，并开创了针对一个工业大都市区综合规划的方法。[4] 其他俄罗斯规划师在国际上倡导

田园城市的运动中十分活跃，并设计了大量田园城市理念启发下的社区。[5] 尽管俄国国家杜马在 1916 年批准了新的规划法令，第一次世界大战导致该法令实施搁置。

莫斯科：缘起

莫斯科的规划和圣彼得堡的规划具有很大差异性。莫斯科是俄罗斯最古老的城市之一，建于 1147 年，是一座由城墙包围的城市，克里姆林宫位于它的中心。随着它的扩张，外侧增加了保护性围墙，道路沿着城门向外延伸至遥远的城市，比如特维尔（Tver）和斯摩棱斯克（Smolensk）。因此创造了最初的放射状向心式城市的模式。但是这样的规划是一个有机的规划，它是大量各种各样的市政当局和私人团体为寻求自身利益而做出的临时决定的产物。莫斯科作为东正教中心的重要性不可小觑；随着 1453 年君士坦丁堡沦陷，莫斯科被宣告为第三罗马（"并且不会再有第四个"）。一圈拥有漂亮城墙的修道院标志了城市的边缘。人口受到贸易和当地商人、贵族财富积累以及不同欧洲国家移民的影响不断增长。

拥有城墙和雉堞的克里姆林宫在很长一段时期是俄罗斯和莫斯科的心脏和灵魂。由伊凡三世在 1495 年重建，整套建筑和空间的设计是如此富丽堂皇，引发人们的惊叹和敬畏。巨大的砖墙围成了 18 个高塔和 5 个城门，其中一些高达 76 米（249 英尺）。在巨大砖墙内，分布着沙皇的宫殿，古老的教堂，历史纪念碑，军火库和政府建筑。沙皇家庭和皇族住在高大威严的建筑中，包括大克里姆

林宫（1837 年），兵器馆（1635 年），以及多棱宫（1485 年）。俄罗斯国家的核心宗教信念体现在圣母升天大教堂（1656 年），这也是俄罗斯东正教领袖——大牧首居住的地方。政府行政管理功能设置在枢密院（1790 年）。公共领域由经过铺装的广阔黑色砂岩地面的红场（古代俄语中"红色的"一词还有"美"的意思）所代表，它由耶稣复活门（Resurrection Gate）守卫。在门前是代表着俄罗斯帝国中心的大型标志——救世主塔楼，俄罗斯人都来到这里拍照。这里还有圣瓦西里升天教堂（1561 年），喀山大教堂（1637 年）和猎人市场（商贸街）（图 5.3）。[6] 克里姆林宫建筑综合体中还有亚历山大花园（1821 年），包括为纪念罗曼诺夫统治 300 年而建的方尖塔（1913 年）以及无名烈士墓（1967 年）。这些元素组成了一个鼓舞人心的首都综合体的核心，它几乎是无可匹敌的。

1775 年莫斯科起草了一份总体规划，但其中几乎没有实施的部分。确实，多年之中莫斯科准备了很多规划，但很少被实施，即便是在 1773 年和 1812 年大火后有机会进行重建的时候。其中一个值得注意的例外是包括大剧院（Bol'shoy Theatre）和它前面广场在内的整体建筑的建设。[7] 20 世纪初，莫斯科在建筑风格上始终表现为独特的东西方的杂糅。小型木制的窗台周围带有华美细部的建筑与气派的石头的贵族宅邸；无数拜占庭风格的教堂毗邻外国建筑师设计的现代建筑。

为世界共产主义规划首都

布尔什维克革命以后一个新的时代出现了，首都也重新迁回莫斯科。这个时代集中体现了莫斯科独有的特征；它再一次同时成为俄罗斯首都城市和最具经济主导性的城市。但是最重要的是，它现在是一个基于马克思和恩格斯提出的社会主义原则的新兴国家的展示城市。社会主义与资本主义原则彻底对立的态度，特别是它对生产方式国有化的要求以及世界范围无产阶级革命的支持，使得在莫斯科发生的

图 5.3　红场现状，左侧是国营百货商场"古姆"（GUM department store，代替了商贸街），远景是圣瓦西里升天教堂

一切在全世界产生了巨大反响。

布尔什维克快速掌握政权，并且立刻进行了土地国有化，扫清了阻碍有效城市规划的主要障碍之一。确实，很大程度上由于这个原因城市规划工作者成为受过教育的阶层中比较少的那一部分欢迎革命的。在 20 世纪 20 年代和 30 年代，大量关于新莫斯科的令人兴奋的激进的规划、设计和提案涌现出来。创造一个新的社会主义首都的激情甚至传播到了俄罗斯以外地区，并吸引了许多著名建筑师的注意力，例如勒·柯布西耶、弗兰克·劳埃德·赖特和密斯·凡·德·罗。大量的构成主义建筑，比如消息报大楼（Izvestia Building）和朱耶夫工人俱乐部（Zuyev Club）建成了，但大多数建筑都因为 20 世纪 20 年

图 5.4 由 V·塔特林(V. Tatlin)设计的第三国际纪念碑，苏联抽象主义先锋派风格，它也被设计为一个功能性的建设提案，内部旋转的卷装结构悬挂着电缆，连接着演播室，位于列宁格勒（圣彼得堡）

代国内战争期间缺乏资源而没有得到建设（图 5.4）。未来看起来布满了各种可能性；"处于春天的城市"、"宇宙城市"以及"水平的摩天楼"都被热烈讨论。[8]

充满激情的讨论在这个刚刚建立起来的新无产阶级社会中风靡一时，并涉及了它新的社会和经济关系的所有方面。因此，现代莫斯科成为长期探索的与资本主义城市相对应的另一种选择的象征，也是形成另一种选择的经济系统的代表。作为苏联的首都，它所承载的超过了巴黎或伦敦，它应当是一个工人的天堂，完全是一个未来的完美的平等主义城市。因此，它的领导者明白现代莫斯科必须发展成为既能引起共鸣又能鼓舞人心的首都，而且它的城市环境还要为市民提供一个较高的生活品质。这样，提供足够的新住房形式和纪念碑、林荫大道以及政府办公建筑一同成为规划的核心内容。

首都的建设在混乱中推进。到 1918 年，列宁，他的家庭和亲密战友都被安置在克里姆林宫里，很快巨大的克里姆林宫综合体中挤满了军队和行政管理的办公室。因此，其他政府行政官员及其工作人员，刚刚从来自圣彼得堡的火车上下来，马上投入了竞争，努力争取获得克里姆林宫附近街道和区域的空间。当时并没有有目的建设的建筑可供使用，作为替代的是，已经离开的公司或者被强制征收的富人的酒店、办公楼和大厦，比如，老贵族俱乐部（Nobles' Club）成为工会之家（the House of Unions）。其中后来成为克格勃总部（KGB）的组织，搬入了卢比扬卡（Lubyanka）广场上的一个原保险大楼，距离克里姆林宫几个街区。[9] 建筑不足还表现在列宁不得不使用大剧院来召开共产党大会。莫

斯科的城市议会或者杜马迅速被莫斯科苏维埃替代。这个新的地方行政机构由中央政府直接管理。

斯大林的社会主义首都

革命之后的日子对苏联来说是困难的。直到 1924 年列宁去世，约瑟夫·斯大林（1879—1953 年）占据支配地位以后，各种各样的"社会主义重建"工程才得以实现。由于它们的纪念性尺度，大多数工程非常宏伟。所有的工程都需要斯大林批准。他经常带着保镖在晚上驱车穿过城市，视察建设项目，签发具体指令。他细致到害怕一个建筑建起后立面和其他建筑不协调；建筑师曾经提交了两个方案供他审批，他误将两个方案都批准了。不愿意再冒险与斯大林接触，建筑师把两个方案都实施了。[10]

毫无疑问，斯大林是社会主义莫斯科的总规划师。根据拉佐尔·卡冈诺维奇（Lazar Kaganovich）的记录，斯大林最开始参与城市规划是为了提升城市的基础设施和公共服务，"斯大林同志不断扩大讨论的边界，直到形成莫斯科城市重建总体规划的愿望。"为了实现这一想法，一个专门的中央委员会（Central Committee Commission）成立了。斯大林据说活跃在所有的会议中，听取专家报告并给出建议（图 5.5）。根据卡冈诺维奇的记录，"旧的莫斯科成为斯大林的莫斯科。"[11]

在斯大林当政时期，莫斯科很多古老建筑被破坏，特别是教堂，这一做法违反了列宁呼吁保护所有古老建筑的声明。斯大林还推广了有关无神论的官方政策。克里姆林宫内部和周围很多标志性的宗教建筑都被摧毁了。在克里姆林宫里，为了建设常务委员会（Presidium，1929 年），苏联议会执行部门的总部，一个修道院和一个女修道院被拆

图 5.5　20 世纪 40 年代晚期的油画，约瑟夫·斯大林和政治局委员一起进行地图标识。委员包括卡冈诺维奇（站在右侧后方），以及赫鲁晓夫（站在门边）

毁。后来，在赫鲁晓夫执政时期，一个大型的现代钢结构和玻璃办公楼，国会大楼（the Palace of Congress, 1961 年），在克里姆林宫里建成用以召开共产党大会。在红场，古老的喀山大教堂以及耶稣复活门被拆毁。增加了现代俄罗斯的纪念碑：列宁墓，约翰·里德（Jone Reed）和其他在革命和二战中牺牲的部分英雄的坟墓。很多红场上的拆除工作是为了满足五一劳动节游行期间的大量军事展示的要求，这已经成为苏维埃国家的标志（图 5.6）。

斯大林的新莫斯科最具标志性的行为是在 1931 年拆除了红场外的救世主耶稣大教堂。拆除它是为了给一个纪念性的苏维埃宫腾出空间，后者将成为苏联首都的中心。这是一个巨大的建筑，它有一个高耸入云达到 315 米的塔楼，顶上还有一个高达 100 米的列宁像——是纽约港自由女神像的 3 倍。它的

设计基于冷战的紧张气氛和主导世界的要求。因此，它的高度比帝国大厦高，体积比纽约最大的 6 个摩天楼加起来还大，也就不是偶然的了（图 5.7）。由于场地问题，苏维埃宫从来没有付诸实施，取代这个世界最大广场中的最大建筑物的是一个城市游泳池。[12]

革命之后的几年里，很多著名的城市工程建成，包括伏尔加航行运河和莫斯科地铁。特别是后者，因为它的车站的夸张尺度、快速建设以及奢华装饰，而成为城市的骄傲。[13]车站内有大量的枝形吊灯进行照明，墙上贴有瓷砖，陈列着纪念历史事件的艺术品（图 5.8）。莫斯科地铁、公交汽车和无轨电车系统都是斯大林眼中的城市的一部分，具有高密度、大都会的特点，像纽约那样。一个相似的但规模小一些的系统在圣彼得堡付诸实践。

纪念性的林荫大道是另一个斯大林式的计划。苏联规划师矫直和拓宽了很多通向克

图 5.6　油画，五一劳动节期间红场上的军事庆典，由安昂（K. F. Unon）绘制，1942 年

图 5.7　苏维埃宫获胜方案，由约凡（B. Yofan）、热尔费伊赫（V. Gel'freikh）和斯库科（V. Shchuko）设计，1932 年，为 20 世纪 50 年代的苏联建筑奠定了基调

里姆林宫的放射性道路。建筑历史学家痛惜古典莫斯科的命运，其中很大一部分已经因为道路拓宽和住房开发影响了古老的街道而丧失了，比如 20 世纪 30 年代的特维尔大街（高尔基大街），以及新的加里宁大街（Kalinin Prospect）在 20 世纪 60 年代切开了老阿尔巴特（Arbat）区。当受到反对时，斯大林指示拆除工作在夜间进行。这些林荫大道组成了对纪念风格的规划传统的坚定拥护。这些拥护显得愈加不同寻常，因为 20 世纪 30 年代苏联普遍的人均汽车拥有量还很低。

根据斯大林城市设计的概念，整个莫斯科都将被重建，他命令沿林荫大道一线布置大型住宅街区，从而形成完整的纪念式的景象，坐车到克里姆林宫的路上可以看到（图 5.9）。住宅街区按照新古典主义风格设计，环绕大型开放公共的庭院建设，经常被称为"超级街区"。[14] 这些壮观而宽敞的公寓提供给享受优惠待遇的共产党员、军人、体育运动员以及类似的人。[15]

同时，斯大林试图让莫斯科摆脱"大农村"的残余部分，拆除大量靠近市中心的单层木制房屋。这引起了争议，因为很多这样的区域代表了古老的风景如画的俄罗斯风格。很多俄罗斯的普通民众则对失去了他们的"木制的莫斯科"感到痛惜，但是，当然，关于这个决定，他们并没有被征求意见。更多论述显示了共产党在其中强有力的作用及其对于城市设计的意识形态的方法，以及一个普遍而多变的方法，也被称为"社会主义

图 5.8　莫斯科地铁站台

图 5.9　斯大林式的新古典主义建筑

现实主义"。[16] 很多已有的广场被扩大，边界由新的城市建筑围合起来，这些建筑上还装饰了革命英雄的雕像。革命英雄的大型塑像和纪念碑，文学和艺术的雕像，共同完善了建筑群。

　　斯大林时期最明显的标志可能是 7 个纪念性的摩天大楼，它们直到今天仍然主导着天际线。它们是在二战以后根据斯大林的指令建设的，目的是向来访的官员炫耀。这些体型巨大的婚礼蛋糕形式的建筑彰显了他的设计偏好。摩天大楼内布置了政府部门、酒店和公寓。莫斯科大学的高耸的设计是另一个斯大林式的工程，甚至更加奢华。它位于麻雀山顶，居高临下俯瞰城市，它延续了俄罗斯传统对整个建筑的设计主导。[17]

　　斯大林式的规划方式，诸如宽阔的林荫

大道和由地下交通系统提供服务的大型住宅街区, 此后应用于圣彼得堡郊区和社会主义东欧的很多城市。和莫斯科不同的是, 圣彼得堡的中央历史街区得以保留, 并在二战期间 900 天围城的严重破坏后完全重建。

社会主义重建

67

卡冈诺维奇 (L. M. Kaganovitch) 在 1931 年的专著, 《莫斯科和苏联其他城市的社会主义重建》可能是斯大林治下莫斯科规划的最好陈述。[18] 卡冈诺维奇是老布尔什维克, 同时也是斯大林的密友, 而斯大林组织了莫斯科地铁的建设。他的书包括了他的有关莫斯科规划的报告, 以及在 1931 年被共产党中央委员会批准通过的相应解决方案 (图 5.10)。

卡冈诺维奇的报告对一个新首都的规划来说并不是一个激动人心的号召; 它客观地评价了莫斯科的问题, 特别是住房方面的。[19] 他颇有见地地描绘了总体城市规划是新 "无产阶级" 社会主义首都建设过程中不可分割的一部分。他的报告对于总体规划的需求以及在住房、街道、卫生、能源、交通、教育、医疗服务等领域的目标给出了明确的概括。但缺少对莫斯科首都功能的关键分析, 不管是纪念性的还是实施性的, 以及这些功能在社会主义环境下如何保持或者重新装配。实际上, 克里姆林宫甚至都没有被提及。

取而代之的是, 卡冈诺维奇关注住房, 因为他认为这是描绘新社会主义首都进程的核心事务。他倡导通过禁止新的工业开发来严格限制增长, 呼吁一个首都城市应当设定

在一套计划好的城市等级体系中。这种方法在 1935 年被用于制定莫斯科和圣彼得堡的总体规划。[20]

贯穿社会主义时期, 广泛设想的田园城市理念出人意料的在规划过程中起到了强有力的作用。尽管大量的社区根据田园城市提出的准则建设, 但从总体上来说田园城市的理念被莫斯科抛弃了。

列夫·缅杰列维奇·佩尔奇克 (Lev Mendelevich Perchik) 与很多社会主义官员一样, 为 1935 年规划渲染了爱国的和宣传的影响:

图 5.10　卡冈诺维奇有关城市规划报告的封面, 从俯瞰的视角描绘了莫斯科的古老风格住宅和现代多层住宅的发展。叠加的图像是列宁雕像的长长的投影, 雕像伸出手臂, 指向未来城市

每个条款……都仅仅阐述了一个观点，一个希望：每天都能推进和提高辉煌的社会主义祖国的红色首都中的劳苦大众的财富达到最大限度，使得莫斯科能够配得上它的伟大的头衔——苏联首都……新莫斯科——苏维埃莫斯科——是世界中心，是欣欣向荣的社会主义城市，是所有土地上的工业和劳动人民的世界首都，它是受到压迫和剥削的所有人的梦想之城。[21]

1935 年莫斯科规划

所有这些广泛的运筹帷幄的策略在 1935 年规划中为莫斯科找到了相应的表达，当时莫斯科要求停止所有规划方面的尝试，转向建立适用于所有社会主义城市的原则（图 5.11）。这些策略包括：

- ◆ 限制城市规模；
- ◆ 住房的国家控制；
- ◆ 规划居住区域的开发（超级街区和微型区域）；
- ◆ 集体消费产品在空间上的均衡布局；
- ◆ 职住之间距离控制；
- ◆ 严格的土地利用区划；
- ◆ 在一个新的道路等级体系中合理化交通流；
- ◆ 广阔的绿色空间（公园和城市绿带）；
- ◆ 象征主义和中心城市（五一劳动节游行）；
- ◆ 城镇规划作为国家规划的整体一部分。[22]

1935 年莫斯科规划之后

莫斯科的规划师在 1971 年和 1989 年编制了总体规划，延续和发展了 1935 年规划的主要内容。1971 年总体规划把重点放在建立 8 个人口从 650000 到 1340000 不等的莫斯科"城镇区域"，每个都是一个自给自足的拥有完善服务设施的以地铁为中心的城市，类似于纽约或伦敦的自治市。[23] 另一个引人瞩目的特征是规划的重点放在了公共交通开发而非公路开发。[24]

1989 年规划呼吁拓展城市基础设施，比如新的地铁线路以及其他市政工程。它预测了莫斯科的人口在 2010 年将会达到 950 万人。田园城市的理念再一次在发展"卫星城系统"的提议中表现出来，这个提议可以容纳溢出的人口。绿带将被扩大。所有污染性的工厂都将搬迁。但是，戈尔巴乔夫（Gorbachev）和叶利钦（Yeltsin）执政时期的不断变化的政治气候导致了这个规划被迫中止。[25]

莫斯科规划的失误

不能容纳不断增长的人口以及无法提供足够的住房是莫斯科规划最显著的两个失误。迄今为止所有莫斯科规划，都倡导限制人口。莫斯科的规划机构，相对于它们的规模和应有的权威，它们缺乏划定区域或由此产生的控制城市开发的权力。[26] 大多数主要的建设活动，比如住房、每日必需的公共服务设施等，均由独立的工业公司承担，在斯大林时期经常使用政治犯作为强制劳工。这些公司直接向中央部门报告，独立于城市规划发生作用，和美国的公共机构和特殊区域很像。这种情

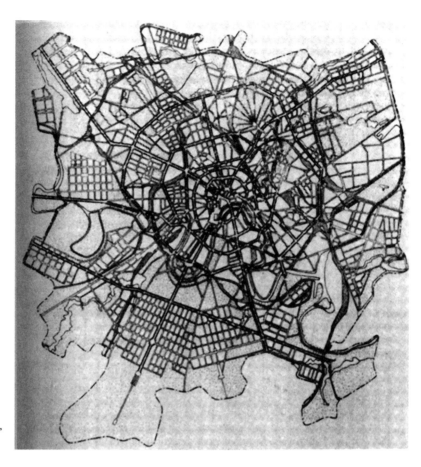

图 5.11　莫斯科总体规划，
1935 年，卡冈诺维奇

况一直持续到今天，尽管由于土地私有化和热衷于建造大型项目的国内外大型开发商涌入，使得情况一直在改变。[27]

很明显，没能控制人口增长对于莫斯科周围绿带的完整性造成了负面影响。1935 年规划在整个城市外围建立了 10 公里宽的开放空间条带。[28] 这对城市规划的影响是巨大的，但不是灾难性的，因为增长主要以高层住宅的形式，而非低密度蔓延。因此，莫斯科仍然保持了一个相对清晰的城市边界，虽然曾经扩大过，四周由乡村包围。在 20 世纪 90 年代，这个城市的人口第一次下降了，从刚刚超过 900 万人回降到 1993 年的 888.1 万人。[29]

社会主义规划另一个显著的失误是住房政策。糟糕的住房情况是导致革命的因素之一，因此对一个局外人来说，莫斯科市民目前仍然保持了最低限度的住房水平是十分奇怪的。造成这一问题的原因有很多，但可以追溯到最初着重发展军工综合体的决定，这损害了消费者 / 工人在社会和物质上的需求，以及由工业增长引起的疯长的需求。

在斯大林过世后，赫鲁晓夫新住房政策的目标是大量供应（图 5.12）。利用工业化的住房方法，生产率得到迅速提高，但质量相当差。直到今天这些住宅单元还被称为"赫鲁晓夫楼"——他的名字和贫民窟联系在了一起。今天，实际上所有新的位于莫斯科外

图 5.12 题为"明日街道上的婚礼"的绘画，由皮门诺夫（Y. I. Pimenov）在 1962 年绘制，展示了"赫鲁晓夫式"的工业化住宅

围的住房项目都是由钢筋混凝土建成的，使得很多区域呈现出 20 世纪 60 年代美式高层住宅项目的毫无生气的形象；也可以看作是勒·柯布西耶"光辉城市"（Radiant City）的俄罗斯版本。苏联首都规划的另一个短板是明显缺乏足够的和方便的商业和公共服务设施。[30]

后社会主义时期的莫斯科

随着 1991 年苏联解体[*]，莫斯科，在一个激进的市长领导下，开始着手起草一个主要的发展计划来扭转很多斯大林式的匮乏。在首都，重建和修复历史构筑物的过程是显著的，例如，胜利纪念碑、商店广场（Gostinny Dvor）、红

场上的喀山大教堂以及耶稣复活门。[31] 一个更广泛的历史保护和复兴计划包括可以上溯到沙皇时期的博物馆和 9 个地铁站。[32] 很明显，由于年久失修还有很多工作要做。1990 年，莫斯科克里姆林宫和红场被联合国教科文组织（UNESCO）确认为世界文化遗产。新的纪念碑已经建立起来，由于是彼得大帝的雕像，尤其具有争议。在概念上、雄伟壮观程度上以及很多隐藏的意义上它都是非常典型的俄罗斯式的。

不懈的努力以更加开放的态度进行，参与性规划给莫斯科的未来带来了更广泛的对话。[33] 新的针对莫斯科和圣彼得堡的战略规划根据西方的参与式方法进行编制。这一做法的衍生品是有了更多的积极的市民参与，甚至有关道路规划和历史保护议题的抗议都有所增加。

来自中央行政管理集中模式的住房建设

---

* 原文为 1990 年。——译者译

出现得很慢。中心区已经经历了大型、新的后现代酒店、办公和公寓建筑的开发，往往由外国财团投资。这对历史街区产生了很大负面影响，比如老阿尔巴特区，临近克里姆林宫的主要游客聚集地。

苏联解体在莫斯科历史上是一个转折点；允许在许许多多社会主义成功的规划基础上进行建设，同时 1935 年规划增加了私人机构参与规划。[34] 最引人瞩目的新项目之一是克里姆林宫墙附近的马涅什广场（Manezhnaya Ploshchad）上的 5 层地下购物中心。在整个 5 层地下空间里，它提供了一个现代的、具有吸引力的购物场所和美食广场。一家合资企业沿西线建设，它涵盖了美丽的公园、喷泉和雕像。

结论

沙皇和宪政民主在圣彼得堡被推翻，同时新社会主义国家在莫斯科出现，然后也是在莫斯科，苏联解体。很明显，1917 年革命对俄罗斯现代历史上的两个首都来说都非常重要；革命释放的力量深深影响了它们的规划和设计。但是这两个城市的现代历史也反映了内置于俄罗斯所有方面的新旧东西方文化传统的二元性。

在圣彼得堡，这种二元性可以从苏联政府完全重建原帝国首都以及二战后拆毁边远地区皇家宫殿的决定中体现出来。自从苏联解体后，对这个原首都的官方支持加强了，名字也改回原来的。末代皇室的遗体和其他沙皇一起被埋在彼得保罗要塞，入葬时举办了宗教仪式，叶利钦总统参加了该仪式。现在，

普京总统就来自圣彼得堡，在这个城市中举办了多场与国际首脑的会晤，也因此增加了传言的可信度，即俄罗斯首都有可能再一次搬回圣彼得堡。无论在什么情况下，这些做法都在某种程度上从官方认可了纪念碑、典礼和（宗教）仪式，这些都是与之前的君主政体形式及其帝国首都联系在一起的。

历史学家能够明确两个首都城市的规划受到一些重要因素的影响。第一是统治者的个人影响，包括沙皇和各种各样的社会主义执政者，特别是斯大林和赫鲁晓夫。第二是革命前的很多建筑师和规划师所起的作用，他们往往继续在俄罗斯协助建设了理想的社会主义城市。他们在建立和保持一种把国外理念融入俄罗斯设计传统从而满足新社会主义社会需要的规划运动方面起了很大作用。同样重要的还有与西方的竞争，这导致了俄罗斯决定发展一种高密度、高度城镇化的社会，正如莫斯科和圣彼得堡展现的那样。结果基于这些因素的互相作用。苏联解体彻底改变了决策过程。再加上再次引入私人市场，这些都预示了主要的变化。未来两个俄罗斯伟大首都的规划将走向何方，十分有趣。

注释

1. French (1995), p. 18.

2. Volkov (1995), pp. 10–14.

3. Starr (1976), p. 225.

4. Enakiev's 1912 book *Tasks for the Reform of St Petersburg* was an influential text.

5. Lang (1996) p. 795.

6. Supplanted by the monumental GUM Department

store in the eighteenth century.

7. French (1995), p. 19.

8. French (1995), p. 39; Colton (1995), pp. 215–218.

9. Colton (1995), pp. 99–100.

10. Colton (1995), p. 325.

11. Colton (1995), p. 252.

12. Colton (1995), p. 332.

13. 'The subway of the revolution is a revolution insubways.' Perchik (1936), p. 59.

14. French (1995), p. 37.

15. 这些建筑标志性的围合式设计受到了纽约城市公共住房工程的影响，它是由弗雷德里克·阿克曼（Frederick Ackerman）设计的。阿克曼是围合式花园庭院风格住宅的热烈拥护者，反对在花园风格中建设高层板楼和塔楼。有趣的是，阿克曼在他漫长的职业生涯中因为与苏联建筑师会面而著名。Lang (2001), p. 150。

16. Parkins (1953), p. 108.

17. Colton (1995), p. 329.

18. 同样重要的还有佩尔奇克（Perchik）的《莫斯科的重建》，于 1936 年出版，歌颂了斯大林的规划和建设成就，并把他称为"社会主义社会的伟大设计师"。Perchik (1936), p. 72。

19. Kaganovich (1931), pp. 12–13.

20. Parkins (1953), p. 71.

21. Perchik (1936), p. 41.

22. Bater (1980), pp. 28–29; Parkins (1953), pp. 37–41.

23. 行政的微型区域从来没有付诸实施。

24. Colton (1995), p. 523.

25. Colton (1995), p. 719.

26. French (1995), p. 83.

27. Colton (1995), p. 735.

28. French (1995), p. 88; Colton (1995), p. 482.

29. Colton (1995), p. 758.

30. French (1995), p. 110.

31. 尽管普遍受到了欢迎，其中一些工程受到了批评，特别是救世主耶稣大教堂，它的重建花费了大约 200 万美元。Vinogradov (1998), p. 104; Glushkova (1998), p. 120。

32. Vinogradov (1998), p. 105.

33. Colton (1995), p. 726.

34. Luzkov et al. (1998), p. 66.

第6章

赫尔辛基：从区域中心[*]到国家中心

劳拉·科尔比（Laura Kolbe）

每座城市的规划历史中都有向现代化转变的时刻。对于赫尔辛基来说，这个时刻是1899年的规划竞赛，竞赛将赫尔辛基地理中心附近的蝶略区（Töölö）纳入规划。尽管这块区域在首次竞赛之前的准备过程中有些混乱，但毫无疑问这是芬兰城市规划史上的一次重大突破。20世纪第一个十年早期新规划理念在尼斯特伦（Nyström）和松克（Sonck）的获奖方案中表现得淋漓尽致：景致优美、与自然景观契合的城市街道网络，建筑影响下形成的亲切环境。[1]

1914年之前，赫尔辛基城市发展与欧洲大陆以及北欧的中等尺度首都非常类似。作为沙皇俄国的一部分，当时赫尔辛基可以与许多欧洲帝国的类似城市进行比较。[2]芬兰的城市化进程很晚才启动，这是由多方面因素造成的：文职公务员主导的管理传统，农业为主的经济结构，稀缺的资本，工业与基础设施的缓慢发展。现代化动力不是依靠柔弱的公民社会，而是依靠官僚体系中的骨干和受到启蒙的公务人员。19世纪70—80年代，赫尔辛基开始发展，这种情况才开始逐渐改变。新的生产方式，新的政治社会国家团体，不断增长的贸易与交通，新的城市生活方式，这些因素开始对规划产生影响。在19世纪的最后25年，赫尔辛基逐渐发展成为这个国家的文化与政治中心，成为一个真正的首都。蝶略区规划竞赛正好与赫尔辛基腾飞时期步调一致，触发了赫尔辛基从官僚化的城市规划向现代欧洲城市规划的转变。[3]

区域中心：帝国集权统治下的规划

如果我们不知道芬兰集权统治的历史根

---
* 原文为 Helsink: From Provincial to National Centre; 其中 Provincial (Capitals) 定义参见第2章。——译者注

源，我们不可能马上领会这个变化过程。芬兰这样一个幅员辽阔并且人烟稀少的边缘国家，中央政府是许多城镇的实际缔造者。许多历史城市都是通过沙皇旨意为了军事、行政、商贸、教育的目的而建造的。技术官僚执行公共权力的模式至少从 17 世纪起就建立并存在了。中央政权的雄心和投资对赫尔辛基发展产生了巨大影响。赫尔辛基不是一个老旧资本主义贸易形成的城市，而是由许多政治项目产生的结果。1900 年前后发生的城市规划政策转变可以看作国家与市民之间关系转变的结果。这是规划从中央集权到地方自治，从官员到市民的渐进式转变成果。从这个意义上讲，赫尔辛基是一个值得研究的有趣案例。[4]

1812 年，依据沙皇亚历山大一世的法令，赫尔辛基成为芬兰首都。1809 年，作为一系列欧洲战争的结果，芬兰从它过去的所属国瑞典分离出来，成为沙皇俄国的一部分。芬兰大公国成立之初立刻着手解决首都问题。在芬兰属于瑞典的时期（约 1200—1809 年），斯德哥尔摩是芬兰人的首都，行政、经济、文化的交流都是通过斯德哥尔摩和行省之间联系的。新形势下芬兰的发展受到圣彼得堡的深刻影响，圣彼得堡是当时沙皇俄国首都同时也是波罗的海沿岸权力中心。出于国家与军事的考虑，距离圣彼得堡仅 400 公里的赫尔辛基成为芬兰自治大公国的首都。[5]

沙皇宣布了芬兰新首都的创立，同时也接管了它的规划与建设，当然也包括了资金支持。赫尔辛基从瑞典皇家城镇升格成了俄罗斯帝国城市，这意味着城市等级的大幅提升。1812 年，沙皇任命了赫尔辛基首个城市规划权力机关——重建委员会（Reconstruction Committee）。出生于赫尔辛基的知名军事工程师与欧洲艺术文化鉴赏家约翰·阿尔伯特·艾伦斯特伦（Johan Albert Ehrenström）应邀成为委员会第一任领导者。由于过去的赫尔辛弗斯（Helsingfors）[6] 长期在没有城市规划的条件下缓慢发展，这次任命标志着政策的明确改变。

赫尔辛基的建设成为了沙皇俄国展现皇权的一种方式，艾伦斯特伦的城市规划方案于 1812 年完成，并在 1817 年得到了沙皇的首肯。这个方案展示了欧洲公国城镇的经典城市规划理念：规则的，功能与建筑均衡协调的城市结构。城市建设在之前一年，即 1816 年，就开始动工了。当时重建委员会雇用了德国建筑师卡尔·路德维希·恩格尔（Carl Ludwig Engel），恩格尔出生于柏林并参与过列巴尔 * 和圣彼得堡建设。"沙皇查看并批准了该计划，这个规划将是他统治的荣耀纪念碑" **，艾伦斯特伦在他随后的书信中写道。作为区域政治中心，这座新城在建筑风格与思想体系上都符合帝国风格。[7]

重建委员会于 1825 年完成了它的使命。世人看到赫尔辛基的城市面貌足以与当时最著名的欧洲首都匹敌。纪念式和古典式的城市形态表现了这座中央管控下的驻防城市、行政中心、大学之城的城市精神。1815 年维也纳条约达成之后，讲究等级的古典主义成为表现政治保守主义、连续性、秩序与稳定的有力形式。帝国尺度和城市尺度与中央参

---

* Ravel，爱沙尼亚首都塔林的旧称。——译者注

** 原文为法语，*L'Empéreur a gouté et apprové le Plan. Dans son exécutionilseroit un des monuments glorieux de son règne*。——译者注

议院广场的石制建筑吻合。城市中心成为社会上层阶级的居住选择，下层人民则住在郊区木质房屋之中。纪念性的形式通过参议院大楼（现国家政府大楼）和广场对面的大学大楼展现。在广场北侧，巨大的路德宗大教堂构成了广场的全景（图 6.1）。[8]

图 6.1　帝国参议院广场描绘了赫尔辛基的带有历史感的古典精神面貌

直到 19 世纪 50 年代，测绘师和工程师的各种城市规划方案、扩展方案、公园方案等一系列方案才和方格状街道网络相适应。规划责任早已被转移到了城市政府，但沙皇还是经常过问规划。赫尔辛基的铁道线路终止于当时的城市北缘，这深刻影响了城市发展。城市西侧的主要道路西绍塞路（VästraChausséen，之后称为 Henrikinkatu 和 Mannerheimintie）穿过这个区域，导致道路与铁道之间形成了一块楔形区域，这至今都是这座不断发展的城市悬而未决的问题。铁路系统展现了国家目标与国家投资的重要性，赫尔辛基因此转变成了主要出口港和联系整个国家的真正首都。这也悄然改变着城市中心原有的庄严帝国式特征，火车站广场变成了仅次于参议院广场的纪念空间。空间上，这表明了紧密团结的首都资产阶级活动、国

家觉醒以及城市现代化。商业活动环绕着整个广场，赫尔辛基国家美术馆（the Ateneum Art Museum）、工艺美术学院（the College for Industrial Arts，1887 年）、芬兰语言国家剧院（Finnish language National Theatre，1902 年），以及两座著名的酒店芬尼亚（Fennia）和索拉胡内（Seurahuone）坐落于广场周边。[9]

帝国统治时期，制定城市规划方案的权力被中央集权统治的官方当局所独占。国家最高权力机关参议院开展了许多举措，比如鼓励赫尔辛基建设供水网络(1862 年)，以国家贷款的方式促进石制建筑建设以取代木质房屋。然而，规划方案还是需要通过沙皇的认可。独特性、等级和防火安全一直是赫尔辛基城市规划方案和 1875 年生效的建设准则中最显而易见的准则。[10]

传统与变化：城市政府与资产阶级的城市规划

当我们讨论首都的时候，中心议题就是国家、城市政府及公共意见三者之间的关系。芬兰现代城市历史的每个阶段关系到国家首都规划和国家首位城市面貌的时候，这三者都很明显地相互关联。19 世纪末的时候，赫尔辛基创造了有效的城市政府管理系统（图 6.2）。1875 年的城市政府管理改革标志着城市规划的转折。城市管理院（City's Administration Court）变成了主导管理的机构。由具备社会影响力的开明人士组成的新城市议会批准了城市规划方案与建设条例。从中央权力到地方层面的转变体现了人民意志。城市应当在增长之前被规划——而不是

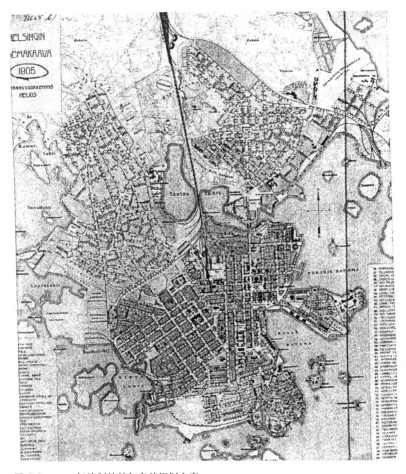

图 6.2　1905 年绘制的赫尔辛基规划方案

之后——的规划理念越来越被人接受。

　　城市政府当局对城市规划具有影响，国家性城市规划师职业逐步形成，这标志着城市规划进入了现代时期的第一阶段。之前提到的蝶略区规划竞赛是这种变化的结果。通过人口增长和不断丰富社会结构，赫尔辛基逐渐发展成为大城市，也推动了这种趋势。20 世纪第一个十年，赫尔辛基人口超过了 10 万人，从此步入了国际都市的行列。城市开始向北向西扩展，北面是第一个工业区域，西面有更多的工业，港口也在西面应运而生。赫尔辛基建成了巴黎风格的滨海公园（Esplanadi）以及它周边的两条林荫大道以及大量石制房屋，这些景象见证了赫尔辛基资产阶级财富与资本的增长（图 6.3）。[11]

　　在 1906 年到 1908 年之间，现代主义对地方城市规划的影响开始显现。建筑师教育引入芬兰，标志着现代城市规划的诞生。1908 年，新的城市政府规划机构——城市规划委员会（Urban Planning Committee）被委任进行三项工作：改革并制定新的城市规划方案，提升中央区域与周边区域的交通联系，着手绘制城市总体规划。几年以后，许多技术办公室随之建立起来。此模式参照了 1907

年瑞典新制定的先进城市规划法以及斯德哥尔摩土地购买政策。两者都大大提高了现代郊区的规划与建设。城市规划工作从工程师转移到了建筑师。自恩格尔以来，建筑师们第一次有机会成为影响赫尔辛基城市规划与建设的主要力量。[12]

当赫尔辛基第一位城市规划建筑师贝尔特·荣格（Bertel Jung）上任以后，他决定城市总体规划须以奥托·瓦格纳（Otto Wagner）的维也纳都市规划以及 1910 年柏林城市规划展览的精神进行绘制。荣格的首个赫尔辛基城市总体规划方案受到了柏林城市规划展览的影响，并参照了当时在中欧实践的人口预测方法。荣格建议，在赫尔辛基历史区域进行高覆盖率建设并促进人口聚集；另一方面，布置由短途火车构成的交通体系，这个体系借鉴了斯德哥尔摩规划。但由于赫尔辛基土地购买政策当时尚未成形，荣格的总体规划既没有得到批准，也没有真正实施。[13]

1908 年到 1914 年之间是第三个现代主义与民主阶段。赫尔辛基已经成为芬兰这个新国家的文化政治中心，一个真正的首都。1906 年，一院制议会引入，工人阶层的中产阶级价值观产生，国家逐渐觉醒，文学艺术

图 6.3　滨海公园，1812 年首次被提出规划方案。现在公园和优雅的林荫大道把旧港口和市场连接到了城市中心

迎来黄金时代，这些因素与当时城市规划的转变碰撞在了一起。与欧洲模式一样，赫尔辛基首都规划强调技术现代性、美学维度、城市亲密度和有机发展，这些新的元素取代了规整和预制的形式。[14]

然而城市政府对于规划的支持还是很微弱，因此开明的私人公司依靠雇佣有技能的青年建筑师规划了许多大型住区。土地公司将资本与设计师的才能结合起来，许多设计师在实践中发挥了自己的技术技能和城市建筑视野，例如伊利尔·沙里宁（Eliel Saarinen）。

芬兰共和国：首都规划与新城市中心

第一次世界大战打破了旧世界，毁坏了城市，也造就了新国家。1917 年 12 月，在世界大战与俄罗斯革命的阴影下，芬兰从俄罗斯独立出来，赫尔辛基自然地成为新独立共和国的首都。1918 年春，血腥的内战分裂了整个国家，并导致社会改革一度中断。1918年春，沙里宁和荣格制定的赫尔辛基总体规划方案"Pro Helsingfors"标志着新时代的开始（图 6.4）。此方案由商业顾问朱利叶斯·泰

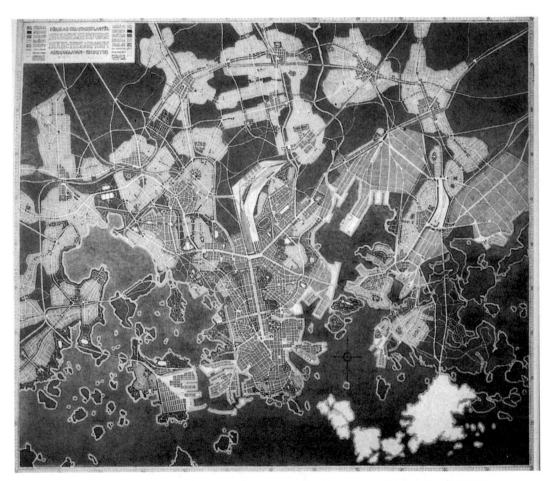

图 6.4　"Pro Helsingfors"赫尔辛基总体规划方案，1918 年。建筑师伊利尔·沙里宁和贝尔特·荣格绘制

图 6.5 国王大街，1918 年由伊利尔·沙里宁提出方案。水墨画鸟瞰图

尔贝里（Julius Tallberg）委托，他既是一位商业巨头，也是城市政府政策制定的一方重要力量。从泰尔贝里的委托可以看出，开明资产阶级正在最后一次展示自己的力量。荣格在前言中写道，城市政府官员们已陷入疲惫单调的日常工作之中，没有能力制定出类似的总体规划了。[15]

　　1918 年规划方案背景中，我们发现了理论上的人口目标：根据最低预测，赫尔辛基将在 1945 年达到 37 万居民。随着中心商务

区扩张到蝶略湾（Töölönlahti Bay），并将火车站向北移到帕西拉（Pasila），大都会气氛在这个独立国家的首都里开始显现出来。新的中心道路国王大街（Kuningasavenue）连通了新旧火车站周边街区，并象征着国家中心的政治角色（图 6.5）。这条大街的名字也提醒着我们，1918 年春天的芬兰，资产阶级圈子还孕育着君主制统治的梦想。这条道路后来改称为国家大街（Valtakunnankatu）。国家大街东西向横截面构成了城市的骨干，

并将城市重心从旧的帝国重心逐渐转移过来。随着郊区铁路的良好发展，住宅、制造业以及部分港口功能逐渐分散到了城市边界之外。

"Pro Helsingfors" 是 20 世纪第一个十年芬兰唯一一个跟随世界潮流提出的现代城市总体规划方案。尽管这个方案并没有经过法律上的授权，但沙里宁和荣格的原则影响了整个世纪首都的发展（图 6.6）。铁路站点，住房问题以及城市中心的规划是 20 世纪 20—30 年代主要解决的问题。根据 1923 年城市官员制定的官方规划大纲，蝶略湾将被填平，但国家铁路公司的抵制阻止了主火车站的搬迁。1925 年的总体规划竞赛提出了一个解决方案，但城市中心建设的问题仍悬而未决。竞赛获奖者建筑师奥伊瓦·卡利奥（Oiva Kallio）建议，这个区域需要以纪念风格和历史古典尊严精神来开发。与沙里宁和荣格很相似的是，卡利奥强调城市中心既需要有公共服务功能，也需要有住宅功能。[16]

随着新生共和国政治建筑议会大厦开始规划，蝶略湾区域的象征价值逐步提升。新的一院制议会需要功能相称的建筑空间。大厦需要一个能够容纳 200 位代表进行全体会议的大厅。这标志着这个为期近 20 年建筑项目的开端。当时的选择方案有两个，一个是在 1889 年下议院大楼（House of Estates，建在参议院广场附近以容纳非贵族议员）基础上的扩建，另一个选择是完全新建议会大厦。1907 年到 1930 年期间，议会议员们在租赁的场所举行会议。[17]

议会大厦的规划与选址是 1923 年建筑设计竞赛的结果。建筑师西伦（J. J. Sirén）设计的大楼于 1930 年完成。建筑的选址是国家与地方利益结合的产物。建筑竞赛之前的真正规划工作掌握在国家议会手中，然而赫尔辛基市政府控制着土地利用。建筑竞赛中建筑师可以自由选择建筑位置，旧有城市行政中心的周边地区和离旧港口很近的中央滨海公园（Tähtitorninmäki）是最多选择。城市政府不愿意放弃公园空间，也不同意在参议院广场周边建设更多房屋，但打算出售蝶略湾周边的国家土地。城市规划师早已为公共文化建筑预留了空间。议会大厦选择的岩石基地空间巨大、尚未开发且地形起伏，具有创造纪念性空间的潜力。[18]

图 6.6　赫尔辛基天际线，1931 年

政治权力从沙皇俄国影响下的参议院广场转移出去，规划新制度意象和民主城市中心成为可能。但这只完成了部分。规划竞赛中，建筑师可以在城市结构中自由布局议会建筑。纪念性的要求导致了一些问题。这个理想主义的超大尺度议会大厦很难与周边适宜尺度的建筑相契合。建成的议会大厦犹如在岩层露头之上连着强大基座的一座岩石城堡（图6.7）。大厦在建筑形式与功能的基础上寻求安全与坚固。大厦前面的台阶与主街道联系在了一起。西伦和其他建筑师为大厦前规划了广场，但却一直都未曾建成。整个建筑设计使用了与旧行政建筑相同的"国家"设计语言，也就是古典建筑形式。[19]

然而，20世纪30年代的经济大萧条阻止了新旧城市中心大规模城市设计与建设，蝶略湾规划也直到1945年才重新启动。1949

年的设计竞赛认可了蝶略湾的新发展策略：绿地得到保留，主火车站保持了原有的位置。1954年规划方案中，火车站与议会大厦西侧的康比区（Kamppi）被规划成为新的行政中心。这个区域的规划主要由赫尔辛基市政府负责，国家的介入微不足道。[20]

通过1952年的奥运会（一开始是为1940年奥运会规划的），赫尔辛基跻身成为奥林匹克举办城市俱乐部的一员。国家政府、地方政府与体育团体共同组成的委员会规划了这次奥运盛会。奥运会激活了原有城市规划，为城市景观留下了永久性的印记，同时也引入了功能性的交通布局和体育设施。奥运会巩固了赫尔辛基作为芬兰首都的地位。这次体育盛会展现的爱国主义与地方及国家力量结合在了一起，共同推动赫尔辛基成为一座现代体育城市。[21]

图6.7　1930年完工的新议会大厦，建筑师西伦

民族国家：通过首都规划的大都市化进程

82   1939 年到 1940 年，1941 年到 1944 年，芬兰与苏联爆发了两场战争。尽管芬兰没有被侵略，赫尔辛基也没有在 1944 年大规模的轰炸中完全摧毁，但战争时期无疑是一个转折点。到了 1945 年，赫尔辛基人口超过了 30 万，移居到赫尔辛基的人数也在稳步增长。1946 年国家法令将郊区划入赫尔辛基，使得赫尔辛基土地面积增长了 5 倍。扩大的空间将赫尔辛基城市规划带入了新时期：首都规划、区域规划、大都市规划、郊区规划以及交通规划的相互综合。20 世纪 60 年代见证了郊区在既定规划结构下的扩张。

1964 年城市规划办公室成立，同时委任了政治性的城市规划委员会（a political urban planning board），地方规划的角色被进一步强化。市域规划与长期市域经济规划得到了落实。1964 年开始，地方政府已经成为赫尔辛基城市首都规划极其重要的角色。这个角色的形成依靠着城市政府当局强势的土地所有、地产征集以及对基础设施的大量投资。[22]

新城市规划部门的任务包括落实赫尔辛基市中心纪念性规划（Monumental Plan）（图 6.8），此规划由阿尔瓦·阿尔托（Alvar Aalto）于 1964 年制定。1959 年，赫尔辛基市政府将市中心规划方案委托给了阿尔托。这个委托包含了沿着铁路的未来首选城市中心帕西拉区（Pasila）。阿尔托的方案为康比区规划了紧凑的城市结构，为蝶略湾附近规划了纪念性风格。方案强调了赫尔辛基

图 6.8   建筑师阿尔瓦·阿尔托向总统乌尔霍·凯科宁（Urho Kekkonen）及其他城市开发官员介绍 1964 年赫尔辛基中心规划方案

的首都地位。火车站与议会大厦之间区域由平台覆盖，蝶略湾的岸线则由一排文化功能建筑确定，这些文化建筑包括音乐厅、剧院、歌剧院、博物馆等（图 6.9）。此规划立刻招致了大量的政治批评。20 世纪 60 年代末来自新一代规划师和建筑师的强烈批评主要集中在两点，其一是缺乏高效的交通布局，另一个则是牺牲了蝶略湾的绿色海岸和凯撒涅米公园（Kaisaniemi Park）区域的构想。尽管市议会通过了阿尔托的规划方案，并将其作为未来规划的基础，但直到现在只有两栋建筑得以建成，分别是蝶略湾边的芬兰宫（Finlandia Hall）和康比区的电子宫（Sähkötalo）。[23]

1959 年之后，区域规划和总体规划成为强制性要求。赫尔辛基最大的开发项目是 20 世纪 70 年代的东帕西拉（Itä-Pasila）区域以及 20 世纪 80 年代的西帕西拉（Länsi-Pasila）区域。巴黎建设拉德方斯的目的是转移历史中心区增长。出于这个相同目的，这两个新区都依照拉德方斯建设，强调工作、居住、公共管理和办公结合的集中原则。这个商业建设通过整个大都市区域大规模的社区建设得以实现。[24]

1945 年开始，国家、城市政府当局以及各种市民组织都表现出了对首都规划的极大兴趣。人们对于城市变化产生了焦虑，这主要来自两点，其一是快速的城市增长，其二是倡导对历史价值尊重，反对唯效率至上的新左翼的批评。二战后重建时期，大量 19 世纪的木质及石制建筑被大量毁坏，或者以商业效率的名义改变了功能。因此，到了 20 世纪 50 年代，许多市民组织和遗产保护机构表达了他们对于传统环境（Old Milieu）被破坏

图 6.9　建筑师阿尔瓦·阿尔托制作的赫尔辛基中心规划方案模型

的担忧。1952 年，赫尔辛基市政府宣布参议院广场及其周边为城市历史中心，必须得到保护。[25]

从 20 世纪 70 年代起，赫尔辛基城市政策可以概括为以保持强劲首都中心地位为主要原则。历史建筑的保护成为最为重要的部分，同时蝶略湾的问题仍未得到解决。即使在 1985 年全斯堪的纳维亚竞赛后，这个问题也没能得到终极方案。建设仅仅零星地开展，一段时期内仅有单个建筑得以建成，包括曼纳海姆广场（Mannerheimininaukio）上的当代艺术博物馆。

结论：城市规划的精神

赫尔辛基的许多重要意义表现在水道上，可以说是波罗的海规划了这座芬兰首都。河流、水岸空间、海湾、海岸、海岸线以及地峡在各方面决定了城市的历史发展。大海塑造了首都象征意象以及构成了城市的本质精神。历史中心区域位于狭长半岛，以精致时尚的新古典主义水岸立面与大海相联系，成为这座首都最为人称道的标志。不断延展的港口与工业区域也展现着城市活力。随着 20 世纪早期的快速工业化，围海造田形成的土地用来建设港口与码头，同时郊区的规划也随着海岸线而延伸。[26]

赫尔辛基拥有极其丰富的海岸线以及变化多端的空间，两者将城市与水体联系起来。新的城市水岸项目更加强化了赫尔辛基作为一个海港都市的形象。水岸区规划随着港口和工业区布局不断变化而改变，海岸空间成为令人向往的居住休闲区域。甚至

连 1994 年规划的芬兰总统的官邸曼蒂涅米（Mantyniemi）也与这种空间特质紧密联系，位于狭长西部海湾里岩石松林海岬之中。建筑平面被塑造成了一条长而破碎的临海界面。

赫尔辛基，芬兰政府的所在地，它并没有太长的历史。它建于 19—20 世纪的"资本世纪"（The Centuries of Capitals），并没有经过中世纪和封建时期建设。第一阶段的规划发展于沙皇俄国治下的特殊环境中，让这座城市服从于秩序与庄严。恩格尔的城市规划方案在城市中心的部分创造了白色新古典建筑意象。这座城市仍然保留了相对低的屋顶高度，任何竖向的元素都在城市景象中清晰可见。赫尔辛基当下不再被新古典主义的框架所束缚。在过去的 150 年里，其他城市规划和建设方法不断探索，成就了这一座非凡的首都。

注释

1. Brunila and Schulten (1955); Nikula (1931).

2. Blau and Platzer (1999).

3. Klinge and Kolbe (1999).

4. Kervanto Nevanlinna (2002).

5. Åström (1957), pp. 42–58.

6. 老的赫尔辛弗斯（Helsingfors，瑞典语中的"赫尔辛基"）于 1550 年建于芬兰湾北岸，在与海湾对面的旧汉莎城市塔林竞争中失败了。瑞典与沙俄之间的战火，占领，瘟疫，物资短缺标志着这座城市的发展。1640 年，这座城市搬到了现在赫尔辛基的中心所在的地峡区域，但城市境况并未得到发展。详见 Klinge and Kolbe (1999)，pp.7–15; Blomstedt(1963)，以及 Stnius(1969), Maps, pp. 70–82。

7. Åström (1957), pp. 42–58, Blomstedt (1963) pp.258–264, Klinge and Kolbe (1999), pp. 24–32. See also Lilius, (1984), pp. 9–11 and Hall (1986), pp. 69–75.

8. Eskola and Eskola (2002).

9. Lindberg, and Rein (1950); Kervanto Nevanlinna (2003), pp. 83–91.

10. Åström (1957), pp. 129–141; Hall (1986), pp.72–75.

11. Kuusanmäki (1992).

12. Kuusanmäki (1992), pp. 159–162. Åström (1957),

pp. 178–192. Nikula (1931), pp. 150–151.

13. Nikula (1931) p.191, Kuusanmäki (1992), pp. 174–196. 又见 Sundman(1991), pp.524–527. 赫尔辛基的第一位规划建筑师贝尔特·荣格（1872–1946 年）属于通晓多种语言并且博学，进而改革了芬兰城市规划的那一代建筑师。1914 年之前，荣格游历了许多欧洲城市，并学习了当代城市规划。1915 年，他描述了他在游历过程中受到的重要启发和借鉴：一开始的德国学派，以及后来的英美学派。同时，他也将目光投向斯堪的纳维亚地区其他地方的发展。对城市规划显示出极大兴趣的年轻芬兰建筑师包括荣格自己以及伊利尔·沙里宁、拉斯·松克（Lars Sonck）、古斯塔夫·斯特伦内尔（Gustaf Strengell）、哈拉尔德·安德辛（Harald Andersin）和奥托–伊万·默尔曼（Otto-Ivar Meurman）。他们都认识到了国际展览与会议的重要性，这尤其能从首都规划中可以看出。

14. Nikula (1931), pp. 102–109; Åström (1957), pp.174–176.

15. Kuusanmäki(1992), pp. 8–15。同时参见 Korvenmaa(1992)。建筑师在强化芬兰国家形象和国际地位中扮演了重要角色。作为一个深深植根于中产阶级意识形态核心价值观的职业，建筑师表现了社会与美学上的变迁。国际化支撑着芬兰国家形象的建立，互动交流则是国家特征价值展示的最佳舞台。芬兰建筑师对埃比尼泽·霍华德（Ebenezer Howard）以及雷蒙德·昂温（Raymond Unwin）工作的熟悉程度与对卡米洛·西特（CamilloSitte）、约瑟夫·斯图本（Joseph Stübben）和沃纳·黑格曼（Werner Hegemann）熟悉程度想当。

16. Kolbe (1988)。这种郊区社区的梦想希望通过地理分界，社会阶层多样以及规划完成。受启发的工人阶级和中产阶级想将欧洲改革理念投入实践之中。盎格鲁–撒克逊成分无疑是相信私人的力量，并强调自然、亲密，反对权贵、反对城市化，比如"风景如画"（Picturesque）的社区规划。在赫尔辛基的规划方案中，可以看到田园城市以及雷蒙德·昂温理念的影响，同时也可以看到瑞典别墅式社区的影响。

17. Kolbe (1988), pp. 150–160.

18. Jung (1918)。在沙里宁和荣格的规划方案中，赫尔辛基沿着郊区铁路、外向延展道路和地方道路网络东西向延展。一些地区被预留为制造业用地，另一些则变成别墅式郊区或者高密度城市中心住宅。

19. Sundman (1991), pp. 78–82.

20. Hakala-Zilliacus (2002), pp. 311–322.

21. Hakala-Zilliacus (2002), pp. 85–90.

22. Hakala-Zilliacus (2002), pp. 91–100.

23. Kolbe (2002), pp. 86–88. Kervanto Nevanlinna (2002), pp. 194–196.

24. Nikula (1931), pp.278–283。郊区中可以看到大量的古典传统形式。城市政府当局参与建设的卡比拉（Käpylä）田园城镇位于城市中心的

北侧。最初计划于 1910 年（在芬兰独立之前）
由公共利益促进协会（Yhdistys Yleishyödyllisen
Rekennustoiminnan Edistämiseksi）制定，这是一
个旨在推动公共利益的建设协会。在长期的战
争和危机之后，卡比拉成为城市建设的试验场。
建筑由建筑师马蒂·韦利康（Matti Välikange）

设计。卡比拉展现了当时新的社会住宅理念：广
阔的空间以及贴近自然。位于城市中心附近的
新住宅区域大都与城市中心街景相互协调。

25. Kolbe (2002), pp. 96–98. Also Raatikainen
(1994), pp. 7–36.

26. Kolbe（2002），pp.221–256.

第7章

伦敦：矛盾之都

丹尼斯·哈迪（Dennis Hardy）

　　纵观现代历史，伦敦是毋庸置疑的首都。在 20 世纪，虽然伦敦的背景和功能都经历了巨变，但其依旧占据了历史的主导地位，甚至这种地位在这个世纪得到了进一步的提升。然而这个成功故事背后也内藏矛盾：伦敦并不是因为政治干预和规划而保持了其霸主地位；相反，过去的这个世纪，与其说伦敦得到鼓励发展，还不如认为政府行为更倾向于抑制内在动力。本章的目的就是研究这种伦敦作为首都保持其霸主地位的状态和严重缺乏提升这种地位的官方政策和方案之间的本质矛盾。在这一时期，伦敦被认为已经在默认状态下发展成为了国际首都。

　　本章将从三个方面对伦敦进行论述：一是总结了 20 世纪伦敦的巨变；二是回顾与首都状态相关的公众介入的性质和范围；三是探讨伦敦的建筑和城市设计为何没有完全体现其霸主地位的原因。

双城故事

　　在很多方面，20 世纪末的伦敦与维多利亚时代末期的伦敦大相径庭。1901 年，统治了英国 64 年的维多利亚女王去世，在各种意义上，当时的伦敦是一座毫无疑问的帝国首都。大英帝国的统治除了包括南极洲大陆之外的大片领土，还包括超过 4 亿的子民，而伦敦就是这个庞大帝国的心脏。[1] 在维多利亚女王的葬礼上，棺材后面的游行队伍里有从帝国的领土远道而来的代表们，他们的奇装异服和各色皮肤使整个首都的街道熠熠生辉。对于很多围观群众来说，这是他们第一次亲眼见到非白人种族，而非只是从书中看到传教士和探险家对自己丰功伟绩的描绘。

　　在 20 纪初的威斯敏斯特，国会大厦做出的决定影响了世界各地人们的生活；国会大厦附近的英国政府公务人员保证他们依据英国

图 7.1 20 世纪早期的伦
敦城，向东望到皇家交易
所（Royal Exchange）

行政传统管理广阔的殖民地。在伦敦城*向东
不远的地方，商业银行正在投资万里之外的
铁路、煤矿、灌溉计划和种植园。在同一平
方英里内的贸易公司总部则和帝国每一个角
落做着生意（图 7.1）。继续往东，19 世纪初
开始逐渐建成的庞大复杂码头，是全球化联
系悠久历史的实例：络绎不绝的船只运来东
方的茶和香料，非洲的象牙和可可，美洲的

小麦和冷冻肉以及波罗的海的木料和毛皮（图
7.2）。[2]

如同杰瑞·怀特（Jerry White）在他关
于 20 世纪伦敦的开创性著作里所描写的那
样，首都运转的重要性与普通群众精神生活
并不脱离。[3]1900 年 5 月梅富金救援（Relief
of Mafeking）的好消息传来时（这是在绝望
的南非战争中难得的一条好消息，这场战争
目的就是保护英国在南非的利益），伦敦举行
了盛大的庆祝活动。怀特描述了这次庆祝活
动，他说道，"即使刚刚学会爬行的婴儿或者

---

* City of London，指伦敦中心的核心行政区域，有时
又被称为伦敦金融城。——译者注

图 7.2 从码头看伦敦时运的对比：20 世纪初熙熙攘攘的活动，对比 20 世纪 70 年代空空如也的码头

需要跛行才能走路的人们也走上了街头，似乎 650 万居民中的每个人"都找到进入伦敦街道的办法。[4]

伦敦不仅在英国地位卓绝（比英国剩下的 22 个大城市加在一起还要大）[5]，在世界城市中也不遑多让。1900 年，美国历史学家乔纳森·施内尔（Jonathan Schneer）写道，这是一座无可匹敌的"帝国大都市"。[6] 施内尔认为这种主导地位不仅可以简单地由贸易和商业量来衡量，同时也可以少量地从帝国式建筑和文化氛围看出来。[7] 之后，来自伦敦南部郊区的赫伯特·乔治·威尔斯（H. G. Wells）认为，他的城市（他陶醉于此）毫无疑问是这个世界曾拥有的"最富有、最大、人口最多的城市""巨大、庞大、无边无际！"[8]

到了 20 世纪末，这种情况却出现了很

大的变化。国会大厦依旧讨论国际事务，但已经不是有影响力的帝国领袖。帝国早已瓦解，英国尚未形成新的身份认同：到底是作为欧洲的一部分，或者作为美国的附属国，还是有名无实的英联邦领导者。如果英国发现自己很难从帝国的角色中脱离出来，那么其首都也是同样的情况。伦敦不再是帝国的中心，只能为自己创造新的世界角色——最生动的实例便是城市中心 1 英里见方的地带，这里一直是首都内部的圣地。这一区域在历史上一直被看作是首都的商业中心。虽然这里居民人口很少（总共仅有 6000 人），但这里保持独立的行政机关，并拥有相当程度的自治权。

如果只看伦敦城的外观，20 世纪末的伦敦城与过去相比差别相当惊人。帝国时代里，传统银行和贸易公司的建筑以大理石外观和红木家具为基本特点，这一特点在现在已经基本消失。现在这些地方耸立着玻璃和钢铁组成的现代大厦，这些大厦里面则是跨国公司的办公室。伦敦并没有太多对首都的命运有决定性影响的公共干预措施，但其中之一便是撒切尔政府在 20 世纪 80 年代放松金融管制的激进措施。如果用一个流行词汇来说，那个时代可被称为"大爆炸"时代，大量关闭的店铺和古朴的事务所在一夜之间被一个崭新的、完全基于计算机的系统所取代。通过高速因特网相连，即时通信与旧时代里面稳重的步伐和风格形成了鲜明的对比。旧时代里，贸易公司代表穿着丝质礼帽和黑色礼服大衣，通过人工方式传递消息。"大爆炸"时代让伦敦得以成功成为金融中心，与世界各地有效竞争。美国、日本和欧洲的银行都试图在伦敦寻找立足之地，这极大助长了伦敦城和附近的写字楼建设的热潮。伦敦又一次在全球经济中确立了金融市场领军者的地位，通过网络联系着纽约、东京、法兰克福和其他主要金融中心。正如怀特所说，由于这种金融力量，伦敦在 20 世纪 90 年代始终稳固地处于"世界城市中的上层之中"。[9]

不可避免地，这种变化幅度未被伦敦城的边界所局限。伦敦城东面巨大的旧码头现在为新开发提供了宝贵的土地储备。虽然这些码头曾经连接着分布于世界各地的庞大帝国，但在 20 世纪末，传统贸易和上游码头已陷入停滞。和码头相关的产业也随之衰落——如工程机械厂、造船厂和面粉精炼厂——但与此同时，金融中心却开始显著东移。废弃的码头上树立起了一座座巨型的复合办公大楼、和以创新媒体和信息产业为载体的新建筑（图 7.3）。为了巩固自己的新角色，旧码头区还为伦敦城提供了城市机场和供上班族居住的滨水住宅。

伦敦在现代航空联系网络上占据主导地位，也许没有什么能比这更能说明其在全球城市中的新角色转变。很难想象，在帝国时代出国旅行的人相当少，并且旅行主要还是通过远洋客轮。许多旅行者需要自行从伦敦码头离开，而且出行时间需要通过潮汐决定。与之相对，航空连接却已经迅速超越大多数人的期望。伦敦周围有一圈机场，2000年的年吞吐量达到了 1.16 亿乘客，预计在接下来的 20 年时间内，这一数据将翻倍。[10]伦敦希思罗机场是世界上最繁忙的机场，仅仅看看离港航班的屏幕就足以说明现代全球网络的复杂性，而伦敦正在这一网络中扮演了重要的角色。这些路线不仅仅提供了与世界其他地方的连接方式。交通也是双向的，

游客因为各种各样的原因来到伦敦，包括现代的旅游现象。1960 年只有 150 万游客造访伦敦，但在 40 年后，游客数量已经达到了 1350 万。[11]

过去一个世纪，地理和社会变革也反映了城市的内在动力。就表象而言，首都人口稍微增加（从 650 万增加到稍多于 700 万），但这掩盖了从核心到郊区的巨大扩张，扩张标志着现代城市边界的扩大，以及伦敦和周围各郡开展的地区一体化。每天，大量的劳动力从周边地区涌向大伦敦地区（近 50 万人仅使用地面铁路系统）。[12]也不是仅仅有地理上的变化。伦敦总是对移民群体充满了吸引力，但是 20 世纪下半叶移民规模并不大。从某种意义上说，日不落帝国削弱成了英国本

图 7.3　金丝雀塔和周边大厦的现状照片，这标志着旧码头区成为和伦敦城竞争的新势力

土，从前殖民地的大量居民来到英国本土的首都定居。20 世纪末，三分之一的伦敦人口被定义为少数民族，在伦敦的 33 个区中的一些区，非白人居民已占多数。[13] 最新的移民主要来自巴尔干地区、苏联地区和中亚。伦敦已经成了包含多种族的国际城市。

从帝国首都到全球首都的转变充满了戏剧性，但又是毫无疑问的转变。然而，这种转变有多少是取决于有意识的规划和政策支持的呢？

被视为眼中钉（Bête Noire）的伦敦

1951 年，二战后艾德礼政府负责了和平时期的第一次庆祝活动，大不列颠节（Festival of Britain）。[14] 节日场地主要位于泰晤士河南岸，政府所在地的对面。节日表面上只是国家的庆祝活动，但实际上却是一次展示首都战后新角色的千载难逢的机会。成千上万居民从英国的各个地方赶来，这样的活动除了伦敦中心实在是想不出更合适的举办场地了。除了一百年前为了庆祝维多利亚女王统治和辉煌的大英帝国而举办的伟大的水晶宫展览之外，这次节日可以说最为盛况空前。似乎是为了宣传首都的未来潜力，南岸展览的主要是城市东边的重建实例，以及游客地图上的兰斯伯里（Lansbury）方案模型。这似乎预示着，伦敦将如凤凰涅槃般从战争破坏之中崛起（图 7.4）。

但是大不列颠节只是一个特殊的例外。除此以外，历届政府都没有就推进首都进程做出任何努力，实际上反而更多地想方设法削弱首都。虽然伦敦仍是无可争议的首都，

但它长期以来都招惹了各种反对声音，梦想家和改革者都在坚持不懈地反对"人口过分聚集的大城市"[15] 这种形式。在 1890 年描述伦敦梦想的时候，威廉·莫里斯（William Morris）对不同意见总结道，"现代文明的巴比伦"[16] 一同消失了。对于莫里斯来说，伦敦体现了工业资本主义的种种弊病，迫使其公民不情愿地过着悲惨生活。莫里斯憧憬道，随着资本主义的覆灭，人们会自由地离开伦敦，前往乡村的小城镇和村庄。他的观点不仅被如彼得·克罗波特金（Peter Kropotkin）这样的激进革命者采纳[17]，而且也被温和的改革者所接受。

埃比尼泽·霍华德就是这样一个改革者，一个绅士。他坚信，即使没有政治革命，相较于飘忽不定的首都，在小城镇生活的人们会更加快乐。[18] 他的补救办法是在伦敦的郊区建设田园城市，他预测这些田园城市会比伦敦内的区域更加自然地吸引企业和个人。事实上，他关于田园城市的著作中，最后一章专门讨论了首都的未来，就在田园城市的讨论之后。霍华德认为，由于田园城市的拉

图 7.4　经过敌人一夜轰炸之后，烟雾萦绕的伦敦塔桥。第二次世界大战期间伦敦遭受的巨大破坏促使了战后的重新规划

动，伦敦将因此慢慢消失。然而在这一点上，看似对大城市让步，霍华德其实认为有机会依次按照完全不同的路线对大城市进行重建。霍华德著作的直接结果便是田园城市协会（Garden City Association）的成立，这个成立于 1899 年的协会主要目的便是倡导霍华德的想法。除了积极推动田园城市，协会也在更大范围内承担了推动优秀规划的职责，这些规划其中就包括遏制伦敦。[19]

田园城市运动发起后近 40 年，拆除首都的独特想法终于得到认可，当时不止一个皇家委员会建议，这是采取行动的时候了。巴罗委员会（根据委员会主席的名字命名，Sir Montague Barlow）主张实行国家规划制度，制度需要强大到遏制伦敦的持续增长，同时将部分增长疏解到国家经济需要的其他区域。[20] 发表于 1940 年的巴罗报告（最被人所知的名字）被证明为更加具有影响力的战时大伦敦规划提供了影响深远的规划背景，战时大伦敦规划由当时的著名规划师帕特里克·阿伯克隆比（Patrick Abercrombie）领导[21]。以巴罗报告和城乡规划协会（Town and Country Planning Association）的长期运动为线索，阿伯克隆比规划了那些塑造战后未来伦敦的建筑街区。在这个规划中，增长不再是规划口号，相反规划引入了绿带来限制城市的发展，发展边界被设定在了 1939 年发展边界之中，那些超出边界的新城则被用来安置伦敦的"过剩"人口。

事实上，1944 年的大伦敦规划，只是构成战后发展框架（图 7.5）的三大战略计划之一。之前一年，阿伯克隆比与伦敦郡议会的首席建筑师 J·H·福肖（J. H. Forshaw）合作，出版了伦敦郡的规划，涵盖了大伦敦市

的内核，但并不包括城市中心的 1 平方英里范围。[22] 这一遗漏最终被伦敦城法团（The City of London Corporation）补上，该法团一开始递交了一份方案，但因为没有足够的远见而未被通过，于是在 1947 年重新递交了一个非常不同的规划方案。[23] 后一方案由查尔斯·霍顿（Charles Holden）和威廉·霍尔福德（William Holford）负责编制，但尽管他们迎接挑战，试图去创造一个建造世界城市金融核心区的规划方案，但是他们狭隘的地理知识却削弱了他们成功的可能性。

在规划过程中，大伦敦规划的目的是遏制伦敦的增长，同时增加城市影响力。历届政府采纳了这种约束发展的思路；市民和企业都被各种方式诱导，离开首都，甚至连国家政府的办公室最终也迁往了英国的其他地方。[24] 但政府对于这个过程还是存在矛盾心态：政府认可这个去中心化的规划方案，但又不愿意建立有效体系来实现这一规划。直到 1963 年，伦敦才试图推动城市规划方案和政府结构相互匹配，那一年伦敦刚刚组建了大伦敦议会（Greater London Council，简称 GLC），它的职权范围包括了绿带在内的整个伦敦。该实验在一开始就被削弱了，因为大伦敦议会一开始就在政治上分裂了，构成大伦敦议会的 32 个区和伦敦城动不动就挑战大伦敦议会，这些成员本身就足够强大，因此开始妨碍大伦敦的政策。同时，市政厅（大伦敦议会的总部）和国家政府之间对于威斯敏斯特的河对岸规划也存在尖锐的政治分歧。1969 年更新的伦敦规划被称为大伦敦发展规划（Greater London Development Plan）[25]，立即就掺杂进了政治冲突，它的失败在一定程度上是因为未能反映变化中的公众情绪。该

图 7.5 "我们应该如何重建伦敦？"这个问句就是这本书的标题，这本由社会活动家 C.B.普尔东（C. B. Purdom）撰写的著作发表于 1945 年。插图由奥斯瓦尔德·巴雷特（Oswald Barrett）绘制（被称为"巴特"），这一插画试图表现坚定的决心，期待将当时的各种规划方案转化成为现实

规划的初衷是为了"维护伦敦的地位，使其成为国家首都和世界上最伟大的城市之一"[26]，然而这最终成了一句空话。

大伦敦议会从一开始就从未远离政治争议，也正是这一点导致了其最终的解散。原因很简单，铁娘子撒切尔夫人不能忍受泰晤士河对岸的冷嘲热讽，也就是大伦敦议会的激进领导人肯·利文斯通（Ken Livingstone）的反对之声，于是索性在 1985 年正式解散了这一机构。这不是历史上第一次，伦敦被中央政府认为太过重要而没法完全信任，没法任其制定自身的策略。这也不是第一次，伦敦不受上位政府系统所管辖，这样情形让不同的派别得以自由地追求自身利益。在权力

真空时，伦敦市法团（担心在原码头区域出现与之匹敌的商业中心）与伦敦码头区再开发公司相互竞争，竞相提供新的写字楼。但随着 20 世纪 90 年代初的经济低迷到来，这两个区域很多办公楼都保持空置。例如，在 1992 年，金丝雀码头的巨大的写字楼开发项目的空置率就达到了 40%。[27]

1997 年英国大选中，新工党为首都带来了统一政府组织的新希望，他们承诺将重新设立民选市长，并组织新机构来支持市长办公室的运作。利文斯通通过大多数选票支持在选举中大胜并重返岗位。伦敦人憧憬自己的生活将因此产生不小变化，然而这种前景却因为中央政府内相互斗争的政治家们而黯

淡无光，这些政治家们继续强烈抵制利文斯通赋予伦敦的愿景。[28] 不过，尽管新市长的权力有限，到目前为止，利文斯通和大伦敦政府还是制定出了伦敦在现代历史上的第三个总体规划。这个被称为"伦敦计划"的规划方案，于 2002 年 6 月以草案形式发布，并于 2004 年正式确定[29]，这标志着伦敦发展方向的转折，其中新的增长预示首都活力的提升。当时面临的挑战是：如何逆转伦敦在物质和社会基础设施中的长期不佳表现？利文斯通的思路并不是去抑制伦敦，而是希望将伦敦发展为"示范性的可持续发展的世界城市"[30]（图 7.6）。

图 7.6　约束和增长：帕特里克·阿伯克隆比爵士（左），制定 20 世纪中期遏制伦敦增长规划的首席建筑师；肯·利文斯通（右），21 世纪初任职伦敦市长，提倡伦敦需要建设成为人口更加密集的首都

然而，如果从较长的时期来观察战略规划，记录显示伦敦还未曾在 20 世纪得到足够的支持，远未达到许多其他首都的水平。不像巴黎，伦敦不能展现 20 世纪中的富有声望的重大项目；不像纽约，伦敦不能从连续不断的市长提案中获益；不像北京，伦敦缺乏足够的动力来重新塑造自己的现代形象。在伦敦现代历史中（世纪末市长得以选举之前），伦敦自然错过了强势的引领，这种引领本是一个首都应当期待的。这样的结果将伦敦保留成了一座伟大的世界城市，但却鲜有优秀政府的参与。因此，迈克尔·赫布特（Michael Hebbert）说道，伦敦是一座伟大的城市，它"更受幸运女神眷顾，而非通过设计创造"。[31]

但是，如果缺乏官方支持，而且财富积累也不能单独解释这座城市的所有现象，那么必然有别的方面可以解释伦敦如何一直保持世界之都的地位。伦敦人口再次不断增长，随着经济蓬勃发展，未来 15 年人口预计将要增加 70 万人，一共达到 810 万。[32] 伦敦"在当今的世界经济中占据着独特的地位……自

1900 年以来，伦敦从未有过如此卓越的品位，这种经验对于伦敦自己也是陌生的"[33]。显然，在正式的规划和政策之外，还有许多要素造就了伦敦当下的地位。

答案很简单，人们希望留在伦敦，分享住在首都的体验。企业和机构的决策者是最具影响力的，他们看到了留在伦敦的政治和商业优势。这在历史上一直如此。首先，商人和贸易者组织起来形成行业协会，以保护和促进自身利益，进而影响政府，但他们也不会依赖于政府。即使在当今，伦敦城的同业行会大厅还在见证首都的数百年财富积累。18 和 19 世纪的工业化首先导致了生产的分散化。但后来，企业兼并却导致了更为集中的办公总部，并且需要相关的金融公司组织起来共同投资（不仅投资英国产业，更拓展到世界各地），这种需求更加鼓励了这些公司一同选址于伦敦。在 20 世纪，这个过程随着重工业的消亡和服务业的增长仍在继续。近年来，信息化经济的出现，似乎对同一地点办公有了较少的需求，但事实上却强化了过去的集中模式。

伦敦的吸引力并不仅仅局限于公司董事会的决定之中。如果连续几代人都没有勇气面对生活在大城市中的困难，那么伦敦也不会合理运转。尽管伦敦有许多缺点，但正如威廉·莫里斯（William Morris）和其后许多评论家一直描述的那样，伦敦对于许多人来说有不可抗拒的吸引力，伦敦仍然可以依靠他们让整座城市运转起来。有的年轻人被伦敦的高等教育所吸引（学生人数在伦敦一直超过 25 万）[34]，并在毕业之后留下，还有一些则是在其他地方毕业，然后决定前往首都，因为他们觉得首都生活肯定比首都之外的庸俗生活好得多。[35] 他们的想法其实也是对的，伦敦有更多的工作选择，更高的工资收入水平，首都的社会和文化生活也是热闹非凡。当他们安顿下来，并需要对家庭开始承担责任之时，一些吸引力就开始消退了，但那时即使他们离开了，他们已经为首都的创新和变革作出了贡献。

除了本地人口，连续几波的移民潮也为伦敦做出了贡献，很多移民都视伦敦为他们文化旅程的重要起点。20 世纪之前，首先是在法国受迫害的胡格诺派教众（Huguenots），后来是爱尔兰人，他们迁移到了伦敦，为首都的社会和经济做出了贡献；之后则是从东欧和中欧而来的犹太人，一开始落户在伦敦东区。20 世纪见证了更加丰富的多样性，让伦敦真正成为一座国际都会。尽管不同移民融入伦敦的难易程度有所不同，但所有移民都毫无疑问参与了伦敦经济领域的振兴，并加强了英国在国际间的联系。

在 21 世纪早期，伦敦很容易变得自满。当然，伦敦也在迎接挑战，一些来自 20 世纪无作为的政府和有限支持带来的挑战，但伦敦也处在比以往更为稳固的位置，继续作为世界上最伟大的首都之一。然而，在 2005 年 7 月的连续两天中，伦敦刚刚带来的新乐观情绪马上就被动摇了。7 月 6 日，伦敦人欣然获悉，在不被看好的情况下，伦敦取得了 2012 年奥运会主办权。那天晚上，人们前往特拉法加广场自发聚会庆祝；当时人们兴高采烈，感觉伦敦是一个好地方。然而，在第二天的早高峰，公交恐怖袭击事件改变了一切。没有人可以质疑，恐怖分子将伦敦作为袭击目标的原因就是因为其作为首都的象征地位。这一事件带来了可怕的教训，在未来几年首都不得不付出更多的资金来维持自己的首都地位，不仅对伦敦如此，对世界各地的其他地方亦是如此。

首都的象征

如前所述，多年以来，主导伦敦作为首都发展的条件都缺少政治上的支持和主动积极的规划。为了确认这一观点，规划历史学家托马斯·霍尔（Thomas Hall）曾指出，在 19 世纪末，与其他欧洲国家的大多数首都相比，伦敦是在没有整体规划的条件下发展起来的。[36] 思索这一内在矛盾的时候，一个难题隐约浮现：在过去的一个世纪里，为什么没有太多尝试想要在建筑和城市设计上去表现伦敦的主导地位？人们预期的首都地位应当在哪里得到象征性的表现？

当考虑到早期标志性方案（iconic schemes）的案例之时，这一难题变得更加错综复杂。其中早期标志性方案都是君主国家的历史产物，其历代统治者（无论在 17 世纪他们的权力受到侵蚀之前还是之后）都把关键据点选址在首都及其周边：伦敦塔和皇家宫殿在格林尼治、汉普顿宫，以及后来的白金汉宫（包括其纪念性的林荫大道）在伦敦中心。上下两院所在的国会大厦作为政府所在地，可以回溯到 11 世纪，而附近的威斯敏斯特教堂则象征性地反映了教会和国家的紧密联系。再往东的圣保罗大教堂甚至高于现代的城市天际线，是早期重建阶段留下的经久不衰的建筑作品。对许多前来伦敦的游客来说，这些都是一个伟大的首都最明显的标志。但这些标志完全出现在 20 世纪之前，也许最令人印象深刻的是：20 世纪起就很少再有标志性建筑添加到了这座城市之中。

有些城市形态在第一次世界大战前的几年形成，当时的伦敦在其帝国顶峰。当时，伦敦的部分区域追随潮流重新建设，得以和帝国首都的地位相称：沿着白厅路的政府办公室，西区的著名街区，以及一些独栋建筑。虽然规划上相互孤立，它们的建筑风格也被描述为帝国式、巴洛克风格和浮夸风格，但它们都反映同一目的：从一个平民的角度说，就是反映人们认为帝国首都应当具有的形象。"与辉煌的伦敦比较，我们所拥有的景致连一半都不到"，一位来自纽约的当代旅客若有所思地说道。[37]

伦敦曾经还有一个更为宏大的计划：沿着金斯威路（Kingsway），在奥德维奇（Aldwych）周边，以及在河岸街（the Strand）里面，建设大批新古典主义建筑。这一计划在维多利亚时代就开始设想，但直到 1905 年才由英国国王正式揭晓。这一计划在当时是"自摄政街 1820 年建设以来……伦敦最大和最重要的改建计划"，在舒伯特和萨克利夫（Schubert and Sutcliffe）眼中，"这一计划的规模和外观可以说是直接继承了奥斯曼的思想。"[38] 这无疑是城市工程中的一大壮举，计划展现了不寻常的连贯性，但作为帝国象征的方案最终却几乎没有留下任何世界性意义。将河岸街作为威斯敏斯特与伦敦城的联系是明智的决定，但最终的结果却毫无纪念性。因为金斯威路本身（从北到南的道路）和任何首都的主轴都毫无联系。该方案很可能是继承了奥斯曼的血统，但事实上建成的结果却不像奥斯曼的风格。

直到 20 世纪末期，伦敦才有了一些重新引入象征性建筑的迹象。新千年里伦敦开展了一系列庆祝活动，这为世界中心的角色提供了独特而又持续的有力声明；如果之前的机会早已错过，这便是一个好机会，将伦敦重新定位在帝国体制瓦解之后的后现代世界之中。这段时间不乏有纪念性项目，足以支持对伦敦的新看法——"新千年的伦敦 [已成为] 一个吸引观众的空间，整个城市如同一座旅游剧场，甚至对日常工作的市民们也充满了吸引力"。[39] 另一位评论家甚至大胆评论道，突然之间，"一向自嘲的老伦敦决心转变，期望不仅拥有巴黎壮丽的城市环境，巴塞罗那的时尚繁华风格，也要拥有曼哈顿的魅力。"[40] 大英博物馆，科学博物馆，皇家歌剧院和泰特现代美术馆是吸引大型重建计划的主要文化中心。同时还有三个设计将千禧年因素考虑之中，分别是千禧穹顶（the Dome）、摩天轮（俗称伦敦眼）和千禧桥（图 7.7）。这三个项目都选址在泰晤士河沿岸，每个项目本身都展现了令人印象深刻的结构。

标志性的千禧穹顶（由理查德·罗杰斯

设计）在外观上令人印象深刻，如同一个巨大的爱斯基摩冰屋，坐落在格林尼治的泰晤士河边，建筑场址曾是被工业破坏的土地。千禧穹顶距离市中心下游几英里，但正好横跨子午分界线。当时这一项目的想法其实是1997 年前保守党政府的心血结晶。但当新工党 1997 年开始执政的时候，新政府并没有放弃这个看似轻率的想法，千禧穹顶被具体化为了千禧年庆祝项目的中心舞台。这一项目看似是为了展示英国的千年以来的成就，但对大部分人来说，它只是徒有其表的主题公园的另一种形式罢了。第一年的游客人数远远低于预期目标，对于许多伦敦人来说，他们当然有权不去千禧穹顶，况且这个项目也不是他们一开始最想要的。大量的补贴并没能维持穹顶的运营，一年以内，穹顶就不得不关闭。更加雪上加霜的是，这座建筑最终都找不到接手的买家，最终政府在一定约束条件下将它赠予了出去，约束条件包括了对未来利润分成的含糊承诺，这才抛去了不想要的政府负担。

相比之下，"伦敦眼"则位于伦敦的中心，就在泰晤士河旁的前市政厅前。资金完全来自私人资本，英国航空的冠名也增强了公众对项目的信心（即使它因为技术原因推迟了几个月开业）。尽管这一概念的传统本质——摩天轮已经在游乐园和博览会等场所流行了一个多世纪，但如千禧穹顶一样，摩天轮的结构也令人印象深刻。伦敦眼的最高点达到了 135 米，32 个玻璃覆盖舱体环绕着整个摩天轮，每个舱体足以容纳 25 名乘客。然而和千禧穹顶不同的是，伦敦眼没有什么关于其目的的晦涩解释，因为它或多或少只是给游客观赏伦敦提供一个更多选择罢了。在这里，

伦敦人可以立刻找到自己生活的街区，而游客们则可以一眼就找到所有的标志性建筑。这种简单的快乐感觉最后成为持久性的存在。无论是否使用伦敦眼，它都不花费纳税人的钱。这个项目一直都受到了极大的追捧——运营的第一年有 350 万游客前来参观，第二年达到了更大的数字。[41] 伦敦眼一开始只是预计作为千禧年的临时地标，但鉴于它的受追捧程度，最终规划许可延长了它的使用年限，使其至少能够存留 25 年。

第三个象征性项目是千禧桥，这个优雅的结构由诺曼·福斯特设计，雕塑家安东尼·卡罗（Antony Caro）为设计提供了帮助。这座横跨泰晤士河两岸的新桥已经被期待了一个世纪之久，这座新桥不仅为步行其上的行人展示了圣保罗大教堂的壮观景色，同时也为南岸的泰特现代美术馆提供了新的步行连接。千禧桥如同伦敦眼一样很简单，但也立即受到了市民的欢迎。尽管它仅限于行人，然而开放日之后没几天，千禧桥就因为摇摆问题不得不关闭。再次开放之前，对桥梁进行了加固，再次开放之后它又一次吸引了大量访客。

伦敦对于重大项目不寻常的介入背后却隐隐暗含讽刺意味：一个项目被证明彻底失败，之后两个在尴尬的工期延误之后却获得了成功。但无论怎么说，伦敦还是努力去学习巴黎的经验，如果不是一定程度上揭示了伦敦人的不安情绪，那么就是说明了他们对城市象征充满了文化怀疑主义（Cultural Scepticism）。伦敦从未完全许下大胆的城市声明，但是许多其他首都，比如巴黎、柏林、罗马和维也纳都有过这样的声明。或许这种现象就是伦敦自身矛盾状态的体现：这个首都

图 7.7 千禧穹顶（上）、伦敦眼（中）和千禧桥（下）是庆祝千禧年的泰晤士河岸三个地标项目

代表的国家反对奴隶制，同时建立了庞大的帝国；既不是共和制，也并非完全君主制；既蔑视独裁统治，却又同时保留贵族制度；对于太多政治干预并不感冒；本质上是改良主义，但历史上又存在政治革命；希望自己被视为现代国家，但又深深根植于自己的文化遗产之中。伦敦最新地标建设中的矛盾其实并不新鲜；这仅仅是展现了伦敦本身的现代历史罢了。

注释

1. 事实上，"帝国心脏"这一术语由 1901 年出版的《帝国心脏》流行开来，由自由记者和政治家查尔斯·马斯特曼（Charles Masterman）编辑。

2. 关于这个时期的贸易详见 Hardy（1983）。

3. White (2001).

4. *Ibid*., p. 4.

5. *Ibid*., p. 5.

6. Schneer (1999).

7. *Ibid*., p. 10.

8. White (2001), p. 4.

9. *Ibid*, p. 211.

10. Greater London Authority (2002), p. 181.

11. White (2001), p. 212.

12. 每个工作日，46.6 万员工乘坐火车只身进入伦敦市中心。Greater London Authority (2002), p. 183。

13. Greater London Authority (2002), p. 145.

14. 大不列颠节的详细描述参见 Banham and Hillier (1976)。

15. 这一术语最初是由威廉·科贝特（William Cobbett）创造，使用在他的发表于 1830 年的英格兰《农村骑行》（Rural Rides）的评论中。

16. William Morris, News from Nowhere, first published 1890; see 1970 version, p. 55.

17. 克罗波特金最具影响力的反城市著作或许是《Fields, Factories and Workshops》，该书一开始出版于 1899 年，1985 年连同科林·沃德（Colin Ward）的注释再版。

18. Howard, Ebenezer (1898); revised and republished as *Garden Cities of Tomorrow*, (1902).

19. 该组织和其运动的详细历史请参见 Hardy (1991)。此协会后来成为了田园城镇规划协会（Garden Cities and Town Planning Association），再后来则改名为了城乡规划协会（Town and Country Planning Association）。

20. 这一结果最终以皇家委员会工业人口分布报告的形式发布，London: HMSO, Cmd 6153, 1940。

21. Abercrombie (1945).

22. Abercrombie and Forshaw (1943).

23. This episode is recorded in Cherry and Penny (1986), pp. 136–141.

24. 1962 年到 1989 年期间，66500 名公务员岗位从首都转移了出去，Hebbert (1998), p. 133。

25. Greater London Council (1969).

26. Ibid., Written Statement, p. 10.

27. Hall (1998), pp. 924–925.

28. 这种关系在资助更新伦敦老化的地铁系统这一事例中可以很好说明。中央政府反对市长利文斯通的意愿，实行了昂贵的公私合营方案，最终许多年以来这对伦敦人带来的好处微乎其微。

29. Mayor of London (2002).

30. *Ibid*, p. xii.

31. 这是迈克尔·赫布特（1998）书中的副标题。

32. Greater London Authority, (2002), p. 15.

33. Hebbert (1998), p. 150.

34. Higher Education Funding Council for England (2002), p. 129. See also Buck *et al.* (2002).

35. Greater London Authority (2002), p. 143.

36. Hall (1997*a*), p. 91.

37. Howells in White (2001), p. 11.

38. Schubert and Sutcliffe (1996), p. 116.

39. Levenson (2002), pp. 219–239.

40. Sudjic in Levenson (2002), p. 229.

41. 数字直接取自英国航空伦敦眼的新闻办公室。

第 8 章

东京：市场力量形成的都市，而非规划力量的作为

渡边俊一（Shun-ichi J. Watanabe）

1867 年，执政日本 265 年的德川幕府结束了统治，政治大权转移到了以年轻明治天皇为代表的新统治者之中。明治维新标志着日本作为一个现代国家的诞生。1868 年，天皇从帝国首都京都正式搬到了向东 500 公里以外的江户，这里曾是德川幕府所在地。[1]

天皇迁居到了江户城*，并将其作为皇宫。由于太多的京都人抗议，因此政府决定不将迁都江户作为官方决定。然而，战略决策已经决定了天皇将会居住在江户，江户也成为实际上的首都，江户由此改名为东京，意思是"东面的首都"。因此，东京虽然从来没有依法正式宣告成为日本首都，但却在事实上成为现代时期政府的真正所在地。[2]

当时的日本仍是个发展中国家，经济以农业为基础。东京位于关东肥沃平原的中部，在全日本的中心位置有利于国家治理，同时与作为西方世界贸易基地的横滨港也只有 30 公里远。

东京人口自 17 世纪中叶开始增长，在 18 世纪末超过了 100 万，成为世界上最大的城市。[3] 然而，19 世纪 70 年代初，前德川幕府官员和家臣在明治维新之后离开，导致了东京人口差不多下降到了之前的一半。

明治政府试图将江户重建成为一座现代首都——东京。当下所有的主要世界首都之中，东京具有不寻常的历史，它是少数在成为现代首都之前就已经发展成为了相当大的首都城市。

作为首都，作为日本现代化和西方化的核心，东京代表了整个日本，成为与国外交流的最重要场所。东京也成为展示现代创新之地：煤气灯、铁路和砖构建筑都第一次从这里进入了日本社会。国家铁路系统和电报系统将整个国家和东京连接到了一起。许多未

---

* 江户指东京的旧城，江户城则指历代江户幕府将军居住的一座城堡，现在称为皇居，是日本皇宫所在地。——译者注

来国家领导人从首都之外移居到了东京，在
首都的重要行业中寻找工作，包括政府、军队、
企业、教育等部门。东京开始作为巨大的政治、
经济、文化中心迅猛发展。

明治时代的领导者们感受到了西方城
市的力量与新奇，并认为它们是文明的象
征。他们想将东京转变成为与西方首都一样
宏伟的国家展示地。1872 年的银座大火烧
毁了城市中心银座区的大部分，于是银座砖
区项目（Ginza Brick District Project）开始建
设，由英国建筑师托马斯·沃特斯（Thomas

Waters）于 1872 年至 1877 年监督建设。此
后不久，德国规划师赫尔曼·恩德和威廉·博
克 曼（Hermann Ende & Wilhelm Bockmann）
于 1886 年应邀到日本制定政府特区计划
（Government Quarter Project，图 8.1）。东京
在当时追求的形象相当于普鲁士首都柏林，
或是奥斯曼设想下的巴黎。

对于明治时期的统治者来说，摧毁传统
建成环境是现代化的理想标志。与之相对的
是，江户城，现在被称为皇居，被很好地保
护了下来，在城市核心区的正中央划定了巨

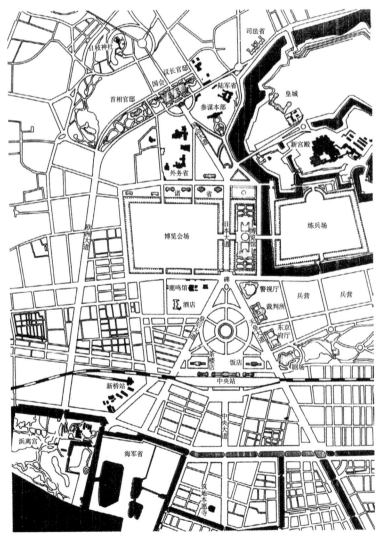

图 8.1　1886 年由威廉·博克曼
设计的政府特区计划

大的数平方公里的土地对它进行保护。和其他国家类似，对日本人来说，皇室的标志并不是压倒一切的建筑群，而是由谨慎隐退形成的空位带来的自然而然的庄严肃穆之感。这条规则使得皇居即便是对地铁来说也形成了"禁忌的"空间，同时使得东京其他传统建成环境的符号属性被削弱，它们更多地作为一般大城市中的功能场所。

1888 年，在作为帝国政府所在地重建之际，东京制定了首部规划法案，这部法案称为"东京市区整备法案"（Tokyo Urban Area Improvement Act）。[4]重建的目标区域是东京的城市核心。东京市区整备委员会（Tokyo Urban Area Improvement Commission）随之成立，以便讨论规划方案，方案获得了内阁批准，后交由东京府（Tokyo Prefecture）*政府实施。该委员会直属于内务省，在之后直到二战的 75 年时间里，内务省都有很大的政治影响力，因为它掌管着地方政府、公安系统、城市规划和建筑控制等四个方面。

日本规划体系

103　　现代西方城市规划出现于 19 世纪末，其目标是对日益增长的工业大都市进行总体控制。主要目标有两个：第一，通过城市基础设施规划和郊区发展，在大尺度上控制城市结构；第二，通过土地用途管制和城市设计，在小尺度上创造舒适的城市空间。

从城市结构来看，明治时期领导人希望改善城市核心的基础设施，但却无意控制整个城市结构。在城市空间方面，他们仅仅在城市核心建成了局部的欧美风格的城市片区，作为文明的象征；但大部分城市片区则原封不动，仍旧保留着成片的密集拥挤的木结构住宅。在此后很长时间里，日本城市规划通过直接提供和间接管控，仅单独处理城市设施和建筑物之间的联系。这就解释了为什么日本城市规划没有更广阔的视野，因为日本城市的物质空间条件和政治背景与西欧和北美相比截然不同。

西方视角下的城市规划，规划方案由专业规划人员编制，然后通过法律机制的发展来实现这些规划方案。与此相反，城市规划在日本根本不是一种职业。城市发展被认为是自然的过程，因而规划目标是为了逐步缓解城市发展带来的问题。日本城市化的规模和速度相当惊人，但规划师却没有足够的控制权与城市化进行斗争。

新兴大都市，19 世纪 80 年代—20 世纪 20 年代

明治维新的初期，东京人口曾有所下降，但随后人口再次增加，在 19 世纪 80 年代中期超过了江户时代的人口高峰。到了 1900 年，东京人口略少于 200 万，城区延伸到了以皇宫为中心向外 7—8 公里的区域。在西边，城市范围超出了江户时代的边界，蔓延到了其他城镇和村庄。和西方主要城市相比，日本的郊区化晚了约 50 年。郊区化意味着东京成

---

* 东京府是日本曾存在的一个一级行政区，为今日东京都的前身。存续期间为 1868 年（庆应 4 年、明治元年）至 1943 年（昭和 18 年）。东京都与道、府、县同属日本第一级行政区划，辖区包含东京都区部、多摩地方、伊豆群岛、小笠原群岛等地区。——译者注

长为了一座大都市。随着逐渐的工业化和现代化，东京在毫无监管条件下恣意增长，当时的城市化没有任何现代城市规划的土地利用控制策略支撑。

回顾 20 世纪初的东京城市核心区，江户既有的城市形态几乎消失殆尽，这是东京市区整备委员会主导下的重建结果。当时最常见的做法不是在建成区域以外再新建城市片区，而是在城市中心建设现代化设施，以代替传统建筑环境（除了江户城之外）。随着 1914 年东京中央火车站的落成，东京中央建成了一片现代办公区和一片政府大楼区。1920 年，国会议事堂（即日本国会大厦）在过去的陆军用地开始建设，这一场址大约在皇家护城河南侧 500 米（图 8.2）。面朝皇宫一侧的立面受到了限制，因此国会的纪念性立面主要是面朝东京中央火车站的一侧。国会议事堂的落成位置和方向都和 30 年前博克曼规划的政府特区建设方案一模一样。

国会议事堂代表了现代日本的首都中心。如果有人站在附近日比谷的主要路口，环顾四周，向东北方向能够看到新开发的日比谷办公区，东南是传统的银座购物区，西南是精心规划的霞关政府片区，西北则是皇宫。所有首都中最重要的区域都集中于这 1 英里的范围内。

这种新时期的扩张带来了无数问题。尽管基础设施不足，东京已具有了巨大的人口密度。城市整备计划下的街道并未完成，街道在晴朗的日子布满了灰尘，在潮湿的日子

图 8.2　1920 年建成的国会议事堂

则犹如浑水池。有轨电车总是爆满，高架火车和地铁网络也尚未建成。工业污染影响了整个城市和郊区，污水处理系统也尚未完善，当时只有城市核心区有供水和供电。

政府试图去解决城市快速增长带来的压力。特别是第一次世界大战以后，日本各大城市频繁遭遇工业工人和城市贫民引起的城市暴乱，首都安全成为严重的政治问题。内务省以往重点关注农业领域，现在则将注意力转向了尚未开发的城市土地。这促使日本引进了正在西欧和北美蓬勃发展的现代城市规划理念。

1919 年城市规划法案

105 1919 年城市规划法成为日本的第一部规划法，该法针对所有主要城市的整体区域，而非像之前那样法规只涉及东京城市核心。该法规制度化了两个重要的规划工具：（1）土地区划整理*，借鉴德国模式；（2）分区体系，借鉴美国模式。

该法案本质上是为控制迅速扩大的首都，在实际操作中由中央政府高度集权控制，县市一级政府很少掌握控制权。该规划体系也同样适用于其他日本城市，即使这些城市的情况与东京相比完全不同。城市规划这一新社会技术直接由日本中央政府内务省城市规划科**贯彻。继承自东京市区整备委员会的东京城市规划委员会（Tokyo City Planning Commission），设置于内务省之内，由内务省

次官直接领导。[5]

在城市设计方面，1919 年法案希望首先通过土地重新整理和城市规划实现对城市土地的有序发展，其次，建筑控制法规能对新建建筑进行合理控制。城市形象仍然模糊，但东京市首席建筑师福田重义发表了未来东京的细化愿景。[6]1918 年，东京地区有大约 300 万人口，正在逐步突破城市边界。福田估计，50 年以后，人口将增长到 676 万。因而他推断道，需要相当大的土地利用规划才能适应东京的城市增长需求，以确保平均通勤时间保持在一小时以内。福田重义描绘了整体土地利用规划中的城市核心和次核心构成的等级体系；他同时也提出了城市基础设施网络规划，包括地铁、高架铁路和主要街道（图 8.3）。这个总体规划方案很有可能是日本的第一个总体规划。在相当大程度上，它反映了东京城市结构，但却几乎没有触及具体城市空间。

图 8.3　1918 年福田重义的新东京规划方案

---

*　日语：区划整理，KukakuSeiri。——译者注

**　日语：内务省都市计划课。——译者注

1919 年法案旨在通过有序开发郊区和建设高效交通系统，以解决拥挤不堪的城市地区所引起的城市问题。由于民营企业主导铁路开发，连接郊区的交通得以建成。然而市区却因为缺乏土地用途管制而陷入无序发展。因此，1919 年法案成功地影响了城市结构，却未能充分提升城市空间品质。

重建之中的首都，1923—1935 年

1923 年 9 月 1 日午间，里氏 7.9 级的关东大地震袭击了东京和横滨地区。大火持续了三天三夜，烧毁了城市核心区中的 3600 公顷土地，占到了东京土地面积的 46%。地震和随后的 134 场大火夺去了 7 万人的生命，占到了城市 230 万人口的 3%。占城市总人口 67% 的 155 万人失去了自己的家园。这场灾难是东京在现代城市时期面对的第一场大规模自然灾害。政府暂时抛开了国家城市规划政策的讨论，改为关注城市重建工作。

曾经极力推动 1919 年城市规划法案的内务大臣后藤新平，在灾后成为帝都重建局（Imperial Capital Reconstruction Agency）的首脑，该机构由内阁建立和直接领导。为了防止公众丧失信心，后藤新平立刻宣布，"天皇的驻地不会从东京搬离"。[7]

后藤新平成功地推动了特殊城市规划法的通过，并得到了 4680 万日元（相当于 2340 万美元）的重建预算。在重建过程中，东京的规划权力从内务省转移到了重建局。来自全国各地的超过 6000 名专家加入了复兴局工作。

重建花了七年时间方才完成，最终支出了 8200 万日元。重建主要开展的项目是区划整理，在被破坏的土地上建立起了道路、桥梁、公园、整齐设计的街区和地块。起初，土地所有者强烈抵制区划整理，因为他们拥有的土地的一部分要被征用供公共使用。但最终，大约 80% 的烧毁土地（3000 公顷）进行了区划整理。从覆盖的广度、规划和设计方法的发展以及规划专家的培养三个方面来说，整个重建方案可以说获得了空前成功。

重建局并没有发布带有理想城市形象的总体规划，也没有以新的城市形象作为重建的目标。[8] 相反，他们的工作重点显然是为了让东京更加抗震和耐火，同时也实现现代化。最重要的是，重建摧毁了传统的江户城市形态，并将东京塑造成了一座现代首都。城市中心形成了网格状的城市肌理，带来了宽阔而笔直的街道，这是规划师和居民们的长期梦想。与此相反，由于缺乏土地利用控制，郊区则呈现无序发展，而郊区正是地震后很多人迁往的地方。直到 1925 年，第一个分区规划条例正式在东京城市规划区实施，该规划区覆盖了东京和周边郊区，最远到达距离城市中心 16 公里的地方。

战时首都，1935—1945 年

20 世纪 30 年代的日本，军国主义日益猖獗，1941 年 12 月在侵入邻国的基础上正式与同盟国宣战，城市规划也成为备战的一部分。东京的主要关注点是防空，1919 年规划法在 1940 年进行了修订，防空成为重要的规划目标。为了应对美国的轰炸，防空设施在 1942 年 4 月开始使用了耐火的建设方

法, 同时建设公园和开放空间, 并迫使居民撤离他们的住所。战争背景下, 城市规划不再参与城市建设, 而是关注如何在空袭中分散人群。

1932 年到 1939 年之间准备的东京绿茵计划 (Greenery Plan) 增加了 "开放空间" 这一分区类别。随着 1941 年日本挑起太平洋战争, 第二次世界大战在亚洲全面爆发, 因此公园和开放空间改变了它们原本的功能, 从环境保护变成了防空功能。由此, 在 1943 年, 防空绿环被要求建在东京。考虑到首都重要性, 这样的措施只应用于东京及其周边地区。

随着日本军事侵略扩张到整个东亚, 东京不仅是日本的首都, 也成为东亚整个日本占领地区的军事总部。然而, 并没有什么显著的建筑和规划成果具体形象化了东京的新身份。等到 1945 年日本投降之时, 强制人口疏散和东京轰炸让这座城市的人口从 700 万降到了 300 万。

重建炸毁的首都, 1945—1960 年

1945 年 8 月 15 日二战结束, 负责盟军占领事宜的麦克阿瑟将军在日本第一生命保险大厦建立了盟军总司令部。总部坐落在距国会议事堂和江户城 1 英里之内, 皇家护城河倒影出了雄伟的盟军总部, 如同真正的统治者一般监看着皇宫。麦克阿瑟发现, 东京是建立指挥中心并控制全日本的最佳地点, 他利用日本现存的官僚制度管辖了这个战败国。[9]

在战争中受损的 120 个城市中, 东京遭受的破坏最为严重。共有 85.2 万栋房屋被毁,

8.8 万人丧生, 1.59 万公顷土地被烧毁, 占东京土地总面积约 28%。[10] 住房问题十分严重, 大量房屋在空袭和强制疏散中毁坏, 同时还需要更多的住房来接纳从海外遣送归国的公民。

由于通货膨胀加速、专家人数不足、居民反对等原因, 土地区划整理进展极其缓慢。只有 1200 公顷的土地 (仅占原定计划面积的 6%) 在实际上得到了调整, 其余土地仍毫无规划可言。土地区划整理开展的另一问题是缺乏官方的总体规划, 从而无法规范化和系统化规划行为。城市领导人面临着需要立即解决的紧迫问题, 而没有时间去思考首都应有的 "形象" 问题。麦克阿瑟急于改革政府机构, 建立一个民主和去军事化的日本, 但他却并不急于建立新的规划体系或者为日本城市树立形象。此外, 新宪法声明, 日本天皇仅仅是国家的象征, 不再附带任何政治权力。这样一来, 东京便不再寻求能与皇权相联系的城市形象了。

在城市结构方面, 重建规划师放弃了市区的总量控制, 因为这样的目标在当时并不切实际。然而, 他们的重建工作还是在一些战略要地的重建中大获成功, 比如城市核心区及各大火车站周边。

在城市空间方面, 他们成功重建了宽阔的主干道, 但临街的建筑物景观却仍旧很糟糕, 这可能是因为极其严峻的战后经济条件不容许私人建筑公司利用这一契机投入建设。直到日本经济快速增长的 20 世纪 60 年代, 主要临街防火高层建筑才逐步开始建设。虽然战后重建工作暂停了大规模现代化建设的努力, 但公平地说, 它为东京随后的快速发展奠定了基础。

经济腾飞中的首都，20 世纪 60—70 年代

108 　　经过 20 世纪 50 年代的逐步复苏，日本进入了经济高速增长的 60 年代。在此期间，日本完成了从农业经济到工业经济的转变。结果，大量农业地区人口迁移到了大城市之中，尤其是迁移到东京。[11]

　　在 1945 年战争结束时，东京市范围内[12]人口只剩下了 278 万；在接下来十年内，人口迅速增加至 670 万。从那时起，东京大都市区开始从关东平原向外蔓延，延伸到了东京都的其他地区和三个毗邻县。整个大都市区人口达到了 1500 万。到了 20 世纪 70 年代，大都市区进一步蔓延，达到约 3000 万人口。

　　在东京的核心，包括花园在内的所有剩余可利用土地，都被用来建造小型木制出租公寓，以解决住房短缺问题。[13]在此快速增长时期，城市形态并不是规划下的产物，相反，经济因素促使了城市增长，形成了有活力却无序的城市空间。

　　除了从大阪和名古屋吸引一些主要行政职能之外，东京也愈加成为重要的国家总部，管理国家经济并与国际市场联系。首都功能开发不仅仅是对国家在政治和行政上进行控制，更是要通过"铁三角"——政治、行政和商业三个方面——对社会进行控制。

　　快速增长时期的关键词是"信息"和"国际化"。"信息"的象征是建于 1958 年的高达 333 米的东京铁塔。人们可以在铁塔观景台俯瞰整个关东平原。这体现了东京作为文化首都的角色，向外传递着当代的社会时尚、价值观念以及时代精神，也体现了东京依靠国家电视网络的核心地位向整个日本传递当下的价值取向，而不是依靠政治首都的角色直接控制国家。

　　"国际化"标志是 1964 年的东京奥运会。日本通过这一盛会向全国乃至全世界宣告，日本从战争中恢复了。政府利用此契机，建设了首都高速公路，这是日本首条城市高速公路，并且还借此改善了主要街道。以往的建筑高度限制，变成了现在的容积率控制，这使得摩天大楼的建设成为了可能。在新宿副中心，原水净化厂被重建成了摩天大楼区。自此，东京的城市结构和城市空间大大改变，为进一步高速增长提供了物质空间基础。

　　快速增长的年代也标志着城市愿景进入了新阶段，比如丹下健三就在 1960 年提出了以大规模发展为基础的东京发展规划（图8.4）。规划建议在东京湾内建设住宅（1000万人规模）、写字楼和高速公路。在周边，多摩新城规划方案计划在东京站以西约 30 公里处建设新城，以 3000 公顷的未开发丘陵土地容纳 30 万人。[14]基于协调的总体规划，新城城市结构在整体上得到了适当的控制；多户和单户的住宅、居住空间和开放空间的创新设计造就了良好设计品质的城市空间。

　　20 世纪 60 年代急速增长带来的紧张情绪也导致了 20 世纪 70 年代不断增长的社会压力。拥挤、环境污染、噪声干扰、日照时间带来的建筑纠纷、住房短缺和长途通勤，以及 1973 年的石油危机，这些都是当时面临的问题。1968 年城市规划法被证明不足以保护居住区的环境质量。[15]政治情绪开始逐渐转变，从过去支持大企业快速成长的保守视角，逐步转变成为尊重权力下放、为居民和工作

图 8.4　丹下健三的 1960 年
东京规划，1961 年

者提供高生活品质和环境的新视角。

　　这种转变在 1971 年市长竞选中非常明显，进步的东京市长美浓部亮吉（Minobe）成功连任。他在规划提案中宣布了"开放广场和蓝天东京"的概念，呼吁公民参与（讨论关于"开放式广场"的问题）和环境控制（期待恢复"蓝天"），但他并没有构想任何具体的城市结构和城市空间。[16] 对于这次选举，最具有跨时代意义的地方在于，首都城市政策第一次成为竞选的中心议题。

　　1975 年，东京各区首脑的公开选举在中断 23 年之后恢复了。这引发了巨大的转变，城市规划的管理责任下放到了每个区之中。从这点来说，作为独立市的各区开始研究管理城市规划的诀窍。权力下放进行得热火朝天。针对这一政治情绪，公民运动团体逐渐兴起，并推崇社区建设，日语称之为"社区总体营造"*。

---

* 　日语：まちづくり，Machizukuri。——译者注

首都圈中的东京，20 世纪 50—90 年代

111   东京的战后迅速增长成为严重的全国性问题。这不是东京作为首都的问题，而是国家的政治、经济、文化活动过分集中的问题。这个问题从城市层面上升到了区域层面，因此政府在 1956 年制定了首都圈改善法案（Capital Region Improvement Act），对从东京站（图 8.5）向外大致 100 公里为半径的延伸区域进行管

控。两年后，日本成立了首都圈改善委员会（Capital Region Improvement Commission），颁布了首个首都圈改善规划。这是日本首个法定城市区域规划，几乎每隔十年进行一次修订，到了 1999 年已是第 5 版规划。[17]

    首都圈规划开始与日本的经济增长问题相抗争，最终这一规划形成了薄弱的区域协调机制，大致统筹区域内的基础设施位置，比如高速公路和铁路，以及协调区域内人口、城市居民点以及区域性绿地的分布。最初理念是为了有计划地推进建设，以建设和维护首都，但最终，这一概念却很薄弱；首都规划

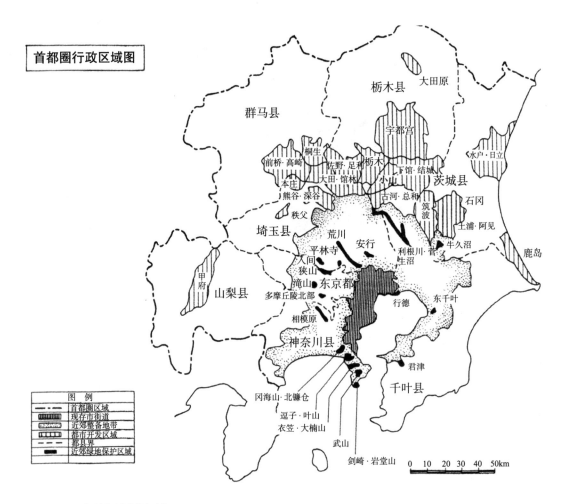

图 8.5　1958 年首都圈改善规划

中具有远见的策略仍然稀缺。取而代之的则是一系列解决城市持续增长压力的微小改进。

1976 年修订的第三版首都圈改善规划采取了新的策略，它指定东京 23 个区之外的横滨等战略性大城市作为城市商务核心发展，鼓励其发展成为区域次中心。该计划假设，从国家尺度来看，人口和国家职能将继续集中在首都圈地区。同时也认识到，这是一个新的发展阶段，除了住宅、工业和研究功能之外，商业功能会逐渐分散到首都圈地区的次中心之中。

然而，区域性权力下放的政策在某些方面却自相矛盾，因为该计划也让商务功能在东京 23 个区继续发展，既包括既有的商务中心，也包括东京港附近新开发的东京湾城市副中心。同样的，决定各种城市功能的各方力量共同推动形成了城市结构和城市空间，但这种力量却并非来自政府或规划的权力，而是市场经济驱动下的结果。

泡沫中的"全球首都"，1980— 2000 年

111　　20 世纪 80 年代，随着日本经济的全球化，强势的日元吸引了许多外国金融机构到东京建立业务。东京正好位于纽约和伦敦之间的交错时区，位列主要股票和金融活动前列，毫不费力地取得了全球首都的地位。然而，这些发展并非协调一致的规划的努力成果，而是强大经济市场和随之而来的金融投资产生的偶然结果。金融和信息的集中管理功能不断在东京大量聚集，导致了东京的社会和政治压力不断增加。

20 世纪 80 年代中期，巨大的写字楼需求导致了土地价格异常膨胀，这一状况从东京城市核心开始，随后蔓延到了周边地区，接着到郊区，最终延伸到了全日本的大城市之中。经济"泡沫"见证了城市中心的投机性的超大写字楼项目，也见证了现存住宅社区为再开发让路。东京的面貌变化相当大，但 1991 年经济泡沫破灭，四年后的土地价格下跌到了泡沫时期顶点的四分之一。[18]

从规划的角度来看，泡沫经济时代的主要项目是东京湾城市次中心项目，以及迁移东京首都职能的计划。早在江户时代（1600 年至 1868 年），东京湾地区一直是填海造地的理想场所。1985 年，作为东京港开发的一部分，东京都政府开始了大规模填海工程，启动项目便是东京电信港（Teleport）。1987 年的东京湾地区城市次中心规划包括了创造 11.5 万工作岗位和提供 4.4 万居民居住的目标，占地达到了 448 公顷。东京都政府建立了垃圾填埋区，提供了基础设施，然后高价将房屋地块出租给私人企业。然而，随着泡沫经济在 1991 年崩溃，来自私营部门的需求消失，该项目成了东京财政黑洞。

其次，从东京搬离首都职能的计划自 20 世纪 60 年代以来就频繁成为公共话题。简单地说，一些人认为东京的不停增长让东京变得过于庞大，在日本太占优势，这个问题可以通过搬离首都功能来解决。然而，可行性讨论却很少展开。20 世纪 90 年代初，这个话题突然被重新引入讨论，当时东京的超高集中度被视为最严重的日本国内问题之一。随着土地价格的上升，生活条件不断恶化；同时，由于东京不断蚕食日本各地其他功能，全国其他地方的经济活力进一步丧失。

认识到这一日益严重的问题之后，日本国会于 1992 年制定了国会搬迁法案。不过此法案只是搬迁国会本身，而不牵动整个中央政府和皇宫。令人吃惊的是，在国会通过之前，如此重要的法案几乎没有经过大量公共讨论。三年后的 1995 年，调查委员会建议，国会和其相关的必要功能需要 9000 公顷土地，来建设一座最多容纳 60 万人口的新城。该委员会还宣布，新城的开建时间将不晚于 2000 年。接下来的 1996 年，成立了新城选址委员会。许多地方都申请成为新的国会区，最终委员会花了三年时间将候选场址缩小到了两个。在此之前一直相当自满的东京都开始了言语上的抗议。在当下的后泡沫时代，谨小慎微已经取代了过去的大胆规划，该项目已然很难推进。现在，人们只是把它当作一个无法实现的计划罢了。

一个国家的首都问题，不仅理应得到首都人民和首都政府的高度关注，也应该得到整个国家的高度关注。然而，搬迁的理由已经多次更改，变得不再那么有说服力。理由从一开始的预计增加国内消费，到自然灾害来临之时的安全保障，再到更新时代情绪，甚至还有去中心化的好处。这个问题已经变得非常政治化。该法案很容易在国会通过，是因为泡沫经济和后泡沫时代的烦恼误导了民众和政府。也许还可能出于道府县们对于东京繁荣物质生活的羡慕，或者出于东京人想要逃避严重的城市问题的隐秘欲望。

东京未来展望，2001 年与未来

在总结本章时，是时候简要谈谈东京的

21 世纪未来前景了。随着越来越多的人对政府部门的无效控制感到失望，对于市场和自发（或公民）力量的期望在 21 世纪初不断增长。

市场推动的一个例子就是"城市复兴计划"（Urban Renaissance Program），该计划自 2002 年以来由首相小泉纯一郎推动。该计划通过松绑规划和建筑控制，促进了私人开发商介入城市复兴。这种正在探求的城市形象接近于柯布西耶 1930 年方案——超大开放空间下组成的巨构空间。然而，许多评论家认为，巨构空间将降低居住生活质量，并可能引起土地价格飞涨下的又一个泡沫。

对于自发形成的力量，期待聚焦于公民意识的增强，尤其是自 20 世纪 90 年代以来，这种力量愈发强大。公民开始作为自由独立的个体参与"社区整体营造"，由此承担起地方性事务工作或者积极参与当地政府。他们设想，城市可以由每个人的力量逐渐积累起来，渐进式的小规模建设项目就是这微小但强大的力量。随着公民积极参与城市规划的渴望越来越强烈，他们也在提升必要的技能和工具，以促进规划过程。21 世纪的东京将可能是精心设计的，高效的后现代拼贴结构，连同小规模的住宅和商业混合开发项目，将会创造出非常舒适的城市环境。

最后，将东京和其他首都进行比较，应当会更好地阐述东京的发展。除了明治时代，东京已很少在规划方案中强调自身作为日本首都的城市结构和城市空间。相反，因为东京是日本的政治、经济和文化中心，在过去百年，面临的问题一直是人口快速增长下伴随的城市问题。虽然可能有些夸张，可以说东京的历史并非是一座首都的历史，更是一座大都市的历史。东京的历史更受自然的市场力量的影响，而非规划权力的干预。

进入 21 世纪，日本进入了人口负增长阶段。我们还可以轻易地改变日本规划模式么？可以从之前人口持续增长的模型，转变到人口不增长的新规划模式么？我们还可以将首都各种功能设计整合到合适的物质环境之中么？我们可以再造东京，将为企业和政府提供便利的东京转变成为真正宜居的城市么？

随着我们向前思考未来东京的首都愿景，这些都是需要我们来回答的问题。

注释

1. 在江户时代，江户就是事实上的政治首都，京都（自 794 年一直是帝国首都）仍然是事实上的文化之都，大阪则是事实上的商业之都。参见 Sasaki(2001)。

2. 日本城市规划总览请参见 Ishida (2004) 和 Watanabe (1993)。东京规划历史请参见 Fujimori (1982)，Ishida (1992)，Ichikawa (1995)，Jinnai (1995)，Koshizawa (1991)，Tokyo Metropolitan University (1988) 和 Watanabe (1980,1984,1992)。东京史略请参见 Cybriwsky (1991)，Ishizuka and Narita (1986) 和 Seidensticker (1983,1990)。

3. Smith (1979), p. 51.

4. 当时日语中没有关于 "城市规划" 的单词，"城市整备" 是最接近的日语单词。参见 Fujimori (1982)。

5. 其他都道府县的委员会都任命其知事为委员长。建筑管理都是通过都道府县的警察机构管理，从而置于内务省的管辖之下。

6. 福田重义的文章 "新东京" 发表于 1918 年，他假设城市规划法将会规范城市的发展，参见

Suzuki (1992)。

7. See Tsurumi (1976), p. 587.

8. 就在地震之前，后藤新平邀请了美国政治学家查尔斯·A·比尔德（Charles A. Beard）访问日本并讲授城市规划，当时城市规划对于日本来说还是很陌生的话题。比尔德离开日本后不久就发生了地震，后藤新平邀请他重回日本，向其咨询重建规划。该机构的专家们认为，比尔德的建议 [参见 Beard (1923)]，也就是基于 "和平时期的规划"，太过理想主义而无法适用于东京。比尔德的提议并未得到赏识，于是他便在来年失望地回到了美国。

9. 盟军占领军努力将日本改造成一个民主和分权的国家，于 1947 年废除了内务省。建设省成立于 1948 年，作为监督全国规划、建设和住房活动的国家机构。

10. Ishida (1992), p. 143.

11. 除了东京，他们的目的地还包括名古屋和大阪这样的大都市，这些大都市被称为太平洋工业带或东海道大都市带，从东京一直向西南延伸。这个区域内的新高速公路和高速列车将城市群联系成为一个高速交通网络。

12. 在 20 世纪初，东京市包括了 15 个区，而东京府的其余部分被分为了郡和市。在 1932 年，东京及其周边成为世界上最大的城市之一。目前，东京 23 个区在功能上大致和其他都道府县的市运转方式一致。

13. 在郊区，缺乏必要城市基础设施（道路和供水）地区见证了无序开发，或者说是无序蔓延，但这种增长模式和北美的无序蔓延模式并不相同。

14. 该计划后来修订为，为 37 万人提供住房。1969 年该项目正式破土动工，到目前，新城还在继续拓展之中。

15.1968 年的法令是第一个全面用以解决土地用途管制问题的法律条文。它的主要目的是为了防止城市扩张，实现路径则是新开发的控制系统以及更详细的土地利用类别。

16. 与此相反，自由民主党候选人秦野章则提出了具体方案，计划投资 4 万亿日元，用五年时间再开发东京城市核心，包括铁路、交通要道和高层住宅。该计划的愿景在一定程度上和丹下健三的方案有共通之处。

17. 第一版规划划定了的区域核心，包括了绿地（但最终未曾实现）和卫星城市发展区，发展区既包括新城开发也涵盖对现有城市的提升。最终这一计划创造了许多纯居住社区，唯一自给自足的新城是筑波科学城，位于东京东北部 30 公里之处，吸引了数十个来自东京的省属实验室。

18. 经济上的失败导致这十年处于停滞状态，被称为"失去的十年"。

第9章

华盛顿：规划冲突无法调和的特区历史

伊莎贝尔·古尔奈（Isabelle Gournay）

华盛顿规划有个著名公式："华盛顿＋规划＝朗方（L'Enfant）1791+麦克米伦（McMillan）1902"。虽然从历史和美学的角度看起来很有道理，但这忽略了整个城市及其郊区在20世纪的增长。1902年，哥伦比亚特区*有28万居民，主要郊区的增长却发生在大萧条和新政期间（Depression and New Deal）。到了1950年，国家首都区域（National Capital Region，简称NCR）达到了1752248人，其中46%（802178人）居住在哥伦比亚特区，其余在弗吉尼亚州北部和马里兰州的郊区之中。[1]到了2000年，哥伦比亚特区仅有572059的居民，排名美国大城市中的第21位，但特区人口只占了整个首都地区近500万总人口的不到12%。尽管华盛顿仍然代表着彼得·霍尔所述的政治首都的全球缩影，但联邦雇员在特区人口中的比例自1900年以来不断下跌。[2]然而，华盛顿和首都地区的生计还是不可否认地依赖于政府行政部门和服务行业。

朗方规划开创了现代的首都城市规划[3]，锐利地聚焦于政治网络和物质空间网络之间的关系。引用史蒂芬·沃德（Stephen Ward）的原话，华盛顿的布局体现了美国是如何"回报给欧洲关于整个城市范围的总体规划概念，以及城市景观设计的宏大实现方式"。[4]法国人的愿景是将国家有关立法和行政的几个"决策中心"相互分离，这得以让联邦特区伸展几英里，并保留有成长空间。

乔治·华盛顿解雇朗方的决定预示了，

---

* 哥伦比亚特区（District of Columbia，简称DC）由美国国会直接管辖的特别行政区划，不属于任何州。在特区设立早期，特区内波多马克河北岸有乔治城镇、华盛顿市及华盛顿县三个分开的行政区划。1871年法案将前述三区于1878年合并为华盛顿市，从此联邦管辖的特区和华盛顿市地方政府辖区重叠，Washington DC 和 District of Columbia 表示的都是同一地理范围。随着华盛顿的发展，哥伦比亚特区周边的马里兰州和弗吉尼亚州领地也开始成为整个华盛顿城市的一部分，一同称为首都地区（National Capital Region）。——译者注

在 20 世纪规划历史中，美国首都将会面临无法调和的冲突和地方的紧张局势。这可以从三个方面来解释。第一，华盛顿属于所有美国公民而非属于本地居民，这一概念是固有的国家精神。因此，华盛顿规划是为了体现仪式性的国家地位，为了形象化民主理想和国际力量。加强仪式性核心的美观形象比改善周边居民区要重要得多，因为它需要迎合爱国主义和旅游业。[5]

第二，是当时（且现在仍然存在）的城市人口、经济和文化重要性和城市的政治地位之间的不平衡。所有政治首都都固然如此，但这种差距在幅员辽阔、不同种族融合的美国尤其明显。华盛顿似乎比同等规模的其他北美城市更加国际化，这里也是美洲国家组织（Organization of American States）所在地（自 1910 年以来坐落在白宫附近的宏伟建筑之中），二战以后成为更多国际组织所在地，比如世界银行、美洲开发银行（IDB）和国际货币基金组织（IMF）。该地区现在也越来越多地成为来自拉丁美洲和亚洲国家的新移民的家园，但它并没有完全放弃了自己的南方狭隘主义 *。

第三个解释则是这里的居民"需要缴税却无权选举代表"。[6]1967 年前，特区没有负责地方治理的机构，只有由两名文职人员和一名来自美国陆军工兵队（USACE）的成员组成的委员会管理哥伦比亚特区。负责地方治理的体系在两个阶段建立。1967 年，约翰逊总统任命了市议会和"委任市长"，非洲裔的律师和住房官员沃尔特·E·华盛顿（Walter E. Washington）被任命为市长。第二阶段是

1974 年的市长和议会选举，沃尔特·华盛顿当选为市长。[7]华盛顿人在 1964 年也取得了一些地方治理权力，当时的居民首次被允许为总统选举投票。尽管升格为州的愿望仍然遭到拒绝，特区在国会还是有列席代表的，其角色是代表华盛顿人游说国会。

特区的规划制定和实施一直依靠"封建的"国会年度拨款，但这一不完备的体系基于美国立法领导和行政领导不断变化波动的情形之下。例如，国会利用其权力制定法律，绕过当地的机构，直接影响超过联邦辖区之外的区域。例如，国会指定整个乔治敦（Georgetown）地区为历史保护区，引发了住宅中产阶级化（gentrification），并导致了大型黑人社区被迫离去。

特区规划也深受特区财政不稳定的影响，这也影响了公共服务的供给。其税基减少有两个因素：第一，联邦机构免税；第二，如同北美的许多大都市，大多数在特区工作的居民在他们居住的郊区纳税。

专制统治下没有公民的私人参与空间。具有分量的一个团体是特区的百人委员会（the Committee of the 100），该委员会成立于 1923 年，作为"公民意识"力量，来填补"狭隘的自身利益和国家政治"之间的鸿沟。[8]

到了 20 世纪 50 年代末期，华盛顿成为第一个黑人人口占多数的美国大城市。因此，影响其规划的许多冲突开始与持久的种族不平等、明显的地域鸿沟等联系起来。第 16 大街（白宫轴线上的南北向街道）以西主要居住的是富裕人群和白种人，而东侧邻里单元则是大多没有特权的非洲裔人口聚居的地方。[9]

中心城区和郊区之间的对立是城市急需解决的问题，这导致了中心城规划和更广范

---

* 英文原文为 Southern Parochialism。——译者注

围的区域规划之间争论不断。思想意识上的紧张关系也引起其他问题，因为逐利振兴主义（boosterism）与理想主义，或者说党派政治下技术专长相互冲突。机构或个人的竞争造成了联邦机构与特区专员、市长以及市民团体之间的对立。由于不明确的和零散的责任分工，机构内部之间明争暗斗，机构内部、政府官员与专业人员之间的斗争也不可避免。不同专业之间冲突更是加重了矛盾，特别是城市之外的工程师强烈反对当地的基础设施规划师和高调的建筑师，对他们来说，"修整特区"只不过是为了实现"小我"。

麦克米伦规划

117   20 世纪的首个重要首都规划以政治精英，密歇根州参议员詹姆斯·麦克米伦（James McMillan）的名字命名。作为参议院哥伦比亚特区事务委员会主席，他一手促成了幕后联盟支持规划，联盟包括美国建筑师学会（AIA），公园倡导者们和华盛顿贸易委员会（Washington Board of Trade），在民选市议会缺位的情况下联盟是当时的一个强大组织。麦克米伦支持的委员会包括了建筑师丹尼尔·伯纳姆（Daniel Burnham）和查尔斯·麦金（Charles McKim），雕塑家奥古斯塔斯·圣·高登斯（Augustus Saint Gaudens）和景观设计师小弗雷德里克·劳·奥姆斯特德（Frederic Law Olmsted Jr），这些成员个个都是才华横溢、魅力四射、活力无限。在复述麦克米伦如何精明地打"公园牌"来获得国会批准的时候，乔恩·彼得森（Jon Peterson）信服地强调，该规划"在当时具有

非凡的广度和复杂性"。[10]

很少有规划能够在如此"正确的时间和正确的地点"恰巧出现。当时，随着政治、经济和军事逐渐上升到世界主导地位，美国开始成为重要的国际力量，并形成了自身优势。当时，哥伦比亚特区需要采取激烈的措施，方可容纳快速扩张的联邦官僚机构。在西奥多·罗斯福和其他反垄断政治家执政时期，实现麦克米伦规划的关键部分——将铁路从国家广场（The Mall）移除——成为可能。车站搬迁到了国会大厦场地以北，由丹尼尔·伯纳姆设计的新车站称为联合车站（Union Station），成为华盛顿宏伟的城市门户和交通枢纽。

对于退休实业家转变而来的国会议员来说，华盛顿正在成为国际化的"冬季度假胜地"。城市改善已然在进行之中：在 19 世纪 70 年代初，华盛顿"一把手"*亚历山大·谢泼德（Alexander Shepard）沿着朗方的超宽街道种上了行道树，沿着波托马克河进行土地复垦，实施建筑高度限制（在 1910 年进一步加强）以保护国会大厦穹顶的视觉主导地位。在华盛顿的首都百年纪念时期，建成项目整体上很平庸，因此那时正好是伯纳姆他们展现才华的大好时机。他们工作快速，委员会授权成立后不久，他们便启程前往欧洲考察，并在返航途中着手准备规划。

麦克米伦委员会发表了一份证据充分的报告，报告里的想法成功地得到了公众支持。他们在公共关系和表现方法上都准备了不少重要先例，比如，国家广场的前后对比模型

---

* 英文原文是 Boss，指掌管一方政权多年的地方政治大佬。——译者注

展现了 19 世纪中叶风景如画的理想与城市美化运动之间的对比（图 9.1）。举办展览会，组织附有论文集的会议，主办鸡尾酒会，出版丰富的规划手册，为记者提供一份资料，这些方式成为华盛顿规划流程的一部分。

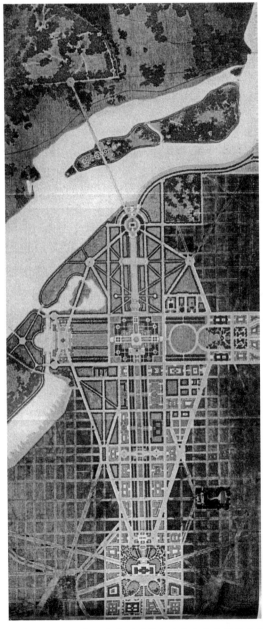

图 9.1 1902 年参议院公园委员会（麦克米伦委员会）规划方案

虽然麦克米伦报告在民主意愿和潜意识的"帝国主义"之间有所分裂，此报告仍是一份令人印象深刻的务实"工作文件"。例如，在空调尚未出现的时代，纪念核心中创造休闲的阴凉之处可以说是明智之举，这大大缓解了热浪之苦。受到奥姆斯特德事务所 19 世纪 90 年代波士顿规划先例的启发，向外延伸的公园系统的景观愿景产生了特别的影响力。城市西北沿着岩溪（Rock Creek）的线性公园系统"培育了城市更新，将岩溪周边的区域从边缘化的住宅和散落的行业转变成为体面而又繁荣的住宅区"。[11] 溪谷公园系统沿着波托马克河和阿纳卡斯蒂亚河（Anacostia）两条支流向外不断扩展，延伸到了哥伦比亚特区与马里兰州边界之外几英里。到了 19 世纪 70 年代末，规划师已充分开发了这块利于居住的区域。[12]

麦克米伦报告展示了许多欧洲规划地标，报告中的提案都来源于这些提及的欧洲城市先例。"创意借用"（creative borrowing）是为了支持明确的规划意图——"恢复、发展和补充"朗方的愿景。[13] 对于伯纳姆他们来说，这些文字性、近乎"天真"、仅仅美学上的借用对于准备规划绘制的讨论会环节必不可少。但和他们真正想要整体展现的持久性的城市"特征"相比，这些借用仅仅居于次要地位。旧世界*的先例在国家广场被驯化，而国家广场正是该规划的核心轴（Central Spine）。例如，在设计倒影林肯纪念堂的水池时，类似凡尔赛宫大运河的十字形方案被更简单的几何形状所替代。和欧洲相比，自然和人工景观之间的明确对话被特意设计得更加突兀，这是

---

* 这里的旧世界指的是欧洲。——译者注

美国城市设计中极富特色也相当成功的特质。

向西延伸，国家广场砍掉了许多树木，认为这样能增强视觉重要性。虽然临时建筑物占据了广场几十年[14]，国家广场的长条形大草坪容纳了集会和示威，和民权运动游行下的时代精神有着不可磨灭的关系。广场向东延伸则是以国会大厦为中心的"现代卫城"（Modern Acropolis），周边围绕着美国国会图书馆，"卫城"完成于 1897 年。1902 年的麦克米伦规划建议，在围绕国会大厦的广场建设最高法院新楼，及参议院和众议院的雄伟办公楼。后续的规划试图将国会大厦与新的联合车站联系起来（图 9.2），一些想法由国会建筑师率先实施，因为只有他们才有权力与规划师们一较高下。[15]

在国会区的阴影下，麦克米伦规划只专注于联邦特区，忽视了周边地区，忽略了小巷之中贫民居住区的抱怨之声，要知道华盛顿的另一面以容纳繁荣的白领人群而闻名于世。这是麦克米伦规划存在较大争议的方面。然而，麦克米伦报告提出假设认为，私人发展商将效仿纪念性核心，进行一致的设计，也并非毫无根据。哥伦比亚特区富裕的城市西北区建立了一些北美最宏伟和最精心规划的商住区。在华盛顿贸易委员会的庇护下，这些区域由才华横溢的建筑师设计开发，其中许多建筑师都来自纽约。[16]

麦克米伦规划的宏伟愿景为政府和私人建筑提供了形态上和风格上的模板，规划的设计灵感来自新古典范式，既包括法式古典主义，也包括美式古典主义 [特别是雅克 – 昂热·加布里埃尔（Jacques-Ange Gabriel）的协和广场和罗伯特·米尔斯（Robert Mills）的财政部大楼]。没有人能否认，华盛顿在整

个 20 世纪完成的礼仪和行政核心，在所有城市美化运动中最为宏伟壮丽。然而，麦克米伦规划的国内和国际影响，直接和间接的影响，都是为数不多鲜有研究的方面之一。[17]

麦克米伦规划意味着相当大的公共开支，尽管最初资源贫瘠，国会明争暗斗，但最终规划在 20 世纪，尤其是自 1930 年以来，在很大程度上得到了落实。规划愿景没有失去任何象征性权力，国家广场点缀着各种纪念

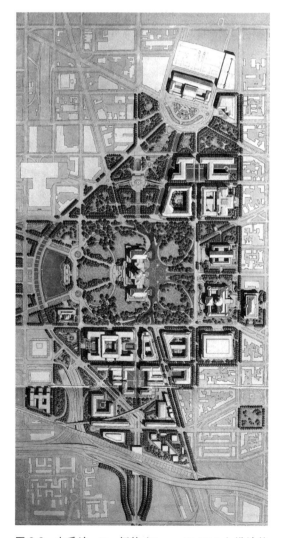

图 9.2　由乔治·M·怀特（George M. White）设计的 1981 年国会区总体规划，怀特是当时的国会建筑师

物，两边则排列着国家和国际级别的国家经营的博物馆。2004 年落成的美洲印第安人博物馆占据了国家广场的最后一块可建设用地。高档的办公空间被吸引到了国家广场周围，以迎合世界上最强大国家的行政需求，以及国家和国际层面的游说需求。

到了今天，朗方和麦克米伦的规划受到了艺术委员会（Commission of Fine Arts）的保护，该委员会是国会批准于 1910 年成立的设计审查委员会。其成员由总统任命的官员和占据主导数量的设计专业人士组成，但其首任主席查尔斯·摩尔（Charles Moore）曾一直是麦克米伦参议员的私人秘书并参与了 1902 年报告的编撰。[18] 美术委员会监管的地理范围已经扩展到了所有新建设，这些建设毗邻朗方设想的纪念性核心以及城市远景。[19]

查尔斯·摩尔在美术委员会的重大成就是被称为联邦三角（Federal Triangle）的大型办公组团。这个 70 英亩的城市更新项目位于白宫和国会中间。它的目的是作为以白宫为

中心的政府组团的视觉延续。联邦三角早已制定在了 1902 年规划之中（但主要供市政府使用），20 世纪 20 年代末终于得以实施，以应对严重的空间不足。其政治胜利者是财政部秘书安德鲁·梅隆（Andrew Mellon，图 9.3），他为建设邻近的国家美术馆提供了资金，该美术馆于 1941 年建成。[20] 他背后的咨询团队由来自华盛顿之外的杰出建筑师组成，团队董事会主席是爱德华·H·贝内特（Edward H. Bennett），他曾是伯纳姆在 1904 年旧金山规划和 1909 年芝加哥规划的合伙人。[21]

在三角的中心，贝内特设计了一个大广场，但该广场从未付诸实施，而是在超过 70 年的时间里一直作为停车场使用（图 9.4）。相反，以罗纳德·里根命名的巨型办公大楼完工于 1998 年，阐述了令人满意的城市设计策略，但其立面却相当平庸。从交通拥堵的角度来看，如此大规模的联邦雇员集中度在当时充满争议，现在依然如此，因为华盛顿是北美汽车通勤率最高的城市之一。联邦三

图 9.3　1929 年，财政部秘书安德鲁·梅隆正在科克伦画廊（Corcoran Gallery）观看联邦三角模型

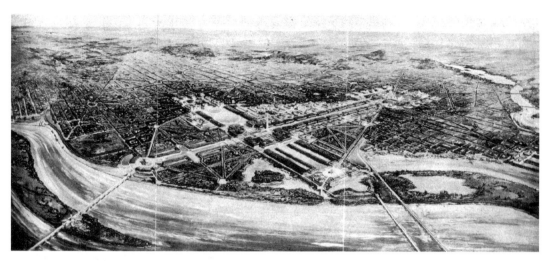

图 9.4　1902 年参议院公园委员会（麦克米伦委员会），总体规划鸟瞰图，拍摄点在阿灵顿以上 4000 英尺，由 F · L · V · 霍平（F. L. V. Hoppin）渲染制作

角是巴黎美术学院风格启发下的创作手法（在平面和立面）的最大成就之一，但它却是所有首都中最为威严庄重的官僚主义宣言之一。

两次世界大战之间的时期

华盛顿历史上的新阶段始于 1926 年，在经过华盛顿贸易委员会的游说之后，国会创建了首都公园及规划委员会（National Capital Park and Planning Commission，简称 NCPPC），以集中哥伦比亚特区的联邦规划活动。次年，区域规划的机会也随之开放，马里兰州郊区的姊妹机构由此建立。[22] 直到 1952 年，首都公园及规划委员会主要职能是收购公园和为联邦和地方政府制定综合区域规划。该委员会包括既定成员（ex-officio[*]）和国会成员。其主席和四名公众成员

_____

[*]　ex-officio member，可以追溯到古罗马共和国，指的是获得了某个组织的身份后，即自动成为另一相关组织的成员。——译者注

由总统提名，包括弗雷德里克 · A · 德拉诺（Frederick A. Delano，富兰克林 · 罗斯福的叔叔）和具有影响力的景观建筑师和规划师，如小奥姆斯特德和哈兰 · 巴塞洛缪（Harland Bartholomew）。奥姆斯特德是 1902 年麦克米伦委员会在首都公园及规划委员会的仅存成员，但他放弃了城市美化运动的做法，反而引领美国和哥伦比亚特区规划努力实现城市提效运动（City Efficient）的目标。[23]

首都公园及规划委员会遇到了人员不足和政治授权疲软的问题。在其职责范围内，它不能阻止五角大楼在原本规划的绿地上进行建设。其最持久的两次战争之间的遗产是波托马克河河岸风景优美的景观建设，这也是麦克米伦委员会建议的一部分，其中包括了通往韦尔农山（Mount Vernon）——也就是乔治 · 华盛顿总统家——的国家高速公路。

在罗斯福新政时期，优先级从综合规划目标转向了短期规划目标，如在马里兰州建立格林贝尔特新城（Greenbelt），在纪念性核心附近建设国家机场。二战结束后，规划

120

举措与其他美国大城市相当类似。华盛顿走在了城市更新（Urban Renewal）的最前沿，因为首都公园及规划委员会早在 1945 年就被授权划定城市更新的范围，并为这些区域制定规划方案。国家立法保障了首都公园及规划委员会及其新执行部门——哥伦比亚特区再开发土地局（DC Redevelopment Land Agency）——直接接受联邦政府基金，并绕过国会的惯例审批程序。

20 世纪 50 年代的激进主义：城市核心区的城市更新与大都市区规划

121　　1950 年，首都公园及规划委员会发布了《首都及其周边地区综合规划》，以应对区域规划研究。[24] 倡导城市高效运动的工程师兼规划师哈兰·巴塞洛缪编制了此规划。[25] 这一广泛而又证据充分的出版物设定了实际目标，接受了低密度的郊区发展，并对中心城区提出了重要的城市更新策略。虽然这一方案在当时得到了规划界的认可，但方案低估了联邦就业的增长速度，该方案仅是咨询性质，并对政策解释留有余地。国家层级的象征性角色不能有所损害，然而，通过干预哥伦比亚特区建设的巨大热情，联邦政府表明它愿意在华盛顿的城市更新规划中发挥更大作用。

哥伦比亚特区西南部的很大一部分被重建并中产阶级化，从而努力实现清除贫民窟、建设"现代住宅"、水岸再开发、建设高速公路等目标，以及同样重要的，建设位于国家广场附近的新联邦办公大楼。城市开发的关键角色包括规划师巴塞洛缪、纽约大型开发商威廉·泽肯多夫（William Zeckendorf）以及（为特区规划带来性别新风的）建筑师克洛伊希尔·伍德沃德·史密斯（Cloethiel Woodward Smith）。1952 年，史密斯与她的当地同事路易斯·贾斯特门特（Louis Justement）制定了华盛顿总体规划的方向。虽然朗方的街道格局改变显著（这一趋势也能在麦克米伦规划中看到），规划中的生活服务设施也很少，然而现代主义式的住宅小区以恰当的尺度建成。哥伦比亚特区西南部有着巧妙的住房类型，这些类型由史密斯联合查尔斯·M·古德曼（Charles M. Goodman）等地方"少壮派"建筑师设计。

再往东，在国家广场的南侧，城市更新转成了"伯纳姆风格的重现"，结合了外来建筑师的"实现自我之旅"：朗方广场（1960 年至 1973 年）由泽肯多夫与贝聿铭的联合团队[26] 设计，马歇尔·布劳耶（Marcel Breuer）设计了美国住房及城市发展部办公楼（1968 年）及美国卫生、教育及福利部办公楼（1976 年）。毗邻联邦特区雾谷（Foggy Bottom）区也进行了大规模的重建，这里建成了日后臭名昭著的水门多功能办公楼（1967 年），华盛顿的首个规划单元开发（Planned Unit Development，简称 PUD）就建在旧有的储气罐场址上。

矛盾的是，美国国会于 1956 年通过了高速公路法，改变了许多城市的中心，但对特区的影响却不大。20 世纪 60 年代，黑人和白人公民领袖联合起来，设法阻止新建桥梁和穿城高速，首都规划委员会的审议推迟了次级高速公路的发展。到了 2003 年，只有 10 英里的州际公路横穿哥伦比亚特区。[27]495 号州际高速形成了城市的单一环线，于 1964 年建成通车。"环城高速以内"这一说法迅速通过媒体走红，这一说法将政治学专家（cognoscenti）和美国其他地区的政客区分开来，同时也表达了新的规划现实。

另一方面，高速公路建设对郊区的塑造起到了决定性作用。很多联邦政府雇员迁移到郊区的两个主要原因是担心受到核弹攻击和纯粹的空间不足，反过来郊区经历了惊人的增长。除了从哥伦比亚特区迁出的"白人迁移运动"（white flight），从 20 世纪 60 年代中期开始，许多非裔中产阶级美国人向东转移到了马里兰州乔治王子县。郊区的增长问题导致了对更好区域规划需求的政治压力。作为回应，1952 年立法将首都公园及规划委员会重组为首都规划委员会（National Capital Planning Commission，简称 NCPC）[28]，并创建了首都区域规划委员会（National Capital Regional Planning Council，简称 NCRPC）。[29]

由于不同的司法管辖区有相互冲突的目标，被视为动态过程的华盛顿区域规划现在是个棘手的问题。20 世纪 50 年代，规划师威廉·芬利（William Finley）重新恢复了首都规划委员会的活力，并在 1961 年制定了《面向 2000 年的政策规划》试图遏制蔓延。[30] 这个图示性的提案聚焦于欧洲风格的"指向规划"（Finger Plan）增长模式。在放射状的走廊上，新城中心由未开发的自然楔形区域分隔[31]（图 9.5）。这两种想法最终都得以付诸实施，实施规模却不大。弗吉尼亚州的雷斯顿（Reston）新城毗邻新的杜勒斯国际机场，机场由埃罗·沙里宁（Eero Saarinen）设计，如同伯纳姆设计的联合车站那样壮观。位于马里兰州的哥伦比亚新城则强化了巴尔的摩－华盛顿城市带的概念。[32] 联邦政府试图直接通过首都区域规划委员会、1950 年规划和

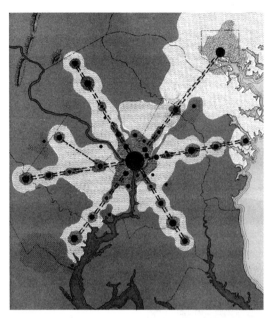

图 9.5　1961 年制定的面向 2000 年的都市区域的"指状规划"

1961 年规划引领郊区增长，但最终退到了重振哥伦比亚特区的规划之中。

20 世纪 60 年代：重归城市

虽然快速公共交通在 1952 年首都规划法中就得到了授权，但 103 英里的地铁系统规划直到 1968 年才被采纳。地铁规划贯穿了整个 20 世纪 60 年代，1969 年正式开工，并于 1976 年启用了第一部分。芝加哥的哈里·威斯（Harry Weese）设计了市中心的站点，这些车站都有些阴暗，点缀着拱形的内饰，其中暴露的混凝土被赋予了"崇高"的特点，能让人联想到皮拉内西（Piranesi）的版画。复杂而又高度政治化的决策过程主导了整个地铁实施过程，因此地铁线路几乎没有超出环城高速，专注于服务市区的办公地点，没

图 9.6　1964 年规划模型,由纳撒尼尔·奥因斯为宾夕法尼亚大道开发公司设计

有解决跨城镇交通的问题,也没有为民族聚居区充分提供需要的站点。[33] 大规模的城市开发都围绕着地铁站——也就是政府机构搬迁的地方(马里兰州的银泉,弗吉尼亚州的巴尔斯顿弗),这些开发让地铁周边的郊区比哥伦比亚特区的东部和南部地区更加受益。

城市中心的主要规划起步于 20 世纪 50 年代末,该地区在肯尼迪与约翰逊总统任期中终于不再被忽视,这对于现代联邦建筑和城市设计来说是一个关键的分水岭,正如泰迪·罗斯福任职期间对城市美化运动来说是重要的分水岭一样。宾夕法尼亚大道是从国会大厦一直到白宫的游行路线,该大道北部非联邦一侧的状况很差:昏暗的酒类专卖店,栅板围起的商业界面。这与联邦三角的形象形成了巨大的反差。帕特里克·莫伊尼汉(Patrick Moynihan)与规划师弗雷德里克·古特海姆(Frederick Gutheim)共同合作,发起了重振"总统大道"的规划。他们的 1962 年报告提出了"联邦建筑指导原则",拒绝对传统的依赖,并明确提出要避免"官方风格"。[34] 这一努力促成肯尼迪总统成立了首个宾夕法尼亚大道开发公司(Pennsylvania Avenue Development Corporation),该公司由来自纽约的国际主义建筑师纳撒尼尔·奥因斯(Nathaniel Owings)领导。1964 年,他为该区域制定了宏伟的规划(图 9.6)。

20 世纪 70 年代,建筑也到了需要进行历史保护的时候。新成立的宾夕法尼亚大道开发公司于 1977 年提出新方案,阐述了对城市肌理破坏性较小的城市愿景。庞大的联邦调查局建筑 [由 C·F·墨菲(C. F. Murphy)

设计，1967—1972 年] 对路人采取避之唯恐不及的态度，这让宾夕法尼亚大道开发公司很失望，于是开发公司为组团设计、退让尺度、地块覆盖率都制定了规范，以统一大道两侧的建筑形态并鼓励步行交通。这也吸引了加拿大驻美使馆 [由阿瑟·埃里克森（Arthur Erickson）设计，1981 年至 1989 年] 落户于从未完成的市政中心区。它与贝聿铭在 1978 年设计的美国国家美术馆东馆遥相呼应。[35]

除了宾夕法尼亚大道的举措，杰奎琳·肯尼迪在其丈夫担任总统期间，帮助维护了拉斐特广场（Lafayette Square）周围的历史地标，这在麦克米伦规划中原本计划拆除。肯尼迪总统还将首都规划委员会的领导权从专业规划人员转移到了当地的活动家之中，并提名伊丽莎白·罗（Elizabeth Rowe）为主席。[36]这样一来，首都规划委员会就能开始介入骚乱的内城区域，并取得了有限但明显的成效。

与美国国务院一起，首都规划委员会在 1967 年提出了综合规划，其中研究了包括外交代表机构和跨国机构的国际中心，这些机构正在侵占华盛顿的高档住宅区。类似的联邦飞地最终得以开发，进一步远离闹市，成为外交官的"主题公园"。

地方自治以来

　　1973 年，《地方自治法》（Home Rule Act）建立了双重的、复杂的、有时甚至是事与愿违的规划机制。它要求首都规划委员会在统一的综合规划[37]中巩固特区和联邦的"元素"，也要求特区政府制定了自己的综合规划。[38]此外还建立了邻里社区咨询委员会

（Advisory Neighborhood Commissions）来代表公民的利益。1984 年到 1985 年，在特设分区（ad hoc zoning）决定执行十年之后，华盛顿规划办公室提交了综合规划方案，交由首都规划委员会审查联邦利益，然后提交市议会审批。规划办公室每隔两年编制正式报告，使各区代表可以审议并批准修订规划的本地元素。目前，规划办公室正在推广有针对性的"开发项目"，最重要的是阿纳卡斯蒂亚河岸计划（Anacostia Waterfront Initiative，此项目扩展了麦克米伦规划的愿景，开发了相对被忽视但具有极大景观开发潜力的地区），规划办公室还主张在联邦特区附近建立居住区。[39]然而，投机性的建设与改造一直自然而然偏向在城市中心，即宾夕法尼亚大道以北的区域，首都规划委员会试图密切监控该复兴区域。特别是起始于美国国家档案馆的第八街走廊，正在试图振兴，一些私人创办的博物馆正在进入该区域。

在可预见的未来，部分源自 1968 年的骚乱的城市中心衰败肯定会逐渐好转，进一步脱离国家象征。重大的经济衰退可能会减缓这一趋势，城市衰败也似乎不可能完全根除，因为许多街区只是实现了表面的繁荣而已。第八大街和联合车站之间的区域正在建设统一的街区都市景观，这里摒弃了美国风格，风格更加欧洲化。从哥伦比亚特区的财政角度来说，这种增长需求很大，但可能会产生不利的长期影响。诸如新会展中心附近的韦尔农山广场（Mount Vernon Square）这样的"巨构建筑"不断削减着街道，因此进一步减少了朗方方案的完整性。哥伦比亚特区的高度控制并未打破，特区内宏伟建筑物形成的天际线却受到了特区之外的罗斯林（Roslyn）

高层建筑开发的破坏，位于弗吉尼亚州的罗斯林隔着波托马克河与乔治敦区隔岸相望。

首都规划委员会已成为一个成熟机构，其关注点回到了具有象征意义的城市核心。其最新的城市设计方案——《遗产拓展》（*Extending the Legacy*）规划——公布于1997年。根据其诱人的宣传册，《遗产拓展》将与"过去的联邦规划相当不同"，它"将移除将城市割裂开的过时的高速公路、桥梁和铁轨"，并将"颠覆数十年以来对环境的忽视"。方案更倾向于用政府和社会资本合作模式（PPP）替代国会复杂的开发模式。建筑和娱乐活动主导的阿纳卡斯蒂亚河岸开发再次得到了证实，但郊区开发却几乎没有提及。首都规划委员会拟在视觉上将华盛顿特区的纪念中心重新强调在国会大厦，这将有利于未来向外拓展纪念物，并鼓励向国会东面和南面的街道发展经济，改善物质空间条件，这让人回想起了首都规划委员会于1929年首次发布的计划。完全咨询性质的《遗产拓展》的目的是让联邦和公众关注重新聚焦于首都应有的

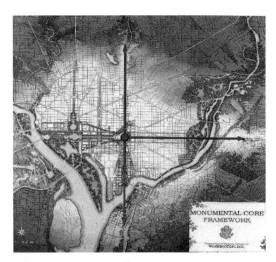

图9.7 1997年的《遗产拓展》规划，建议去除东南和西南的高速公路，将国会大厦南大街作为城市的新门户

规划和设计元素。这不是综合规划，而是"框架性"规划：其水彩效果图（图9.7）无疑被视为麦克米伦规划的可有可无的补充，似乎不太可能产生多大的实际影响。这些建筑理念，往往希望成功地对哥伦比亚特区规划发挥强有力的支撑作用，但却远远缺少充分的说服力。

《首都综合规划》（*Comprehensive Plan for the National Capital*）区分了联邦政府和地方政府肩负的不同责任，这是首都规划委员会的新规划重点。联邦要素包括：

◆ 联邦工作空间
◆ 外国使团和国际组织 [40]
◆ 交通运输
◆ 公园和开放空间
◆ 联邦环境
◆ 历史保护和历史风貌
◆ 游客 [41]

联邦政府不再试图支配区域土地利用规划政策，现在建议支持精明增长（Smart Growth）的原则以及地方和区域的规划目标。联邦政府的区域规划活动主要集中于交通运输、公园和环境等方面，涉及联邦政府的工作场所、拥有土地和游客体验等明确的联邦利益。[42]

哥伦比亚特区负责编制的综合规划中，包括以下地方元素：

◆ 经济发展
◆ 住房
◆ 环保
◆ 运输
◆ 公共设施
◆ 城市设计
◆ 历史保存和历史风貌
◆ 市中心计划

◆　人性化的服务

◆　土地使用

◆　八个区的地区规划[43]

这种规划利益的划分体现了华盛顿的地位，属于彼得·霍尔对首都分类中的成熟政治首都。联邦政府不再全权负责首都地区的综合规划和发展，从 19 世纪的封建式权力分工逐渐演变成了合作的方式。但最近的事件表明，这样的规划责任划分并不能完全满足联邦在纪念形象及安全两方面的利益。

丰富的纪念物是首都规划委员会和美术委员会关注的重点。通过重大土地利用和意识形态展现两个方式，纪念物和博物馆总体规划中体现了这一设计要点，并鼓励这些纪念物散落到纪念核心之外。[44]基于对总体规划的深刻理解，林璎（Maya Lin）的越战纪念碑（1982 年）和劳伦斯·哈普林（Lawrence Halprin）的富兰克林·德拉诺·罗斯福纪念碑（1999 年）是雄心勃勃但却毫不突兀的经典设计。相反，弗里德里希·圣弗洛里安（Friedrich St. Florian）的二战纪念碑（2004 年）却引来许多法理性的争论，该纪念碑建在国家广场西边的十字轴上，因为它改变了隆重但简洁的东西向远景，此远景可以追溯到朗方规划之中，并在麦克米伦规划中得以实现。[45]

最后，1997 年的《遗产拓展》规划没有涉及国土安全的问题。一个世纪以来，规划通过建设密集但又自信开放的仪式性城市，展现美国的政治实力和国家统一形象，但由于五角大楼遭受"9·11"恐怖袭击，这种方式正在受到极大挑战。首都规划委员会立刻着手解决突然增强的安全问题，首都城市设计和安全规划（National Capital Urban Design and Security Plan）在 2002 年末获批通过。[46]

该项目由迈克尔·范·瓦尔肯堡及其合伙人公司（Michael Van Valkenburgh Associates）负责，旨在为宾夕法尼亚大道面向白宫的部分创建安全的"行人主导公共空间"，项目于 2004 年 11 月竣工完成。然而，游客将不再能漫步到国会大厦的圆厅之中，国会大厦整个东片（由小奥姆斯特德设计）被开挖，以建设安全的访客接待中心。保护国会大厦的新措施，与象征性和物质空间上的可达性相互矛盾，而可达性正是朗方规划和麦克米伦规划中工匠精神最为重视的部分。

注释

1. 人口下降最严重的时期是 20 世纪 80 年代。1950 年，大华盛顿地区有 1815150 居民，到 2000 年达到了 5428254 人。预计未来十年将有 20000 人的反弹。

2. 在 1965 年哥伦比亚特区里为联邦政府工作雇员达到了就业人口的 42%，目前则不到 29%（美国劳动统计局）。

3. Gutheim (1977); Reps (1967) and Gillette (1995) 都是华盛顿规划历史的上佳调查研究。

4. Ward (2002)。朗方地图以佛罗里达大道为边界，以外的区域在 19 世纪末期出现，这里没有按照其系统性的街道网格进行规划。

5. 2000 年的国内访客为 1760 万人，高峰时的 1998 年达到了 1980 万人。

6. 这个革命战争的口号纹饰在了哥伦比亚特区所有新车牌之上。

7. WAMU 电台的"哥伦比亚特区政治一小时"是最有趣（也是令人沮丧）的地方公共广播之一。与浮夸但却行政无能的马里恩·巴里市长（在任于 1979 年至 1990 年，1995 年至 1998 年）

相对，当今的市长安东尼·威廉姆斯（Anthony Williams），几乎是个"与政治无关的"技术官僚。市议会的议员们似乎热衷于无论对什么都永远都提出异议。

8. Striner (1995), p. 1.

9. Gillette (1995).

10. Peterson (1985).

11. Davis (2002), p. 128.

12. 位于哥伦比亚特区东北的国家植物园沿阿纳卡斯蒂亚河展开，这一开放空间壮丽无比但人们却不常去。

13. Moore (1902), p. 35；"创意借用"来自 Ward（2002）的传播规划思路的分类框架。

14. 当时的政府办公大楼很少有永久性的结构，几乎都是"临时"结构。第一次世界大战期间，国家广场很快被"临时建筑"填满，似乎马上就要翻新一样。参见 Reps (1967) pp. 169–172；Gutheim (1977), pp. 150–151 和 pp.229–232。其中一些一直保留到了 20 世纪 60 年代。堪培拉在 20 世纪 20 年代建成的临时办公室也有类似的问题，渥太华在二战末期建成的临时建筑到了 2002 年还有一栋留在原址。

15. 国会综合区的规划、设计和发展一直是国会建筑师办公室自 1793 年成立以来的职责。最初的国会大厦是一座多用途的建筑，但之后专门建立了其他功能：美国国会图书馆（1897 年）、最高法院（1935 年）、众议员和参议员的办公室。参见 Allen (2001)。现在，国会山山顶在建筑形态上已不再那么突出，但同国会和图书馆附属建筑一样宏伟壮丽。

16. Longstreth (2002)。三条城市走廊体现了出色的规划和建筑形态，分别是康涅狄格大道，马萨诸塞大道（又称"使馆区"），第十六街（在白宫的轴线上），都在城市的西北。

17. 举例来说，帕特里克·阿伯克隆比曾在《城市规划评论》（Town Planning Review）第二期分析这一规划，参见 Abercrombie (1910)。该规划以后现代主义的方式恢复了其标志性的地位，并引发了莱昂·克里尔（Léon Krier）的想象力。参见 Krier (1986)。

18. 摩尔还编辑了丹尼尔·伯纳姆和爱德华·贝内特的《芝加哥规划》。参见 Burnham and Bennett(1909)。

19. Kohler (1996), p. 74，1930 年，希普斯特德 – 卢斯法案（Shipstead-Luce Act）延长了美术委员会的职责，建议哥伦比亚特区政府关注纪念性核心中与岩溪公园接壤的大片私人楼宇的沿街立面。

20. Tompkins (1992)。事实上，摩尔把贝内特的生活搞得很悲惨。

21. 为了补偿他们的无偿策划服务，每位建筑师都设计了一座三角形的建筑。

22. 马里兰州首都公园及规划委员会由政府改革派 E·布鲁克·李（E. Brooke Lee）牵头领导。这巧妙地引导了过时甚至有时腐败的地方政治体制。参见 Gutheim (1977), pp. 206–210。

23. 城市美化运动规划师提倡综合性规划、交通运输体系、区域规划以及分区规划。参见 Olmsted (1911); Ford (1913); Peterson (1996)。

24. 尤其是纽约区域规划协会。参见本书第 19 章。

25. Bartholomew (1950).

26. 蒙特利尔的玛丽村（Ville Marie）由同一设计团队操刀，启动于 1958 年。

27. Levey (2000).

28. 简称中比原先少了一个"P"，这涉及 1952 年公园管理功能的取消，因为该功能转给了国家公园管理局（National Park Service）。20 世纪 60 年代，国家公园管理局委托 SOM 事务所制定国家广场的总体计划。领导了史密森尼学会（Smithsonian Institution）20 年的 S·狄龙·里普利（S. Dillon Ripley）将该规划引导到了休闲用途。

29. Gutheim (1977) p. 256; 政府于 1957 年成立的华盛顿大都市区政府联合议会（Metropolitan Washington Council of Governments），取代了首都区域规划委员会，参见 http://www.mwcog.org。

30. See National Capital Planning Commission (1961).

31. 在 1961 年的区域规划，有欧洲先例但缺乏最终执行，这和雷斯顿新城和哥伦比亚新城一样，参见 Ward (2002), pp. 260–262。

32. 正如之前罗斯福新政下的格林贝尔特新城，哥伦比亚新城和雷斯顿新城也实现了它们的许多长期规划和社会目标。参见 Forsyth (2002); Bloom (2001)。然而，大部分临近或者环城高速以外的区域都遭受了快速增长背景下的北美城市通病，目睹了诸如杜勒斯走廊上的泰森斯角（Tysons Corner）这样的边缘城市的崛起。自 20 世纪 90 年代中期以来，精明增长运动受到了马里兰州的政府官员特别拥护，精明增长调动起了新增长模式探索，具有替代首都周边郊区蔓延的潜力。参见 Maryland Department of Planning (2001); Maryland National Capital Park and Planning Commission (2001)。

33. Schrag (2001) 认为，地铁作为"激烈辩论可以导致谈判妥协的证明"，也可以作为华盛顿的"第三个宏伟计划……规划的每一点"都如朗方和麦克米伦的规划那样"富有远见"。

34. US (1962), p. vi.

35. 自联邦三角地带于 20 世纪 20 年代起开始施工起，官员们就（错误地）预计哥伦比亚特区建于 1908 年的令人印象深刻的行政大楼将被最终拆除。在宾夕法尼亚大道的下端靠近旧市政厅的地方，建设新市政中心的项目发布于 1927 年和 1939 年。更多有关市政中心的信息，以及埃里克森（Erickson）的大使馆和美国驻渥太华大使馆之间在城市和建筑角度的对比，请参阅 Goumay and Loeffler (2002)。

36. 罗终身都生活在哥伦比亚特区，她对于城市规划的关注始于艾森豪威尔总统任期内她在特区礼堂委员会的工作（1955–1958 年期间）。1962 年，她被任命到了首都规划委员会，参见 Gutheim (1977)。

37. National Capital Planning Commission (2002)。哥伦比亚特区有四名首都规划委员会里的代表：市长，议会主席以及两名市长任命的代表。

38. 自 20 世纪 20 年代，哥伦比亚特区就有了分区规划委员会。

39. http://planning.dc.gov

40. 对于华盛顿，最困难的问题或许是规划外交团建筑，169 个外国使团希望将他们办公场所及大使官邸坐落在 19 世纪的城市结构之中。参见 US NCPC (2004) 中的"外国使团和国际组织"。

41. National Capital Planning Commission (2004).

42. National Capital Planning Commission (2004), pp. 1–10.

43. National Capital Planning Commission (2004), p. 11, note 4.

44. National Capital Planning Commission (2001).

45. http://www.savethemall.org

46. Gallagher *et al*. (2003).

致谢

在此感谢 John Fondersmith、David Gordon、Jane Cantor Loeffler 和 Bill Webb 的建议。

第 10 章

堪培拉：卓越的景观

克里斯托弗·韦尔农（Christopher Vernon）

从 1913 年开始，一个不起眼的内陆高原转变成为澳大利亚的国家首都。现在，将近一个世纪以后，堪培拉已经成长为拥有 30 万人口的澳大利亚最大内陆都市区，而且是澳大利亚景观建筑和城镇规划最高水平的体现。然而，这个城市发展到今天，有一段传奇经历。在堪培拉，和国家首都联系在一起的城市庄严感并不是来自华丽建筑的堆积，而是来自无所不在的城市景观的启发——特别是作为精华所在的泛着光芒的伯利·格里芬（Burley Griffin）湖（图 10.1）。这种独特的景观卓越性不是偶然的。事实上，引入了民族主义的专注于景观的——原住民的和后来赋予的（recollected）——国家首都的设计愿景，它远比这个城市的场地、规划，甚至名字更早地确定下来。

1901 年 1 月 1 日，大不列颠的六个澳（大利亚）新（西兰）殖民地结成联盟组成了澳大利亚联邦。建立一个新国家首都的雄心从政治重组带来的民族浪潮中迅速产生。当年 5 月，在临时国家首都墨尔本（也是维多利亚州的首府），召开了一个"工程师、建筑师、勘测师以及其他对澳大利亚联邦首都建筑感兴趣的人"的代表大会，激发对这项事业的更多关注。[1] 和大不列颠的"翡翠绿"以及相对绿意盎然的景观形成鲜明对比的是，澳大利亚全国坐落在一片棕色、荒芜的大陆上。毫无意外，水在新首都所起的作用是代表在大会上广泛讨论的议题。与会代表决定，比如，水及其供应不仅仅应当被看作"卫生服务"还应当"创造人工湖、维护公共花园和喷泉"。这种决议产生了美学影响。用"湖"（lake）这个词——代替"倒影池"（reflecting pool）或"盆地"（basins）——暗示了考虑的尺度不仅仅局限在湖本身，而是包括了一个不规则轮廓和"自然的"外观。

大会代表"埃文斯先生"（Mr A Evans）在他的文章"一个滨水联邦首都"中明确

图 10.1 从安斯利山看向堪培拉，俯瞰战争纪念碑，沿着城市中轴线，跨过伯利·格里芬湖，到达新议会大厦

表达了他的审美维度。对他来说，"宏伟建筑附近的大片水面起到的强化作用不可估量"，而且"给高贵的城市提供了一个宏大的视角"。[2] 尽管标题已经开宗明义，但埃文斯的文章实际上是一个宣传作品；他较少提及滨水首都的普遍概念，而是更多地拥护拥有理想区位条件的新南威尔士的乔治湖堤岸。事实上，会议选择了悉尼建筑师罗伯特·库尔特（Robert Coulter）根据埃文斯描述的滨湖首都所绘图像作为论文集的封面（图 10.2）。[3] 埃文斯指出："在倾斜的山坡上，向下到水边，是宏伟的国家建筑和学校建筑，而树林之间点缀其中的是居民的别墅以及教堂和公共建筑的尖顶"。"风景如画的船坞"和"湖面上的游艇点缀了这个画面"。[4]

库尔特的演绎不仅仅是一个设计主张的具有目的性的表达，更是一个艺术作品。考虑到其中的二元性，埃文斯使用了"画面"（picture）这个词进行描述。"画面"在这里不仅仅指它所呈现出来的形态是一幅画，更多的是指城市所表现出来的视觉效果。他的描述"树林之间点缀其中的"，也相应地暗示了埃文斯的设想，即鼓励首都本身像一幅"画"或者"风景如画的"。来源于文艺复兴时期的英格兰，风景如画的景观把自然世界作为它们的模范对象，并依赖于大片不规则水面的和茂盛森林的影响。这些巨大的环境必要条件突显了澳大利亚风景应用技术方面的问题。埃文斯的观点证实了怀旧的影响力，如果那不是帝国主义的影响力。尽管这个城市的建筑师和象征性的内容可能是"澳大利亚的"，并且它的树也是当地的种类，但整个国家 20 世纪的景观偏好——至少对埃文斯来说——仍然停留在 18 世纪英国殖民时期。[5]

在澳大利亚，如画的风景是在 1788 年由第一舰队（First Fleet）引入的。"几乎就是菲

图 10.2 一个理想的联邦城市，乔治湖，新南威尔士州，1901 年。罗伯特·库尔特为"工程师、建筑师、勘测师以及其他对澳大利亚联邦首都建筑感兴趣的人"的代表大会准备了这幅渲染图

利普（Phillip）第一次踏上悉尼湾的行为"，保罗·卡特（Paul Carter）这样评论，"在这片土地上画上了一道线"。这条线圈出的范围也"定义了圈以外的不再是连续不断的黯淡无光的树林，而是一个新的风景如画的背景，是一个殖民大戏第一幕的盛大场景"。[6] 如画的风景，并不仅仅是简单的良好的视觉感受问题。随着殖民者日益关注不熟悉的澳大利亚景观，他们把客观地形进行了改造从而符合美学要求，实现"景观看起来十分古朴，如荒野一般，风景如画"。[7] 为了掩饰"他们擅自增加的人造物"，新的"所有者"制造了树丛、"交叉的斜坡和隐约可见的一片片的水面"，这些元素堆积在一起"像拼图一样直到

他们很难想到其他任何一种方式"。[8] 一个风景如画的澳大利亚的首都也应该相应地掩饰这个国家的年轻，并且通过美学和风格的一致性显示它们是大英帝国的一员。如果悉尼的建立是殖民大戏的开场，那么新国家首都的建设就是它的落幕。

埃文斯的乔治湖（Lake George）竞赛进一步推动了"选址的战争"，这在早些时候就是整个联盟讨论的议题。[9] 借鉴了美国的先例，澳大利亚新宪法要求国家首都设置在一个较大的联邦直辖区内。经过七年的争论，新南威尔士州的"亚斯－堪培拉"（Yass-Canberra）地区于 1908 年被选中。[10] 这个区域坐落于距东部沿海一段距离的内陆，它位于

新南威尔士州首府悉尼和它的竞争对手墨尔本中间这一区位影响了首都的选择。勘测师查尔斯·斯克里夫纳（Charles Scrivener）随后确认了该城市的具体选址。斯克里夫纳的正式指令确认了国家首都的建设事业既是一个景观设计的议题同时也是一项工程技术工作。因此，甄选标准从一开始就写入了一个形成如画风景的方法。潜在的区位将会得到评估，例如，从一个"风景优美的视角，获得如画的风景和美化的对象"。[11] 在 1909 年，勘测师们选择了"莱姆斯通平原"（Limestone Plains）——莫朗格洛（Molonglo）河广阔山谷中的一片田园式场地——它能够满足那些数量众多的标准。在讨论直辖区的最终范围后，新南威尔士州在 1911 年 1 月 1 日正式向联邦"交出"了它。[12] 国家政府将持续拥有澳大利亚首都直辖区（ACT）范围内的土地，并通过土地租赁控制它的发展，直到 1989 年地方政府建立。

在圈定了联邦直辖区范围、确定了首都场地之后，联邦在 1911 年理想化地发起了一个国际竞赛，从而确保获得一份城市规划方案。然而，干旱的内陆场地，使得人造水面的需求十分尖锐。因此，在无数的设计要求中，竞赛首先鼓励参赛者考虑在莫朗格洛河上筑坝从而创造"观赏性水面"。[13] 和围绕首都选址产生的激烈讨论一样，竞赛也鼓励热烈的争论。专业人士对于外行——住房事务部部长，金·马利（King O'Malley）——将作为竞赛总评审表示不满，这导致了英国皇家建筑师学会和其他专业机构阻止其成员参赛。尽管如此，1912 年 1 月 31 日，几周比赛收盘之时，共收到来自帝国内外的 137 份参赛作品，包括地域上毫无联系的地方，例

如北美和拉丁美洲、欧洲、斯堪的纳维亚地区和南非。[14] 当年 5 月，美国建筑师和景观设计师沃尔特·伯利·格里芬（Walter Burley Griffin, 1876—1937 年）提交的作品赢得了竞赛大奖。尽管提交的作品所属姓名为沃尔特，实际上规划是由他和他同是建筑师的妻子，同时也是他的专业合作伙伴，玛丽昂·马奥尼·格里芬（Marion Mahony Griffin，1871—1961 年）共同完成的。在遥远的美国进行设想，在澳大利亚修改，格里芬的设计从概念上连接了这两个国家。

作为土生土长的芝加哥人，沃尔特和玛丽昂·格里芬在芝加哥的经验始终贯穿于他们的设计方式。尽管其不断进步的建筑设计受到赞誉，但迅速发展的大都市也是城镇规划创新的核心。事实上，沃尔特在 1893 年世界哥伦比亚博览会时来到这个城市是对他专业作品的促进。[15] 奇怪的是，历史记录显示早在十年之前他第一次听说澳大利亚国家走向联邦制以及建立新首都时，他的兴趣就得到了很大激发，当时他还是一名大学生。[16] 沃尔特和玛丽昂，在芝加哥合作无间 [起初是和弗兰克·劳埃德·赖特（Frank Lloyd Wright）共同工作，后来各自独立工作，从 1909 年开始合作]，不可避免的对芝加哥城市规划领导者丹尼尔·赫德森·伯纳姆（Daniel Hudson Burnham）的运动 * 很熟悉。在他对哥伦比亚博览会的巨大贡献和其后的华盛顿特区城市

---

* 丹尼尔·赫德森·伯纳姆（Daniel Hudson Burnham，1846—1912 年），美国建筑师和城市规划师。他是 20 世纪早期"城市美化运动"的领导人之一，强调大型公园、宽阔的街道、开放空间。文中"运动"应当指的就是丹尼尔·赫德森·伯纳姆所倡导的"城市美化运动"以及在此理念下完成的一系列城市发展规划，芝加哥是该运动的代表城市。——译者注

美化运动的推动下，伯纳姆的声望迅速从当地传了出去。他 [和爱德华·贝内特（Edward Bennett）] 起草的《芝加哥规划》（1909 年）受到了格里芬的关注。除了他们对于美国城市规划理念的认识，格里芬夫妇还通晓英国田园城市的设计原则。事实上，作为芝加哥城市俱乐部的会员，沃尔特有机会从两位英国田园城市主要参与人那里获得一手资料。1911 年，即堪培拉竞赛发布的当年，雷蒙德·昂温（Raymond Unwin）和托马斯·莫森（Thomas Mawson）来到芝加哥并分别进行了题为"英国田园城市"和"英国城镇规划"的演讲。[17] 截至那时，格里芬掌握了大量关于城镇规划的知识，尽管并未得到检验。如果格里芬夫妇确实像竞赛建议的那样，查阅了英国皇家建筑师学会（RIBA）的《1910 年伦敦城镇规划会议》论文集（其中包括了伯纳姆、昂温以及其他规划的论文），那么它的内容并不会有启示性。[18]

但是格里芬夫妇在澳大利亚首都的设计中引入了一个大规模城市规划的令人瞩目的新维度。和大多数其他参赛作品不同的是，格里芬夫妇的规划的独特之处在于他们对场地自然特征的谨慎应对，特别是凹凸不平的地形和水道（图 10.3）。这一特点是证明他们设计成功的最重要证据。通过交叉轴线的主题构图，规划把风景如画的自然融合进了几何理性。[19] 虽然受益于城市美化的理念和更加本土化的田园城市规划的原则，格里芬夫妇更加依赖几何形状作为组织结构的工作，这更加深刻地显示了他们的信条，即自然世界是设计的重要来源。对这两个设计师来说，自然的原始"语言"是几何形体的，例如在植物繁殖和晶体生长中所表现的那样。在堪培拉，紧跟其后的是，格里芬采用几何形状策略性地阐明了场地其他潜在的地貌结构。每当需要协商他们的几何模板是否适合实际场地时，格里芬夫妇都表示了对现状地貌的充分尊重。[20] 比如山和岭，并不会被当作设计阻碍被清除掉，而是"成就了大多数的机会"。在观察到内城山峰和较远处山脉之间的线性关系后，格里芬夫妇通过一条"城市中轴线"（Land Axis）突出了它们的对应关系。一端以安斯利山（Mount Ainslie）为起点，"城市中轴线"延伸了 25 公里到达终点，宾伯里山（Mount Bimberi）。通过使用地形特征作为轴线决定要素和视觉焦点，格里芬夫妇使得未来城市的自然场地"永久地流传了下去"。

莫朗格洛山谷和场地地貌一样为设计带来了机会。因此，格里芬夫妇划定了一条"水轴"和"城市中轴线"成直角相交，并与河道方向一致。为了回应竞赛要求中的建立"装饰性水面"，格里芬夫妇重新调整河流使它成为连接盆地和湖泊的连续链条，从而在风格上把"正式"和"自然"协调起来。当水从城市中心流向外围，水体的外形和空间特征都会发生变化；中心的盆地采用了几何形状，而位于两端的"东湖"和"西湖"则拥有不规则的边缘。在这里，岸线呈现为一种自然产生的湿地特征，它的视觉和空间品质都与澳大利亚所期待的如画风景相一致。

澳大利亚最根本的魅力在于它提供了一个机会在学习美国教训的基础上获得完美的结果。虽然它占据了一片古老的大陆，但新成立的澳大利亚缺乏旧世界中典型的人文产物和其他纪念碑式的事物，甚至 20 世纪初成立的新世界首都都拥有以上典型代表物。作为补偿，格里芬夫妇通过澳大利亚古老的自

图 10.3　澳大利亚联邦首都竞赛，城市和周边地区的规划图，1911 年。景观设计师：沃尔特·伯利·格里芬和玛丽昂·马奥尼·格里芬；绘图：玛丽昂·马奥尼·格里芬

然历史塑造了新的国家历史文化——这一点在他们的设计意义中得到了体现，他们赋予了堪培拉场地自然特性。这种几乎是立刻产生的使自然成为"纪念碑"的冲动，是夫妇俩对他们在芝加哥的经验的一种自然而然的反应。当时这个城市在改变过程中，很大程度上是通过不经管制的扩张发生的；残留的草原和农村迅速被投机激励下的城市蔓延和郊区包围。为了避免发生以上现象，格里芬夫

妇把堪培拉设想为一个经过设计的城市，它区别于那些对自然世界置之不理的城市。

另一个影响深远的来自美国的因素，是 1791 年皮埃尔·查尔斯·朗方（Pierre Charles L'Enfant）提出的华盛顿特区规划空间和有关象征性的内容。其中对堪培拉最重要的是，朗方在交叉轴线的构图中赋予两条轴线景观焦点。一条轴线走廊从西边的国会山放射出来，林荫大道把视线引向了这个国家广阔的内陆，正如它所强调的那样。虽然美学上遵循风景如画的原则，这种景观作为轴线节点的方法在纪念性上有特殊的意义。内陆当时被认为是一片广大的"荒芜"的边远地区，召唤着羽翼未丰的民主向西扩张。交叉的轴线从南面的抬高的"总统府"开始，使得波托马克河和远景成为一体。[21] 朗方的精致的景观效果随后被伯纳姆和 1902 年参议院公园委员会的城市设计取代了。从那时开始纪念碑和其他建筑物逐渐夺取了景观作为轴线焦点的地位。为了回避城市美化中的装饰性美学特点，格里芬夫妇重新阐释了朗方的愿景并对景观作为空间承载物和象征意义的熔炉进行了再次评价。朗方的设计手法是把轴线引导至"荒野"（空的场地，而非实体建筑），格里芬夫妇把这个手法移植到澳大利亚（他们把堪培拉所在的场地想象为"荒野"），同时夫妇俩用类似的手法把自然表达为民主的象征。[22]

精心设计了几何形状的"陆上"和"水上"轴线之后，格里芬夫妇把城市中心规划组织成为一个三角形（现在被称为"议会三角"），它的节点对应着当地的山峰（图 10.4）。在三角形内部及其周围，首都宏伟的公共建筑按照一个系统性的政治象征意义依次排列。[23]

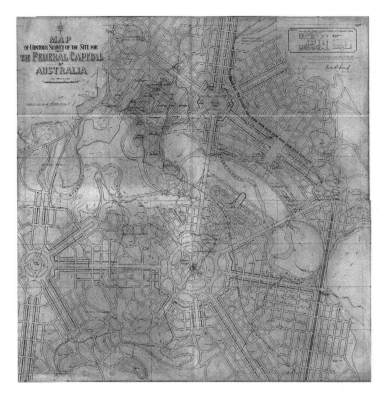

图 10.4　澳大利亚联邦首都竞赛。格里芬的城市规划，绘制在竞赛提供给参赛者的等高线测绘地段图上，1911 年

接近三角形的底部，国家文化机构位于中部盆地的北部边缘。在一片绵延延伸的"公共公园"中，布置了"动物园"以及"水族馆"和"大型鸟舍"，"自然历史"和"考古"博物馆，"绘画"和"造型艺术"美术馆，"剧场"，"歌剧院"，"体育馆"，"水上花园"和"植物温室"，"健身房"和"浴室"。[24] 在安斯利山脚下作为"城市中轴线"端点的重要位置上，一个令人愉快的花园式"娱乐城"俯瞰着这片文化区域。

山顶上建有标志性的"市政厅"、"韦尔农"（Vernon）山（现在被称为"城市山"）位于三角形的西北角，作为"行政管理事务总署"所在地成为一个"市政中心"节点。在这里，"监狱"，"犯罪"和"市民"法庭，"银行及其办公室"，"交易所及其办公室"和"邮局"环绕着市政厅。"铸币厂"和"印刷厂"，虽然在功能上是服务

全国的，但仍然被放置在这个区域内。在"市政中心"以外，格里芬夫妇布置了"大学"（即今天的澳大利亚国立大学）以及一个"医院"。三角形的东北角以另一座山为节点，为城市提供"商品化"或"市场中心"所在的场所。除了一个"铁路站点"以外，这个中心还包括两个"市场"建筑和一个"发电厂"。邻近的山峰为国家"大教堂"和一个"军事院校"提供了平台。与"水轴"平行，一条辅助的"市政轴线"连接了"市场"和"市政"中心从而组成了三角形的一边。两个中心和文化机构网络共同代表了"人民"。[25]

横跨位于盆地南缘的观赏水域，整个区域缓缓上升为三角形的一个顶点（在今天的联邦大道和国王大道的衔接处），成为"政府中心"。被放置在错层的地形结构中，不对称的建筑物组合形式适应政府职能。[26] 从水边

图 10.5　澳大利亚联邦首都竞赛。从安斯利山上俯瞰堪培拉，1911。景观设计师：沃尔特·伯利·格里芬和玛丽昂·马奥尼·格里芬；绘图：玛丽昂·马奥尼·格里芬

的"司法部"为起点，一个接着一个上升到"立法"区域。在这些"政府部门建筑"以上，"国会大厦"位于"营山"（Camp Hill）山顶。在更高的地方，三角形的顶点在库拉忠山（Mount Kurrajong，现在称为首都山）达到高潮。在这座山略低一些的山坡上，"总督"和"总理"的官方居所代表了"行政中心"。然而，作为一个象征标志占据库拉忠山山顶的，并不是政府的建筑，而是"人民的"。在城市中心海拔最高的地方，格里芬夫妇布置了一个庞大的"议会大厦"（图 10.4）。但和美国同一名称的"议会大厦"不同，澳大利亚"议会大厦"被设想为一种仪式性的建筑以体现其公民的成就。

起初，格里芬夫妇为澳大利亚首都所做的脱胎于美国的设计表现出和地方敏感性一致，特别是景观美学的概念。和芝加哥城市化不断增长的内陆城市不一样，澳大利亚仍然保持原状，就像小说家劳伦斯（D.H. Lawrence）所断言的那样，"人们几乎不关心澳大利亚"。[27] 部分原因是人类居住的空间微不足道，原生景观——通常称为"灌木丛"——是首当其冲最重要的。在 1912 年的竞赛中，在国内资源，例如海德堡学院山水画的推动

下，灌木丛的理想化图像获得了标志性地位，作为一个和国家身份认同密不可分的"接地气"的符号。玛丽昂·格里芬精致的效果图强化了他们提出的景观意象，并可能吸引了评委把设计看作一场灌木丛的庆典（图 10.3 和图 10.5）。[28] 然而，这两个美国设计师，可能并没有意识到当地景观逐渐增长的国家主义内涵的意义。

但是格里芬夫妇的设计获得一等奖的决议，并不是全票通过的。事实上，持不同意见的评委把第一名给了悉尼的建筑师格里菲斯（Griffiths），库尔特和卡斯韦尔（Caswell）。其中合作建筑师库尔特就是 1901 年为联邦首都代表大会绘制"滨水首都"的那一位。十年以后，他的联合方案也以一幅水彩效果图描绘了以上特点（图 10.6）。[29] 在画面中，地面覆盖着绿色植物，和格里芬夫妇的几何控制的主题不同，"装饰性水面"的边缘蜿蜒曲折。这更像是一个在北半球的城市；一个显然与地方期待更一致的方案。然而，最终，金·马利裁定格里芬夫妇获得胜利。

对于他们获胜至关重要的是，玛丽昂·格里芬的效果图和悉尼组的方案有很大差别。使用了深褐色、金色等发光色调，她

图 10.6　澳大利亚联邦首都竞赛。夕阳中的湖景，1911 年。该渲染图是悉尼建筑师格里菲斯、库尔特和卡斯韦尔联合提交的参赛作品中的一幅

的图集带给场地更真实的着色。一个英国的评论员热烈地赞美"建筑物在地面上低矮地扩展开，掩映在树林中，与雄伟地势相比如此渺小，你看到的，不是它们（建筑），而是澳大利亚"。[30] 除了赞扬以外，这个评价也显示出图画在说服别人方面具有迷惑性。玛丽昂的描绘中减少了场地的植被和地貌，如果不算伪装的话，受到推荐的城市的视觉影像是几何形状的，密度像芝加哥一样的（图 10.5）。

尽管竞赛决出了最终大奖，但政府在有争议的情况下搁置了格里芬夫妇的设计，委派一个"部门委员会"从众多参赛作品中选出一个新方案。带着深深的失望，沃尔特·格里芬决意要使他们的设计重新被采用。在 1913 年 1 月一封充满激情的信中，他提出要亲自解释他们的设计。受政府换届影响，联邦直到 7 月份才回复他并邀请他来访。然而，正式命名为堪培拉的首都，已经根据部门委员会的综合方案开始了建设。1913 年 8 月，沃尔特终于来到了首都所在地。他也和部门委员会甚至总理进行了商讨。在当地专业力量的支持下，沃尔特为他和玛丽昂的设计重新起用所进行的斗争胜利在望。10 月，部门委员会解散，沃尔特获得了一个官方职位，联邦首都设计和建设负责人。

格里芬夫妇在 1914 年搬到了澳大利亚。在距墨尔本一段距离的地方工作，沃尔特开始堪培拉的详细设计。继续他在美国的做法，他优先进行道路布局和植被布置。建筑随后建设，被小心翼翼地嵌入结构框架中。未来城市场地多风的条件还要求提前种植植被。这不是"原野"；粗放放牧已经造成了曾经的森林山坡大部分裸露出来，河岸也受到侵蚀。

环境恶化使得植被恢复显得十分迫切。与负责植树造林的官员托马斯·韦斯顿（Thomas Weston）开展协作，沃尔特重建全市山峰植被的计划在他提出的种植项目中最为引人注目。为了融合实用与美学，他在 1916 年发起了一个计划，用原生树木、灌木和"地被植物""盖住"这个城市的"荒山"。这些植被在颜色上有所区别：比如，安斯利山，种植的是"黄花和赏叶"类植物，而黑山则种植了"白花和粉花"植物。通过这样逐渐扩张，用色彩协调植被，沃尔特试图把整个莫朗格洛谷改变成为一个经过栽培的明艳动人的花园。

但是，沃尔特·伯利·格里芬在堪培拉的职务只持续了很短暂的时间。一系列政治反对者在 1916 年组成了皇家委员会，调查他根据合同做出的表现以及城市规划的执行情况。以上情况，伴随着第一次世界大战带来的金融抑制，共同导致了夫妇俩的设计无法完全实现。沃尔特与国家首都的正式合作关系在 1920 年随着他的职位被废止而具有争议性地解除了。尽管如此，沃尔特和玛丽昂仍然选择留在澳大利亚并且把自己奉献给私人实践。

一个咨询机构代替格里芬的个人位置，继续作为联邦首都设计和建设负责人。第一个机构叫作联邦首都咨询委员会（FCAC），成立于 1921 年。[31] 由全国知名建筑师和城镇规划师约翰·萨勒曼（John Sulman, 1849—1934 年）担任主席，联邦首都咨询委员会负责实施格里芬的设计。在新首都竞赛长期以来的冠军争夺中（尽管英国皇家建筑师学会的谴责妨碍了他参与设计比赛），他曾经公开支持格里芬的设计。然而，现在，他支持的做法令人不敢恭维。尽管联邦首都咨询委员会有强制性要求，萨勒曼和其他人逐渐把自己的不同愿景嫁接到堪培拉的原有图景中去。很快格里芬设想的芝加哥式的都市就不知不觉地转变成了不同花园郊区的集合。

联邦首都咨询委员会在 1923 年选择了"临时"议会大厦场地（现在被称为"老"议会大厦），是早期一个明显的对原设计的偏离。和原设计不同，联邦首都咨询委员会没有把这栋宏伟的大厦放在格里芬作为标志性节点设置的"营山"山顶，而是放置在了山脚下。随着议会大厦的实施，另一个重要的工程也即将展开。这项工程同样导致了对原设计的重大偏离。澳大利亚参加第一次世界大战显著影响了它新生的民族主义精神，形成了一股在堪培拉建设战争纪念建筑的热潮。为了响应人民的倡议，1924 年联邦首都咨询委员会决定在位于"城市中轴线"一端的安斯利山上布置纪念馆和博物馆群。而在最初的设计中，"娱乐城"占据了这个引人瞩目的地段。除了显示出对格里芬建筑布置和土地利用分配的无视，联邦首都咨询委员会的决定也显示了对夫妇俩象征性意图的国会大厦及其周围的冷漠态度。然而和安斯利山相比，战争纪念碑小得多，山峰在视觉上更多地作为轴线端点。不管怎样，战争纪念馆在这个地方的存在使得原本的居住区产生了新的纪念性的意义。为了加强这个新的层次，格里芬的直达山顶的"景观大道"（Prospect Parkway）被重新命名为"澳新军团大道"（ANZAC Parkway），以表达对澳大利亚和新西兰军团（Australia and New Zealand Army Corps）的尊敬。今天，被称为澳新军团阅兵场（ANZAC Parade），这条轴向的通道两旁布满了军事纪念馆，实际上成为战争纪念馆的户外延伸。从原设计出发，不完全遵循原设计，在这样的背景下，原设计得到了实施。

联邦首都咨询委员会的活动在 1924 年随着一个新的城市规划的准备出台达到了最高点。1925 年 7 月一个新的联邦首都委员会（FCC）建立，随后 11 月新规划在官方宪报上发布（通过联邦法律确保其神圣不可侵犯的地位）。然而，宪报公布的规划，仅仅保留了格里芬设计中街道布局的部分，省略了土地利用和其他结构性要素，更不用说它的象征性内容。正如宪报公布的规划所证实的那样，联邦首都咨询委员会和联邦首都委员会不管在字面上还是隐藏的含义中都把格里芬夫妇的设计当作一张道路规划图而已。不论如何，在场地上多方妥协的规划指导下，新国家首都的议会在 1927 年 9 月 5 日正式启用。当它早些时候开始从墨尔本迁移过来时，政府在堪培拉的表现更多的是象征意义的。在其后几年中，搬迁几乎停滞。虽然逐渐逼近的经济衰退对迁移停滞有所影响，但国会本身持续存在的对新首都的不满仍然是一个强有力的因素。这种不满在 1930 年随着联邦首都委员会的废止达到了最顶点。在接下去的近三十年时间里，堪培拉由工务部（the Department of Works）进行管理，并由内政部控制（Department of the Interior），开发进展很少。

堪培拉毫无活力地进入了 20 世纪 50 年代。被负面认知为"灌木首都"，这个城市仍然缺乏可感知的城市肌理。但是，国家首都，找到了一个捍卫者，总理罗伯特·孟席斯（Robert Menzies）。在他的支持下，1954 年一个参议院特别委员会（Senate Select Committee）被指定去调查城市的开发。委员会发现，某种程度上可预见的，管理者从

个人角度没有把堪培拉"作为一个国家的首都"，而是"作为公务员的昂贵的房屋计划的实施场所"。[32] 调查也有更加意想不到的结果。悉尼城镇规划学者彼得·哈里森（Peter Harrison）的报告中指出格里芬夫妇设计的实现并不是依赖于"宏伟建筑的结构"，相反他认为使建筑"变得重要的"是"它们的环境"。[33] 哈里森得出结论，堪培拉，"不是建筑的组合而是景观的集合体"。[34] 同时他确认了格里芬夫妇设计主题中景观的卓越地位，哈里森的概念中把景观作为简单的建筑环境说明了现代主义观点的当代力量。在这里，建筑被看作混乱自然世界中的理性布局。建筑，相应的，是组织该混乱的唯一手段。景观，不再是凭借自身力量存在的正式实体，而是仅仅被看作建筑背景或者建筑之间的空间。不管怎样，哈里森对原规划的仔细研究相当于重新发现，而且在一开始，它似乎重新激活了格里芬夫妇的愿景。

受到参议院委员会的两党支持的鼓舞，总理采取果断行动，并寻求专家意见来激发城市的发展。1957 年，联邦再次把视线投向海外。然而，这一次，孟席斯关注了伦敦，而非芝加哥，现代主义城镇规划权威威廉·霍尔福德（William Holford，后来成为勋爵，1907—1975 年）被请求提供设计建议。就在不久之前他已经作为巴西国家首都设计竞赛的国际评委，霍尔福德接受了澳大利亚的邀请。6 月他实地走访了堪培拉之后，12 月他完成了《澳大利亚首都直辖区堪培拉未来发展观察报告》。抛弃了格里芬夫妇的具有象征意义的城市步道和有轨电车，霍尔福德的堪培拉——最基本的并且和它的巴西利亚规划很相似的——将成为一个"小

汽车的城市"。在 1958 年，孟席斯建立了国家首都开发委员会（NCDC），以实施报告中的倡议，其中包括一个面积广阔的高速公路网络。[35] 首都新的现代主义景观现在越来越多地通过小汽车挡风玻璃框以高速被感知。

作为他对澳大利亚首都愿景中最重要的部分，霍尔福德制定了两个相关的城市设计方案，嵌套在他的总体规划中。和哈里森以及参议院委员会的意见类似，霍尔福德也把堪培拉更多地看作一个景观设计而不是建筑布局。事实上，他作为顾问最引人注目的贡献不是新政府大厦，而是作为首都万众瞩目的精华部分的湖泊。随着伯利·格里芬湖在 1964 年完工（图 10.7），城市最终在一定程度上获得统一，和格里芬夫妇的愿景一致了。但是，同时，被包围起来的湖泊也显著偏离了其命名者的原始设计。尽管参议院委员会通过官方途径高度赞扬了格里芬夫妇的规划，霍尔福德仍然决心在城市设计中展现他自己

的手法。英国现代主义，有些自相矛盾的，在它的景观表达中是历史主义的；草拟和复活了 18 世纪如画的风景。相信有必要"修正其完全对称性"，霍尔福德在后来的实施中修改了格里芬夫妇的水体设计。抛弃了格里芬为中央盆地设想的清晰几何形体，取而代之的是霍尔福德寻求一个"直白的风景如画的处理方法"。[36] 对他来说，这种替代方法在表面上"更有利于保持"这个城市的"山峰和山谷的美丽背景"。正如建议使用新的称谓"湖"，霍尔福德的水体按照不规则边缘实施，岸线被风景如画的绿地覆盖。在一定程度上，湖的形状受经济因素制约进行了修改，让步于边缘陡峭的地形。但是，更加强调的是，新的配置和随之而来的绿地表达了现代主义的良好景观意象。

当重新定义了堪培拉的水体时，霍尔福德的设计关注点超越了它的轮廓。事实上，他把滨湖空间视为澳大利亚仍未实现的永久性议会建筑的理想场地。这个观点不是通过

图 10.7　沿水轴看向伯利·格里芬湖的景象。沿着湖和它的岸线，左下角引人注意的机动车道是威廉·霍尔福德和国家首都开发委员会从现代化视角出发得出的产物

格里芬的设计赋予的，而是来自他自身在巴西利亚的经验。把巴西利亚的"承载三种权力的场所"作为先例，霍尔福德建议把政府放置在湖边。坐落在绿地环绕的湖边，远距离观看时，澳大利亚议会大厦近似于英国园林中的装饰性建筑。和湖的新形式一样，霍尔福德的"滨湖议会"也大大脱离了格里芬夫妇的设想。抛弃了他们最初设想的不断升高的场地，霍尔福德进一步把建筑群从"城市中轴线"上移动到湖边。在超过半个世纪以后，堪培拉现在已经做好准备成为埃文斯和库尔特设想中的风景如画的滨水联邦首都的现代变体。霍尔福德计划的实施开始于1958 年。在接下去的十年中城市规划都保持了原状，但在 1968 年，"滨湖议会"被取消了。不管怎样，堪培拉的景观向现代"环境"的转变已经开始了。

霍尔福德重新提出如画的风景并不是没有政治意图的。到 20 世纪 60 年代，仅仅因为设计者的国籍，一些人把格里芬夫妇的几何形式看作"美国式的"或者"非澳大利亚式的"。随着对霍尔福德理念的重新认知，风景如画的概念再次占领了澳大利亚首都并且影射了作为大英帝国一部分的堪培拉的死亡。格里芬夫妇民粹主义的仪式性的国会大厦被取代，霍尔福德认为内城最高点的理想选择应当是居住功能的"皇家行宫"（Royal Pavilion）。在他的设计主题中，英国的最高统治者不仅应该向下望着湖边的议会，还有"人民"。当引入这个提议时，霍尔福德提醒政府"英女王陛下同样也是澳大利亚的女王"。[37] 孟席斯并不需要提醒者。事实上，早些时候他对国家首都所做的努力受到伊丽莎白二世女王即将来访的激励；1954 年女王为澳大利亚–

美国纪念碑 * 揭幕。敏锐意识到这一事件的象征意义，在皇室到访之前，这位亲英派总理甚至把位于原"城市中轴线"上的纪念碑转移到一个不太显眼的位置上。然而，行宫，从来没有被认真地实施过。如果格里芬试图把澳大利亚丛林推到前景，给它首要地位，那么在二战的整个战后时期，它被降低到了背景的位置，代替落叶树木，以及绿色的回忆，如果不是帝国的回忆。对霍尔福德和国家首都开发委员会来说，"格里芬已经成为历史。"[38]

在霍尔福德的建议下，国家首都开发委员会运用其相对自主性和较大权威性，加快堪培拉的发展。在 1958—1988 年间，委员会精心安排了"议会三角"中大量地标性建筑的建设。澳大利亚国家图书馆，于 1968 年开放，是早期的一个典范。[39] 到 1982 年，澳大利亚高等法院和国家（艺术）画廊完工，由爱德华（Edwards）、马迪根（Madigan）、托尔齐洛（Torzillo）和布里格斯（Briggs）等建筑师设计。虽然粗野主义混凝土建筑群带来了争议，事实上这样的设计就堪培拉本身而言是相对较好的解决方案。回避了任何带有格里芬风格的都市，取而代之的庞大建筑是对首都的空灵景观现状的回应。高等法院和画廊成为一个多层次的集合体，坐落于已经成为堪培拉纪念中心的开放广阔的绿地中。[40]

随着建筑工程进展，并为了回应预测的人口增长，国家首都开发委员会发动了一个新的规划举措。其中最重要的是它的"Y–规划"，它遵循了格里芬提出的大都市增长战

---

* Australian–American Memorial，为了纪念和感谢太平洋战争（1941—1945 年）中美国相关人员的帮助而设立，设在堪培拉。——译者注

略，明确了郊区卫星城和次区域城镇中心的线性延伸（图 10.8）。未开发的山丘形成框架，开放空间形成分割，这些新的中心由穿过灌木丛的高速公路连接起来。[41] 平行于新郊区，国家首都开发委员会建立起一个延伸的开放空间网络。[42] 这个城市早期的开放公园和花园，包括格里芬设计的和韦斯顿种植的，现在也已经成熟了。正当重要建筑工程的资金减少的时候，大规模种植被用来定义和强调城市轴线和纪念性空间。树木有效地成为建筑的替代品。

到 1988 年，这一年是英国通过詹姆斯·库克船长（Capital James Cook）首次宣称对澳大利亚东岸拥有主权的两百周年纪念[*]，国家首都进入繁盛期。大多数内城的基础设施已经建立起来，新市郊正在延伸以实现 Y- 规划向外的两个枝杈。当年的主要建设事件是期盼已久的永久性议会大厦的完工，它建在三角形结构中的首都山上（图 10.9）。一个独立的发展机构针对这个建筑以及它的结构开展并监督了一个国家设计竞赛。[43] 然而，和它将要代替的临时性建筑不同，新议会大厦的位置也存在争议；对于一些人来说，政府重新安置到格里芬夫妇为"人民"准备的场地上，似乎消除了任何实现最初设想的可能性。胜出的设计来自美国建筑师罗马尔多·朱尔戈拉（Romaldo Giurgola），他把山

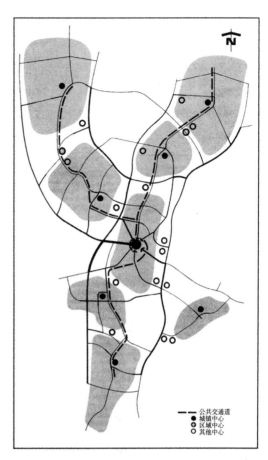

图 10.8 国家首都开发委员会为堪培拉制定的"Y- 规划"，1970 年。这个规划因为它对于居民点的布局和交通走廊的形式而得名

体作为建筑进行了创新性的改造；土制坡道使市民可以直接走到山顶上的议会大厦和政府（但在 2001 年 9 月 11 日之后，这种做法已经被禁止，坡道上设置了路障）。被花园所环绕的议会大厦同时是景观也是建筑。一个标志性的旗杆结构，其金字塔形式令人想起格里芬夫妇未实现的"国会大厦"，使整个建筑群更加完美。这座钢铁巨塔现在已经成为国家首都天际线的一个景观标志。

也是在 1988 年，联邦授予，或者更接近强制成立，自治政府来管理澳大利亚首都直辖区（ACT）。在这种新管理制度下，国家首

---

[*] Captain James Cook（1728–1779 年），一般称为库克船长（Captain Cook），是英国皇家海军军官、航海家、探险家和制图师，他曾经三度奉命出海前往太平洋，带领船员成为首批登陆澳大利亚东岸的欧洲人。1770 年，随着库克船长登上澳大利亚东海岸，英国宣布拥有澳大利亚主权。1788 年 1 月 26 日，英国航海家亚瑟·菲利普率领首批移民定居悉尼，并且升起英国国旗，澳大利亚正式成为英国殖民地。文中两百周年纪念应当指的是后者。——译者注

都的规划和开发都在双重控制下。ACT 建立了它自己的大都市区规划当局（ACTPA），而联邦用国家首都规划当局（NCPA）代替了国家首都开发委员会。[44] 这种双重的规划安排——预示着城市日常管理和国家首都功能保护的分离——一直持续到今天。

虽然地理区域受到国家控制，但员工人数和资金等方面都有所缩水，国家首都规划当局的中心任务是确保新的发展与堪培拉的首都地位相适应。这主要是通过《国家首都规划》的实施来实现的。1997 年，任务范围扩大了。加强其在堪培拉全国的重点意义，该机构现在主动寻求"在所有澳大利亚人心中建立国家首都"。这需要新的推广措施，以消除对城市的负面看法。为了表彰其更广泛的作用，"规划"从该机构的名称中省略，今

天它被称为国家首都当局（NCA）。

贯穿整个 20 世纪 90 年代，新郊区在直辖区政府的管理下迅速发展。同时在越来越多建立起来的郊区内产生了更大的开发和充满内部的压力，从而导致大量的规划冲突。经历了数年的经济驱动下的政策性规划之后，"空间"或物质规划现在不得不考虑来自郊区内部改造的新挑战。作为回应，澳大利亚首都直辖区政府重新组织了它的规划和开发活动。在 2003 年，规划和土地管理部门被一个新的规划和土地当局（ACTPLA）取代，同时一个新的独立的规划和土地议会为规划和土地当局和规划部长（Minister for Planning）提供政策建议。同时，一个土地开发机构被创建来监督直辖区土地的开发和出售。

在国家范围内，国家首都当局推动堪培

图 10.9 新议会大厦，完成于 1988 年澳大利亚成为英国殖民地两百周年之际。装饰有一个标志性的旗杆状铁塔，议会大厦既是景观也是建筑

图 10.10 联邦广场，由杜尔巴赫·布洛克（Durbach Block）和休·巴恩斯利（Sue Barnsley）设计（2000年）。位于"城市中轴线"上，靠近伯利·格里芬湖的边缘，这个纪念性的项目"切割和组合了景观"。"演讲者广场"，图中左侧前方拼贴图案组成的步行道，是加拿大在 1901 年赠送给澳大利亚作为澳大利亚联邦成立 100 周年的礼物。

拉成为"国家首都，象征澳大利亚的传统、价值观和信念，是国际公认的而且所有澳大利亚人都为之感到骄傲的"。为此，它开放了众多纪念馆，在首都内推动建立许多国家的机构和开展活动，并继续管理一个有关这座城市的常设展览。除此之外，国家首都当局还监督一个新的澳大利亚国家博物馆（2001年）的实施，它是自从国家首都开发委员会时代以来最大的建筑工程。

自从国家首都当局建立以后，对国家首都象征性内容的兴趣激增。在他们对议会区（1998–2000 年）的回顾中，国家首都当局认为整个辖区应该成为一个真正的"人民的场所"，对所有人来说是易达的，从而他们可以更多地全面了解澳大利亚的集体经验和丰富的多样性。两个最近的项目是实现这个目标的重要标志。于 2002 年完成的联邦广场（Commonwealth Place）和和解广场（Reconciliation Place）位于格里芬夫妇的"城市中轴线"上，靠近伯利·格里芬湖的边缘。但是，甚至在它们完工前，这些工作都充满争议。这应该是毫不奇怪的。占有土地永远是一个政治化的活动，如果没有争议，这块著名的位于国会门槛前的具有象征意义的场地，除了由政治力量控制外别无其他可能。

联邦广场（图 10.10）是国家首都当局设计竞赛（2000 年）的结果。[45] 胜出的设计，正如竞赛评审所描述的那样，"切割和组合景观而不是发起大规模建筑项目"，就像议会大厦一样，是名副其实的景观建筑。该场地已被重建为杯形的圆形剧场，表面覆盖着修剪整齐的草坪。建筑空间隐藏在凹向下的曲面空间内，布置了展览区域、一个餐厅和一些办公室。外面罩有半透明玻璃，当夜晚照明开启时，周围的光芒从地底闪耀出来。联邦广场本身是由一个斜坡切开。这个切口让人们想起各种各样的地壳构造板块，用隐喻的手法回顾了城市的基本地质构造。尽管它激

图 10.11 和解广场，是由克林加斯建筑师事务所（Kringas Architects）带领的一组设计师设计的（2001 年）。草皮覆盖的圆丘连接着和解广场和通往联合广场的轴向坡道；图片左下方前部能够看到两个用作提供说明文字的艺术品。图片后部正中是澳大利亚高级法院

发了自身与大地的关系，联邦广场是第一批把"城市中轴线"不仅仅当作树木结构表皮的设计之一。

同样也是国家首都当局竞赛（2001 年）胜出作品，和解广场用一个交叉轴线的步道连接了澳大利亚国家图书馆和澳大利亚国家画廊（图 10.11）。[46] 一个不同高度的"石质片层"雕塑的组合物，位于这条走廊内，每一个都在和解进程中用文字和图像表示。有多种方式通过布满石质片层的树林，每一种都提供了不同的历史解读。石质片层树林，就像它植物的对应物一样，将是动态的。通道及其内部石质片层作为骨骼结构，适宜地布置在场地上；不断演进的"和解"将通过不同高度新的石质片层累积被标记。一个草坪圆顶标志着联邦广场和和解广场的十字交叉点。部分受到原住民堆场的启发，这个土木工事的功能是作为一个观景平台。虽然意外，但新的地貌可以被理解为一种战利品，唤起人们

对堪培拉发展过程中被削平的山丘和坡顶的回忆。但是，在 20 世纪 20 年代，城市的创造者面对一个现实，即"莱姆斯通平原"上的古迹并不受限于地质条件。老议会大厦结构的开挖不仅改变了地形地貌而且发现了原住民的人造物。

直到和解广场出现，原住民在"议会三角"内的公开体现，才集中在原住民帐篷大使馆 * 建筑群上，它充满挑衅地位于旧国会大厦的台阶上。成立已逾三十年，原住民大使馆及它动态、延伸的周边显然是"议会三角"当中景观空间最具标志性的内容之一。这里，景观本身被作为抗议的媒介。使馆结构的意象来自一排排城市以外的"原住民临时住所"

---

* Aboriginal Tent Embassy，原住民帐篷大使馆是一个有争议的半永久性组合，自称代表澳大利亚土著的政治权利。它是由一系列活动、标志和帐篷组成的，位于澳大利亚首都堪培拉旧国会大厦的草坪上。它不被澳大利亚政府视为正式的大使馆。——译者注

（gunyahs，由木材和灌木丛做成的临时避难所）、不间断（非法的）火焰和秘密种植的桉树。甚至种植园侧面的空间都被占据用来当作居住场所（也是非法的）。一项有争议的决定，即把和解广场和原住民帐篷大使馆隔开一段距离，引起了新项目是否旨在重新安置原住民并消灭大使馆本身的猜测。每一个（多元文化）的产生都有权表达自己的价值观和成就，原住民使馆的去除将是悲剧性的。最终，国家首都的纪念性景观将永远是不完整的。

加强关注堪培拉的标志性内容，对格里芬的想法及其对城市形成影响的兴趣一直稳步发展，虽然《国家首都计划》只间接承认对最初设想的继承。2002 年国家首都当局开展了"格里芬遗留问题"计划，对格里芬夫妇的设计与 21 世纪国家首都之间的联系提出质询。当回顾堪培拉的设计演变时，需要记住的是格里芬夫妇获得巨大声望是最近才发生的现象。在过去不同的特定时间点上，多种多样的对于国家首都的设计愿景曾经代替了夫妇俩的理念。这并不是说所有偏离他们设计的都不具备优点。格里芬本人十分欣赏城市的有机自然，在需要的时候有必要修改堪培拉规划。不管怎样，正如在最终报告（2004 年）中详细叙述的那样，该项目确认了原规划的文化意义并决定性地确立了其现实意义，甚至通过一系列城市设计扩大了其留存下来的意义。[47]通过这个报告再次声明，对国家首都当局来说，格里芬夫妇的设计在指导未来发展方面是最重要的参考。

当国家首都走入它的世纪时，澳大利亚来自灌木丛的神秘感丝毫未减（环境问题现在提供了额外的动力）。事实上，尽管它从起源上是人为设计的城市，但堪培拉，直到今天，

在旅行者中都是作为"自然首都"来推广的。很多"堪培拉人"，正如城市市民认同他们自己那样，接受了"灌木首都"这一称号，把贬义词当作表达爱意的词汇。不再影射地理上的偏远，这个标签现在更多地从字面上表达了城市中独特的无处不在的实际存在的灌木丛。然而，城市的"灌木"，是剩余本土植物、行道树、本地和外来树种形成的绿地以及商业用材林的种植拼贴。事实上，首都的密度更多地归因于植物结构而非人工建筑。但是，住在靠近这个"丛林"的地方，并不是没有代价的。2003 年 1 月，横亘在外围的灌木大火迅速蔓延到部分城区，烧毁了将近 500 间房屋并夺走了 4 条生命。然而，并不是所有的灌木大火都导致了悲剧的发生。更为突出的是，火灾影响了国家对其首都的看法。对它的诋毁者来说，堪培拉——像其他前新生（ex novo）首都一样——是"人造的"。但是，由于很少有澳大利亚城市能不受灌木大火影响，这个悲剧使得堪培拉在国家精神中显得"真实"——哪怕只是短暂的。

今天，如画的风景重新回来统治了堪培拉。从安斯利山上看整个城市，能看到它对面半山腰围场上"翡翠绿色"的拼贴背景，那是由绿地、人工用材林组成的，其间偶尔点缀着残存的灌木丛。修剪整齐的草坪像大海一样从国会大厦流出，它从土质斜坡奔流而下流淌过城市的纪念性中心加强了这一效果。21 世纪充满神秘感的城市更加类似于库尔特 1901 年所绘的风景如画的图像和 1911 年的"滨水首都"而不是格里芬夫妇的设计。不过，也许，这同样是从最初的设想出发，无论是故意的或无意的，它们都使得国家首都成为"澳大利亚的"。

注释

1. 参见"工程师、建筑师、勘测师以及其他对澳大利亚联邦首都建筑感兴趣的人"代表大会会议论文集，1901 年 5 月在墨尔本举办。

2. *Ibid.*, p. 35.

3. Coulter (1901).

4. 参见"工程师、建筑师、勘测师以及其他对澳大利亚联邦首都建筑感兴趣的人"代表大会会议论文集，p.36，1901 年 5 月在墨尔本举办。

5. 论文集的其他内容，还包括，建筑师悉尼·琼斯（G. Sydney Jones）提出首都建筑应该"在本质上是澳大利亚的"。园艺家博格·鲁夫曼（C. Bogue Luffmann）倡导种植当地树种并主张"如果我们一定要有标志，那么让我们定义我们自己的"。

6. Carter (1995): p. 6; also see his seminal text *The Road to Botany Bay* (Carter, 1987).

7. *Ibid.*, p.4.

8. *Ibid.*, p.6.

9. 关于选址过程及其相关政治论战，参见 Pegrum（1983）的优秀研究。

10. Gibbney (1988), pp. 1–2.

11. 介绍来自内政部，"亚斯 – 堪培拉作为联邦首都场地（1908—1909 年）——提交土地用作联邦政府所在地"，澳大利亚国家档案馆（National Archives of Australia，NAA: A110, FC1911/738 Part 1）。

12. Gibbney (1988), pp. 1–2.

13. 澳大利亚联邦政府，1911 年。

14. 有关竞赛的内容参见 Reps (1997)。有关澳大利亚规划历史背景，参见 Freestone (1989) 和 Hamnett and Freestone (2000)。

15. 有关格里芬作为景观设计师和城镇规划师的介绍参见 Harrison (1995) 和 Vernon（1995）。其他有关格里芬的重要参考文献，还包括，例如，Turnbull and Navaretti (1998) 和 Watson (1998)。

16. 1896 年遥远澳新大陆上的联邦联合成立的消息吸引了格里芬的注意力，当时他还是伊利诺伊大学的一名学生。后来格里芬的父亲回忆，格里芬确定建立一个新的首都城市将是不可避免的，"然后决定参与它的建设"。参见 Vernon (1998)。

17. 演讲内容参见 Unwin (1911) 和 Mawson (1911)。

18. 英国皇家建筑师学会（1911）。竞赛建议"大会在去年 10 月在英国皇家建筑师学会的支持下召开，当时很多学术权威就城镇规划发表了观点，必然从实用主义、从建筑设计、从科学性以及从艺术角度对城市设计产生显著影响"。澳大利亚联邦政府，1911 年，p.9。

19. 沃尔特自己对设计的解释参见 Griffin (1914)，格里芬在第一次访问澳大利亚时准备了这些文字。

20. Griffin (1912).

21. 在技术和象征主义手法方面，朗方对于景观的概念是最早提出的，托马斯·杰斐逊（Thomas Jefferson）紧随其后，在他为弗吉尼亚大学所做的设计中通过轴线组合形成壮观的焦点。关于 Jefferson，参见 Creese (1985), pp. 9–44。

22. 有关朗方的景观视角参见 Scott (1991)。在留存下来格里芬实践记录中有华盛顿特区的地形图幻灯片和朗方规划的一个副本（私人收藏）。

23. 有关这个设计中的政治代表性的优秀阐述参见 Weirick (1988) 和 Sonne (2003), pp. 149–188。

24. 这些建筑在格里芬最初的参赛方案中被标记和描绘，就像画在提供给参赛选手的等高线地图上一样。

25. Weirick (1988), p. 7.

26. 为了提供建筑物供 "未来" 使用，格里芬在他的规划中安排了以下部门："邮政总局"、"贸易和税收部门"、"内政部门"、"财政部和联邦银行"、"司法部门"、"国防部门"、"外交部门" 以及 "总理" 办公室。格里芬夫妇还在 "国会大厦" 中包括了一个 "图书馆"。

27. Lawrence (1923, 1995).

28. 格里芬提交的图纸中包括以下效果图："城市和周边地区" 规划图；"从安斯利山顶俯瞰" 三联效果图以及一系列剖面图，描绘了 "水轴北向"（四个断面），"城市中轴线东向"（四个断面），以及 "水轴南向"、"政府部门建筑群" 的细节。以上内容被补充进另一个规划，该规划也是画在竞赛主办方提供的等高线地图上，并包括一个打印的报告。

29. "10 号参赛者是格里菲斯、库尔特和卡斯韦尔。夕阳中湖景的透视图，也通过楼梯等显示出铁路之上林荫大道的连续性"，澳大利亚国家档案馆（Item no 4185410, Series A710, Series accession A710/1 ）。

30. L. W., 'Canberra', unknown periodical [newspaper cutting] (London), p. 151. (Mitchell Library collections, State Library of New South Wales).

31. 有关堪培拉的行政管理和设计改革的综合评述参见 Reid (2002) 和 Fischer (1984)。

32. Senate Select Committee Appointed to Inquire into and Report upon the Development of Canberra (1955).

33. *Ibid.*

34. *Ibid.*

35. 被任命的委员，建筑师约翰·欧弗沃（John Overall，1913—2001 年）很快用他的热情、技术和政治技巧以及相当高的管理能力否决了 NCDC。参见 Overall（1995）中对堪培拉发展自己的看法。

36. Holford (1957), p. 6.

37. Holford, (1957), p. 10.

38. Reid (2002), p. ix.

39. 由悉尼建筑师沃尔特·邦宁（Walter Bunning）设计，澳大利亚国家图书馆的位置是霍尔福德原来建议布置湖滨议会综合体的地方。这个建筑在风格上与奥斯卡·尼迈耶在巴西利亚的宏伟公共建筑交相呼应。

40. 国家科学和技术中心，是 1988 年日本赠送给澳大利亚，庆祝它成立 200 周年的礼物，将是 "议会三角" 中下一个建成的建筑物。这个建筑由悉尼建筑师劳伦斯·尼尔德（Lawrence Nield）设计。

41. National Capital Development Commission (1970).

42. *Ibid.*

43. This agency was also headed by Overall.

44. 有关堪培拉大都市区规划的内容，参见 Conner (1993)。

45. 联邦广场由布洛克和休·巴恩斯利设计事务所设计。

46. 和解广场是由克林加斯建筑师事务所带领的一组设计师设计的。

47. 参见 National Capital Authority (2004)。作者作为 NCA 的设计顾问参与了项目。

第 11 章

渥太华－赫尔：从木材小镇到国家首都

戴维·L·A·戈登（David L. A. Gordon）

19 世纪以来的背景

150　　渥太华[1]并不是加拿大联邦政府所在地的第一选择。最初首都考虑选择金斯顿，后来倾向于蒙特利尔，1849 年以后在多伦多和魁北克之间摇摆。加拿大的政治家们没办法针对政府所在地选址做出决策，最终他们要求英国王室为他们做出选择。在顾问指导下，维多利亚女王选择了渥太华，一个位于魁北克省和安大略省交界的木材小镇。[2]

　　加拿大国家首都的开发并不是从一个空白的场地和新规划开始的，比如堪培拉和巴西利亚那样。当 1857 年维多利亚女王做出决定时，已经有超过 10000 人居住在小镇中。对新的政府所在地来说规划并不是当务之急，因为营房山（Barracks Hill）显然会作为议会建筑的场地，另外还有 400 英亩皇室土地被保留下来作为未来延伸使用。另一个没有产生新首都规划的可能原因是几乎没有议员对这块场地感兴趣；作为第二选择，不论是作为首都还是居住地，它显然不是大多数政治家和官员的首选。

　　渥太华是幸运的，由于在议会建筑上花费了大笔公用开支，使得首都选址的讨论很难在 1864—1867 年间的联盟和其他英属北美殖民地的谈判中再次开启。而且，这一时期也相应地缺乏讨论首都管治的倾向。谈判方之一提出建立类似华盛顿那样的联邦直辖区，但这个建议没有得到响应，渥太华和这个国家新版图中其他城市一样受到新安大略省的直接管理。[3]

　　立法者对渥太华的反感并不令人意外，因为当时的渥太华并不是个吸引人的地方：它是一个单一产业小镇，主要产业是木材，而不是政府相关的职能。政治家和 350 名公务员只在风景如画的国会山上的三段式哥特复兴建筑中活动。立法者一般都落脚在酒店，公务员几乎不关心这个"北美最粗鲁、酗酒最严重、最不守法的小镇之一"。[4]19 世纪末期，这个首都还没有任何当时很多城市拥有的公用设施：没有铺装道路，没有下水道，没有煤气灯，也没有管道供水系统。首都场地中非常美丽的自然景观受到木材工业的破坏，尽管渥太华对当时它的蓬勃发展的工业景象十分自豪。

加拿大联邦政府在 20 世纪反复对它的政府所在地进行了规划和开发的尝试，但直到 20 世纪 50 年代首都规划才通过建筑物的设计和选址初步成型。第二次世界大战以后，城市规划内容显著增长并促进了渥太华和赫尔的巨大发展。

加拿大首都在 20 世纪的规划主要包括六个阶段：

◆　渥太华促进委员会（the Ottawa Improvement Commission, OIC）时期，1899—1913 年；

◆　联邦规划委员会（the Federal Plan Commission, FPC）时期，1913—1916 年；

◆　联邦区域委员会（the Federal District Commission, FDC）时期，1927—1939 年；

◆　二战后过渡时期（the immediate postwar period），1945—1958 年；

◆　国家首都委员会（the National Capital Commission, NCC）时期，1959—1971 年；

◆　向区域政府转变时期（the transition to regional government），1971—2001 年。

渥太华促进委员会时期：北方的华盛顿？（1899—1913 年）

官方对加拿大首都的忽视在 19 世纪 90 年代威尔弗里德·劳里埃（Wilfrid Laurier）总理影响下有所转变。劳里埃在早期对首都并没有影响，但在 1893 年他承诺：促使渥太华城市尽可能地呈现出吸引力；把它打造为这个国家精神发展的中心并最终成为北方华盛顿。[5]

不幸的是，"北方华盛顿"成为渥太华作为一个国家首都进行改进的口号，建立了一个并不总是那么合适的先例。劳里埃在 1899 年建立了渥太华促进委员会。[6]委员会每年获得 60000 美元的拨款，在某种程度上通过改善首都外表弥补了城市服务。委员会向财政部部长直接报告，但劳里埃从个人角度对这项工作十分感兴趣。

起初，渥太华促进委员会的工作受到普遍赞扬。它清除了里多运河（Rideau Canal）西岸的一些工业并建设了一条林荫道，一方面受人欢迎，另一方面使得乘坐火车进入首都时的景观得到改善。1903 年，渥太华促进委员会委托蒙特利尔景观建筑师弗雷德里克·托德（Frederick Todd）为渥太华的公园和林荫道准备一个初步规划。托德曾在弗雷德里克·劳·奥姆斯特德的工作室中受过训练，是加拿大第一批景观建筑师和城镇规划师。[7]他为国家首都的开放空间系统准备了一个初步规划，建议首先从魁北克省的加蒂诺公园（Gatineau Park，图 11.1）开始。托德尊重城市独一无二的自然环境和它的哥特复兴风格的议会建筑，建议避免照搬"北方华盛顿"的规划。他的内部连接的公园体系、区域方法以及对自然系统的赞美都反映了奥姆斯特德传统中最精华的部分以及现代生态规划理念。不幸的是，渥太华促进委员会选择忽视这份报告，并在没有建筑师、规划师

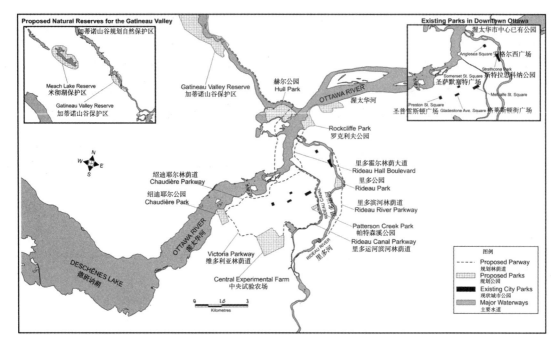

图 11.1 托德在 1903 年为渥太华 – 赫尔区域提出的公园和林荫路规划

和景观建筑师指导的情况下通过不断补充的方式继续渥太华公园的工作。罗克利夫公园（Rockcliffe Park）沿着渥太华河逐渐扩展，另一个公园建在里多运河上，许多小的城市广场获得了第一次景观美化。[8]

新的绿植在城市中萌芽，愉悦了市民和劳里埃政府。这一时期的加拿大首都规划实施表现出充分的财政策略以及来自劳里埃的政治声援，但是实施机构缺乏设计技巧和管理专业知识。

联邦规划委员会时期：针对渥太华河的城市美化运动，1913—1916 年

尽管劳里埃总理对渥太华促进委员会的工作十分满意，但在 20 世纪第一个十年中对渥太华规划的批评还是逐渐增多。总督格雷伯爵（Governor General Earl Grey），很多英国城镇规划运动的资助人，密切跟踪了渥太华规划议题。[9]他资助了英国专家雷蒙德·昂温（Raymond Unwin）、托马斯·莫森（Thomas Mawson）和议员亨利·薇薇安（Henry Vivian, MP）的旅行。[10]渥太华建筑师科尔伯恩·梅雷迪斯（Colborne Meredith）发起了一个协调较好的团体，为国家首都管控一个新规划，由当地一个铁路勘测师诺兰·考川（Noulan Cauchon）资助。梅雷迪斯的目标是建立一个由技术专家组成的精英委员会来指导总体规划的起草。这种方式主要基于华盛顿 1902 年众议院公园委员会的成功经验，这在当时是众所周知的。[11]

新的保守党总理，罗伯特·莱尔德·博登爵士（Sir Robert Laird Borden）小心翼翼地着手工作，悄悄地放弃了直接委托莫森的想法。政府发布了一份政策文件，其中包括

来自加拿大皇家建筑师学会、昂温、莫森和梅雷迪斯的评论。[12] 博登希望获得一个在其直接政治管控下的过程，而非一个独立的专家团队。高层管理人员慎重地汇集了一批著名的保守党商人作为规划委员会成员，委员会由皇家银行主席赫伯特·霍尔特（Herbert Holt）主持。联邦政府试图通过指定渥太华和赫尔的市长作为新联邦规划委员会的既定委员（ex-officio member）来拉拢地方政府。把赫尔增加到联邦规划委员会的授权范围内是一项精明的政治举措，因为渥太华河魁北克省一侧已经意识到渥太华被指定为政府所在地并没有给它们带来好处，也几乎没有获得渥太华促进委员会的关注。

联邦规划委员会雇用了芝加哥的爱德华·H·贝内特（Edward H. Bennett）作为它的顾问建筑师和规划师。贝内特（1874—1954 年）出生和成长在英国，就读于大名鼎鼎的巴黎美术学院（Ecole des Beaux Arts）。他主持了多个重要规划，包括和丹尼尔·伯纳姆（Daniel Burnham）共同主持了标志性的 1909 年芝加哥规划。在缺乏能胜任的加拿大规划师的情况下，贝内特的英国出身、法国教育背景以及美国的经验使他成为独一无二的适合渥太华－赫尔委员会的人。[13] 他为首都准备了一份城市美化运动风格的规划（图 11.2），其中包括基础设施和区划的总体技术规划。[14] 尽管博登政府在 1916 年 3 月向议会

图 11.2　1916 年爱德华·贝内特以城市美化风格为渥太华所做的跨越加蒂诺河的市政广场规划。议会大厦位于画面左上角的峭壁上。联合火车站和劳里埃城堡酒店位于右上角。画面中间靠左广场和市政厅的位置已经被现在的国家艺术中心代替。本画由朱尔斯·盖林（Jules Guérin）绘制

提交了联邦规划委员会报告，但很快它就销声匿迹了。第一次世界大战成为政府的当务之急，由于议会建筑所在的中央地块在几个星期前被烧毁，重建工作将吸收政府能投在战争以外的所有资金。[15]

博登办公室为联邦规划委员会建立起来的政治结构也会阻挠规划的实施。委员会被解散，它的成员也在报告印发后散去了。联邦规划委员会的保守党成员在战争中继续关注其他议题，1921 年自由党赢得选举后他们和总理办公室之间就失去了政治联系。市长们在这期间频繁更换，因此规划发布时缺乏当地具有权力的倡导者；规划被束之高阁。[16]这段时期是典型的"好规划 / 坏实施"时期——咨询团队的技术专家们希望获得政治支持、资金资助和行政职位但无能为力。它的激动人心的、大规模的提议在整个国家关注战争的时候是不适合的，它所要求的财政资助在1919 年至 1929 年间经济衰退时期太过巨大了。

城镇规划师之王：联邦区域委员会时期，1927—1939 年

威廉·里昂·麦肯齐·金（William Llyon Mackenzie King, 1874—1950 年）是加拿大服务时间最长的总理，从 1921 年到 1948 年中的大部分时间里都占据这一位置。和他的导师劳里埃类似，当金 1900 年作为公务员来到渥太华时感到沮丧。和以往的总理不同的是，他个人对城镇规划有着强烈的兴趣。尽管他的专业方向是劳资关系，他把城镇规划作为社会改革整体方案的一个关键组成部分。

越来越多的他个人对渥太华作为一个不

断发展的国家的首都的承诺对于他的规划兴趣起到了补充作用。他在接下来的三十年中亲自管理了联邦政府几乎所有的规划和设计提案。[17]在他第一次执政期间（1921—1930年），他控制了渥太华促进委员会，雇用了充满活力的渥太华公用事业巨头托马斯·埃亨（Thomas Ahern）作为新主席。麦肯齐·金在1927 年解散了该委员会，组建了联邦区域委员会并给予了更广泛的授权和更大的财政预算。起初他倾向于联邦区域的概念，但这个理念在魁北克省行不通，因为存在语言和文化的差异。于是联邦区域委员会成为一个管理河流两侧的公园机构，但没有地方政府权力，规划能力也很小。

在 20 世纪 20 年代末经济促进时期，总理酝酿了野心勃勃的规划。他和埃亨起草了一个城市更新计划从而在埃尔金街（Elgin Street）、里多运河和惠灵顿街（Wellington Street）之间创造一个主要的公共广场。这个计划大致上基于爱德华·贝内特 1915 年为渥太华提出的市民广场建议（图 11.2）一个关键区位上一个旅馆被烧毁后，麦肯齐·金经由议会通过了一项法案来修正联邦区域委员会的法令，并提供了一笔 300 万美元的基金来重新开发首都核心。[18]他还利用联邦投资迫使渥太华城市议会签订协议，承诺他们会重新为市政厅选址并拓宽埃尔金街。联邦政府决定按照自己的意图重新打造这个城市的历史中心。[19]

为了给予埃尔金街广场一些政治推动力，麦肯齐·金把这个项目命名为联合广场（Confederation Square）并提议在此设立国家纪念碑来悼念在第一次世界大战中牺牲的人。当时纪念碑的工作已经委托给了一位英国的

雕塑家，但它的选址还没有确定，大约在议会山附近。[20]麦肯齐·金在广场开始建设之前输掉了1930年的竞选，但他从未放弃。当他1935年重新执政时，他大力推行新广场的规划，可能对于国家战争纪念碑没有如期建成感到尴尬。然而，尽管他对这个项目充满热情，但桥梁、电车、街道和运河的复杂关系导致一代规划师很难形成一个适宜的设计方案。20世纪30年代的加拿大也不具备太多城市设计天赋。

麦肯齐·金在1937年访问巴黎世界博览会期间找到了他的规划师，博览会的总建筑师，雅克·格雷贝尔（Jacques Greber）。两个人迅速建立起亲密的关系。格雷贝尔（1882—1962年），作为一个受到过传统教育正在事业巅峰的建筑师、规划师和教授，被邀请尽快前往渥太华为其核心区起草规划方案。[21]他及时地设计了新广场（图11.3），在1939年皇室造访为战争纪念碑揭幕时得以使用。格雷贝尔其他为渥太华中心区所做的设计在第二次世界大战期间都搁置了。

两次世界大战之间的几年里，加拿大首都的联邦规划在实施上受到限制，因为它的捍卫者，麦肯齐·金，缺少政治支持，负责

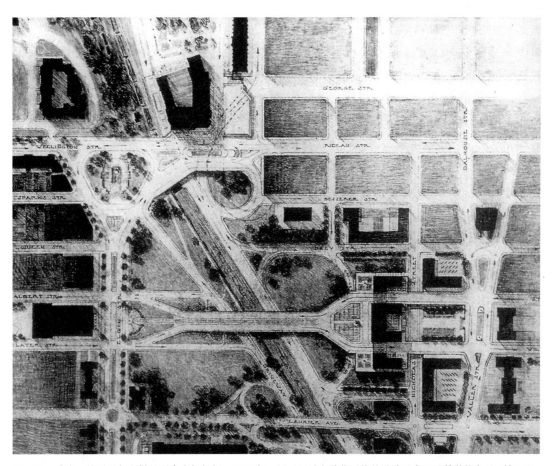

图11.3　雅克·格雷贝尔所做的联合广场规划，1938年，展示了城市美化风格的设计元素以及科学的交通运输工程。应总理麦肯齐·金的要求，国家战争纪念碑位于三角形广场的中间。可以注意在画面的正中间是一座新桥（后来以麦肯齐·金的名字命名）

的机构也缺乏资金，同时项目管理能力也受到限制。雪上加霜的是，首都规划在 20 世纪20 年代经济和政治背景下的实施环境都较差，到 20 世纪 30 年代显然更加不利。麦肯齐·金不得不等待。

1945 年以前的地方政府规划

联邦政府在 20 世纪前半叶所开展的适宜规划行为使得大多数地方的努力相形见绌。魁北克省政府直到 1945 年才颁布了社区规划立法，渥太华河靠近魁北克省一侧的地方政府直到 20 世纪 60 年代才开始介入正式的社区规划。安大略省政府于 1917 年在联邦顾问的授意下通过了宽松的城市规划立法。渥太华城于 1921 年建立了城镇规划委员会（OTPC），由当地的活跃分子诺兰·考川担任主席。然而，城镇规划委员会是纯粹的顾问组织，资金不足，影响也很小。考川和他的助手约翰·基钦（John Kitchen）在城市科学模型中为了改进交通状况准备了几个计划，以及针对城市部分地区的区划地方法规。考川深奥难理解的设计以及对于公共宣传的嗜好并没有为他在麦肯齐·金处博得好感，后者忽略了他直接与市长就联合广场和渥太华市政厅重新选址问题进行了协商。[22]

地方政府关注改善私人房地产，这在 20世纪早期是税收的主要基础。但是河两岸的市长逐渐发生了转变，他们鲜少支持城市规划。强有力的国家政治家比如劳里埃和麦肯齐·金握有资金并运用权力去追求他们自己感兴趣的目标，经常碾压地方政府。[23] 联邦政府独揽了渥太华大部分规划的主导权，可

能削弱了地方团体，例如市民改善联盟和城镇规划委员会，它们在加拿大其他城市都活跃得多。20 世纪前半叶可能最重要的地方规划措施是渥太华城市于 1914 年颁布的建筑高度限制，是在一位改革派市长的建议下出台的，这位市长同时也是联邦规划委员会的成员。110 英尺（约 33.5 米）的高度限制是由联邦规划委员会顾问爱德华·贝内特提出的，基于一部美国的法律，该高度主要考虑了华盛顿街道的宽度。它在半个世纪里管控了渥太华的建筑高度，保证了议会建筑在城市天际线上处于首要地位。[24]

加拿大社区规划运动在经济大萧条时期瓦解了，城镇规划学会从 1932—1952 年暂停了活动。全国只有少数规划师为市政当局工作，联邦政府在渥太华 – 赫尔区域内几乎有其自己的领地。麦肯齐·金总理和联邦政府在全国二战后重建计划中把社区规划作为一个核心元素。[25] 麦肯齐·金还在国家首都发起了一个主要的规划行动，作为缓慢的行业重建的一个试验项目。

二战后过渡时期，1945—1957 年

麦肯齐·金意欲为加拿大建设一个国家首都，作为在第二次世界大战中牺牲的人的最重要的纪念碑。他建立了国家首都规划委员会（National Capital Planning Commission, NCPC），独立于联邦区域委员会，包括来自全国的代表。他主持了委员会早期的会议，他私人日记对此频繁提及显示出他关注着委员会的每一个动作（图 11.4）。格雷贝尔被任命为国家首都规划机构的负责人，拥有充足

图 11.4　麦肯齐·金（左）和雅克·格雷贝尔审查加拿大的首都规划，1948 年

的预算、众多的工作人员以及一个范围广泛的授权。霍尔特（Holt）时期的错误几乎不会重复发生，因为国家首都规划委员会和河两岸的地方及省政府共同协商。它通过新闻短片、广播、访谈、报纸插页以及在加拿大各个城市中展览未来首都的巨大模型取得了公众支持。

1948 年麦肯齐·金的健康出现了问题，但他继续担任总理直到规划草案完成，他还通过内阁推动了一项罕见的 2500 万美元的拨款来实施规划，这也是他颁布的最后一项法令。

经过五年的研究和咨询，格雷贝尔的国家首都规划在 1950 年出台了（图 11.5）。它建立在之前一系列规划基础上，包括：

◆ 把铁路系统和工业从内城迁出重新布局在郊区；

◆ 建设新的穿越城镇的林荫大道和桥梁；

◆ 把政府办公场所去中心化，迁到郊区；

◆ 清除黎巴嫩（LeBanon）居住区的贫民窟并进行城市更新；

◆ 城市面积扩张，从 250000 个邻里单元

扩大到 500000 个；

◆ 用绿带包围未来建成区；

◆ 在加蒂诺山建立郊野公园，并沿运河和河流设置公园系统。

铁路重新布局是重启剩余规划的关键一步。搬迁了加拿大东西方向的国家铁路线，与它毗邻的渥太华中心的工业重新与道路系统连接起来，把有毒有害的工业和居住区隔离开来，并为跨过城镇的林荫大道预留了通道。两个火车站重新布局到郊区使得联合车站的建设成为可能，并为渥太华中心腾出了空间建设传统中心、购物场所和一个酒店。通往车站的轨道被一条沿里多运河东岸的林荫道取代了。这些提案是之前规划的详尽阐释，除了车站重建，格雷贝尔 1938—1939 年的中心区规划中并没有考虑车站重建。铁路被新的林荫大道和高速路取代。

对外交或议会有重大意义的政府部门和国家机构布置在国会山附近高质量的石材建筑里。研究实验室、后勤职能部门和行政管理部门分散在渥太华和赫尔郊区的四个办公园区里。这种分散布局保证了很多"临时的"战时建筑物从市中心被拆除，从而释放出了场地来建设国家机构，比如图书馆、剧场和艺术画廊。这样也允许了很多公务员购买郊区价格较低的住房，通过较短的车程到达上班地点。[26]

1950 年的国家首都规划在加拿大规划历史上具有标志性意义，为后来几十年的总体规划设置了标准。[27] 尽管它具有战争纪念的特点，也是麦肯齐·金遗留下来的财富，但这个规划起步很慢。联邦区域委员会开始进行一些铁路拆迁工作，但其他内容由于省级规划立法较弱以及在地方政府中缺乏共识而

图 11.5 雅克·格雷贝尔绘制的水彩图纸，1950年的国家首都规划，展示了加蒂诺公园从西北角一直延伸至城市中心。可以注意到绿带在河南侧包围着渥太华（已建设），林荫路从规划的新火车站放射出来（从未建设）

搁置了。渥太华和赫尔通过指派各自市长进入联邦区域委员会、议员和高级管理人员进入国家首都规划委员会和规划建立了紧密的联系。渥太华主要抱怨的部分，即联邦资产免税的财政影响，在 1944 年和 1950 年通过调整为补助的代替方案解决了。

渥太华在 1951 年建立了它自己的规划部门，但城市直到 1967 年 12 月才正式采用了一个官方规划。相对应的，1950 年国家首都规划作为一个准官方的区域规划发挥作用：渥太华采用了它的基础设施图，地方规划理事会试图保卫格雷贝尔在周边乡镇设置的绿带，但收效甚微。问题在于联邦政府对于地方土地利用规划并没有司法管辖权。最终，国家首都委员会不得不强制征收安大略省一侧的绿带，从而阻止郊区乡镇用缺乏管理的居住细分地块填满绿带。当地物业所有者和郊区

市政当局抱怨情绪强烈，并想方设法上诉至最高法院，但最终败诉。然而，魁北克省一侧的绿带悄悄地消失了。

魁北克省一侧的主要政治议题是恐惧成为华盛顿或堪培拉那样的联邦直辖区从而把渥太华、赫尔及周边地区从魁北克地方和省级政府中分离出去。这个提法有些时候在渥太华很流行，这个建议最初在 1915 年霍尔特委员会中被提出来。[28] 然而，一个联邦直辖区对于魁北克省各个层面的政治力量来说都是完全不可以接受的。他们不愿意放弃当地和省级政府提供的对自己语言、教育、法律和文化的保护，因此"联邦直辖区"的提法对于区域规划的所有努力都是不利的。麦肯齐·金 1944 年在议会上重新提出了这一提法，但并没有付诸实践。总理最终在 1946 年卸任，但这个议题仍然困扰着魁北克省。即

便是一个相对没有实权的联邦区域委员会的名字都成为一种冒犯，因此它在 1959 年被重新命名为国家首都委员会。

由于郊区存在的对立，1950 年规划在第一个十年里进展缓慢，但联邦区域委员会树立了它的项目管理能力。联邦区域委员会雇用了专业的景观建筑师、规划师、工程师和项目管理经理，建立了财政管理的良好口碑。随着它们的组织能力加强，它们还被赋予了首都建筑景观设计、基础设施项目管理以及联邦物业土地利用规划许可等职责。然而，建设公共建筑还是由公共工程部门（Department of Public Works，DPW）负责，为 20 世纪 60 年代的冲突埋下了伏笔。[29]

国家首都委员会时期，1959—1970 年

159　　1956 年一个联合参议院会议委员会得出结论，联邦政府不得不独自行动。新的国家首都委员会吸收了国家首都规划委员会和格雷贝尔的工作人员。它被赋予强制征收土地、建设基础设施以及创造公园的权力。它利用这些权力为绿带强制征收了土地。

20 世纪 50 和 60 年代国家首都委员会在管理方面良好的口碑保证了它迅速地实施了格雷贝尔规划的一些要素。到 1956 年，由于通货膨胀、强制征收绿带土地以及对基础设施的更高估价，它很清晰地意识到 2500 万美元的国家首都基金是不够的。联合参议院共同体委员会提出建议，国家首都委员会的年度首都拨款至少应当翻倍。到 1970 年，大部分规划已经得到实施，国家首都委员会已经花费了 24300 万美元。[30]

出人意料的是，很多工作都是在 1957 年至 1963 年间保守党上台后在约翰·迪芬贝克（John Diefenbaker）领导下完成的。麦肯齐·金赋予了该项目足够的政治冲劲，持续了二十年时间。联邦区域委员会/国家首都委员会在二战后二十年间在事实上不可抗拒地成为一个实施机构（图 11.6）。所有因素都是恰到好处的——政治支持，长期财政支持，良好

图 11.6 格雷贝尔和他的工作人员为联邦区域委员会成员选定新国家图书馆的位置，1954 年。具有专业技能的规划师在这个阶段具有支配权

的经济情况，技术过硬的规划工作者以及强大的项目管理能力。[31] 渥太华和赫尔从沉闷乏味的工业小镇成为一个绿色的、宽阔的首都，接待了数以百万计的加拿大游客。

1945 年以后的地方和区域政府规划

1946 年渥太华城市通过建立渥太华区域规划董事会（Ottawa Area Planning Board, OAPB）来支持联邦区域委员会，来控制失控的城市蔓延。但是，郊区小镇继续推动了没有市政服务情况下的低密度土地细分。渥太华在 1948 年做出反应，试图吞并绿带建议边界内的所有土地。乡村小镇反对吞并行为，但失败了。它们也反对绿带，拒绝将其纳入自己的分区规章和细分许可中。经过六年的斗争，已经可以清晰地认识到安大略省和魁北克省的规划立法不够强硬，无法像伦敦那样通过法规建立绿带。

但是，规划继续在赫尔共同开展，国家首都委员会的规划工作者是赫尔城市的顾问，在 1962 年起草了一个城市更新规划，并把加蒂诺公园延伸进入区域一个主要的开放空间。国家首都委员会在 1965 年输掉了渥太华城市的第一场主要战役，是有关建筑限高的。一个与公共工程部门以及国家自由党关系密切的私人开发商说服议会废止了 110 英尺的高度限制，从而创造一个包括摩天大楼的中央商务区。其后类似事情再一次发生，国家首都委员会在联邦或者地方层面缺乏法定管辖权，无法阻止与规划不一致的开发，因此国会山南向的视线被遮挡了。[32]

国家首都委员会在区域规划的首要地位于 20 世纪 70 年代消失了。安大略省政府于 1968 年建立了渥太华卡尔顿区域行政机构（Regional Municipality of Ottawa Carleton, RMOC），而魁北克省于 1970 年建立了乌塔韦区域社区（Communite Regional de l'outaouais[*], CRO）。它们都在 20 世纪 70 年代中期完成了区域土地利用规划，并与当地专业人员起草的郊区乡镇规划进行了协调。规划倡导在大都市区边缘私人开发商土地上进行广泛的低密度的、基于小汽车的郊区开发。

国家首都委员会与此背道而驰，在一个创新型规划中提出了更高密度的、基于公共交通的增长走廊，以及一个由联邦政府确定位于绿带东南的新镇。1974 年一份规划"明日首都：一个对话的邀请"被秘密起草，当它在复杂的、五年区域规划过程的末期被公布时，它激怒了地方和区域政府以及社区团体。他们拒绝考虑该规划，并游说联邦政府把国家首都委员会从一切土地利用规划活动中剔除出去。渥太华卡尔顿区域行政机构给联邦新镇的选址赋予了最低开发优先权，并最终在区域规划上去掉了它。[33]

格雷贝尔的 1950 年规划引导渥太华 - 赫尔区域从 1946 年的 250000 人增长到 1966 年的 500000 人，占据了绿带内的区域。地方和区域规划引导区域人口再次增长，达到了 1966 年的两倍，到 2001 年人口规模达到了 110 万。河两岸的区域政府成长为富有经验的规划机构，在 20 世纪 90 年代，随着渥太华卡尔顿区域行政机构开发了高级公交运输通道（Transitway）系统来连接联邦工作节点，

---

[*] 乌塔韦是魁北克省下辖 17 个行政区之一，位于魁北克省西部，乌塔韦河北岸，与加拿大首都渥太华以及安大略省为邻。——译者注

去中心化郊区模式开始受到质疑。

　　然而，真正的区域规划几乎从未存在过，因为很少有交通联系和土地利用跨越渥太华河边界。两个省并没有产生合作，联邦政府建设了所有的桥梁。正如约翰·泰勒（John Taylor）所提及的："既没有主要道路与桥梁联系，也没有桥梁与主要道路联系。"[34] 区域城市发展随着大量地方、区域、省级和联邦规划机构的职责重叠和冲突变得失去控制。两岸省级政府都在新世纪初期采取了行动——安大略省解散了所有地方政府，渥太华卡尔顿区域行政机构创造了一个新的城市渥太华，几乎包围了河南侧的全部国家首都区域。魁北克省巩固了大多数它的城市行政管理机构，建立一个新的城市加蒂诺。21 世纪的区域规划本该只有三个明确的主角——渥太华、加蒂诺和国家首都委员会——可能更有机会实现工作的一致性。

20 世纪末期的联邦规划

　　渥太华规划和开发早期阶段，需要强有力的独立实施机构，比如国家首都委员会，但当城市适当建立起来，这些机构开始变得不太重要。一旦主要的规划行为从快速物质开发向日常的地方管制转变，特别是 20 世纪 70 年代市民公共参与的崛起之后，深植于这些机构中的权力所暗示的温和的专制就很难自圆其说了。

　　国家首都委员会在 20 世纪 60 年代中期失去了对联邦规划主动权的控制。尽管所有联邦建设的建筑都是由国家首都委员会推动的，公共工程部门开始租用私人开发商的空间为快速增长的公务员队伍建设更低成本的住宅。[35] 公共工程部门从来没有同意禁止租用不符合 1950 年规划的私人建筑。具有讽刺意味的是，大多数构成国会山景观的毫无特色的高层办公建筑均由联邦机构占据。

　　皮埃尔·埃利奥特·特鲁多（Pierre Elliot Trudeau）于 1968 年当选为总理后，为提升魁北克民族主义而做出的改变，在国家首都迅速发生。渥太华－赫尔国家首都区域（the National Capital Region of Ottawa-Hull）被官方宣布为加拿大首都，18000 个联邦雇员迁往渥太华河以北的建筑中，以确保魁北克区域内有 25% 的公务员。赫尔的城市更新规划几乎是一蹴而就的，体积巨大的私人办公建筑在市中心大量涌现，公共工程部门还修建了一座桥连接到渥太华中心。联邦政府也在魁北克布置了主要的新公共建筑，国家博物馆和档案馆。

　　国家首都委员会被赋予了一项新的职能为国家首都制定计划，保证它的意向是双语的，但是它的规划能力被削弱了。机构创造了主要的公共节日，包括了加拿大国庆节（Canada Day）、冬令节（Winterfest）以及许多特殊事件，激发了首都的活力，推动了国家团结。加拿大国庆节通过电视进行播放，其他事件在全国推广从而鼓励旅游。国家首都委员会为游客组织和诠释了国家首都。

　　国家首都委员会并没有从规划中完全退出，因为在 20 世纪 70 年代，它的地方评论的功能仍然被需要。它再次关注联邦所有的区域物业的资产组合，基于生态原则为绿带和加蒂诺公园起草大规模的总体规划。这个机构通过城市设计项目再次获得了在首都核心的主动权，这些城市设计项目推动了公共空间的建设，特别是位于议会选区（Parliamentary Precinct）和联合大道（Confederation Boulevard）的公共空间创造了一个纪念性的路径连接了渥太华和赫尔。跨越渥太华河的持续缺乏的合作给国家首都委员会提供了一个缺口，作为区域交通和土地利用议题的推动者。在新的为加拿大首都核心和国家首都区域准备的规划中这些主题被整合了，在世纪之交拥有更多的公共咨询。[36] 这些规划还存在争议，但国家首都委员会还在发挥作用，利用土地所有权、财政资源以及专业能力来影响加拿大首都的开发。游戏规则已经和 20 世纪中叶发生了很大改变，当时联邦政府是唯一的玩家，然而地方政府最近发生的结构变化可能允许国家首都委员会继续在未来加拿大首都规划中担任重要的角色。[37]

注释

1. 渥太华建立于 1826 年，1827 年被命名为"拜镇"（Bytown）。加拿大政府所在地最初确定选址在这个安大略省城市，但国家首都区域在 20 世纪一直延伸到赫尔和乌塔韦区。在 20 世纪里大都市区被称为渥太华 – 赫尔。渥太华通史最佳文献可参见 Taylor（1986）；乌塔韦区通史可参见 Gaffidle（1997）。

2. Knight（1991），特别是 pp. 67–70 和 pp. 90–91。想了解更多关于总督和总理在加拿大首都规划方面的影响，请参见 Gordon（2001a）。

3. Young (1995); Gray, quoted in Eggleston (1961), pp.145–146.

4. Gwyn (1984), p. 40.

5. Laurier (1989), p. 84; *Ottawa Evening Journal*, 'The Washington of the North', 19 June, 1893, p. 3.

6. Aberdeen (1960) pp. 478–479, Nov. 19, 1898; Parliament of Canada (1899).

7. Jacobs (1983); Todd (1903).

8. Gordon(2002c); 渥太华促进委员会 (1913)。

9. 关于格雷和莱奇沃思（Letchworth）新城，参见 Miller(1989); Miller and Grey (1992)。

10. Gordon (1998).

11. 有关众议院公园委员会（由詹姆斯·麦克米伦担任主席）的内容，可参见 Moore (1902); Reps (1967); Peterson, (1985)。有关丹尼尔·伯纳姆作为委员会主要顾问所起的作用，可参见 Hines (1974)，第 7 章。哥伦比亚区域的政治模式当时在渥太华也十分流行。1912 年 5 月，渥太华选举者们在一场没有约束力的公投中果断支持成立一个联邦直辖区。

12. 加拿大议会（1912）。

13. 有关贝内特的背景，参见 Draper (1982); Burnham and Bennett (1916); Gordon (1998)。

14. 联邦规划委员会 (1916); Gordon (1998)。

15. 联邦规划委员会委员弗兰克·达林（Frank Daling）的公司和蒙特利尔的奥默·马尔尚（Omer Marchand）合作，共同从委员会手中获得了新建筑的建设项目。参见 Kalman (1994), pp.712–772。

16. 该规划遭到了城市美化手法反对者的攻击。参见 Adams (1916)。联邦直辖区的提议在魁北克省从未开始实施过，赫尔则拒绝支付它这部分的成本。这个案子拖了好几年，也使得规划在地方的反响越来越糟。参见 Gordon (1998)。

17. See Gordon (2002b).

18. See Gordon and Osborne (2004).

19. Taylor (1989); Taylor (1986), chapters 4 and 5.

20. Gordon and Osborne (2004).

21. Delorme (1978), pp. 49–54; Lortie (1993), pp. 325–375; Lavedan (1963), pp. 1–14; Lortie (1997).

22. Gaffi eld (1997); Simpson (1985); for Ottawa planning see Taylor (1989); Hillis (1992); Ben-Joseph and Gordon (2000).

23. Taylor (1989).

24. Gordon (1998); Gutheim (1977).

25. Gordon (2002a); Wolfe (1994).

26. 工作地点去中心化也受到城市安全方面（轰炸）的鼓励，尽管这个争论在氢弹威力被广泛理解以后就消失了。

27. Gordon (2001b).

28. 参见联邦规划委员会 (1916), p. 13; Cauchon (1922), pp. 3–6; Rowat (1996), pp. 216–281。

29. 公共工程部门继续作为联邦大楼的客户和承租人（这里原文是 "lesser"，原句不通顺，疑是 "lessee"。——译者注），参见 Wright (1997)。

30. 根据通货膨胀计算，相当于 1999 年的 15 亿加元，参见 Gordon (2001b)。

31. 外部环境在这一时期最终是给予了支持的。二战后的经济繁荣意味着具有可用的资金，而且政治文化也发生了改变。大规模的规划已经成为可被接受的战略，随着木材产业的衰败以及战时公务员数量的大幅增长，渥太华 – 赫尔的人员组成也从"蓝领"变成了"白领"[感谢约翰·泰勒（John Tylor）对此评论的帮助]。

32. Collier (1974); Babad and Mulroney (1989).

33. Ottawa-Carleton, Regional Municipality (1976); Taylor (1996).

34. Taylor (1996), p. 792

35. Wright (1997).

36. 国家首都委员会 (1998)。

37. 赫尔市在 2002 年国家首都区域魁北克一侧的地方政府重组中被并入新的加蒂诺市。因此大都市区现在指的是渥太华 – 加蒂诺地区。

致谢

本文是基于艾丹·卡特（Aidan Carter）、艾玛·弗莱彻（Emma Fletcher）、奥雷莉·福尼尔（Aurelie Fournier）、蒂芙尼·格雷维纳（Tiffany Gravina）、迈克尔·米勒（Michael Millar）、杰瑞·舒克（Jerry Schock）、伊娜拉·西卡恩斯（Inara Sikalns）、丹尼尔·托维（Daniel Tovey）和米格尔·特伦布莱（Miguel Tremblay）所做的档案学研究的基础上完成的。研究得到加拿大社会科学和人类科学研究理事会，富布赖特奖学金（Fulbright Fellowship），皇后大学咨询研究委员会以及理查森基金会（Richardson Fund）的资助。许多图书管理员和档案管理员都提供了帮助，其中特别感谢加拿大国家档案馆的工作人员，国家首都委员会的罗塔·布兹（Rota Bouse），以及芝加哥艺术机构的玛丽·伍利弗（Mary Woolever）。约翰·泰勒为本文草稿给出了重要而详尽的评述；本文的早期版本，发表于 2002 年的《加拿大城市研究》杂志上，得到了两位匿名评阅人的帮助。

第 12 章

巴西利亚：位于内陆腹地的首都

杰拉尔多·诺盖拉·巴蒂斯塔（Geraldo Nogueira Batista）、西尔维娅·菲谢（Sylvia Ficher）、弗朗西斯科·莱唐（Francisco Leitão）和迪奥尼西奥·阿尔维斯·德弗兰萨（Dionísio Alves de França）

我不认为巴西能够向内延伸沿海土地的宽度，因为，到现在为止，没有人能进行到这种程度，这是由于忽略了葡萄牙人，那些土地伟大的征服者，没有充分学习他们的长处，仅仅满足于像螃蟹一样沿着岸边浅尝辄止。

——弗赖·维桑特·多萨尔瓦多（Frei Vicente do Salvador），《巴西的历史》（História do Brasil），1627 年

大西洋的召唤和广阔的大陆海岸线，迫使我们把目光投向范围更广的海洋地平线上，直到海的另一边。而且沿海山川背后地平线上的山、林、内地荒漠、浩瀚空间，很快激起了探险的好奇心和贪婪的欲望。

——科鲁兹·科斯塔（Cruz Costa），《对巴西思想史的贡献》（Contribuição à história das idéias no Brasil），1967 年

巴西把首都迁移到中心平原的想法可以一直追溯到 17 世纪中叶，当时这个国家还是葡萄牙的殖民地，存在着把西班牙法庭搬到新大陆的想法。当时最重要的巴西分离主义运动，即米纳斯阴谋（Inconfidência Mineira，1789 年），其目的包括在内陆名为圣若昂-德尔雷伊（São João del Rei）的城镇设置首都。随着拿破仑的崛起——这促使英国首相威廉·皮特（William Pitt）支持巴西在内陆建立首都[1]——葡萄牙皇室于 1808 年被迫迁往里约热内卢。[2] 从此以后，在内陆设置首都城市的提议，不论是出于政治还是战略目的，都经常在国家领土和行政组织的讨论中出现。

1821 年巴西各州代表给里斯本第一次投票时，一份来自若泽·博尼法西奥·德·安德拉德·埃·西利娃（Jose Bonifacio de Andrade e Silva）的重要文件综合阐述了这个议题：

看起来我们在巴西内陆建立一个中

心城市，用来安置法院或摄政王，对我们来说也是有利的，这个中心城市大概位于南纬 15° 附近，位于一个运营良好的、吸引人的地方，这里土地肥沃，并经由一些可通航河流供水。这样一来，法院或摄政王所在地将不受任何外部攻击或意外事件骚扰，而这也将吸引海运和商贸城镇中的闲置人口到中部各州来。[3]

1822 年独立以后，讨论还在继续，时而强烈时而减弱，但一直没有在实践中产生结果。[4] 然而随着 1889 年共和国宣告成立，1891 年宪法颁布，在中央平原建立首都成为宪法规定的行为。

走向高高的中央平原

165

> 他们想要它，但不是现在就想要。
> ——埃利塞乌·吉尔赫姆（Eliseu Guilherme），《众议院纪事》（Anais da Camara dos Deputados），1992 年

到 1892 年，一个中央高原的探索委员会成立，由地理学家路易斯·克鲁斯（Luis Cruls）领导，主要负责选择新首都的位置。它的研究广度和深度[5]，具备 19 世纪自然科学传统的博学和简练，使得它的报告 [中央高平原考察报告（Relatorio da Comissao Exploradora do Planalto Central）或者被称为克鲁斯报告，1894 年] 成为有关巴西利亚规划的第一个技术文件。

所选择的区域——坐落于戈亚斯（Goias）州，后来被称为"克鲁斯四边形"[6]——完全符合安德拉德·埃·西利娃的建议。在它众多优点当中，这个场地——仿佛命中注定，由于"从这个地区流出的大河 …… 拥有独特善变的本性，它自己的温泉涌出如同是在一个单独点上 ……"[7]——增强了民族团结和融合的象征意义，这些都归因于首都迁移。

尽管克鲁斯报告取得了较大反响，但是只有零星的措施得到实施，主要是一些区域内的铁路。直到 1922 年，国家主义背景下的独立百年纪念仪式上，国会才同意在"克鲁斯四边形"内建立联邦首都。[8] 尽管如此，热图利奥·瓦尔加斯（Getulio Vargas）的独裁政权（1930—1946 年）有其他更加重要的事情要做：建立农业殖民地[9]，以及改善该地区的易达性，尽管是缓慢的，它主要表现在一些河流的通航性得到改善、新铁路的建设得到加强。但是众多的专家——地理学家、军人和工程师——并没有放弃这个议题，正如很多技术研究几乎都一致地捍卫了内陆首都。[10]

选择场地

> …… 向南再远一点，离北边更近，更远的东方还是西方，这些都无所谓。重要的是在高高的中央平原。
> ——埃韦拉多·巴克豪斯（Everardo Backheuser）（1947 年）

随着瓦尔加斯独裁统治结束，欧里科·杜特拉（Eurico Dutra）元帅被选举为总统，首都的位置成为一个争议焦点。[11] 然而，1946 年宪法，限制了它自己重新提出建设一个内陆首都城市的话语权。

在一个比以前更高的层面上，这个问题将由军队负责。1946 年同年，新首都选址研究委员会（Commission of Studies for the Location of the new Capital）成立，波利·科埃略（Polli Coelho）将军作为主席。在对 1894 年选择的场地和其他一些可选场地踏勘之后，委员会在 1948 年发布了重要的初步报告[12] 和最终技术报告（Relatorio Tenico）[13]。一个新的建议边界给出了更加直观的结果，被称为"波利·科埃略边界"，向北扩大了"克鲁斯四边形"的范围。

1947 年，在做出任何决定之前，戈亚斯州立法议会就授权联邦政府占有"这个区域内所有被选择作为未来共和国首都场地的土地"。[14] 从那时开始，戈亚斯州进行首都迁移的政治态度就是非常果决的。但是，第一项土地征收工作——巴纳纳尔私有土地（Bananal Estate），即巴西利亚实际建设所在地——直到 1956 年才实施。[15]

最终在 1953 年，国会确定了第三块场地，"国会矩形"（congressional rectangle）[16]，它由一个新的委员会分析得出，即新联邦首都选址委员会（the Commission for the Localization of the New Federal Capital），由卡亚多·德·卡斯特罗（Caiado de Castro）将军领导。该委员会还采用了其他方法确定场地，其中它雇用了一家美国公司，唐纳德·J·贝尔彻及其合伙人（Donald J. Belcher & Associates），来解译这个区域的航片并指出可开展工作的五个最佳场地。[17] 这些工作在它们有价值的报告中得以体现，即共和国新首都技术报告（或者被称为贝尔彻报告，1957 年）。

1954 年卡瓦尔坎特·迪·阿尔布开克（Cavalcante di Albuquerque）元帅代替了卡亚多·德·卡斯特罗，第二年，委员会重组成为联邦首都规划、建设和迁移委员会（the Commission for Planning, Construction and Transfer of the Federal Capital）。它的综合报告，即《巴西的新大都市区》[18]，是有关新首都城市选址的最后一个技术文件。除了包括在明确的场地上建立首都，报告也针对新镇贝拉·克鲁兹（Vera Cruz）提出了城市发展建议，主要来自劳尔·德·彭纳·菲尔梅（Raul de Penna Firme）、罗伯托·拉孔贝（Roberto Lacombe）和若泽·德·奥利韦拉·雷斯（Jose de Oliveira Reis）[19]，也因此造成了此后的论战。

英雄时期

> 我们需要建造不是必需的那部分……因为必需的那部分会被完成的，不管它是什么……
>
> ——儒塞利诺·库比契克（Juscelino Kubitschek），引自卢西奥·科斯塔（Lúcio Costa，1995 年）

1955 年 4 月在雅塔伊（Jatai）的一个演讲中，当时总统候选人儒塞利诺·库比契克（Juscelino Kubitschek）承诺，如果当选，他将遵照宪法条款支持首都迁移到内陆。[20] 他于 1956 年 1 月就职，同年 9 月 19 日，他获得国会对以下必要措施的批准[21]：授权把联邦首都从里约热内卢迁移到巴西利亚（官方确定了名字），建立联邦直辖区（DF）边界[22]，以及创立新首都城镇化公司（the Company for Urbanization of the New Capital, NOVACAP）。

作为一个国有公司，直接向总统负责，

图 12.1 从左至右：奥斯卡·尼迈耶；伊斯拉埃尔·皮涅罗（Israel Pinheiro），建设时期新首都城镇化公司的主席；卢西奥·科斯塔，以及儒塞利诺·库比契克总统在仔细检查三权广场的模型

总部设在一个还不存在的城市里，新首都城镇化公司将是巴西利亚城镇化过程中的主要机构。它具有范围很广的权力，它是联邦直辖区内几乎所有土地的所有者，以及所有建设类型的开发商。在财务方面，它有权力为信贷业务提供国家财政部的担保，并且在无须招投标的情况下签订服务协议，换句话说，它独立于通常意义下的官方控制。[23] 在实际操作中，它的制度架构减弱了政治干预在公司中的可能性，并把地方决策和联邦行政管理分离开。

从这时起首都建设开始加速。9 月 24 日，库比契克任命了新首都城镇化公司董事会，提名建筑师奥斯卡·尼迈耶（Oscar Niemeyer）作为技术总监负责所有建筑设计工作。10 月，尼迈耶设计了巴西利亚第一个政府建筑，临时总统官邸。[24] 随后，帕拉诺阿（Paranoá）湖大坝[25]、机场、一个酒店和一些空军军营的设计工作陆续开始。到 11 月在坎坦格兰迪亚（Candangolândia），新首都城镇化公司第一个临时居住点（encampment）

建成使用；12 月尼迈耶完成了正式总统官邸（Alvorada Palace）[26] 的设计工作，这大概也是他在巴西利亚的代表作（图 12.1）。

尼迈耶及其团队的作品，从居住建筑、商业中心、教堂和医院，一直延伸至政府和纪念性建筑，都是十分出色的。最后，他努力强调建筑的视觉冲击力——有的取得了巨大成功，如大教堂（1958 年）或外交部（Itamaraty Palace，1962 年）——这些都将他置于形式主义建筑典型时期的最前沿。

尼迈耶的独特的事业轨迹开始于 1936 年，当他作为卢西奥·科斯塔工作组成员时，在里约热内卢教育部的设计工作中他直接受勒·柯布西耶的领导。同样是和科斯塔合作，他为 1939 年纽约世界博览会设计了巴西馆。20 世纪 40 年代初期，他结识了儒塞利诺·库比契克，当时后者还是贝洛·奥里藏特（Belo Horizonte）市的市长。从库比契克手中，他获得了一个相当大的任务，潘普利亚（Pampulha）公园，这个项目也使得他享誉全世界。此后，尼迈耶形成了他自己的成熟的建筑语言，从功能主义脱离出来并通过正式的结构性的创新来塑造它。1947 年他的威望通过合作设计位于纽约的联合国总部达到新高度。在接受巴西利亚的工作以后，他通过巨大的生产效率巩固了他的事业，使得他的建筑作品成为有史以来规模最大的一次。即便到了今天，尼迈耶几乎垄断了巴西利亚"联邦建筑"的控制权。[27]

城市设计的选择则有更多争议。除了彭纳·菲尔梅、拉孔贝和雷斯的提议，还有一些专家[28] 赞成邀请勒·柯布西耶（当时他由于主持了昌迪加尔规划有较高的名望，另外作为他的例行工作，他已经为巴西政府提供了服务）。另一方面，库比契克暗示所有的城市决策都集中在尼迈耶手中。这种政治操纵并不能被巴西建筑师所接受，那时他们正在庆祝他们的现代主义成就所获得的世界反响。折中的解决方案是由巴西建筑师学会（IAB）提出的，即发起一个竞赛。因此，新首都城镇化公司成立 10 天后，"参加巴西利亚实验性规划的邀请"被发出。[29] 竞赛共收到 26 个方案，全部是功能主义都市化的样例，最终卢西奥·科斯塔获得了头奖。[30]

深受勒·柯布西耶理念和设计的影响，卢西奥·科斯塔（1902—1998 年）是 20 世纪 30 年代里约热内卢先锋建筑的倡导者。他在确定教育部建筑（1936 年）概念方面起到了关键性作用，在这个设计中他被任命带领一组青年建筑师[31] 并成功说服勒·柯布西耶到里约做顾问。1937 年他加入了国家遗产服务组织（SPHAN），在那里他完成了他的大部分作品。在他其后的城市工作中，他经常运用巴拉-达蒂茹卡（Barra da Tijuca，1969 年，位于里约热内卢南部海岸，面积接近 20 平方公里）规划中相似的原则。

巴西利亚的实验规划

没有其他事情像成为如此现代一样危险。

——奥斯卡·王尔德，《一个理想的丈夫》（*An Ideal Husband*），1895 年

科斯塔的项目以思路非常清晰的文字呈现——巴西利亚实验规划报告[32]，包括城镇的总体规划和一系列草图。以交通体系作为他的出发点，他提出了一个道路规划，包括在南北方向平行和略微弯曲的高速公路，其中主要道路是一个"居住建筑道路轴线"。[33] 垂直于该轴，通过公交车站的一组平台与它连接，"纪念轴"[34] 可以通向行政机构区域：东部坐落着政府各部门和三权广场，联邦区域政府则位于西部（图 12.2）。[35]

城市活动分别位于不同的扇形地块内（银行、商业、娱乐、住宅等），沿住宅轴对称的两翼南北分布。居住区以 300 米 × 300 米的"超级街区"的序列形式进行了组织，保留用作公寓建筑开发（一般底层架空）。[36] 尽管这些街道是现代主义的标志，科斯塔偏爱低密度和底层城镇，其中居住建筑不超过 6 层，其他建筑不超过 16 层。[37]

巴西利亚和它的城市设计范式

即便作为最为原始最为土著的巴西制造，巴西利亚——它的轴线，它的透视，它的秩序——都是对于法国形式的理性提取。

——卢西奥·科斯塔，《体验的注册》（*Registro de uma vivencia*），1995 年，p. 282

从 19 世纪末到 20 世纪中叶，在西方世界，城市理论的猜想和干涉——往往来自一种乌托邦的信仰——它的主要目标是缓解指数级增长的困难以及需要解决一些当时悬而未决的议题：健康和阳光、交通流量和运输、空间等级，以及城市活动场所的控制。

一些行动可以成为典范，比如拆除重建广阔的城市区域，目的在于使得它们更健康

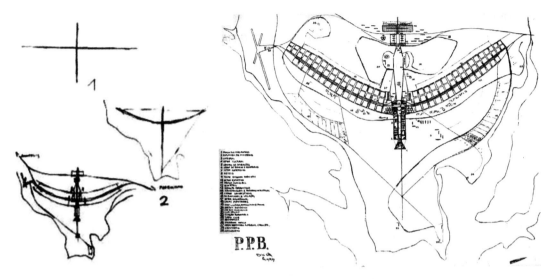

图12.2　实验规划，1957年。城市功能沿两条主要的道路轴线进行组织；超级街区沿着"居住建筑道路轴线"（曲线）延伸；政府各部门和三权广场坐落在"纪念轴"（直线）东端；中央公交车站坐落在它们的交叉点上

和/或更加具有吸引力，然后往往能够获得更高的地产价值。[38] 在不断扩大的城市案例中，除了城郊结合区域的城镇化[39]，另一个趋势是郊区居住社区的建设。[40] 另一种选择则是来自文艺复兴传统的新城市形态的提议，比如索里亚·马塔（Soria y Mata）的线性城市[41]、霍华德的田园城市[42] 或者卫星城市，均受到了希尔伯塞默（Hilberseime）*的捍卫。[43]

对于由于小汽车出现而恶化的交通流量，一个有效的措施是建设大都市交通体系，地下的或高架的。[44] 更多的作为一个理论方法，人车分离的专门化道路往往是设计的目标。[45] 从20世纪中期以后，一个常用的解决方法是在城市组织中引入巨大的高架桥，以一种被称为"道路的城市化"的强制性原则，打

破了城市的内聚性和连续性。[46] 对于活动在城市空间中的分布，各种各样的区划工具不得不提，它们会给城市带来一个功能主义的视角，正如CIAM在《雅典宪章》（1933年）中支持的那样。

20世纪50年代，这些多种多样的城市设计范式在国际上和巴西专业环境中受到广泛认可[47]，甚至经受住了严格的考察。[48] 不管怎样，巴西利亚的实验方案将是这些城市设计范式最出色的综合，获得这样的认可将激发更大知名度的项目出现，比如拉德方斯（巴黎）和洛克菲勒帝国大厦（奥尔巴尼，纽约）。

另一方面，虽然巴西利亚的设计主要受到柯布西耶的影响[49]，这种线性城市，同时也是道路城市化[50] 和功能分区的原型，仅仅通过增加卫星城镇扩张，仍然表现为古典风格对于功能主义的一种解释，这主要是因为其明显的对称架构毫无疑问地保证了首都"所期望的纪念碑式的特征"。[51]

在现实生活中，高速公路和城市组织的

---

* 路德维希·卡尔·希尔伯塞默（Ludwig Karl Hilberseimer，1885—1967年），德国建筑师和规划师，是包豪斯成员，后来赴美国后与密斯·凡·德·罗关系密切，并共同工作。讲求城市的功能分区、秩序感，提出了街道层级（street hierarchy）。他曾经在他的书中对巴西利亚城市图景进行过预言式的描述。——译者注

冲突性并置——高架桥，立交桥和下嵌式道路——造成了地面凹陷，泥土填充和挡土墙，所有这些对于地面的粗暴处理形成了阻碍，甚至使交通不流畅。极端的功能分区把区位设置为刚性要素，并实行严厉的类型化限制。最后，闭合对称的形式也不会变得有利于整个环境中的交通情况。

卢西奥·科斯塔克服了超级街坊带来的障碍，它是巴西利亚最具独特性最鼓舞人心的物质空间要素。来自勒·柯布西耶的更加深远的影响[52]，体现在科斯塔最重要的一个设计案例中，即吉内公园（Guinle Park，里约热内卢，1948—1954 年）。[53] 在这组三个公寓楼（最初为六个）的建筑群中，他较好地探索了底层架空的可能性，在地面层布置行人和车辆的路径，并根据场地坡度调整建筑物。

按照这个经验继续下去，在巴西利亚的超级街区中他选择了一个比高架桥更简单的交通分离方式——尽端路，和邻里单元[54] 以及雷德朋新城中的超级街区[55] 类似。利用这种方式，他避免了其他城镇中出现的给城市组织带来负面效果的剩余空间和难以利用的空间，并获得了更加宜人的尺度。虽然设计方法成功了，但超级街坊仍然面临的是一种造价昂贵的精英主义解决方案。最终这种交通方式只在少数街区实施，在联邦直辖区其他部分广泛应用之前就停止了实践。

联邦直辖区的城镇化

> 我和人民的愿望保持一致，但我们
> 之间的关系是礼节性的。
>
> ——卢西奥·科斯塔（1995 年），p.276

第一波涌向未来联邦直辖区的移民浪潮随着库比契克承诺建设巴西利亚而出现。受到首都城市迁移许可和开始建设新首都的鼓舞，移民浪潮进一步加强并在不到半个世纪的时间里形成了今天超过 200 万的人口规模。作为首都成功转移到内陆腹地的主要表征，增长的人口引起了迅猛的城镇化过程，远远超过了规划者们原先的预想。

建设巴西利亚，1956—1960 年

在早些年间，当巴西利亚仅仅是一片工地的时候，库比契克为了保证项目不断推进，放弃了原来设想的在十五年间逐渐迁移的想法，把首都正式成立的时间设定在了 1960 年 4 月 21 日[56]，也就是他任期结束前（图 12.3）。

这个区域的人口统计数据令人震惊。1957 年 1 月，区域内有接近 2500 名正式工人[57]，同年 7 月的数据显示，有 6283 个居民（4600 个男人和 2500 个女人）居住于此；1959 年 5 月进行的人口普查显示总人口达到 64314。[58] 随着公用设施建设成为支撑经济的主要方式——至少提供了当时 55% 的工作机会，"底层"（candango）[59] 人口在不同地方蔓延：新首都城镇化公司公用设施的服务人员居住在坎坦格兰迪亚和克鲁赛罗（Cruzeiro）；建设工人住在不同公司相应的临时居住点中，往往临近工作场所[60]；没有正式工作的移民住在临时庇护所或贫民窟中，现在被称为"入侵"。[61] 由于附近缺少邻近的城市，1956 年一个名为"自由城"（Free Town）的临时居住点开始搭建，针对需求提供服务和娱乐，作为这个临时城市系统的连接中心。[62]

图 12.3　巴西利亚，1960 年 4 月 21 日。"居住建筑道路轴线"刚刚完成的情景

公共建筑的建设工作由各种私人企业来完成，由新首都城镇化公司签订合同并进行监督。至于实验规划中的居住建筑[63]，它们的需求往往大于供给，这一问题在首都正式成立的日期逼近之时表现得更加严重。起初，新首都城镇化公司雇用了若干不同的工人组成的社会保障机构[64]；但很快受到时局影响被迫转向国家机关，甚至私人公司。[65]

为了满足首都各项工作的成本，一个最初的建议是财政上自给自足，通过出售接近 80000 个地块来获得大约 240 亿克鲁赛罗（cruzeiros，巴西的货币单位）的收入。然而，新首都城镇化公司的土地出售，成为一种卑劣的商业，易于受到腐败的指控。[66] 虽然会带来更高通货膨胀，但是最终的解决方案还是向国家财政部请求帮助，最终国家财政部承担了各项成本的主要部分，耗费了当时国民生产总值的 2%—3%[67]，接近 2500 亿—3000 亿克鲁赛罗，按当时汇率约合 4 亿—6 亿美元。[68]

但这些数字不会让努力尝试的光彩变暗淡。实验规划中整个城市结构的植入和几乎所有宏伟建筑的完成占据了舞台，激发了想象力并分离了国内的和国际的意见。巴西利亚的传奇达到了顶点；即便很多重要建筑还没有完成，国家权力机构还没有入驻，首都城市成立的仪式仍然如期举行。[69]

一个新的首都城市，1960—1976 年

对于一个热爱疯狂并居住在实验规划中的人来说一个电话并不多……

如果他爱的女孩回来居住在加马……

——雷纳托·马托斯（Renato Matos）的歌曲

首都正式成立以后，由于公共服务人员

从旧首都迁移过来以及持续的移民，人口增长率继续呈现较高水平。联邦直辖区已经成为吸引全国所有区域、所有社会阶层和所有活动最多元化部分的移民的地方，在这种情况下到 20 世纪 60 年代末人口达到 141724 人（巴西利亚人口达到 68665），到 20 世纪 70 年代超过了 50 万大关，其中包括 546015 居民（其中 149982 居住在巴西利亚）。[70]

移民通过各种方法留在巴西利亚的决心，或者更确切说是坚韧（在精英主义城市进程的臭名昭著的冲突中，巴西利亚设置了一个 50 万居民的上限）在 1958 年最终导致新首都城镇化公司通过了一项城镇化政策，为那些低收入人群建设郊区住宅[71]，该政策取代了实验规划中区域的扩张政策。[72]这些所谓的"卫星镇"——有的是从原来乡村扩张而来，比如普拉纳尔蒂纳（Planaltina，1859 年）和布拉兹兰迪亚（Brazlandia，1933 年）；有的是来自临时居住点合并，比如"自由镇"[Free Town，1961 年，后来改名为纽克莱欧·班代兰蒂（Nucleo Bandeirante）]，以及新产生的聚居地，比如塔瓜廷加（Taguatinga，1958 年）、索布拉迪纽（Sobradinho，1959 年）、加马（Gama，1960 年）、瓜拉（Guara，1968 年）、瑟兰迪亚（Ceilandia[73]，1970 年）——根据有利于实验规划区域功能分离的策略进行布局，同时根据卫生情况进行调整。[74]

考虑到联邦政府拥有广阔土地的所有权，作为从 1956 年开始征用土地的后果，有关土地所有权的冲突日益频繁。无法满足的住房需求，伴随而来的罢工，在 1962 年催生了经济住房协会（Economic Housing Society，SHEB）[75]，它把创造新的卫星镇安置迁移进来的居民写上了日程，这套解决方案成为"联邦直辖区政府几乎全部的（如果不是全部的）住房政策……"。[76]

因此，除了实验规划主导的土地占用和卫星镇的发展，城市化进程也包括贫民窟的繁殖，以及在中产阶级化首都外围建立了 10—40 公里左右宽度的防疫封锁线。[77]一个多中心或多核心的城市发展样式出现了，其特点是分散的聚落，特别低的密度和严重的空间隔离。"上流社会"的部分——巴西利亚及其周围地区——已被那些参与国家机器和收入较高的群体占据，作为提供就业机会和服务的中心运转起来，对其周围缺乏相对应福利的地区形成吸引力。

调整联邦直辖区，1977—1987 年

随着人口达到 100 万大关[78]，城市区域也延伸超越了联邦直辖区的边界进入了戈亚斯和米纳斯吉拉斯（Minas Gerais）的边缘地带，在所谓的"大环境"（Entorno）中，常常存在着相同模式的广泛的人口稀少的地区。在 20 世纪 70 年代中期，根据 1969 年联邦直辖区政府明确提出的需求，一些区域规划的尝试对此进行了应答[79]；其中关注点主要在于公共卫生和交通。[80]

第一份官方文件是区域组织结构规划（Plano Estrutura de Organizacao Territorial，PEOT，1977 年）。[81]它的分析强调了两个矛盾的两难境地：出于卫生原因需要对帕拉诺阿湖流域进行保护，这意味着在该地区禁止设置新的居民点，与此相对的是运输成本和时间的减少，需要一个更连续更紧凑的城市结构而不是多核矩阵结构。[82]

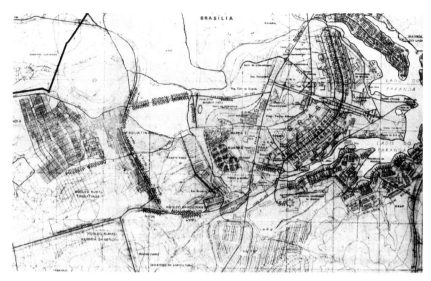

图 12.4　巴西利亚回顾规划。卢西奥·科斯塔在 1987 年提出的规划，从来没有完全实现过，沿联邦直辖区主要通道描绘了"无产阶级街坊"的建设，并创造了 6 个居住社区，其中有一些突破了一直存在的不占据实验规划周边地区的大忌

关注公共卫生的理念占据了主导，区域组织结构规划中提出，城市蔓延在首都直辖区的东南象限里应该远离帕拉诺阿盆地。[83] 区域组织结构规划得到了其他两个研究的补充：区域所有权规划（Plano de Ocupacao do Territoria, POT, 1985 年）[84] 和土地所有权与利用规划（Plano de Ocupacao e Uso do Solo, POUSO, 1986 年）。[85] 这些规划，本质上是物质空间的规划，建立了首都直辖区的环境区划，继续禁止帕拉诺阿盆地的未来开发。然而，这个禁令被卢西奥·科斯塔自己打破了，在他的巴西利亚回顾规划（Brasilia Revisited）[86] 中（图 12.4），他提出沿首都直辖区主要街道建设"无产阶级街坊"（proletariat block），并合法批准建设和 / 或创造 6 个新的居住社区，它们之中有的就位于帕拉诺阿盆地。[87]

同时，联邦直辖区城镇化的另一个特点也愈发明显：住房的不足并没有保持局限在底层阶层中。土地成本的快速转变——在实验规划[88] 中，在湖的南部和北部社区中，以及一些卫星镇中，比如塔瓜廷加、瓜拉和纽克莱欧·班代兰蒂[89]——也给中等和高收入阶层带来了需求上的抑制。其结果是，通过伪造产权证的方式非法侵占公共土地——往往是在非常不适合进行居住建设的环境保护区域——变得相当频繁。在私人开发商手中，这些细分过的小型居住地块形成了所谓的"暗箱操作的"或者"不规范的集合住宅"，小型封闭式的高标准独户住宅突破了城市普遍性的规定。[90] 从这个时候开始，集合住宅成倍地增加，到今天已经占据了联邦直辖区城市区域 40% 以上的土地。[91]

到 20 世纪 80 年代中期，首都城市得到巩固，并且是几乎所有联邦行政管理机构所在地。主要的增长趋势被建立起来并且城镇化地区明显已经延伸到了周边。联邦直辖区城市综合体，到 1986 年拥有大约 1392075 居民（其中 267641 人居住在巴西利亚）[92]，已经成为一个典型的巴西大都市区，表现出了与其声望一致的区位模式、生活质量以及价格从中心向边缘递减的特点。

城市保护和政治自治，1987 年至今

174

1985 年军事独裁的结束[93]标志着巴西一段意义深远的制度变革的时期开始了。随着新联邦宪法的通过，1988 年联邦直辖区要求政治自治并由此要求通过选举形成行政长官和议员的立法议会，对土地利用总体规划负责。[94]几乎在同一时间，1987 年巴西利亚实现了从自治开始就表达出来的一个目标[95]——巴西利亚作为实验性规划中独立的一部分——被纳入了联合国教科文组织的世界遗产名录[96]，成为 21 世纪城市中第一个获得该荣誉的城市。

特殊保护立法的签发[97]和联邦直辖区宪法的批准[98]使得巴西利亚在一个不完全和谐的气氛中同时成为联邦和地区机构的管理对象。分歧从圣地亚哥丹塔斯法（Santiago Dantas Law）开始[99]，这主要是由于联邦直辖区所做出的城市决定来自外部的管理机构。[100]对目标的模糊和分歧在 20 世纪 90 年代变得更糟。

第一版区域调整总体规划（Plano Diretor de Ordenamento Territorial, 1st PDOT, 1992 年）[101]保持了一贯以来的优先占据东南象限的传统，现在在两个大城市中心之间形成了明确的极化——巴西利亚和塔瓜廷加。[102]为了减弱卫星城之间日益扩大的差异，它为联邦直辖区各行政区域建立了当地指导规划的要求，确定具体的特性，并指明社会和经济发展的措施（图 12.5）。[103]

区域组织，结构规划（PEOT）–1977 年

区域现有权规划（POT）–1985 年

土地现有权和利用规划（POUSO）–1990 年

区域调整总体规划（PDOT）–1992 年

区域调整总体规划（PDOT）–1997 年

图 12.5 联邦直辖区总体规划。顺序开展的规划诱发了整个区域内的城市零散布局，规划既没有遏制城市蔓延也没有形成有凝聚力的城市组织

相反的，起草第一版区域调整总体规划的行政机构在 1989 年以后颁布了一项十分具有侵略性的贫民窟清除政策，即"低收入人群安置计划"。基于一个明确的民粹主义倾向，这个程序——基于捐赠的地块开展，这些地块只有城市最低标准的基础服务设施，对居民本身来说房屋或棚屋建设进一步变差——将推动更严重的城市蔓延。[104] 仅仅用了四年它就推动了其他 6 个卫星镇的制度化：坎坦格兰迪亚、圣塞巴斯蒂昂（Sao Sebastiao）、萨姆巴尼亚（Samambaia）、圣玛利亚（Santa Maria）、雷康托·达埃马斯（Recanto das Emas）以及里亚科富多（Riacho Fundo）[105]，它使得联邦直辖区土地的自由分配成为主要的选举货币。

随着第二版区域调整总体规划（Segundo Plano Diretor de Ordenamento Territorial, Second PDOT, 1997）[106] 出台，宏观区划被建立起来，其中考虑了至少从形式上周边地区应该作为联邦直辖区城市管理体系的一部分。除了一个包括塔瓜廷加、瑟兰迪亚和萨姆巴尼亚（符合占据西南象限的传统政策）的新大都市中心，第二版区域调整总体规划认识到了非法集合住宅带来的问题，并引入了一个具有争议的使其正规化的指令：延伸索布拉迪纽和普拉纳尔蒂纳的城市边界，城镇在那里更加高密度地集中起来。它带来的结果是，东部和西部的城市化在条件不成熟的情况下已经发生了。[107]

1996 年，联邦直辖区拥有 1821946 居民（其中 257583 个居民居住在巴西利亚）[108]，它的城镇化过程是个悲惨的故事。排他性的实验规划设计造成了城市在整个区域内的散布；调整规划——接收了试点方案中最核心的部分——既没有包含遏制城市扩张的内容，也没有形成一个有凝聚力的城市组织，而大多数时候他们只是把已经存在的情况合法化。同时，联邦直辖区行政管理机构本身在无视它自己发布的指令方面起到了主要作用，即便是在推动不是最主要的计划和项目的时候。[109]

今天的巴西利亚

> BSB 洗劫了包豪斯……
> ——雷纳托·马托斯的歌曲

与一些新的首都城市不同，比如堪培拉和渥太华，巴西利亚本身成为了一个杰出的大都市区 [110]，并且到今天已经成为"联邦直辖区和周边集合地区"（the Integrated Region of the Federal District and Entorno, RIDE）[111] 的核心。这一区域拥有 2948421 个居民，其中 2051146 人居住在首都直辖区中（其中 256064 人居住在巴西利亚），是世界第九大城市集合体，是人口增长率最高的城市（每年 3.41%）。[112]

事实上，它包含了很多内容和空间。首都城市适当地整合了整个国家的政策决策和经济资源，是一个复杂精妙的地方，连接了当地、全国乃至全世界的权力网络。它提供了无可比拟的生活质量的同时，只能容纳大都市人口的十分之一，居民数量每年还在下降。作为世界遗产的巴西利亚——世界上最大的遵循严谨的功能主义手法设计的城市集合体——真的只是存在于竞赛的设想中，它提出的更多的是在实验规划中的神圣化，而

图 12.6 与期望相反，"纪念轴"本身是一个民众示威的有利位置。图中前景是一场农民抗议；远景右侧是富人区，左侧是非法集合住宅

非形成一致性的保护措施。

　　一个经过规划的核心可以有序地占据一个区域，但这一期望——是一个重要的现代主义乌托邦理念——并没有得到实现（图12.6）。巴西利亚的范式在都市区中重复出现，但都廉价而仓促地完成。随着多次蔓延到区域边界以外，大都市区超过了传统城市的面积规模和相应人口规模，经历了动荡的郊区增长以及大量的人口迁入。[113]

　　不管怎样，巴西利亚在成功选址在巴西内陆地区方面是一个杰出的作品。[114] 克鲁斯和卡瓦尔坎特·迪·阿尔布开克选择的场地无与伦比的美丽，帕拉诺阿湖进一步加强了场地的美丽，同时得到景观的强化。这座相当年轻的城市，邻近权力所在地和资源集中

地 [115]，提供了机会，同时吸引了穷人和富人。即使是卫星镇，在经济困难的时候，也提供了比巴西其他区域好得多的社会服务。虽然弱势群体居住在实验规划范围以外，他们也确保了周边地区是他们自己的。

注释

1. 1805 年在国会的一次演讲中，皮特支持了这一理念，对位置甚至名字（Nowa Lisboa）提出了建议，参见 Brasil(1960), vol. 1, pp. 34–35。

2. 当巴西成为葡萄牙一个联合王国的时候。

3. 来自 Brasil (1960), vol. 1, p. 41。一本 1822 年出版的没有署名的小册子，建议把巴西利亚作为未来首都城市的名字；其后，安德拉

德·埃·西利娃提出建议，包括"Petropole"和巴西利亚两个名字。

4. 一个显著的贡献来自历史学家弗朗西斯科·阿道弗·德·瓦恩哈根（Francisco Adolpho de Varnhagen）（塞古鲁港的子爵）的长期运动，在他的手册《纪念组织》（Memorial Organico，1850 年）中，瓦恩哈根列出了 12 条建立新首都的理由，建议命名为"Imperatoria"，并且同意安德拉德·埃·西利娃的意见，建议首都位于南纬 15°或 16°；在这个纬度上，他建议至少距离海边 3000 英尺，引自 Brasil(1960), vol. 1, p. 139。1877 年他来到了后来的戈亚斯州并发表了他的决定性的研究，A questao da capital: maritime ou no interior?

5. 基于一个从 1982 年 7 月持续到 1983 年 3 月的考察。

6. 这个区域第一次是在《相对基准》（Relatorlo Parcial）中被提出的，该书完成于 1894 年，出版于 1896 年。这是一个边长 160 米 × 90 米的椭圆形四边形，面积为 14400 平方公里。

7. Cruls (1894), p. 18.

8. 百年纪念日，也就是 1922 年 9 月 7 日当天，未来城市的奠基石被放置在了距离巴西利亚实际建设地点几公里以外的地方。

9. 由巴西中央基金会资助，被当作"西征"（March to the West）的政策。

10. See, for instance, Castro (1946); Guimarães (1946); Backheuser (1947–1948) or Demosthenes (1947).

11. 1946 年制宪会议期间，拥护"克鲁斯四边形"的人的建议选址在戈亚尼亚（Goiania）的城市中（戈亚斯州首府）和贝洛奥里藏特（Belo Horizonte，米纳斯吉拉斯州首府），以及被称为"米纳罗（Mineiro）三角"（米纳斯吉拉斯最

西侧凸出的部分）的地方，最后一个受到儒塞利诺·库比契克支持，他当时还是米纳斯的议员。参见 Brasil (1960) vol. 3, p. 12; Demosthenes (1947) pp. 13–19。

12. Brasil (1960), vol. 3, pp. 288–376 and 388–415.

13. *Ibid.*, vol. 3, pp. 415–436.

14. 参见戈亚斯州法律第 41 条，1947 年 12 月 13 日。

15. 是在联邦直辖区边界明确界定以后才实施的。大部分联邦直辖区的土地实际上是通过联邦资金获得的，虽然主要操作者是戈亚斯州政府。而且由于并不是所有的土地征收都得到了适宜的登记，后来土地所有权问题特别复杂，导致了长期的法律纠纷。

16. 面积为 52000 平方公里。

17. 每一个面积为 1000 平方公里。

18. 阿尔布开克 (1958)。尽管在 1958 年出版，该报告包含了 1956 年 1 月之前完成的工作。

19. *Ibid.*, pp. 190–193

20. Brasil (1960), vol. 3, p. 41.

21. 联邦法律第 2.874 条，1956 年 9 月 19 日。

22. 位于"克鲁斯四边形"之内，面积为 5800 平方公里。

23. Moreira (1998).

24. 一个平顶木结构建筑，被称为"Catetinho"，建设周期只有 10 天，11 月 10 正式竣工。参见 Ficher and Batista (2000), p. 80。

25. 为了界定帕拉诺阿湖而建，是未来城市形态的一个最初要素。

26. Brasil (1960), vol. 4.

27. 尼迈耶在巴西利亚设计的建筑非常多。在首都落成典礼以前，他设计了众议院、总统官邸（Planalto Palace），最高法院，各部大楼和国家剧院；在第一个十年中，他设计了巴西大学的中

央科学机构（1963 年）、陆军总部（1977 年）、JK 纪念馆（1980 年）以及众议院、各部的所有附属建筑；在近几年中，他设计了高级特殊法庭（1997 年）和公共事务部（2000 年）。

28. 建筑师阿方索·爱德华多·里迪（Affonso Eduardo Reidy）和景观设计师罗伯特·布勒·迈尔斯（Roberto Burle Marx）。

29. 这是一份概要性文件，只要求提出城市的基本方案和论述报告，不要求公共建筑的方案，暗示了由奥斯卡·尼迈耶设计公共建筑。参见 GDF (1991), pp. 13–16。很短时间之后，新首都城镇化公司声明设计方案中应该具有政治和行政的特点，同时限制工业发展，并规定人口上限为 500000 人（pp. 16–17）。

30. 由奥斯卡·尼迈耶、路易斯·伊尔德布兰多·奥尔塔·巴尔博扎（Luiz Hildebrando Horta Barbosa）、保罗·安图内斯·里贝罗（Paulo Antunes Ribeiro）、威廉·霍尔福德（William Holford，英国）、安德烈·西韦（Andre Sive，法国）和斯塔莫·帕帕扎基（Stamo Papadaki，美国）组成的评审团在十几天的时间里作出决定，并于 1957 年 3 月 23 日公布了结果。

31. Carlos Leão, Jorge Moreira, Affonso Eduardo Reidy and the latecomers, Ernani Vasconcellos and Oscar Niemeyer.

32. GDF (1991).

33. 由 3 条平行大道组成，共包括车行道 14 条。

34. 包括 8 条车道，中间由一个 200 米宽的草坪隔离开。

35. 这个结构让很多人想到了飞机。

36. 在对细节进行设计的工作中，创造了附加的住宅：一系列经济型的联排住宅，以及两个独栋别墅社区，位于湖的另一端（南湖和北湖）。

37. 不受此高度限制的是中央银行（1976—1981

年），它有 20 层。现在巴西利亚最高的构筑物是电视塔，高达 224 米；最高的建筑物是众议院双塔，分别是 26 层。

38. 在彼得·霍尔乐观的描述中（2002, p. 189），奥斯曼为巴黎所做的学院派风格的作品（1854—1868 年），会成为继城市美化运动——或者“城市纪念建筑”——之后的一个重要趋势，特别适合巴西利亚。

39. 比如著名的巴塞罗那城市扩张（ensanche）项目（1859 年），由塞尔达（Cerda）主持，或者阿姆斯特丹的巧妙延伸（1913–1934 年）。

40. 最初在美国试行，比如卢埃林公园（Llewellyn Park，新泽西州，1853 年）、栗树山（Chestnut，宾夕法尼亚州，1854 年）、森林湖（Lake Forest，伊利诺伊州，1856 年），以及河滨市（Riverside，伊利诺伊州，1865 年），最后的是由奥姆斯特德设计的。

41. 为马德里所做的设想（1882 年）；被加尼耶（Garnier）在他的工业城市（cite industrielle）中采用过（1901 年），柯布西耶也进行过线形城市的设计，从里约热内卢（1929 年）的设计一直到它的线性工业城市（cite lineaire industrielle，1944 年）。

42. 在埃比尼泽·霍华德所著的《明日：一条通向真正改革的和平道路》（To-Morrow: A Peaceful Path to Real Reform，1898 年）一书中提出，并由此形成了帕克（Parker）和昂温（Unwin）在莱奇沃思（Letchworth，1904 年）、汉普斯特德（Hampstead，1905–1909 年）以及圣保罗田园社区（1917–1919 年）的重要设计。

43. 忽略他对于交通的执着，在他所著的《城市建筑》（Großtadt Architektur，1972 年）一书中预言式地描述了联邦直辖区城市化过程的场景：“这个巨大城市职住之间的分离或分散，会导致卫星系统结构。在巨大的城市核心周围，是城市中心区，它未来只是一个产业城镇，城市中心区以足够距离环形布局，居住单元之间距离很近，限定了人口上限的卫星城之间的距离可以考量，城市拥有所有现代交通方式和一个精心设计的高速铁路系统。虽然它们具有地方独立性，但这种居住社区都是整体的一个部分，它们和中央核心联系紧密，构成了一个经济和技术 – 行政的统一体。"

44. 始于伦敦 1863 年的地铁。

45. 奥姆斯特德和沃克斯（Vaux）在中央公园的设计中引入了该方法（纽约，1853 年），Henard 在"未来街道"（rue future，1910 年）中进一步完善了该方法，勒·柯布西耶对此方法十分痴迷，交通方式的分离在斯坦因（Stein）和赖特（Wright）手中得到进一步发展，他们以一种完全不同的思路阐释这一方法，并从雷德朋（Radburn，也译作"拉德本"——译者注）（Fairlawn, NJ, 1928–1933 年）开始实践该方法。

46. 参照桑德斯（Sanders）和拉巴克（Rabuck）的研究思路，在《新城模式》（New City Pattern，1946 年）中有所体现。

47. 正如在巴西利亚的实践中已经得到了证实，参见西拉德（Szilard）和雷斯（Reis）的书，《里约热内卢的城市化》（Urbanismo no Rio de Janeiro，1950 年）。

48. 正如经典书籍中所提到的那样，比如林奇（Lynch）的《城市意象》（The Image of the City，1960 年）和雅各布斯（Jacob）的《美国大城市的死与生》（The Death and Life of Great American Cities，1961 年）。

49. 在建筑方面，他建议独立建筑承担单一功能，并设置底层架空（把地面层释放出来留作步道），建筑框架独立、拥有玻璃立面以及平屋顶；在城市设计方面，他建议采用严格的城市活动分离，空间按类隔离，道路专门化，车行和人行通过高架桥和立交桥分离，而传统街道也随之解体。在城市形式方面，他提议了三种形式的组团：农业开发单元，线性工业城市，以及"发生大量信息交换的内聚性城市"（Radio-concentric cities），商业设施、政府、"思想和艺术"都聚集在内聚性城市里。参见"走向综合"（Towards a Synthesis），1945 年，勒·柯布西耶（1946），pp. 69–71。柯布西耶的主要想法中只有一个没有反映在巴西利亚实验规划中，是有关城市形式的，在实验规划中科斯塔采用了线性城市的两个分支，主要体现了城市形式三种组团中的工业城市特征。同时，其他两种城市形式在巴西利亚规划竞赛中都有体现：里诺·利维（Rino Levi）的设计明显受到光辉城市（Ville Radieuse）的影响，参见勒·柯布西耶（1935），而罗伯托（Roberto）兄弟的设计让人想到一系列柯布西耶式的农业村落，参见勒·柯布西耶（1935），p. 73。

50. 这种倾向，早些时候就在实验规划报告的开始就表现得很明确（"……适用于城镇规划技术中公路工程的自由原则，包括消除交叉口……"），参见 GDF（1991），p. 78，这也遵循了库比契克提出的希望创造一个"小汽车的城市"的愿望。

51. GDF (1991), p. 78; see also 'Conceito de monumentalidade' (1957), in Costa (1967), p. 281.

52. 比如笛卡儿摩天楼（gratte-ciel cartesien，1935 年），植入街区中央，周围围绕着高速路和立交桥。勒·柯布西耶（1947），pp. 74–77。

53. Costa (1995), pp. 205–212.

54. 由克拉伦斯·佩里（Clarence Perry）在他的一系列书中提出，包括《学校建筑的广泛应用》

（Wider Use of the School ,1910 年）、《社区中心活力》（Community Center Activities, 1916 年）以及《邻里单元和社区规划》（Neighborhood and Community Planning, 1929 年）。他提出的对策包括新的邻里单元中设计的住房和小学之间应该是步行距离（600 米），并与主要干道隔离,避免"机动车的威胁"。参见佩里（1929 年）, p. 31。

55. 由斯坦因和赖特提出,其特征是通过高架桥和下嵌式立交桥实现彻底的人车分离。它的形式主要包括一组围绕尽端路分布的独立或联排住宅,从而释放了街区内部作为花园,也成为"内部公园"（inner parks）。参见斯坦因（1951）, pp. 37–73。

56. 法律第 3273 条, 1957 年 10 月 1 日。定在该日期也是为了纪念独立过程中的先烈蒂拉登特斯 (Tiradentes)。

57. 分别来自新首都城镇化公司和私人建造商。

58.Brasil (1960), vol. 4, pp. 54 and 243, and GDF (1984), vol. 1, p. 10。没有找到联邦直辖区范围内之前的人口数据。在目前章节中,巴西利亚的数据往往指的是实验规划以及南北湖范围内的人口总量。作为新移民的来源,公务员和技术干部主要来自里约热内卢,而多数工人来自东北部。种族之间的通婚也成为巴西利亚的一个重要特征。

59. 来自南美的词汇,对应的英文是"inferior"或者"vulgar",指那些生在工人家庭的人,并推而广之,更宽泛地概括生在巴西利亚的人。

60. 比如普拉纳尔蒂纳住区,主要提供给在三权广场和部门大楼中工作的工人,或者帕拉诺阿住区,主要提供给在帕拉诺阿湖大坝工作的工人。

61. 比如阿莫里（Amauri）居住地、莎拉·库比契克（Sarah Kubitschek）居住地或者罗纳兰迪亚（Lonalandia）居住地 [Quinto Júnior and Iwakami, 'O canteiro de obras da cidade planejada e o fator de aglomeração', in Paviani（1991）]。

62. "自由城建立以后成为迄今为止最大的居住组团,为居住在此的居民提供了基本公共服务功能:商店、自由市场、酒吧、餐厅、建筑工人的供给商店和其他必要的服务。为了鼓励人们迁移至此,除了免税以外,还提供了大量土地,但是土地需要在实验规划正式完成时退还给政府。（这句话中的 where 是不是 were ？？）所有建筑都必须用木头建造,因为它们都是临时性居住建筑……", Ribeiro（1982）, p. 116。自由城在首都正式成立以后并没有丧失它的重要性,因为在其后很多年中实验规划仍然依赖它的商业功能, Prescatori (2000), p. 1。

63. 科斯塔不得不考虑实验规划中居民的住房供应和社会分层问题;他在报告中提出建议"不适宜的简陋住房的大量增加不论在城市还是在乡村"都应该尽量避免;"城镇化公司（Urbanization Company）应该在它的规划中为所有居民提供适宜的经济的住房", GDF (1991), p. 83。

64. 当时全国唯一拥有管理大型社会住房项目经验的机构,它们的契约允许联邦政府确保能够支付公共债务, Tamanini, (1994) p. 197 and Franca (2001), p. 5。

65. França (2001).

66. Moreira (1998).

67. Lafer (1970), p. 210.

68. 由于当时一段时期,克鲁赛罗兑换美元形成了货币贬值,因此对这些数字存在争议。参见明德林（Mindlin, 1961) 和瓦伊斯曼（Vaitsman, 1968)。

69. 有一些令人惊讶的最不可思议的论点,比如诺玛·埃弗森（Norma Evenson）。接受逻辑简单的对巴西的偏见（可能只是有些人没有意识到，组织一场精确控制在 70 分钟内包括 3000—6000 人的嘉年华盛会，需要多么强大的行政管理能力，这在当时也被认为是全世界的一大创举），俯瞰巴西人民的努力工作，忽视一些相当大的成就，比如贝洛奥里藏特（建于 1894—1897 年）和戈亚尼亚（Goiania，建于 1933—1942 年），这位作者感觉十分合理地提出"巴西利亚的创建代表了一个从不关注有效行政管理的国家的行政管理的成功；它代表了在一个很少设定日程表的社会中严格遵守了日程表；它还代表了一个据说人民不愿意长期努力工作的地方的人民的长期努力工作"(1973, p. 155)。

70. GDF (1984), vol.1, p. 10.

71. 该决定后来受到科斯塔的批评：城市的这种增长是反常的。巴西利亚规划人口上限为 500000—700000 人，这种增长是一种本末倒置。当城市人口即将达到规划上限时，卫星城应当被理性规划并从建筑上进行界定，这样它们才能有序延伸，引用自 Tamanini（1994），p. 440。

72. 考虑到实验规划把巴西利亚规划为"完整的城市"，具有封闭的边界，这种扩张很难想象。

73. 它是通过"消灭入侵活动"（Campaign of Eradication of Invasion）实施的，简称 CEI，这也解释了它的名字。

74. 这种倾向从未被抛弃，正如有关供水、污水和污染控制（planidro）的指令性规划均建议帕拉诺阿盆地应当设置一个人口上限。GDF（1970）。

75. 随后，社会住房协会（SHIS，1966），住房发展协会（IDHAB，1989）相继成立，1999 年，城市发展和住房秘书处成立，SDUH Vieira (2002)。

76. Pascatori (2002), p. 3。1983 年一个组织的成立是重新审视这样一种哲学思想的努力，即贫民窟和迁入人群居住安置小组（Executive Group for the Settlement of Slums and Invasions, GEPAFI）；尽管社区得到越来越多的关注，这个组织在 1985 年撤销。

77. 或者，用勒·柯布西耶的话说，是"一个没有构筑物的保护区"（1925，p. 181）。

78.1967 年共有 937600 个居民（228141 在巴西利亚）；1978 年共有 1002988 个居民（228386 在巴西利亚）；1980 年共有 1176748 个居民（275087 在巴西利亚）。GDF（1984），p. 10。

79. 进行决策的不再是市长，而是由总统任命的总督。当时，新首都城镇化公司被 GDF 管理结构吞并；在它之前的权力中，它只保留了一个名义上的称号，今天它已经成为管理公园和花园的机构。

80. Batista, 'The view from Brazil', in Galantay (1987), pp. 355–364.

81.Brasil, 1977。 PEOT 是基于以往研究完成的。参见 GDF(1976)。

82. Batista, 'Problemas e respostas de uma metrópole emergente', in Paviani (1987), pp. 208–220.

83. 然而，它把帕拉诺阿盆地一些区域分配用作非居住用途，并建议建设大规模的交通系统。

84. GDF (1985).

85. GDF (1986).

86. Costa (1995).

87. 一些是新植入的，比如普拉纳尔图镇（Vila Planalto），至少使旧的风景如画的临时居住点合法化，比如位于南翼的西南扇区；在其他部分中，只有对称位于北翼的西北扇区是连续设计的产物。

88. 造成这种极端情况的一个因素是巴西利亚大

学作为土地主要所有者，保留了北翼地块用作公寓，使得该超级街坊中接近五分之一的可建设居住用地开发延缓了数十年，从而导致实验规划在实施中产生了强烈的不对称。

89. 鉴于较弱的区划限制，这些城镇在联邦直辖区的经济动力驱动下很快获得了优势，并开始摆脱其作为低收入聚居区的特征。

90. 第一个是昆塔斯·达·阿尔沃拉达（Quintas do Alvorada）集合住宅（1977 年），位于圣巴托洛梅乌（Sao Bartolomeu）河盆地，在联邦直辖区东北象限内。Malagutti (1996), p. 74。

91. 根据地理学家拉菲尔·桑齐奥（Rafeal Sanzio）的研究，联邦直辖区的城市化区域在 20 世纪 90 年代从 40000 公顷增长到 72000 公顷，主要是由于集合住宅的增长（Nossa, 2002, p. C3）。今天，在华金·罗里斯（Joaquim Roriz）总督在任期间（1999-2002 年和 2003-2006 年），它们是联邦直辖区内最为严肃的政治和法制议题，已经登上了国家新闻报刊的丑闻版面。

92. GDF (1986), p. 121.

93. 开始于 1964 年的政变，这种军事管理对于首都不可逆转的迁移是至关重要的，以一种明显的"凡尔赛效应"。

94. 甚至在此之前，尼迈耶就暗示过形成维护实验规划的法令的必要性。参见 Niemeyer (1960), p. 518。

95. 多亏了巴西利亚很多群体的知识分子的游说——在若泽·阿帕雷西多（Jose Aparecido, 1985-1988 年）总督的领导下——恐怕这个国家的重新调整会导致卢西奥·科斯塔的设计发生变化。

96. 区域政府既对州负责也对当地负责。1969 年之前由市长负责；从 1969 年以后由总督负责。

97. 作为对 UNESCO 保护措施要求的应答，

1990 年专门负责历史保护的联邦机构把巴西利亚记录在案。

98. 联邦直辖区组织法，1993 年 7 月 8 日发布，它强制性地要求土地调整的指令性规划必须进行周期性的细化。

99. 联邦法律第 3751 条，发布于 1960 年 4 月 13 日，为联邦直辖区管理建立了规则，引入一个针对实验规划的静态视角，比如某些东西应该保持不变，某个立场应该受到威权体制保护。

100. 开始是由一个特殊的参议院委员会提出的，1969 年之后，由建筑和都市主义委员会（CAU）提出，其后是建筑、都市主义和环境委员会（CAUMA），其成员也远不是来自当地社区的代表。

101. Law no. 353, 18 November 1992, and GDF, 1992.

102. 一个大规模交通体系，拥有 40 公里的服务设施，并把巴西利亚和东南象限主要卫星城连接在一起，现在正在试运行阶段，必然会给城市环境带来无法估量的变化。

103. 迄今为止，在 26 个行政区域中，只有索布拉迪纽、坎坦格兰迪亚、塔瓜廷加、萨姆巴尼亚和瑟兰迪亚通过了它们各自的地方指令性规划。

104. 即便是从社会相关性上来说，这样一个政策已经不尊重一贯坚持的环境保护和优先发展区域的指令。新居民点的选址及其低密度开发的特点抑制了它们所在郊区的经济活力，正是这些经济活力为当地提供了大量的工作岗位，这些新居民点仅仅是强化了联邦直辖区的空间隔离。

105. 坎坦格兰迪亚的发展和新首都城镇化公司的老营地的延伸一致；萨姆巴尼亚建设开始得早些，1983 年就开始建设了；圣塞巴斯蒂昂原来是个农业殖民地；其他都是新镇。

106. 强制法令第 17 条，1997 年 1 月 28 日，参见 GDF（1997）。

107. 新政策方向的引入与所有已有的指令都不一致，特别是有关环境的指令。

108. GDF (2001), p. 7.

109. 正如最近上马的帕拉诺阿湖桥梁项目，道路系统的大量支出会不可避免地导致限制开发区的快速城镇化。

110. 一个有关场地选址的假设有助于解释这一事实。这些镇的选址是在之前重要的大都市区之间经过激烈讨论确定下来的——对于澳大利亚来说，是悉尼和墨尔本之间的争夺；对加拿大来说，则是多伦多和蒙特利尔——巴西利亚的中西部选址则是远离大多数区域争论的长期决策。结果，这些镇建在远离主要巴西大都市（圣保罗和里约热内卢）的区域里。

111. 根据强制法令第 94 条建立，1998 年 2 月 19 日，RIDE 由联邦直辖区、戈亚斯州的 19 个市镇和米纳斯吉拉斯州的 3 个市镇组成。

112. IBGE，2000 年人口普查数据。

113. 从 20 世纪 80 年代末期开始，联邦直辖区是全国移民比例相对最高的区域。

114. 首都城市迁移是它的主要动力，推动了整个中西部地区的经济发展，并开始蔓延到北部地区。

115. 根据 2000 年统计数据，联邦直辖区人均收入位居全国之首（R\$14405），它的 GDP 在全国所占比例从 1985 年的 1.37% 上升到 2000 年的 2.69%。但必须注意到这样一个财政水平包括了联邦预算，联邦支出几乎占了直辖区 60% 的 GDP。

第 13 章

新德里：从帝国首都到民主国家的首都

苏洛·D·乔达尔（Souro D. Joardar）

城市历史学家可能会对数量产生争论，但德里市已经目睹了几个首都的崛起——不同朝代和政治规则下的首都。然而在 20 世纪，这个城市被投射在现代城市规划和开发的世界地图上，在英属印度的新帝国首都——新生的新德里——建立了代表殖民权力的庄严华丽建筑。忠于典型的殖民城市形态学[1]，这个新首都城市与它最近的前任首都城市被并置但明确区分开来，它的前任莫卧儿王朝的首都——城墙围起来的城市沙贾汉纳巴德（Shahjahanabad）——和它周边生长起来的部分一起被默认是本土化的"老德里"。新德里的规划和开发历史相当独特，只持续了 20 世纪的开始 30 年。20 世纪的其他时间里，尤其是在印度独立以后，值得探索这座首都城市的身份特征和变革，因为它在空间上和行政管理上越来越多地成为大爆炸式发展的没有人情味的德里大都市区及其周边地区不可分割的一部分。

这个首都城市独特的殖民前后的规划和开发可以分为以下几个阶段：

（a）做出决策把帝国首都职能从加尔各答转移到德里（1857–1911 年）；

（b）开发新德里作为英属印度的帝国首都（1911–1932 年）；

（c）新德里在殖民统治下的最后阶段的发展，以及独立早期的规划和计划(1932–1970 年）；

（d）蔓延式大都市区和国家首都区域规划（the National Capital Regional Plan）背景下的新德里（1970–2002 年）。

新德里的绪言：大事件引导新帝国首都的建立

具有讽刺意味的是，在印度次大陆被殖民的两百年历史里新德里作为首都的时间只有不到四十年，但在新首都建立之前长达半个世纪的时间里，首都功能要从加尔各答转移到新德里的传言就甚嚣尘上。1857 年印度士兵叛变（Sepoy Mutiny）[2]动摇了英国，让它意识到从东南角统治这个辽阔次大陆存在问题。虽然它具有战略优势，能从海上通过孟加拉湾、加尔各答湾撤退，河口周围遍布沼泽地，但也由于其恶劣的天气经常被诟病。延续早期沃伦·黑斯廷斯（Warren Hastings）做出的历史行为[3]，由斯塔福德·诺斯特科爵士（Sir Stafford Northcote）[4]组织成立的一个叛乱后委员会青睐迁移首都的决策，并为孟加拉提供全面的管治措施。[5]该议题在 1877 年由利顿勋爵（Lord Lytton）[6]再次提出，并于 1903 年由寇松勋爵（Lord Curzon）[7]在皇家杜尔巴（Durbar）[8]又一次提出，虽然都没有得到好的结果。[9]

这场横扫孟加拉、加尔各答的民族主义运动，紧跟在寇松对规模巨大的省份（1905 年达到 7800 万人）进行细分之后，是殖民政治–行政管理作出迁移首都决策的催化剂。由于这个决策把语言和文化同质的区域分离，在印度教徒和穆斯林之间创造了一个种族–地域鸿沟，结果激怒了孟加拉人，甚至其中的精英人群所做出的反应都触及了英国皇室最高层的痛处。乔治五世国王对帝国的动荡深感遗憾，他通过派出特使的方式积极参与促使印度恢复正常的工作，特别是新的印度事务大臣（Secretary of State for India）克鲁伯爵（the Earl of Crewe）。一个特殊计划由此产生，打算取消细分孟加拉，允许该省自治并具有全部管治权力，从而平复怨气，另一方面采取长期以来的迁都建议，把首都从这个充满矛盾的地方迁出去，也是一石二鸟

之计。[10]

过去，印度北部的很多地方，包括德里，都经过了深入考虑作为新首都的候选场地。除了它在大印度帝国中的中心性和连接性，德里在殖民统治者的思想中还承载着一个象征意义——就像古语所说："谁占有了德里谁就占有了印度"——它是印度民族精神崛起的代表，特别是印度北部和中部，在帝国时期由于形成了无数大大小小的（小国）君王而得到强化。[11]把首都迁往历史上的帕特汉（Pathan）和莫卧儿王朝首都所在地，可能给穆斯林带来喜悦，也具有政治意义，特别是在孟加拉骚乱的困难时期。[12]而且，在世纪之交之际各种各样的机构和基础设施已经在德里建立起来——英国军队和市政管线，连接加尔各答、孟买、阿格拉（Agra）、旁遮普（Punjab）以及夏都西姆拉（Shimla）的铁路。

把帝国首都从加尔各答迁移至德里显然并不是没有反对和质疑的。强烈的反对声来自各种各样的孟加拉利益相关者——既包括当地人也包括欧洲移民——寇松勋爵试图影响伦敦的决策者来推翻这个决定。但总督哈丁（Viceroy Hardinge）[13]坚持不懈地追求这个长期以来的想法，直到它成为一个具体的行政和政治决策，并最终在 1911 年 12 月的大规模宣传的加冕典礼上由国王宣布一个新的帝国首都将建在德里。[14]

作为帝国首都的新德里的开发

哈丁的话语权相对比德里城镇规划委员会（Delhi Town Planning Committee）中的伦敦印度办公室（India Office in London）要

弱[15]，它的责任是提供临时的政府住房以及新首都的选择、设计和开发，并聘请了埃德温·勒琴斯（Edwin Lutyens）作为新首都的总规划师。但是，哈丁在为新首都选定位置，确定它在印度中的功能，以及关键建筑的区位和设计方面有很强的影响。[16] 而且，他后来虽然人不在印度[17]，仍然在金融筹措和项目实施中起到了重要的作用。

在德里区域，新首都选址的主要考虑地点是在沙贾汉纳巴德历史区域的南北两侧。其他两个选址都有很大局限——东侧跨亚穆纳河（Yamuna）的场地是洪泛区，西侧山脉上的场地[18] 和德里历史区域之间没有视觉联系（图 13.1）。关于选址的争论非常激烈，在规划委员会、总督以及政治家、行政管理者（包括伦敦的关键人物）之间持续了一年。北

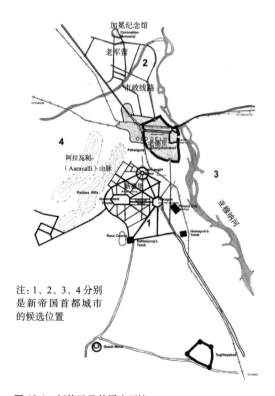

注：1、2、3、4 分别是新帝国首都城市的候选位置

图 13.1　新德里及其周边环境

侧场地已经建设了军营和市政线路，以及很多优美的单层住宅，之前还具有象征意义作为东道主组织了三次帝国杜尔巴活动，并且由于紧邻河流和居高临下的山峰，具有风景优美的特点。然而委员会，特别是勒琴斯，坚定地支持南侧场地[19]，因为它提供了更大的设计灵活度来打造一个更具价值的首都城市，也有更多空间以便未来延伸，它在经济上也比北侧场地更加划算，北侧场地的土地收购和建设成本更高。讽刺的是，北侧的场地，包括其中很多具有历史意义的单层住宅[20]，在勒琴斯设计新德里以及其后建设时期的许多年里均作为"临时首都"。[21]

新德里规划和设计的基本前提是把主要首都元素和周边历史元素连接在一起[22]，并和延伸的景观形成通廊。哈丁对于历史的连接性十分敏感，这一思路也与勒琴斯的以大广场和轴线为结构的"巴洛克"主题比较契合。在这里，帝国首都最具标志性的重要建筑——政府大楼（以及它的附属房屋和办公室）——的区位和朝向以及它与其他建筑在空间和视线上的连接，成为一个关键议题，并开放听取大量的建议。[23] 首先，否定了勒琴斯和其他人的提议，哈丁迫使政府大楼选址在莱西纳（Raisina）山[24]，因为山顶提供了一个开阔的景观，以及和南侧的历史地标、西侧的河流、北侧的由城墙围绕的老德里城等景观产生较好联系的机会（参见图 13.1）。第二，兰彻斯特（Lanchestor）提出的一个主要议题，即向北布置首都城市的主要轴线和景观，把莱西纳山建筑群和沙贾汉纳巴德联系起来，特别是大清真寺（Grand Mosque）[25] 的高高的尖塔（minarets），也被放弃了，主要原因是位于两者之间的帕哈甘吉（Paharganj）[26]

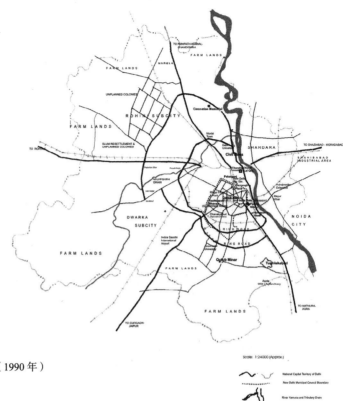

图 13.2　德里大都市区背景下的新德里（1990 年）

土地征收的预期成本较高。[27] 因此，一个把"新"德里和"老"德里在空间上联系起来的机会失去了。[28] 最后，城市轴线向东延伸（直达河流），成为"中央景观带"，首都城市几乎同等地在两侧拓展（图 13.2）。

　　勒琴斯和赫伯特·巴克尔（Herbert Baker），他的总建筑师，都把莱西纳建筑群设想为他们的"雅典卫城"，作为整个大景观的终点。他们关于政府大楼（由勒琴斯设计，作为焦点要素）和两个秘书处大楼（由巴克尔设计，图 13.3）的间距产生了争论，秘书处大楼面对面，位于政府大楼两侧，它们和政府大楼的间距与相对高度以及相应的视觉主导性有关。[29] 这个争论不但导致了他们之间的关系恶化，还在首都城市项目实施过程中产生了广泛的论战。[30] 此外，勒琴斯

在设计政府大楼时采用纯粹西方古典建筑风格的决定，让位于哈丁融入传统印度元素的坚持，而巴克尔和他的国际经验似乎对地方元素来说更具兼容性。[31] 但是巴克尔把市政厅（Council House）[32] 设计成圆形，以及在位置上与鲜明的中央景观带的关系，是否适宜，成为一个问题。[33] 然而，市政厅显然是来自英国民主形式的经过考虑的结果，特别是 1919 年蒙塔古–切姆斯福德（Montagu-Chelmsford）改革 [34] 提供了自治的基础。

　　康诺特地区（Connaught Place），新首都精英阶层的购物中心，是另一个宏伟的圆形建筑综合体。它的两层高的建筑，是带有柱廊的拱顶商场，围绕着一个巨大的圆形广场设置。购物中心由建筑师尼科尔斯（W. H. Nicholls）提出设想，随后由罗素（R. T.

Russell）建设。[35] 勒琴斯把这个商业中心放置在了最北端，离老德里最近，但是突出地连接了中央景观带（通过皇后大道）和市政厅。随着时间的过去，它的区位和连接性会把这个安静的精英式欧式节点转变成为不断蔓延的大都市区的巨大的中央商务区（参见后文的图 13.5）。

　　勒琴斯的新德里规划（图 13.4）在起伏的平原上大约蔓延了 8600 公顷。规划包括全面的宏大的景观，巨大的开放空间，花园和街道景观，纪念性的拱门，雕塑和喷泉，以及宏伟的公共建筑。规划中延伸着斜向的道路网络，在交会点上布置了圆形的广场，类似于其他受巴洛克影响的现代首都城市，如华盛顿特区。[36] 根据它非常稀疏的建设形势，

奢侈的开放空间和街道景观，新德里也被"设想"为一个英式的"田园城市"。当首都城市于 1931 年正式启用时，它的密度低得离谱（每公顷低于 8 个人），而临近它的老德里每公顷将近 200 人。[37] 勒琴斯独立的巨大的单层住宅区域是主城总面积的两倍，新城在 1940 年仅有 640 套单层住宅，这些单层住宅宗地从每块 1.5 公顷到每块 3.25 公顷不等。为社会分层而进行的方格网区划，以及居住空间的等级，都和居民的官阶相一致，这是殖民管制形成的新德里规划，特别是它的单层住宅区域。[38]

　　几乎是在规划委员会提交了最终报告之后，哈丁就马上安排了首席专员（Chief Commissioner）马尔科姆·黑利（Malcolm

图 13.3　由赫伯特·巴克尔设计的秘书处大楼南楼

Hailey）管理皇家德里委员会（后来变更为新首都委员会），来执行首都的项目。莱西纳市政委员会在 1916 年创立，为大量的建设工人提供市政服务。它最终成为首都城市最主要的地方机构——新德里市政委员会。[39] 然而，哈丁，始终是新德里开发的主要推动力。他精力充沛地在几项工作之间自由转换，包括指导设计和规划议题的细节，安排建设工作的进度，应付政治对手[40] 和第一次世界大战期间赫赫有名耗费巨大的项目在财政上带来的不确定因素。[41]

新德里作为首都在 1931 年 2 月正式投入使用，距离皇室在 1911 年杜尔巴的公开声明大约过去了 20 年，距离 1917 年帝国首都项目正式得到官方批准大约过去了 14 年。具有讽刺意义的是，勒琴斯和哈丁的"亚洲罗马"[42] 本来被寄予希望，加强帝国在次大陆的殖民统治，但到那个时候，它却感受到了这个角色的没落，和一个新角色的崛起。在城市投入使用之后的 16 年中，它成为一个自由国家和世界上人口最稠密的民主主义国家的首都。

新德里如何才能适应它作为一个民主政治首都的新角色？以及，什么会影响大都市区增长背景下对未来首都的认知？

崭露头角的大都市区增长和早期独立后规划背景下的新德里

勒琴斯的新德里规划在引入机构和设施方面"视野狭窄"，他只授权吸收殖民行政管理中的最高机构及其相关的居住和社会设施，特别是针对精英阶层的欧洲人。[43] 有意识地切断了德里以前就存在的不断增长的商业产业和人口，这是一种短视的行为，不利于一个规模巨大、人口众多的国家的首都的未来发展潜力。

英国事后给勒琴斯的新德里规划新增了 10000 英亩（4000 公顷）土地，用以在规划帝国首都西南方向上建设一个新的居民点。[44] 1931 年新德里的人口还不到德里辖区（Delhi Territory）城市总人口的 15%。[45] 而在接下去的十年里[46] 新德里人口激增到德里辖区的 55.5%，主要是由于新德里周边地区产业发展和第二次世界大战的突然爆发吸引了大量工人从德里周边区域移民到新德里。战争同时促进了政府和军队的活动，因为存在大量来自民间和军队的居住要求。对于新建立的首都的直接影响是在勒琴斯的新德里南侧边缘推动了住房开发[47]，新的居民点得以发展，并在秘书处周边用地和六边形广场周围的空地上增加了上百个临时性棚屋，六边形广场周围的空地本来是分配给各个邦使用的。[48]

就在第二次世界大战爆发之前，殖民政府开始意识到大都市区增长给德里带来的压力，以及新首都内部和周边不同城市地方机

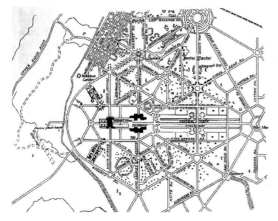

图 13.4　勒琴斯和巴克尔在 1912 年为皇家德里所做的规划，后来更名为新德里

构之间工作不协调。在新德里，大量的政府建筑、公务员聚居区和道路的建设和维护工作都已经委托给了中央公共工程部门（Central Public Works Department，CPWD）的同时，新德里市政委员会（the New Delhi Municipal Committee，NDMC）提供了供水、环卫、供电、街道清扫等城市公共服务。大规模居民点的开发和维护单独由一个居民点管理局（Cantonment Board）来完成。几十年中德里市政委员会（Delhi Municipal Committee，MCD）[49] 在老德里（包括城墙包围的范围）、赛德尔巴扎尔（Sadr Bazar）、萨布齐曼迪（Sabzi Mandi）和其他郊区地区的开发、管理和城市公用设施提供方面十分活跃，但近期的发展催生了很多郊区公告区域委员会（Notified Area Committee）。[50] 虽然隶属政府的德里开发委员会（Delhi Development Committee）也在 1939 年建议形成一个技术组织来协调不同机构的程序和活动，但实际上首都城市内外针对城市规划和开发的机制重组收效甚微，因为当时政府的主要关注点在于世界大战和印度独立问题。

增长的压力在印度独立后立刻催生了大量的群体，随着难民流入德里，在新民主体制下也要求产生新的首都功能。德里的城市人口在 1941 年到 1951 年惊人地增长了 107%。[51] 相应的影响对于新德里和大都市区其他地区来说截然不同。德里不得不接受了 500000 难民 [52]，迅速提供了居民点 [53] 和仓促开发的改造聚集区 [54]，这些聚集区是在大都市区边缘通过零散土地征收建立起来的。但是在首都城市的核心——新德里——却是比较平静的（the leafy green was yet unruffled），除了为新的民主制度 [55] 在空白地块上建设一些

新的政府建筑，以及改变了一些帝国建筑和其他首都元素。[56] 很多帝国首都图腾的移除，特别是，乔治五世 [57] 和大不列颠狮子的雕像，标志着在 200 年殖民统治结束后国家获得自由，全国政治领域立刻产生了民族精神。但是，政府雇员 [58] 数量的不断上升及其带来的持续增长的居住需求，迫使政府不得不开发勒琴斯建设的单层住宅区域东南部的空地，作为低密度居住区，同时在南侧边缘也产生了一些居住功能的蔓延。[59] 新德里（相对应的是新德里市政委员会）的管辖范围也向外延伸，包括了一块新的外交性质（diplomatic）的飞地——"查纳克亚普里"（Chanakyapuri）[60]，在新德里西侧，赛马场以外（参见图 13.2）。

1957 年，德里开发当局（Delhi Development Authority，DDA）通过一项国会法案成立了，从而对整个德里邦（Delhi State）[61] 的空间规划和土地开发进行了整合，涉及多方面的管辖区，包括德里市政委员会、新德里市政委员会、居民点管理局和公告委员会的管辖区域以及周边边缘地区的村庄。它的第一版总体规划（期限为 20 年）在 1962 年 [62] 发布，之前短暂的有一个过渡性综合规划（Interim General Plan，IGP）[63] 在 1958 年出现作为它的先导。这两个规划都对勒琴斯的新德里规划中的历史失误感到痛惜，即由于失去了规划整合的机会因此没能把首都城市和老城通过帕哈甘吉连接起来。[64]

帕哈甘吉的土地征收价格和相应问题被当作新德里早期北向发展被忽视的原因，随着时间过去区域无序发展，这些问题导致了很多失败。因此，老城及其周边（由于不断增长的小工业和批发贸易，变得越来越拥挤）的城市更新几乎不可避免地失败了。

同时，大都市区增长要求形成一个位于中央的、高度可达的中央商务区，而勒琴斯的精英购物区——康诺特地区——完美地符合这一角色要求，它周边稀疏的布局比较容易接纳高度集中的商业增长。德里开发当局大胆地对私人开发商以较高的容积率开放了该地区土地市场。[65] 单层住宅区迅速包围了康诺特圆环（Connaught Circus）外的有历史意义的两侧柱廊结构，见证了原来空无一物的天际线的转变，动摇了田园城市的根本特征。[66] 但是，德里 1962 年总体规划（MPD-62）大体上确定了新德里（德里规划 D 区）作为一个"保护区"，强制性规划设想了一个有限的再开发，重点放在对田园城市特征的保护上。大量再开发以政府建筑和公共机构的形式沿着干路和主要道路布置，被限制在中央景观带以北地区。勒琴斯的单层住宅区被用来安置 VIP[67] 和一些外交办公室[68]，特别是在景观带南侧的部分（除了一些零散拼凑的聚集区已经被私人开发商[69]从单层住宅转变成了公寓）。而且，新德里市政委员会管辖区域延伸出去的新的南侧聚居区也规划成低密度住宅。因此，值得注意的是，早期规划力求把独立后首都的功能融进不断延伸的空间上带有殖民风格的新德里。

但是如何才能使这种空间形式适合一个不断增长的大都市区核心的潜在角色呢？在这种意义上，德里 1962 年总体规划[70]提出的多中心概念，以及过渡性综合规划和德里 1962 年总体规划均强调通过开发德里周边区域实现去中心化，应该有助于保持新德里的特点。特别是，环绕德里的快速增长的城镇圈层，被它们共同组成了德里 1962 年总体规划中的"德里大都市区域"（Delhi Metropolitan Area，DMA）概念，被设想用来吸引德里不断增长的大量移民人口以及实现它的工商业去中心化发展。德里 1962 年总体规划甚至在 1981 年建议把中央政府办公室从城市中心搬到四个环绕中心城的城镇里去。[71] 诚然，邻近德里的城市中心，大多沿高速分布从德里向相邻的北方邦（Uttar Pradesh）和哈里亚纳邦（Haryana）[72] 等放射出去，已经利用国家政治权力中心的可达性和接近度、大规模的都市区市场结合它们自己的低税收制度以及德里经过计划的政策，来实现工业和政府功能的去中心化（图 13.5）。新德里仍然保持了一个相当安静的郊区，就在一个不断增长的大都市区域的核心地带，而该大都市区边缘则日趋繁华。然而相对于周边其他地区而言，它的高度可达性、非常低的土地利用水平以及卓越的基础设施都给它的保护和增长提供了一个争论的话题。

新德里 20 世纪晚期规划和开发情况

延续了过渡性综合规划和德里 1962 年总体规划的趋向，大都市增长管理的政策越来越"外向"（Outward Looking），并根据国会法案在 1985 年建立了国家首都区域规划委员会（National Capital Region Planning Board，NCRPB）。国家首都区域规划委员会为一个包括德里的大规模（30242 平方公里）国家首都区域准备了规划导则[73]，德里国家首都辖区（National Capital Territory，NCT）[74] 及其周边区域涉及周边三个邦的土地[75]（参见图 13.5）。规划期限到 2001 年的第一版国家首都区域规划，于 1988 年发布，鼓励开发较

190

远的区域城市节点，比德里大都市区域提出的新镇更远一些，从而减缓德里增长的速度。德里以一种高速稳定的状态持续增长，从 20 世纪 50 年代到 60 年代再到 70 年代，德里保持了每十年大约 52% 的增长速度，其中相当大比例的增长来自移民，特别是从相邻的邦来的移民。但是，即便有区域规划，在世纪之交，德里国家首都辖区本身持续增长，同时毗邻它的德里大都市区域新镇远比国家首都区域提出的"优先发展"远郊城镇发展得快。[76] 相邻的邦颁布法律[77]鼓励与德里毗邻的城市利用它的市场进行开发，到世纪之交的时候大量新镇围绕着德里生长起来。因此，一个大规模的城市群出现了，事实上，德里国家首都区域已经侵占了它邻居的管辖范围。

而且，德里国家首都区域内的城市土地利用随着规划制定持续增长，很有可能到 2021 年超过四分之三的国家首都区域土地面积将被占满。[78]

修改后的 2001 年德里总体规划（2001 年远景规划）于 1990 年发布，它的独特性表现在提出了"内向性"的增长管理政策。第一次有一个规划提出，随着城市蔓延，增大现有城镇化区域的密度来容纳增加的人口。在德里的八个规划分区中，规划建议其中五个保持人口的高"保有量"（holding capacity），其中包括新德里（分区 D）。它建议新德里人口容量为 754685 人——是现状人口的两倍。但是即便是在 1991 年，新德里市政委员会管辖区域记录的居民人口也只是 30 万，人口密

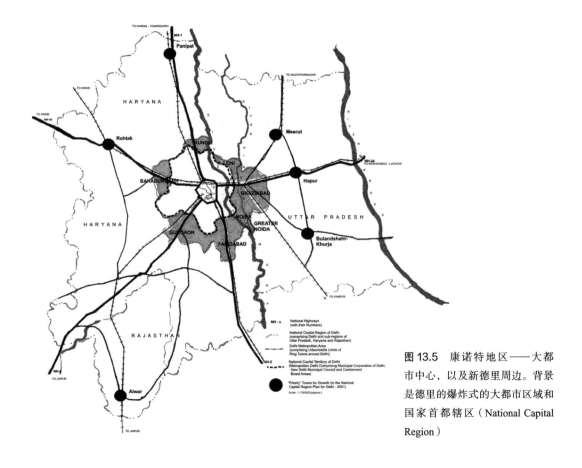

图 13.5 康诺特地区——大都市中心，以及新德里周边。背景是德里的爆炸式的大都市区域和国家首都辖区（National Capital Region）

度为每公顷 71 人，同时整个国家首都辖区的人口密度是每公顷 124 人，德里市政委员会管辖区域则为每公顷 167 人。[79] 与之相对的，是新德里的流动人口超过 100 万。这些数据一方面暗示了新德里作为一个就业中心具有吸引力，并且有容纳力去安置更多的人口，另一方面，甚至在它周边大都市区增长得愈发密集之后，它仍然在抵制变化。

新德里以德里国家首都区域内低于 3% 的土地总面积容纳了仅仅 3% 的总人口，新德里未来在爆炸式的大都市区背景下不是一个重点问题（图 13.6）。但是，在更加广阔的大都市区背景下，20 世纪第一个首都城市的保护和再发展问题，以及它的独特的蔓延方式、大规模的郊区模式、宽阔的街道、郁郁葱葱的绿色开放空间以及令人难忘的景观和建筑，都是持续存在的讨论议题。未来，特别是勒琴斯的单层住宅区的未来，已经成为一个具有争议的议题。对精英阶层的专业人士来说——建筑师、城市设计师和环保工作者——勒琴斯的田园城市是一个图腾。对于居住于此的高层政治家和官员来说，居住在这个人口众多的大都市区心脏的生活质量与他们息息相关。同时这块低密度利用的最好的不动产感受到了来自周边的压力。一些小块的私人出租的地块已经收获了从单层住宅保护到集合住宅的高回报。

意识到首都城市景观的保护意义，政府早在 1960 年就成立了一个中央景观委员会（Central Vista Committee），紧随其后 1971 年成立了新德里再开发委员会（New Delhi Redevelopment Committee）以及一个技术设计组（technical Design Group）——最终以成立德里城市艺术委员会（Delhi Urban Art Commission）宣告结束。[80] 然而，不幸的是，只有极有限的研究涉及保护和土地更大强度利用之间平衡的可能性。一方面，由瓦杰帕伊（Vajpayee）总理成立的布奇（Buch）委员会反对任何改变，该委员会成立的目的是根据这个城市增长的住房需求深入调查勒琴斯单层住宅区未来的前景。[81] 另一方面，在德里有一股很明显的趋势是土地利用强度增大，比如马尔霍特拉（Malhotra）委员会[82] 建议的提高容积率和降低整个德里地块细分的规模，或是近期为了迎接 2021 总体规划[83] 而颁布的导则，其中就有利于私人土地开发商

图 13.6　通过规划的郊区居住组团形成的德里空间扩张

和高层住宅的内容。

在 21 世纪到来之际，20 世纪第一个首都城市，特别是它的单层住宅区，正处于论战的风口浪尖上。根据世界文化遗址基金会（World Monuments Fund）的精神，我们可能会说，新德里是一个"濒临灭绝的场地"。我们需要寻找一种方法，针对新社会的价值观和愿景，以及它周围不断变化的动态大都市区背景下，保持新德里作为一个"活着的纪念碑"的特点。

注释

1. Gupta (1988), pp. 1–36; Joardar (2002); Rapoport (1972).

2. 英国军队中的当地土著（特别是低等级士兵）组织的起义，从而反抗英国的统治。

3. 沃伦·黑斯廷斯是孟加拉的总督，对孟买和马德拉斯（Madras）具有指导权。1782 年他写了一份备忘录，其中提到了加尔各答作为英国统治印度的机构所在地在功能上存在缺陷；Irving (1981), p. 16。

4. 斯塔福德·诺斯特科爵士是英国派驻印度事务秘书（British Secretary of State for India），1867—1868 年。Irving (1981), p. 17。

5. Irving (1981), p. 17; Thakore (1962) as quoted by King (1976), p. 231.

6. 利顿勋爵是后来的英国驻印度总督（Viceroy of India）。

7. 具有超凡魅力的寇松勋爵从 1899 年到 1905 年任英国驻印度总督，在这之前他是孟加拉的总督，他带来了孟加拉的隔离，导致了激烈的当地对抗情绪。

8. 杜尔巴是一个传统的莫卧儿皇家宫殿，是国王（Badshah）用来接见皇家官员、地方贵族和其他显要人物（偶尔也会在"Aam"中接见普通人，比如，普通杜尔巴）讨论皇家法令、通告、听证会等。从莫卧儿王朝手中接管杜尔巴之后，殖民政府也在德里就非常特殊的状况举办了几场杜尔巴活动，特别是和英国国王、王后或者王子有关的活动。

9. Irving (1981), p. 17.

10. Chakravarty (1986); Irving (1981), pp. 18–19.

11. Irving (1981), p. 18.

12. Irving (1981), p. 27.

13. 来自彭斯赫斯特的查尔斯·哈丁（Charles Hardinge of Penshurst）从 1910 年到 1916 年任英国驻印度总督。他在任职期间有助于首都迁移长期建议的最终确立，1911 年 7 月在他的地方议会上第一次通过了官方声明，并于 1911 年 12 月在加冕礼杜尔巴上把首都迁移写入了皇家声明议程中。

14. 乔治五世国王在加冕礼杜尔巴就帝国首都从加尔各答迁往历史上的德里做出了公开的皇家声明（之前哈丁和其他人都把这个作为秘密）。国王随后放置了新首都的奠基石。

15. 委员会的三个全职委员——埃德温·兰西尔·勒琴斯（Edwin Landseer Lutyens），约翰·布罗迪（John A. Brodie）和乔治·斯温顿上尉（Captain George Swinton）——是由国务秘书伦敦办公室的克鲁伯爵决定的，同时哈丁的首选人选，兰彻斯特（H. V. Lanchestor）稍后就任作为顾问。Irving (1981), pp. 39–42。赫伯特·巴克尔（Herbert Baker）则被勒琴斯选中，在他的团队中作为总建筑师。

16. 特别是，在政府大楼（后来命名为总督府）的设计中，哈丁说服勒琴斯吸收印度传统要素——比如佛塔的拱顶或者大象雕塑——但是勒琴斯从一开始就强烈反对传统印度教和穆斯林建筑，包括后来在印度很流行的吸收了当地元素的殖民风格。Irving (1981), pp. 164–274。

17. 哈丁的任期于 1916 年 3 月结束，切姆斯福德（Chelmsford）总督接替了他。但是在伦敦他从财政基础方面影响了事务秘书和白金汉宫，与寇松和张伯伦（Chamberlain）对新德里项目的反对意见形成对抗。

18. 阿拉瓦利山脉，被普遍称为"山脉"（the Ridge），南北方向上横贯德里区域。

19. 委员会分别于 1912 年 6 月 13 日和 1913 年 3 月 11 日发布了两份重要报告，强烈建议选址在当时城市南侧的广大平原上——它在视线上可以连接位于东南边缘的布拉纳吉拉（Purana Qila，老要塞），一直往南望去可以看到位于西侧的顾特卜塔（Qutub Minar）——虽然反对该选址的声音持续增长。

20. 比如著名的梅特卡夫（Metcalf）住宅。

21. 就在 1911 年杜尔巴之后，殖民政府开始从加尔各答向新德里转移首都功能。

22. 历史元素包括，北侧的朱木拿（Jumma）清真寺、红堡（Red Fort）和月光（Chandni）集市，东侧的亚穆纳河和胡马雍（Hunmayun）陵，以及南侧的老要塞和顾特卜塔。

23. Irving (1981), pp. 55–90.

24. Aaravalli 中央山脉中的一个山麓。

25. Jumma 清真寺

26. 靠近沙贾汉纳巴德南侧城墙边缘生长起来的居住商业混合地区。

27. Irving (1981), pp. 56–63.

28. King (1976), p. 235, quoting Nilsson (1973), p. 45.

29. 最终，从中央景观带连接总督府的坡道的倾斜度成为争议的焦点，因为当人们行进在巴克

尔的两个秘书处大楼之间时，它遮挡了勒琴斯建筑的视线。

30. Irving (1981), pp. 142–165.

31. Irving (1981), pp. 275–280.

32. 现在的印度国会大厦（Indian Parliament House）。

33. Irving (1981), pp. 295–310.

34. 提供了印度自治的基础，建立了一个立法机构。

35. 尼科尔斯（W. H. Nicholls）从 1913 年到 1917 年是皇家德里委员会的建筑师成员；罗素（R. T. Russell）作为康诺特地区总建筑师在尼科尔斯离开以后接手了他的工作。Irving (1981), p.314。

36. Irving (1981), p. 83.

37. King (1976), pp. 267–268.

38. King (1976), pp. 248–253.

39. 1932 年它被称为这个名字；1925 年它被称为皇家德里市政委员会。

40. 伦敦的寇松勋爵和印度的当地政治家。

41. Irving (1981), pp. 109–116.

42. Hindu (2003).

43. 其中著名的包括欧文体育场（Irwin Stadium，现在的国家体育场）、赛马场、马术和高尔夫球场、受到保护的山麓森林、威灵顿机场[Welligdon，现在的萨法达晶机场（Safdarjung）]和欧文医院。

44. Delhi Development Authority (1962), p. 6.

45. King (1976), pp. 267–268; Government of India (1951).

46. Government of India (1951).

47. 洛迪殖民住房（Lodi Colony housing）和洛迪单层住宅区（Lodi Estate bungalows）。

48. 瓜廖尔（Gwalior）、焦特布尔（Jodhpur）、本迪

（Bundi）、比卡内尔（Bikaner）。Delhi Development Authority (1962), p. 6。

49. 根据 1850 年的法令 XXVI，最初在 1863 年建立，根据 1884 年的市政法令（Municipal Act）这个机构在政治上具有更大的自治权。

50. 第一个是建立在 1901 年的梅劳里(Mehrauli)，紧接着是 1913 年的民用车站（Civil Station），1916 年的沙赫德拉（Shahdara，后来在 1943 年变成沙赫德拉市政委员会），1924 年的红堡（Red Fort）和 1943 年的西德里（West Delhi）。

51. Government of India (1971).

52. 大多来自西旁遮普（West Punjab）、俾路支（Baluchistan）、信德（Sind）和巴基斯坦西北边界省份。

53. 最大的是国王大道（Kingsway），位于老德里北部，接近历史上的皇家杜尔巴所在地；其他居民点在西部的格罗尔巴格县（Karolbagh）和老德里东部的沙达拉（Shadara）。

54. 建了 36 个聚集区用来安置 47000 个难民：尼桑木丁（Nizamuddin）和防御性聚集区（Defence colony）毗邻勒琴斯德里的东南角，拉杰帕特纳加尔（Lajpat Nagar）在它南侧，再往南是卡拉吉（Kalkaji）和马尔维亚纳加尔（Malviya Nagar）。很多建在格罗尔巴格县以外，老德里的西侧和西北侧。

55. 特别是，中央景观带北侧的"铁道部大楼"（Rail Bhavan）、"农业部大楼"（Krishi Bhavan）、"教育和文化部大楼"（Shastri Bhavan）和南侧的"内务和住房 / 城市发展部大楼"（Udyog Bhavan）。

56. 典型的包括，总督府 / 政府大楼（Viceroy's House/ Government House）变成"总统府"（Rashtrapati Bhavan）及其大量的总统相关建筑（印度总统同时也是三军统帅）；市政厅（Council

House）秉承"国会"（Sansad Bhavan）；秘书处南北大楼（Secretariat Buildings）形成了今天的"中央秘书处"；中央景观带 / 国王大道变成"中央政府大道"（Rajbath，名称发生了变化，但意思没变），皇后大道变成"人民大道"（Janpath）；六边形广场和纪念拱门以及纪念碑（包括乔治五世雕像）变成了印度门（India Gate）。

57. 曾有人建议在乔治国王雕像所在地建立甘地——印度国父——的雕像，受到了政治批评，这个位置仍然空着。

58. 从 1931 年到 1941 年，当大部分办公室从加尔各答搬至德里时，政府雇员数量翻了一番；然而在接下去的十年中，该数量激增了 250%。参见 Government of India (1951)。

59. 特别是潘达拉（Pandara）区域、卡卡纳加尔（Kaka Nagar）、维纳纳加尔（Vinay Nagar）、萨罗吉尼纳加尔（Sarojini Nagar）等。

60. 根据历史人物命名，考底利耶（Chanakya，别名阇那迦）——印度孔雀王朝第一位国王旃陀罗笈多（Chandragupta Maurya）的谋臣，他优秀的外交能力家喻户晓。

61. 之前的德里区域或者辖区由首席专员管理。根据 1952 年 3 月 17 日颁布的印度宪法，印度政府宣布它属于"C"类邦，为它的 48 个立法议会成员提供有限自治权。特殊的是，与土地和建筑有关的，特别是有关联邦政府的，法令、规则和所有的指令仍然由联邦政府制定。因此德里开发当局是中央政府的一个机构，而不是德里邦政府的。

62. Delhi Development Authority (1962).

63. 在中央政府机构——城镇规划组织（Town Planning Organisation，TPO）的帮助下起草。

64. Delhi Improvement Trust (1956), p.5; Delhi Development Authority (1962), p. 5.

65. 容积率最初是 400，后来降到 250（原文此处可能存在笔误，数字为 4.00 和 2.50 更加合理——译者注）。

66. 沿巴拉罕巴（Barakhamba）大街和寇松大街已经产生了很多集中的商业开发，在这两条街上还有美式的图书馆和英式的议会；国会大街上，沿具有历史意义的简塔曼塔天文台（Jantar Mantar，太阳轨迹观测地），混合布置了办公和银行建筑以及公共机构（比如，所有的印度电台）；中间的人民大道（Janpath，之前的皇后大道）保持了一个低密度商业街的特征，其中穿插了多层的村舍商场（Cottage Emporium）大楼和老帝国饭店；沿着巴巴·哈拉格·辛格·玛格 [Baba Kharag Sing Marg（原文此处可能有笔误，疑为 Baba Kharag Singh Marg ——译者注），之前的欧文大街]——在西南侧放射出去——开发了各种各样的邦级的商业中心和它们的旅游办公室、作为地标的印度庙和谒师所（Gurdwara，锡克教庙宇）。

67. 部长们、国会成员、高调的官员、军队人员和外交人员等。

68. 已经搬至查纳克亚普里。

69. 通过私人租借。

70. 它建议形成商业节点的层级秩序，特别是在大都市区内布置地区中心。

71. Delhi Development Authority (1962), p. 106.

72. 印度旁遮普邦被分为旁遮普和哈里亚纳（Haryana）两个邦，昌迪加尔（Chandigarh）作为它们共同的首府。

73. 该导则没有强制执行能力，因为它涉及四个不同的邦，各邦在开发方面均有自己的法律

条文。

74. 根据 1992 年的国会法案，德里邦被重新命名为德里国家首都辖区（National Capital Territory of Delhi），在权力上并没有显著变化，但是拥有了一个扩大的立法议会和部长们组成的内阁。

75. 分别是北方邦、哈里亚纳邦和拉贾斯坦邦（Rahasthan）。

76. 国家首都区域规划把重点放在开发相对较远的城镇，而不是德里大都市区域提出的环绕德里的新镇。见 National Capital Region Planning Board (1999)。

77. 比如 1975 年的哈里亚纳邦开发和管理城市区域法令（Haryana Development and Regulation of Urban Areas Act），催生了古尔冈（Gurgaon）的大量私人开发商和土地开发。而在 1976 年的北方邦工业区域开发法令（Uttar Pradesh Industrial Area Development Act）的指导下，两个工业新镇，诺伊达（NOIDA）和大诺伊达（Greater NOIDA）建立起来。

78. Association of Urban Management and Development Authorities (2003), pp. 1–25; Joardar (2003).

79. Government of India (1991).

80. 虽然它覆盖的范围包括整个德里，它成立的主要目的还是针对新德里。Ribeiro (1983)。

81. Government of India (1998) as quoted by Kumar (2000).

82. Government of National Capital Territory of Delhi (1997).

83. Delhi Development Authority (2003).

第 14 章

柏林：政治体系变革下的首都

沃尔夫冈·松内（Wolfgang Sonne）

　　20 世纪中，没有哪个首都城市像柏林那样，经历了极端的政治变化：从德意志帝国到魏玛共和国再到纳粹主义独裁，接着又经历了西德和东德共存，最终重新统一成为德意志联邦共和国。在飘忽不定的航程中，柏林作为一个桥梁，使国家这艘大船受到控制，与此同时还满足了多方要求，并担任了多个角色。因此主要的政治转折点（1918 年，1933 年，1945—1949 年和 1990 年）在 20 世纪柏林作为首都城市的历史过程中是关键的标志点。

　　尽管存在这些政治断裂，以及它们有时所催生的对比强烈的城市主题，柏林仍然呈现出一种非常好的连续性城市化（urbanistic）。首先，柏林出人意料地具有稳定的人口规模：大约 400 万人，组成了 1862 年霍布雷希特（Hobrecht）规划的基础（当时城市吹嘘居民不超过约 50 万人，规划做出了大胆预测），后来在即将到来的整个世纪中被证明是比较

现实的。相应的，城市的基本景象也具有相当显著的连续性。尽管存在来自政治表达的完全不同的要求及其形成的差异性模式，柏林保持了其城市规划的主要特征：在一段较长的时间里，已经建立起来的权属模式和已有的道路、下水道等基础设施远比为重建而产生的创新模式影响深远。更进一步的是，具有限高的城市街区原型继续占据了城市景象的主要部分——尽管断断续续有反对的声音，讽刺柏林的城市景象是“石头的城市”。政治变革并没有快速有效地通过城市设计改变国家形象：纪念性的轴线不但在帝国时期和魏玛共和国时期定义了城市规划，甚至在纳粹时期和社会主义时期它同样有这个作用。另一个相似的案例是公共集会广场，它作为一个原型贯穿了最具变革性的政治环境下的城市规划，直到今天。

　　下文将会把关注点放在那些把一个首都城市和其他大都市区别开来的因素上，包括：

为政府建筑群所做的城市规划以及相应产生的国家表达。随着经历了不同的政治体系，柏林提供了一片温床可供发掘这种政治体系和城市景象之间的联系。

"大柏林的演变"：帝国时期的柏林，1900—1918 年

197

20 世纪初柏林作为一个首都城市，缺乏一个国家倡导的并应主动推动的总体规划，部分原因在于它的重要机构已经安置在了壮观华丽的纪念性建筑中，比如皇宫（Stadtschlob），它在威廉二世时期经历了轻微的扩张，再比如议会大厦（Reichstag），它是由约翰·瓦洛特（Paul Wallot）在 1882 年到 1894 年间建立起来的。[1] 代表王权正统性的皇宫和代表民主基础的议会之间产生了紧张的政治敌对关系，这也造成了城市发展上的僵持。总理府低调地位于威廉街（wilhelmstrasse）上的巴洛克式的拉齐维尔宫（Radziwill Palace）里，那里作为巴洛克城市中的贵族区域，已经布置了主要的政府部门。另一方面，司法体系有意识有计划地独立出来：新的最高法院（Reichsgericht）由路德维希·霍夫曼（Ludwig Hoffmann）于 1884 年至 1895 年之间建造，位于莱比锡而不是柏林——在一份宣告联邦制度和司法独立性的声明中提到了这些内容。[2]

但是，形成一个有效的首都总体规划的最大阻碍，是保守的普鲁士影响下的帝国和不断增强的社会民主城市柏林之间的对立。柏林提出把郊区适当地纳入城市范围内，德皇和德意志帝国各大部门否决了这一

提议，目的是防止出现一个更加强有力的社会民主城市政府。[3] 他们在不经意间也接受了这样一个现实，即否决这个提议也阻碍了帝国首都解决迫切的规划问题，比如住房和交通、绿地的供应，以及最重要的，探寻一个统一的城市景象。最终，提出总体规划的工作被抛给了艺术家和建筑师。1906 年来自柏林的两个建筑师事务所的提案带来了第一次成功。[4]1908 年柏林城和周边的夏洛滕贝格（Charlottenburg）、舍讷贝格（Schoneberg）、瑞克斯多夫（Rixdorf）、维尔默斯多夫（Wilmersdorf）、利希滕贝格（Lichtenberg）、施番道（Spandau）和波茨坦（Potsdam）等城市，以及超过 200 个社区的泰尔托（Teltow）和尼德巴尔尼姆（Nieder-Barnim）两个区域，共同组成了大柏林（Greater Berlin），并着手开展了整个区域的设计竞赛。[5]

这个竞赛最重要的使命并不是寻求一个帝国首都的具体方案。尽管如此，参与竞赛的 27 个建筑师中还是有一些特别关注了如何在城市公共纪念建筑中适当表现国家特点的问题。因此获得第三名的组合——包括建筑师布鲁诺·默林（Bruno Mohring）、经济学家吕多尔夫·埃伯施塔特（Rudolf Eberstadt）和交通工程师理查德·彼得森（Richard Petersen）——为施普雷河湾（Spreebogen）区域设计了一个帝国广场（Forum des Reiches），直接地表达了国家的帝国主义和军国主义意图（图 14.1）。设计者把战争部门（Kriegsministerium）布置在国会大厦的正对面，旁边伴随着皇家海军办公室（Reichsmarineamt）、皇家殖民办公室（Reichskolonialamt）和军队总部（Generalstab），并对此布局进行了着重解释：

图 14.1 布鲁诺·默林，帝国广场，大柏林竞赛，1910 年。一个大型城市广场应当通过为军事机构布置军事纪念碑和建筑表明帝国的野心

"军队和人民，作为德国伟大和力量的基石，在纪念性建筑中得到了统一……可以肯定的是，这样一系列建筑强有力地向每一个德国人倾诉，同时清楚无疑地向每一个来访的外国人阐释着帝国的基础！"[6] 设计组赋予了这个城市广场民族主义的意向，这在国家设计根源中并不是唯一的。相应的内容还可以在法国传统的纪念性城市广场中找到，比如，法国巴黎美术学院（École des Beaux-Arts）在 1903 年罗马大奖（Prix de Rome）[*] 中推广了相关理念，并由阿尔贝特·埃里希·布林克曼（Albert Erich Brinckmann）在其 1908 年出版的《广场和纪念碑》（Platz und Monument）

一书中进行了阐述。

没有哪个竞赛方案付诸现实。尽管大柏林协会（Zweckverband Gross-Berlin）于 1912 年成立，但它缺乏必要的规划权威：协会的主要功能是提出交通线路、购买和保护森林，以及定义新的建筑红线。它并没有权限去影响已有的发展规划或者拟定建筑规范。任何一个独立的住房政策，作为一个针对社区的社会和教育政策，也超出了它的职权范围。[7]

"大都市和首都城市"：魏玛共和国时期的柏林，1918—1933 年

一战后德皇被废黜，普鲁士保守的国家政权被推翻，剧烈的政治变革最终使得迟来

---

[*] 罗马大奖（Prix de Rome），是一种著名的法国国家艺术奖学金，旨在提高法国的艺术水平。——译者注

的政治社团整合和整个城市区域的稳定成为可能。有关创建柏林自治市（Stadtgemeinde Berlin）的法律于 1920 年 10 月 1 日生效；新的自治市包括原来的 8 个城市、59 个乡村社区和 27 个农业地区。政府功能在城市中的分布实质上没有改变：议会仍然在国会大厦中，军队部门仍然在威廉街四周聚集布置。唯一一个建筑的功能发生了根本性改变，也是最具声望的建筑物：皇宫被改造成了博物馆。

　　由于经济状况很糟糕，很多年之后，直到 1925 年一个关注住房和交通的新城市规划才在新提名的城市建筑师马丁·瓦格纳（Martin Wagner）主持下被草拟出来。[8] 然而，分散布局的国家政府部门——作为皇室追求的在根本上反宪法的政策产物——继续挑战着建筑师。因此，1920 年，马丁·马勒（Martin Machler）发布了他有关创造南北轴线的想法（第一次构想在 1908 年提出），其主要目的是把各种各样的帝国政府部门集中布置在施普雷河湾地区。[9] 建筑师奥拓·科茨（Otto Kohtz）也在他为皇室（Reichshaus）所做的柯尼希斯广场（Konigsplaza）项目中追求把帝国各部门集中布置的理念，他的这个提议于 1920 年第一次提出。但是，这项提议用一个金字塔形高层建筑代替了传统城市空间，它高达 200 米，作为表现主义的城市皇冠（Stadtkrone）占据了城市的主要景观。

　　魏玛共和国时期，即便是最现实的项目也是由建筑师发起的。前卫建筑师协会"环之会"（Der Ring）* 的几个成员在 1927 年柏林

大艺术博览会（Great Art Exhibition）上针对如何把柯尼希斯广场转变为共和国广场（Platz der Republik）提出了新的解决方法。马勒的规划也在博览会上展示了，基于他的规划，胡戈·黑林（Hugo Haring）把政府区域设想成一个遍布高层板楼的现代行政管理综合体，让人联想到勒·柯布西耶 1922 年提出的"现代城市"（Ville contemporaine）** 方案中的行政中心，尽管黑林的理念仍然强调了轴线联系的重要性。他把他设计的穿越菩提树下大街（Unter den Linden）*** 的南北轴线解释为"一条清晰明确的线穿过统治者的轴线（a distinct and clear line through this axis of the rulers）"。[10] 国会大厦前的广场被设计为"德国共和国公共集会的场所"，周围布置了看台，可供公共事务所用。[11]

　　然而，建筑师希望为民主政府地区形成一个城市规划的愿望仍然没有实现。1927 年的国会大厦扩建竞赛并没有包括周围的城市环境，此后于 1929 年进行了第二次竞赛，允许建筑师自由地把共和国广场包含在设计范围中。柏林的城市规划师马丁·瓦格纳解释了一个政治上适宜的设计野心应该是："共和国广场会发生什么？一个设计师应该可以从很久之前的'君主广场'（Square of Monarchy）

---

* "环之会"（Der Ring）是由一群年轻建筑师于 1926 年在柏林成立的建筑组织。它脱胎于表现主义建筑理论，致力于促进现代主义建筑。随着纳粹逐渐活跃，环之会于 1933 年解散。——译者注

** 也被称为"300 万人口的现代城市"（Contemporary city for three million people）或"柯布西耶的 300 万人口城市"，是著名法国建筑师勒·柯布西耶应邀为巴黎 1922 年秋季沙龙举办的城市展览所做的一个理想化的城市规划设计方案。1922 年，他发表的著作《明日城市》（The City of Tomorrow）一书，详细阐述了这个假想的 300 万人口的城市规划方案，该方案被革新派视为经典，却在保守派中引起了争议，但对城市规划理念产生了重要影响，是城市集中主义理论中的一种。——译者注

*** 菩提树下大街是柏林最著名的历史街道，也是欧洲著名的林荫大道。它东起马克思–恩格斯广场，西至勃兰登堡门。——译者注

中找到答案。新的民主国家仍然需要产生它自己的设计意识（consciousness）。"[12] 从政治视角上来说最为重要的设计来自一个没有参加竞赛的建筑师——胡戈·黑林。他修改了早前的设计，最重要的是在面向国会大厦的地方增加了一个夸张的看台（图 14.2）。黑林把他的设计理解为对民主建筑的基本贡献：

> 我研究的目的首先是概括和描绘明确由政治变化带来的城市规划变化，这也是从今天的甲方视角探索当下的任务，甲方包括目前位于最高统治层的人群，考虑他们的满意度以及必要的基础。[13]

纪念性的城市规划实施受到阻碍，其主要原因在于魏玛共和国的经济状况不佳。在早期具有挑战的几年中，新政府大楼根本无从考虑。而当规划最终完成时，1929 年的全球经济危机迅速导致一切努力更进一步停滞

不前。唯一现存的共和国时期的建筑物是总理府（Reichskanzlei）的适度扩建，它位于威廉街上，完成于 1927—1930 年，由爱德华·约布斯特·席德勒（Eduard Jobst Siedler）设计。

"重塑帝国首都"：第三帝国时期的柏林，1933—1945 年

当纳粹"夺取政权"的时候，国家表现出来的对柏林作为一个首都城市制定一个城市规划的全盘漠视突然反转了。阿道夫·希特勒（Adolf Hitler）个人有兴趣给予这个城市一个他认为有必要展现他政治主张的具象特征。在 1933 年，第一个包含南北纪念性轴线的规划诞生了。希特勒把帝国首都规划作为他战争政策的一个工具反映在城市规划理念中，这在 1940 年法国投降后他随即编写的文件中有所体现：

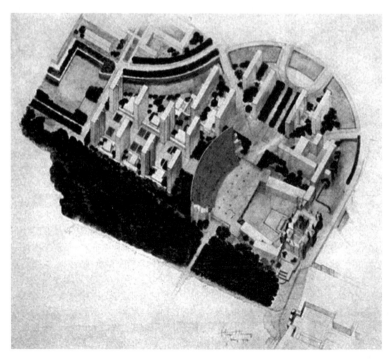

图 14.2　胡戈·黑林，共和国广场，1929 年。一个为公共集会准备的大型看台被设计用来彰显新的共和制国家的特点

在最短的可行时间里，柏林的城市更新必须展现一个新的强大的获得了应得的巨大胜利的帝国首都形象。在我看来，实现帝国首要的建设任务是确保我们长期胜利的最重要贡献。[14]

一个具有自治权的城市的行政管理对上述政治目标来说只能是阻碍。像很多其他机构一样，它迅速被剔除：城市议会（Stadtverordnetenversammlung）的最后一次会议在 1933 年 9 月召开。城市议会起初在名义上仍然存在，但实权在区域领导人（Gauleiter）约瑟夫·格贝尔（Joseph Goebbels）手中，同时从 1940 年开始他兼任市长。由于地方规划管理部门实施希特勒愿景的速度太慢，希特勒于 1937 年 1 月 30 日指派年轻温顺的建筑师阿尔贝特·施佩尔（Albert Speer）作为帝国首都柏林的总建设督察员（GBI）。施佩尔直接对希特勒负责，并被授予了影响深远的规划权力，因此从现有的市政当局和国家规划部门中移除了权力。总建设督察员的规划活动获得了大约 6000 万德国马克的年度预算。[15] 正如施佩尔指出的，希特勒致力于"把柏林打造成一个真正的德意志帝国首都城市"。[16]

施佩尔的总体规划建议重构道路交通体系，使之成为大间隔的主要道路为主，大量环路作为补充的系统，从而打通到达外环城市道路的通道，并通过两个中央交通枢纽整合铁路交通。这个规划后来补充了新住房发展规划和一个有所关联的公园系统。但是规划的核心是两个铁路站场之间的南北轴线上的中央部分，沿着 7 公里长、120 米宽的林荫大道，施佩尔设想了一系列古典主义的独立建筑（图 14.3）。轴线一端开始于一个巨大宏伟的拱门，另一端则是 290 米高可容纳 180000 参观者的德国人民大会堂（Grosse halle des deutschen Volkes）。大会堂前禁止车辆通行的广场位于国会大厦正对面，是为了衬托新的元首府（Fuhrer Palais）而设置的，而元首府的纪念性尺度让国会大厦相形见绌。中央部分的建设专注于纪念性的宣传目的，主要为"千年帝国"（Thousand Year Reich）服务。根据他的回忆，施佩尔总结了当时建设的目的是："让参观者被城市景象和由此带来的帝国的力量所征服，甚至目瞪口呆。"[17]

一方面，在施佩尔控制下形成的总体规

图 14.3　阿尔贝特·施佩尔规划的南北轴线和德国人民大会堂，1942 年，展示了传统城市元素巨大的尺度

划受到了希特勒理念的强烈影响，该理念早在 20 世纪 20 年代就已经成型了：通过设计一个穹顶大会堂以及一个宏伟的拱门，施佩尔向他的"元首"表达了忠诚。另一方面，总体规划的本质已经在早期规划建议的精髓中有所反映了：与重构铁路系统相似的概念在 1910 年大柏林竞赛中就被提出过，马勒通过公共建筑打造南北轴线的理念从 20 世纪 20 年代开始在十年中持续受到追捧。更不用说这个规划无论如何都来源于当时国际首都城市规划的大背景：环路系统和纪念性住宅计划的产生与莫斯科 1935 年的规划方法相一致；城市尺度和 1931 年完全新建的英国殖民首都城市新德里契合；古典主义的独立的建筑物是一种怀旧的做法，呼应了 1902 年规划，于 20 世纪 30 年代完成的华盛顿林荫大道两旁的布置。尽管首都城市规划确实是纳粹政治名副其实的关注点，但他们几乎没有采取特殊的纳粹式的城市设计方法来实现他们的目的。

规划在 1943 年停止，所有一切都转向支持战争，连施佩尔本人也调任军备部长（Rustungsminister）。尽管施佩尔希望他的建筑应当伫立一千年，即便不再使用，也是美丽的废墟，但到规划停止时其中完成的部分也不过只存留下了短暂的片段。其中一些是经过深思熟虑的：部分新的大楼在威廉街上建起来，比如皇家空军部门大楼，由厄恩斯特·萨格比尔（Ernst Sagebiel）在 1935—1936 年间完成，事实上它早就被当作是过时的理念，被轴线概念取代。同样情况还发生在纳粹时期完成的最重要的公共建筑上，新总理府，建于 1937—1939 年，位于沃斯大街（voßstrasse）上，由施佩尔设计，它本来应当被新规划的大会堂前广场所取代。吞并奥地利以后，为了给新年的外交官接待活动创造一个适宜的背景，希特勒感到这种大规模的"当代"建筑的建设十分必要。在 1939 年 1 月 9 日的就职仪式上，希特勒概括了他计划通过纪念性建筑获得的国内政治目标：

为什么选择最大的尺度？我的德国同胞们，我这么做是为了给每一个德国人自信。用一百种不同的方式向每一个人阐明：我们并没有被击败，相反的，我们显然和其他每一个民族都是平等的。[18]

在第三帝国时期，柏林城市规划从根本上来说是首都城市规划的问题：新的政府建筑需要在国内民众面前培养认同感，在全世界面前为这个国家的对外政策创造引人瞩目的景象。新的城市设计中所有留存下来的，仅仅是大规模的废墟。

"首都城市和大都市"：战后时期和德意志联邦共和国早期的柏林，1945—1990 年

第二次世界大战以后，柏林作为首都城市的特征起初仍然不明确：由于当时德国并没有中央政府，也就没有必要存在一个中央首都城市。而且，同盟国四个胜利者各自占据了帝国原首都的一部分，因此 1945 年 7 月柏林被分成四个独立的部分，整个城市呈现出特殊的状态。到 1946 年 8 月，同盟国认可了原柏林自治市范围内的初步架构，1946 年 10 月新的城市议会召开了它的第一次正式会议。到了 1950 年，一个新的柏林行政架构被批准，

给予这个城市一个联邦州（Bundesland）的特征（新建立的德意志联邦共和国中的一个联邦州）——由于新的政治状况，联邦州这个特征只在西柏林有效。

城市更新看起来远比政治架构更加紧迫，因为有大约30%的建筑被摧毁了。早在1945年5月——德国投降之后不久——汉斯·夏隆（Hans Scharoun）就被苏联选择作为柏林新的总规划师。1946年主要由夏隆主持完成的协同规划（Kollektivplan）在柏林规划展览中面世，于部分修复的皇宫中展出，规划提出与传统城市景象彻底决裂，根据自然景观模式通过方格网公路系统划分城市。[19]第一份规划中提出的理念没有一个是有关政府区域的：一方面的原因是，看起来并没有必要立刻打造一个政府区域，另一方面，在当时甚至提出与纳粹代表性规划相关的主题都是难以想象的。

但是，总体规划的实施受到了不断增长的政治紧张气氛的阻碍：柏林处于社会主义东方和资本主义西方之间的冷战前沿，最明显的举动是1961年8月13日修建起来的柏林墙。1949年两个德国国家的出现——德意志联邦共和国和德意志民主共和国（GDR）——消除了建立一个中央首都城市的需要。尽管两德都宣称柏林是它们的首都城市，德意志联邦共和国选择波恩作为临时政府所在地，以应对柏林的不稳定局势。根据联邦传统，联邦宪法法院（Bundesverfassungsgericht）搬到了卡尔斯鲁厄（karlsruhe）。因此，波恩政府建筑明显比较朴实，在设计过程中没有赋予具象的特征，也是有潜在原因的。[20]再加上对纳粹浮夸的建筑宣传的拒绝，明确表达波恩作为政府所在地的短暂性，对于确保它的暂时性被牢记很重要。

国家不得不在城市规划层面加强柏林的首都特征。在1957年——当时这样一个规划在政治上是难以实现的——德意志联邦共和国和柏林州（Bundesland）举办了"首都城市柏林"的竞赛，范围包括了东西柏林两部分。竞赛被寄予希望，为首都城市带来一个新的城市景象，从而展现出康拉德·阿登纳（Konrad Adenauer）总理在前言中所提到的相关精髓："城市结构和城市更新旨在表达柏林作为德国首都城市和现代大都市，在精神和思想方面所起的作用"。[21]首都城市重要作用的象征意义和民主以及国际联系的新价值在这里被强调：

> 新首都的局势无论如何不再表达民族独立主义政府的力量。而是由民主的理念以及在平等基础上形成的国际合作占据主导地位。[22]

这个竞赛放弃了战后第一次关注政府区域的提议，而是注重展现了两方面内容，一方面是对纳粹主义的摒弃，另一方面是与社会主义的对峙。因此温和的现代主义的评审团反对任何基于轴线和几何图形的参赛作品，而对于在流动空间里自由组织的方盒子特征的设计作品，他们给予了很高的评价。大多数参赛者把政府区域布置在施普雷河湾地区，事实上竞赛说明中也是这样建议的。由弗里德里克·施彭格林（Friedrich Spengelin）、弗里茨·埃格林（Fritz Eggeling）和格尔德·彭佩尔福特（Gerd Pempelfort）设计的获奖作品（图14.4），展示了一个典型的解决方案。他们解释设计意图为"政府区域拥有一个郁郁葱葱的中心，布置了一组自由但又有秩序的

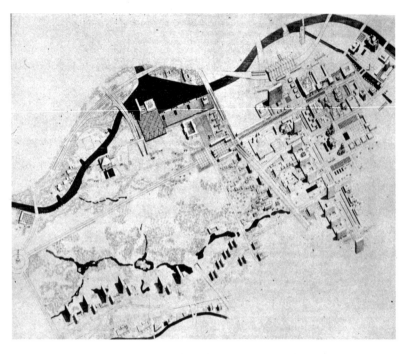

图 14.4 弗里德里克·施彭格林、弗里茨·埃格林和格尔德·彭佩尔福特，政府中心，"首都柏林"竞赛，1958年。在景观中自由布置了独立的建筑，目的是打破与过去的联系，标志着新的自由社会的诞生

建筑群，是民主国家精神的具象表现"。[23] 因此自由布局的方盒子和平面——遵循勒·柯布西耶在昌迪加尔国会大厦的设计原则以及第八次国际现代建筑大会中碰撞出的设计火花——已经获得了政治上的利好。逐渐升级的东西方对峙打消了为民主统一的德国建立一个新的政府区域的想法。柏林墙竖立起来之后最重要的建设是保罗·鲍姆加滕（Paul Baumgarten）在 1961—1972 年完成的德国国会大厦修复工作，它将作为未来议会所在地。

"德意志民主共和国的首都"：德意志民主共和国时期的柏林，1949—1990 年

德意志民主共和国（GDR）建立以后，新共和国首都的规划起初按照夏隆（Scharoun）的规划理念开展。西柏林的城市形象由一个相当保守的交通规划塑造而成，它是基于现状城市模式形成的，而东柏林则陶醉在一片彻底的先锋派的城市规划方法中。然而，规划背景迅速经历了一个彻底的改变。在莫斯科的影响下，为首都设计一个纪念性的形象蔚然成风，它可以展示社会主义的胜利果实，这一模式是在 1935 年由约瑟夫·斯大林（Josef Stalin）设计的莫斯科总体规划中塑造出来的。新的强硬的建筑控制线（architectonic lines）在接下去的几年中逐渐显现出来：东柏林展现了保守的国家形象，以斯大林巷（Stalinallee）为代表，而西柏林则通过现代主义的国际风格对此回应，集中体现在汉萨街区（Hansaviertel）。[24]

在德国统一社会党（SED, United Socialist Party of Germany）1950 年 7 月的党员大会上，国家和政党领导人瓦尔特·乌布利希（Walter Ulbricht）概括了首都必须回应的政治需求："城市中心应当借由纪念性的构筑物以及各种建筑组合方式呈现一个具有特

征的景象，该特征应该尽量充分展现首都的重要性"。[25] 为了实现这个目标，一个建筑师代表团在同年4月奔赴莫斯科，去熟悉社会主义现实主义（Socialist Realism）风格的新莫斯科城市规划。1950年7月27日，德意志民主共和国政府批准了城市设计的16条原则，其中它规定了：

> 城市中心是居民生活的政治焦点所在……发生在公众假期的政治示威、游行和节庆活动占据了城市中心的广场。[26]

为了和这些规定保持一致，规划委员会，到那时为止还是在国家层面进行协调并由发展部（Ministry for Development）管理，设想了一条从斯大林巷到勃兰登堡门和中央广场的中心轴线（Zentrale Achse），同时中央广场（Zentrale Platz）将取代宫殿，还将建设一个高层中央大楼（Zentrale Gebaude）来容纳政府功能。这个规划毫不迟疑地付诸实践：宫殿早在1950年9月就被拆除，从而为大规模的设想创造空间。[27] 埃贡·哈曼特（Egon Hartmann）的方案被授予一等奖，其后他的方案在执行前又经过了多个团队修订。

斯大林巷的开发提上日程，然而，这个年轻的国家缺乏实现中央政府大楼的方法。而且，随着1953年斯大林去世，德意志民主共和国的建筑政策也发生了转变：特别是，经济管制使得工业化方法成为建设中不可避免的重要部分。作为对于西德组织的"首都城市柏林"（Hauptstadt Berlin）竞赛的直接回应，德意志民主共和国政府和东柏林市政当局在1958年组织了竞赛"为GDR首都柏林中心区进行社会主义再设计"（zur sozialistischen

Umgestaltung des Zen trums der Hauptstadt der DDR, Berlin）。竞赛的概要形成了一个政治需求的简短声明："从社会主义中产生的经济、政治和文化生活必须在首都中心区城市规划中有所反映。"[28] 社会主义生活已经超越了斯大林主义的历史决定论（Stalinist historicism）和西方社会国际主义（Western internationalism），建筑和规划要求进行创新，从而满足这种社会主义生活要求，然而建筑师被证明对此束手无策。因此竞赛结果令人十分不满意，也没有产生一等奖。二等奖颁给了由格哈德·克勒贝尔（Gerhard Krober）领导的联合体，他们设计了一个高层建筑，也可以看作另一个资本主义（capitalistic）办公大楼。[29] 在竞赛范围以外，还有两个重要的方案。第一个是由官员格哈德·科泽尔（Gerhard Kosel）提出的，他建议柏林老城的一半都应该尽量低调（flooded），从而突显他的纪念性高层建筑的影响（图14.5）。[30] 另一个则由建筑师赫尔曼·亨泽尔曼（Hermann Henselmann）设计，他的信号塔的概念不符合竞赛要求，但最终证明在实际实施的工程中起到了决定性的推动作用。[31]

中央政府高层大楼，自从国家成立以来就开始规划，最终被三个建筑取代：1962—1964年罗兰·科恩（Roland Korn）和汉斯－埃里希·博加茨基（Hans-Erich Bogatzky）在马克思－恩格斯广场（Marx-Engels-Platz）上设计了国务院大楼（Staatsratsgebaude），作为政府所在地，包含了原来被拆除的宫殿的艾奥桑德（Eosander）门；1965—1969年沃纳·阿伦特（Werner Ahrendt）、弗里茨·迪特尔（Fritz Dieter）、冈特·弗兰克（Gunter Franke）和赫尔曼·亨泽尔曼设计了广播电

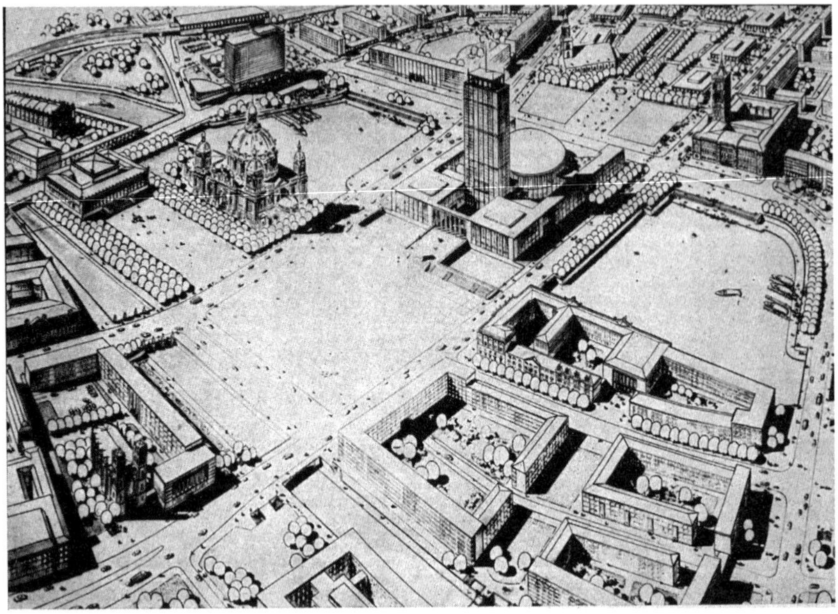

图 14.5 格哈德·科泽尔，中央政府大楼，1960 年。一个大型公共广场为国家游行服务，摩天大楼则宣告了社会主义的胜利

视塔（Fernsehturm），是代表社会主义的最高的建筑；最后在 1973—1976 年，海因茨·格拉福德（Heinz Graffunder）设计了共和广场（Palast der Republik），作为一个多功能建筑，包括德意志民主共和国国会和人民议会（Volkskammer）等部门。所有这些建筑完美地匹配国际实用主义建筑的各项标准：它也可以被理解为任何一个西方城市中一个国会中心、一个大公司的众多总部以及一个广播电视塔的组合。尽管德意志民主共和国最终在三十年的进程中实现了它的社会主义中心，但也因此受到了经济困难的损害，而且它并没有发展出一套具有代表性的形象。

"德意志联邦共和国的首都"：重新统一后联邦德国时期的柏林，1990—2000 年

1989 年 9 月 9 日柏林墙倒塌，1990 年

10 月 3 日德意志民主共和国加入德意志联邦共和国，此时出现了产生一个总体城市规划的机会。在冗长的争论之后，德国联邦议院于 1991 年 6 月 20 日最终同意批准了这一无党派的请求，即举办"统一德国竞赛"，并声明柏林作为国家未来的首都。[32] 因此有必要为柏林形成一个首都城市更新规划。在集体层面，柏林也再一次成为一个统一的政治载体，形成了一个扩大的柏林联邦州，其中市长（Regierender Bürgermeister）和参议院作为政府组成部分。

两德统一之后的城市规划阶段伴随着广泛的公共讨论。柏林参议院介入这场讨论主要是通过一系列名为"城市论坛"的事件，它由"城市规划和环境保护参议院部门"主持开展，同时一系列名为"城市设计和建筑"的报告由"建设和住房众议院部门"出版。再加上寻求广泛的公众支持，首都城市规划的目标仍然是实现联邦和柏林市的利益平衡。两级政府（联邦和城市）在 1992 年签订了名

为"为了柏林作为德意志联邦共和国首都城市的发展"（zum Ausbau Berlins als Hauptstadt der Bundesrepublik Deutschland）的协议。[33]

1992年联邦政府为修复国会大厦和开发施普雷河湾区政府所在地举办了国际竞赛，这一地区从20世纪初开始就被认为是政府所在地的备选方案。诺曼·福斯特（Norman Foster）最终根据甲方的要求通过一个玻璃穹顶修复了国会大厦——通过使用天光并为游客提供参观的路径实现了生态性和政治正确性。[34]因此新的国会大厦符合联邦政府对民主建筑形成的共识：透明，向公众开放，以及把创新的思想浇筑进了一个保守的正式的模型中。

在类似的理念下出现了"施普雷河湾区概念性城市设计国际竞赛"，建设内容要求包括以下部门：联邦议会办公室、联邦大臣官署、联邦新闻发布会、德国新闻俱乐部、德国议会协会和联邦议会。莉塔·苏斯慕特（Rita Sussmuth），联邦议会的议长，在竞赛说明中概括了竞赛的政治期望：

> 德国国会大厦应当满足实现一个透明而有效同时与全体公民关系密切的议会的需求。它应当对外开放，应当被设想为一个整合的场所，也是我们民主的中心和试验场。[35]

阿克塞尔·舒尔特斯（Axel Schultes）和夏洛特·弗兰克（Charlotte Frank）的获奖方案通过容易理解的"联邦纽带"（Band des Bundes）的形象获得了广泛的公众认可（图14.6）。建筑师使用的空间布局反映了权力的分立，他们围绕一个"联邦公共集会广场"布置行政部门和立法机关。[36]

实际上媒体完全统一地把这个东西向的带形城市解读为两个国家和分割为两部分的城市之间的联系纽带。从历史角度看，20世纪60年代的巨厦*是一种传统——比如，从1969年开始由超级工作室（Superstudio）设计的巨大的雕塑式的形象，连续纪念碑（Monumento continuo），是一个抽象的线性的结构，穿过现有的城市。还有阿克塞尔·舒尔特斯为联邦总理（bundeskanzleramt）设计建设的新官署——1995年在一个竞赛之后由赫尔穆特·科尔（Helmut Kohl）总理选定——遵循了纪念碑风格的建筑，它受到20世纪60年代现代主义的启发，特别是路易斯·康。[37]从这个角度，柏林的新政府区域也可以被理解为早该实现的来自过去时代的先锋派城市规划运动的胜利，然而这一运动强烈地反对柏林历史建筑地块的重要重建工作，该重建工作主要针对城市的居住和商业部分。

也是为了各个部门，联邦政府第一次规划了彻底的拆除和新建计划。在这一方向上的努力之一是"施普雷岛（Spree Island）国际城市规划概念竞赛"，它在1993—1994年举办，设想创造一个城市中表达国家意向的次要的中心区域，它包括了外事办公室（Auswartiges Amt）、内政部（Bundesministerium des Innern）和司法部（Bundesministerium der Justiz）。[38]然而，从1994年以后，由于经济和生态保护的原因，新的联邦规划、建设和城市设计部部长，开始把各个部门安置在已有的建筑内。[39]这使得遍布城市随历史

---

* 指一种设想中的建筑学与生态学相结合的巨型建筑体。——译者注

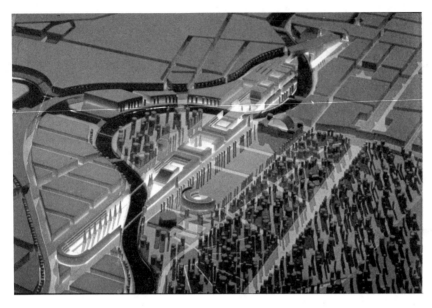

图 14.6 阿克塞尔·舒尔特斯，联邦纽带，施普雷河湾区竞赛，1993年。立法机关和行政部门整合在一个东西向结构中，其目的是突出表明两德重新统一

演化而成的无序分布的国家建筑物长久存在下去，同时它也使得柏林多样而矛盾的建筑历史在当今时代里稳定地固化下来：联邦议院（Bundestag）在原议会大厦里举行会议，联邦参议院（Bundesrat）* 则在普鲁士议会的耶和华议会室（Herrenhaus des Preussischen Landtags）召开会议，其他一些部门则安置在原来德意志民主共和国用于政府用途的国家社会主义建筑中。

然而人们可能对柏林新政府建筑群的政治意义产生争论，1990 年以后的首都城市规划不管在组织方面还是在财政方面都取得了非凡的成功。重新统一以后的第一个十年中，柏林大约获得了 2000 亿德国马克作为新建筑和基础设施的总开支[40]，经过估算，政府建筑群的造价控制在了 60 亿德国马克以内。[41] 这个成就来自于有效的管理，再加上具有成本效益的更新政策。新首都是通过一些联邦委员会在政治上组织和实现的，包括联邦建筑协会柏林有限公司，最终是由隶属联邦规划、建设和城市设计部门的联邦政府补充到柏林和波恩的委员（Commissioner of the Federal Government for the Move to Berlin and the Bonn Compensation）来负责的。因为具有有保障的国家财政，牢固的组织，无党派的政治以及国际水准的城市规划，政府所在地在 1999 年 9 月 1 日正式由波恩搬到柏林。柏林作为首都城市长达上百年的充满争议的首都城市规划终于可以稳妥地认为获得了一个长期的结论。

---

* 德国属于两院制体制，联邦议院（Bundestag）和联邦参议院（Bundesrat）共同组成了联邦议会，类似于一般两院制中的"下院"和"上院"，联邦议院由选举产生，4 年为一任期；而联邦参议院没有选举任期，是一个连续的国家权力机关，党派比例随着各州议会的选举而变化，主要负责参与联邦的立法和欧盟事务。——译者注

结论

柏林跌宕起伏的规划历史提供了大量的

基础，使得人们深入了解导致首都城市规划成功或失败的因素。缺乏政治连续性可能是导致无数规划失败的最具决定性的因素：20世纪上半叶，政治体系大约每15年就发生一次变化，使得影响深远的城市规划无法实施。直到20世纪下半叶它才展现出相对的连续性——德意志民主共和国存在了40年，而德意志联邦共和国从1949年开始稳定下来——成功的首都城市规划才随之而来。广泛的政治共识对国家连续性来说是一个决定性的因素：在帝国时期和魏玛共和国时期，政治对抗遏制了所有实际规划；而20世纪上半叶和下半叶德国两个不同制度威权政权的实际运作又导致了两个体系的崩溃。相反的，民主和联邦制的联邦共和国最终确保了一个重要的政府区域的建立。

规划是由指令性政府实施，还是通过民主的过程达成共识来建设，是第二重要的因素：如果第三帝国继续存在，施佩尔的规划毫无疑问将得到实施；但是联邦共和国1990年以后采取的达成共识的方法至少是相对成功的。具有较强行政管理能力的政府结合在一起，同时在政治上比较稳定，采取民主的形式，看起来是最为有效的方式。这个过程也没有要求一个独立的政治领导者。尽管希特勒在推动首都城市规划方面投入了大量的个人努力，规划最终也没有成功，而1990年以后的成功的规划在实施中也没有一个独立的政治领导者。

然而，如果财政无法得到保证，只有政治稳定也不能成功创造出一个具有代表性的首都城市。因此德意志民主共和国首都中心区城市规划失败了，这里的失败指的是它在实施上的平庸，更多的是由于缺乏经济来源，

这一原因远远大于缺乏政治意愿或者它是政治变化的牺牲品。同样的道理，当无法得到政治稳定性的支持时，只有充足的财政方式也是不够的，纳粹时期规划的失败证明了这一点。只有政治稳定和经济繁荣共同作用才能确保首都总体城市规划的实施，正如1990年以后联邦共和国所展现的那样。除非国家对它的政府建设直接负责投资，不然意义深远的首都城市规划的成功实施难以实现：帝国时期和魏玛共和国时期恰恰是缺乏这一层面的来自国家的财政支持。

国家的组织始终是实现首都城市规划的一部分。仅由城市自发主导——经常是由建筑师发起的，比如1910年大柏林竞赛，20世纪20年代以后的城市规划，二战后的规划亦或是1984—1987年的国际建筑展（Internationale Bauausstellung–IBA）——都可以在进行过程中推动重要的城市发展，但这种主导方式不能也没有意愿推动规划专门针对一个首都城市的发展。在国家和城市利益交换基础上建立起来的共识被证明是特别有效的，独立的规划议题在国家和城市机构中明确区分开发——伴随着的是显著的想要联合的意愿——正如1990年重新统一以后的案例表现出来的那样。但是，指令性的国家意愿强制介入城市也可能获得相对成功的结果，如果具有相关的政治连续性和财政方式。

20世纪柏林所有的城市设计都具有优异的国际水平，即便是那些具有民族主义和分裂主义暗示的。1910年竞赛和20世纪20年代以后的城市设计质量不论在当时的人们还是历史学家看来都是毫无异议的。即使是第三帝国和德意志民主共和国时期编制的规划也绝没有脱离国际舞台；它们偏爱的城市

特点不应该由于政治错误或领导人的罪行而被全盘否定。相反的，1949 年以来由联邦共和国推动的规划，有意识地探索了国际比较，尽管 1958 年和 1990 年的城市哲学大相径庭。然而，仅有规划，不管它有多好，都不是成功创造一个首都城市的有效条件，这已经在柏林整个 20 世纪的历史中得到了惊人的证实。

从柏林首都城市规划的历史中还可以得出更深远的结论。一方面，并不存在真正的同质的柏林传统。几乎每一个设计都有它当时的国际上的对应物。另一方面，并不存在专门针对特定政治体系的具有代表性的城市形式：几乎所有政治体系都根据经验诉诸利用轴线渲染它们的中央政治机构；几乎所有政治体系都把公共集会广场的原型用作真实或设想的公民精神的舞台。尺度、高度和中心性也始终在国家建筑设计中担任决定性的角色，不管它们想要表达何种政治价值。这同样适用于 20 世纪 50 年代以后的非对称和反轴线的项目，它们倾向于反抗国家代表性，这在历史上可以被理解为例外。屡次出现的具有争议的政治信号更多在建筑上表达为风格的差异性，而非城市规划的不同方式。

与很多失败相对应的，在柏林规划历史上，使得首都城市规划取得成功的关键因素更多。有效的实施要求政治具有连续性，同时对政治合作达成共识，国家财政为政府建设及其必要的基础设施提供保障，实施过程由国家组织，这其中也包括城市当局，最后还要有达到国际水平的城市规划理念，愿意并且能够根据经验从视觉角度渲染国家机构的重要性。

注释

1. Herzfeld (1952); Taylor (1985); Cullen (1995); Hoffmann (2000).

2. Cf. Stadtgeschichtliches Museum Leipzig (1995).

3. Nowack (1953). For the general planning history of Berlin cf. Hegemann (1930); Schinz (1964); Werner (1976); Lampugnani (1986); Kleihues, (1987); Brunn and Reulecke (1992); Schneider and Wang (1998); Kahlfeldt, Kleihues, and Scheer (2000); Jager (2005).

4. Vereinigung Berliner Architekten and Architektenverein zu Berlin (1907).

5. Anon. (1908); Cf. Posener (1979); Konter (1995); Bernhardt (1998); Sonne (2000); Sonne (2003).

6. Anon. (1911), p. 25; Cf. Anon. (1910); Hofmann (1910).

7. Cf. Nowack (1953); Escher (1985).

8. Cf. Scarpa (1986); Hüter (1988).

9. Mächler (1920); Kohtz (1920).

10. Häring (1926); also in: Häring and Mendelssohn (1929). Cf. Nerdinger (1998), pp. 87–99; Schirren (2001).

11. Berg (1927), p. 47.

12. Häring and Wagner (1929), p. 69. Cf. Wagner (1929); Anon. (1930).

13. Häring and Wagner (1929), p. 72.

14. Letter dated June 25, 1940; in: Reichhardt and Schäche (1985), p. 32; Cf. Miller Lane (1968); Larsson (1978); Schäche (1991).

15. Reichhardt and Schäche (1985), p. 37.

16. Speer (1939), p. 3. Cf. Stephan (1939).

17. Speer (1970), pp. 134–135; quoted from: Helmer (1985), p. 39.

18. Schönberger (1981), p. 184.

19. Anon. (1946), pp. 3–6. Other post-war plans are: Moest (1947); Bonatz (1947). Cf. Kleihues (1987); Durth (1989); Kahlfeldt, Kleihues and Scheer (2000).

20. Schwippert (1951); Arndt (1961). Cf. Bundesministerium für Raumordnung (1989); Flagge, Ingeborg and Stock (1992).

21. Berlinische Galerie (1990).

22. Bundesminister für Wohnungsbau Bonn und Senator für Bau-und Wohnungswesen Berlin (1957), p.8.

23. Bundesminister für Wohnungsbau Bonn und Senator für Bau–und Wohnungswesen Berlin (1960), p. 29.

24. Nicolaus and Obeth (1997); Dolff-Bonekämper (1999).

25. Ulbricht (1950), p. 125.

26. Düwel (1998), pp. 163–187.

27. Magistrat von Berlin (1951).

28. Anon. (1958).

29. Anon. (1960)

30. Kosel (1958); Cf. Verner (1960).

31. Cf. Düwel (1998); Hain (1998); Müller (1999); Müller (2005).

32. Deutscher Bundestag (1991).

33. Senatsverwaltung für Bau- und Wohnungswesen, Berlin (1996), pp. 90–91; Cf. Senatsverwaltung für Bauund Wohnungswesen Berlin (1992); Senatsverwaltung für Bau- und Wohnungswesen Berlin (1993); Wise (1998); Welch Guerra (1999).

34. Cf. Wefi ng (1999).

35. Zwoch (1993), p. 6.

36. *Ibid*, p. 46.

37. Burg and Redecke (1995); Cf. Wefi ng (2001).

38. Zwoch (1994).

39. Cf. Bundesministerium für Verkehr, Bau- und Wohnungswesen (2000); Wagner (2001).

40. Stimmann (1999), Berlin nach der Wende. Experimente mit der Tradition des europäischen Städtebaus, in Süß and Rytlewski (1999), p.558.

41. Bundesministeriumterium für Verkehr , Bau–undWohn–ungswesen (2000), P.6.

致谢

感谢大不列颠建筑历史协会（Society of Architectural Historians of Great Britain）授予我多萝西·斯特劳德（Dorothy Stroud）奖学金，支持了本章的发表。

罗马：超越常规规划的大事件造就了城市发展

乔治·皮奇纳托（Giorgio Piccinato）

1870 年，在与教皇军队浴血奋战之后，罗马成为意大利王国的实际首都，意大利王国是个反对教会世俗权力的新国家。[1]当时的罗马人口只有 20 万（比米兰、热那亚、巴勒莫和那不勒斯的人口都要少），仅有一个小而紧凑的城市核心，周边环绕着田野、牧场和花园，穿插着别墅、修道院和教堂，整座城市都在奥勒良城墙（Aurelian Wall）之内。对于城市未来的讨论随之开始。中央政府和地方政府对权力和责任之间的直接关系反复纠缠，导致了城市战略相关的重要决策不断拖沓。[2]尽管罗马公民、贵族和僧侣联合起来反对城市的新主人，罗马人口还是不断增长，这些新罗马人包括：公务员和新政府的雇员，从乡村前来寻找工作机会的移民，被罗马发展前景所吸引的专业人士和企业家。在皮安恰尼（Pianciani）市长任期内[3]，首都的第一个控制规划 * 由罗马总工程师亚历山德罗·维维亚尼（Alessandro Viviani）设计。[4]1873 年，该方案提交给城市议会。然而，中央政府才是管理罗马的权力机关，是可以直接与私营部门打交道，并选定政府所在地、建筑和办公室位置的权力机关，而市议会对于城市及其政治经济的命运仍有分歧。当时，包括贵族、商人和罗马教廷的权贵在内的所有人都在从事土地投机。甚至连市长都感叹，买卖活动比建设活动更加普遍，这大大加剧了住房短缺的问题。[5]

1873 年规划本身仅限于批准正在进行的房地产项目[6]，比如独立广场（Piazza Indipendenza）和维托里奥·埃马努埃莱 ** 广场（Piazza Vittorio Emanuele），以及连接火车站和市中心的新国家大道（Via Nazionale）。[7]该规划似乎遵循着昆蒂诺·塞拉（Quintino Sella）[8]支持城市向东扩建的思路。几个政

---

* 意大利语称为 piano regolatore，是意大利城市的官方规划名称，指控制城市发展的规划。这与控制性详细规划概念并不相同。——译者注

** 维托里奥·埃马努埃莱二世（Vittorio Emanuele II），意大利统一后的第一任国王。——译者注

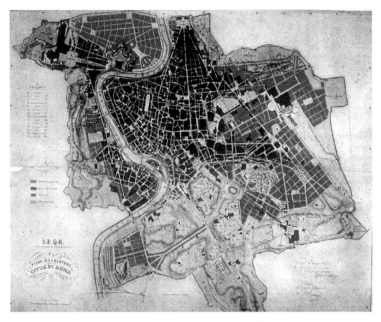

图 15.1　1873 年罗马的首个总体规划，直到 1883 年才完成修订和批准

府部门跟随着财政部在东区落脚。南区则致力于仓储和工业产业，这里的产业在罗马教宗统治的最后几年已经开始起步。规划文本则主要考虑了街道网络和公共卫生两个方面，为历史中心的预期规划干预提供有力论证。在市议会的辩论中，对重大工业发展和工人阶级邻里社区的反对之声变得愈发明显，议员们担心遇到其他欧洲首都当时正在遭受的社会矛盾。[9] 该规划预期持续 25 年，却未曾得以正式采纳。

19 世纪 80 年代初，意大利中央政府考虑到，如果需要为建设首都正常运转所需的公共基础设施提供长期贷款，应当具有经批准的控制规划。出于此原因，维维亚尼第二规划方案终于在 1883 年得以采纳。[10] 此方案和第一个方案差别不大，但提供了重要公共设施和交通要道组成的系统，将历史悠久的城市中心与新的城市扩张区联系在了一起（图 15.1）。[11] 突然之间，首都的建设似乎成了巨型企业；从意大利北部和欧洲各地（法国、德国、英国）的资本和商业大量涌进罗马，这些资本和商业的规模对于罗马的小开发商们来说根本无法组织形成。在此期间，政府兴建了七座桥梁、综合医院、中央法院和埃马努埃莱二世纪念碑。然而，罗马一直处在金融灾难的边缘，因为罗马无法从可建设土地上征收税款（这是该规划方案的资金来源）。因此，罗马被迫与私营部门签署契约（意大利语"convenzioni"），以支持必要的城市开发。

得益于意大利中央政府的干预，19 世纪 80 年代将会永远被记为"建筑狂热"的时代。无论在规划范围内外，建设工地随处可见；盛大的贵族别墅消失了，贵族们急忙将其转变成为租赁住宅。狂热并未持续多久，程度却相当激烈。1886 年至 1887 年建设了 1.2 万间房屋，但在 1888 年至 1889 年期间却只建设了 800 间。[12] 经济和人口并没有重大增长，公寓却空置着，投资者望而却步，不良贷款支撑下的建设项目被不断废弃，众多银行关门歇业，成千上万的建筑工人返回了原籍。

现代城市治理：纳坦（Nathan）的治理

215　　在意大利统一（1870 年）之后的第一个十年，情况相当复杂，罗马的城市发展是各方力量相互冲突的结果，而各方力量往往作用于不同层次。控制规划应当综合各方需要和目标，但这样的想法似乎比以往任何时候都更加难以实现。当时既没有好的思路，也尚未对罗马应承担的功能达成一致——更别提首都的代表作用了。同时，罗马受制于双重管理，市政当局和中央政府都自然而然地追求着自己的目标，这导致了短视政治环境。因此对城市的决定常常不稳定和甚至相互脱节。例如，中央政府开始在城市东面建设新罗马，想要和旧罗马脱离，并建立"各政府部门组成的轴线"［庇亚街（Strada Pia）改名为"九月二十日街"（Via XX Settembre）*］，同时奥勒良城墙之外的城市拓展也获得了批准。内城的宏伟别墅被摧毁了。有人呼吁建设环形路网，但最终仅有径向道路得以建成。土地原本保留给低密度发展，但更高密度的建设在建筑许可下迅速兴起。

　　直到 20 世纪初，罗马方才在政治环境转变后开始恢复。第一次世界大战之前，总理乔瓦尼·乔利蒂（Giovanni Giolitti）依靠工人阶级和城市中产阶级之间达成的社会契约，带领意大利从保守的农业国转变成了工业社会。正是在这样的环境下，人民联盟（Blocco popolare，英语为 Popular Coalition）成立了，团结了激进派、共和派和社会主义派，并于 1907 年获得了罗马市政府的控制权。罗马新市长是犹太人埃内斯托·纳坦（Ernesto Nathan），一位马志尼主义**共济会会员，是现代罗马的治理历史上唯一一位值得纪念的人物。[13] 他在位 7 年，应对了基础教育、公共卫生、民主化和对抗土地投机等诸多问题。他将运输系统和电网公有化，划归市府所有。他任命了米兰首席土木工程师埃德蒙多·圣茹斯特·迪特拉达（Edmondo Sanjust di Teulada）[14] 制定新的罗马控制规划。1909 年，罗马终于有了基于最新制图信息的准确的控制规划（图 15.2）。圣茹斯特提出了他的规划方案，这一城市规划工具依赖于一系列法律和财务的规定而制定。该规划还定义了多种建筑类型——多层建筑、独栋房屋、"花园"[15]，依次在密度上逐渐降低——但这激起了后两种建筑类型的土地所有人的反对，他们于是加入了反对纳坦联盟（Blocco Nathan）的行列。1914 年，在与新民族主义右翼联盟之后，旧贵族重新执政了罗马。在纳坦治理时期及之后，罗马公共房屋机构（Istituto Autonomo Case Popolari，简称 IACP）不断繁荣并持续增长。1930 年，IACP 占据这个城市总住房存量的 10% 以上。得益于优秀建筑师的工作，IACP 在罗马建筑的轨迹上保持了很长一段时间。IACP 力图打造新的建筑方式，将社会住宅纳入现有的城市结构之中；同时，在 IACP 倡导下，20 世纪 20 年代建设了加尔巴特拉（Garbatella）和阿涅内（Aniene）两座田园城市。[16]

　　罗马的城市史不仅仅由官方规划造就。

---

* 这条路由教宗庇护四世在庇亚城门揭幕，因此得名"庇亚街"，1870 年 9 月 20 日意大利王国攻陷罗马，为纪念这个日子，更名为"九月二十日街"。——译者注

** 朱塞佩·马志尼（Giuseppe Mazzini），意大利作家、政治家，意大利统一运动的重要人物。——译者注

图 15.2　圣茹斯特于 1908 年到 1909 年制定的总体规划

它同时也以重要事件以及规划之外的独立想法为契机，带动空间转变。1911 年的大国家展（Great National Exhibition）就是一个很好的实例。为庆祝意大利统一 50 周年，展览成为肯定罗马作为大国首都地位的一次绝佳机会：这是一座科学盛会和艺术展览并举的城市，是区域特质相互融合的地方，是全国各地游客汇聚的首都。豪华的展馆和示范性住宅建在博尔盖斯别墅（Villa Borghese）附近的广阔区域上（最近由市政府收购，成为公共公园），并建设了一座跨越台伯河的新铁桥。建筑、桥梁和新的国家现代艺术馆在展后得以保留。艺术馆周边地区被预订为外语院校用地，而台伯河的另一侧建设成为了新的居民区，这些项目由建筑师埃德蒙多·圣茹斯特和约瑟夫·施蒂本（Josef Stübben）等设计完成。[17]

与此同时，超脱于所有的官方控制规划之外，大型考古研究项目正在进行之中，项目范围从卡皮托利欧山一直向南延伸。该地区在中世纪和教皇时代几乎没有城市化，但在意大利统一之后进行了系统的挖掘：共和广场 *、帕拉丁山、马克西穆斯竞技场（Circus Maximus）、帝国广场、马克森提乌斯巴西利卡（Basilica di Massenzio）、维纳斯神庙、图拉真市场以及卡拉卡拉浴场。法西斯时期，这些项目继续进行，形成了一个绿色楔形，威尼斯广场沿着阿庇亚古道（Via Appia）向着阿尔巴尼山（Colli Albani）开放，呈现三角形状。20 世纪 70 年代建立了阿庇亚古道（Via Appia Antica）国家公园，从圣塞巴斯蒂亚诺门（Porta San Sebastiano）延伸到外环路。

---

* 这里的广场是拉丁语中的 "Forum"，意大利语为 "Foro"，指的是公共的室外活动场所。"Piazza" 在翻译中也称为 "广场"，但这时的广场指城市广场，规模相对较小，而且一般由至少两侧以上街道确定边界。——译者注

考古研究项目的结果形成一个大型考古区，横穿罗马城的整个南部片区，一直延伸到仍被认为是历史中心的地方为止。

复兴帝国城市：法西斯时期的罗马，1922—1943 年

217　　两个主题主导了法西斯时期的规划：农村政策和罗马建设。墨索里尼时代的经济并未显著增长，但意大利在很大程度上在糟糕的 1929 年大萧条中得以幸免。由于对几个基本经济部门进行了显著的公共干预，意大利加强了产业结构并构建了社会服务体系。城市的持续增长加剧了地方行政问题，城市所鼓励的生活方式并没有得到执政当局的赞赏。法西斯的反城市化运动始于 1928 年，墨索里尼的署名文章"城市疏散"[18] 发表于该年。1939 年，该运动达到了顶峰，法律强制禁止人们迁移到 25000 多个城镇，否则他们就会面临失去工作许可的威胁。

两个主题主导了法西斯时期的规划：罗马是法律之外的唯一例外。罗马的增长不仅被接受，还受到鼓励和提倡。罗马的宏伟形象也必须反映法西斯主义的"伟大"。这并不仅仅指建筑的辉煌，同时也包括城市人口，罗马人口必须与其他欧洲国家的首都相当。"罗马性"（Romanity）和"拉丁性"（Latinity）已是意大利语修辞的一部分，成为围绕所有法西斯主义宣传的神话。在这方面，调整城市空间并建设新的宏伟首都成为了只有法西斯主义才能创造的梦：罗马的"回归"，在过去和现代城市之间造就可见的连续性。此外，建筑师试图协调古代与现代之间的关系，回溯古罗马时代的风格范式。在罗马历史中，考古学家首次

成为城市计划的顾问、设计师和执行人。[19] 只要能够"解放"或强调罗马传统的形象，即使是拆迁和重建这样的最极端方式也得以付诸实施——幸好只有部分得以实施。考古学家的工作得到了执政者的大加赞赏，他们在古罗马广场区建设了一条新的宏伟大道，连接了斗兽场和威尼斯广场。因中央街区拆除而离开家园的居民则被安置在了城市之外的新城之中，具有讽刺意味的是，这些新城却是现代主义原理下的设计产物[20]。

罗马在法西斯主义时期（1922—1943 年）迅速改变。在强烈等级观念和中央集权的政府治下，罗马的全国影响力不断加强，并更加重视经济和社会服务。包括建筑、工程、化工和电信行业在内的工业也不断增长。20 年间，人口翻了一番。为了试图解决地方政府和中央政府之间的传统冲突，创建了罗马地方长官这一新岗位，该岗位由中央政府首脑任命，并直接向他汇报。一些社会住房与合作社组织加入了 IACP，为公务员和统治者建设罗马城。桥梁、医院和政府部门逐步建成，公园开始向公众开放，台伯河两岸得到了开发。一切都发生在有效规划缺失的背景之下，但仍置于连贯的政治设计之下。从这个方面说，建筑与城市主义（urbanism）发挥了重要的作用。寻找法西斯"风格"的过程见证了创新者和传统主义者之间的无止境争吵，创新者追随欧洲先锋风格，传统主义者则受到古典折中主义的启发。已成名的建筑师马尔切洛·皮亚琴蒂尼（Marcello Piacentini）[21]，成为新意识形态最忠实的代言人之一。在那些年里，至少有三个出众的项目得以实现：墨索里尼广场——一个伟大的体育综合体，以彰显城市北区的景观和建筑；新的大学校园，

第 15 章　罗马：超越常规规划的大事件造就了城市发展　219

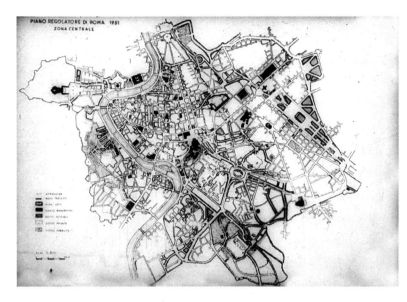

图 15.3　皮亚琴蒂尼的总体规划，1931 年

以及 EUR 区——1942 年罗马世界博览会区。

　　1931 年的新总体规划（图 15.3）并无特别的创新之处：历史中心屈服于拆除，并已基本在进行之中，城市拓展新区则充满了高密度建筑，从而放弃了 20 世纪 20 年代的田园城市试验。显然，"新罗马"将建立在旧罗马的基础之上，旧建筑被拆除、隔离和削减，成为城市肌理和纪念物。[22] 不过，该规划首次提出了创新的执行模式，此模式在实践中运转良好，因而成为十年后新规划立法起草工作中的典型模式。

　　1931 年规划在几年后出现了矛盾，在即将到来的 1942 年罗马世博会[23]选址 E42 区 * 的讨论中，城市向海岸方向拓展的旧思路又浮现了出来。奥勒良城墙以南几公里的 436 公顷土地被世博会征用。当时想把世博会场址建设成为一个真正的永久城镇，成为未来首都的增长焦点。每个新的公共设施都根据

竞赛委托的设计完成，因而在世博会后，这些项目都获得了极大的关注。新的城市片区根据正交叉的轴线体系布置，点缀着对称布置的大理石公共建筑（图 15.4）。精心绘制的街道不仅宽阔，而且布置有行道树，别墅和花园围绕核心建设（图 15.5），人工湖将增加整个区域的吸引力。第二次世界大战的开始中断了工程建设，留下了许多未完成的建筑作品。十年之后，该区域的发展方才继续。[24]

城市增长和土地投机，1945—1962 年

　　1945 年的罗马拥有 150 万居民。大量难民从全国饱受战争蹂躏的地区来到罗马。罗马成为各类移民的焦点，深深影响着整个意大利：从南到北的移民，农村到城市的移民，从小城镇到大城市的移民。罗马每年有 5 万到 6 万需要居所的移民，他们被迫适应了共同居住（cohabitation）的生活，有时还不得

218

* E42，全称 Esposizione Universale 1942，意为 1942 年罗马世界博览会，后来称为 EUR 区，为 Esposizione Universale di Roma 的缩写。——译者注

图 15.4 1942 年罗马世博会场地模型，后来这里被称为 EUR 区

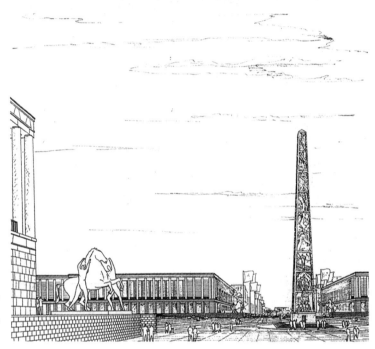

图 15.5 1942 年罗马世博会主广场的原始草图（最终也以类似的形态建成）

不住在军营与洞穴，甚至公共纪念建筑之中。当时的住房问题相当可怕，并至少持续了 20 年。学校、医院病床和公共交通等服务设施的缺乏也是个问题。由于持续不断的需求，城市各个片区都在无节制地大规模扩张，导致了可建设土地达到了极高的价格，这在任何其他欧洲国家都未曾看到。[25] 城市管理层——在失去城市执政地位[*]之后——意识到需要为最需要服务的地方提供服务，但越来越多的预算赤字让城市管理层变得无能为力，也无法成功地管理城市扩张。前 20 年的建设热潮是土地投机背景下的结果：在实际操作中，对私人拥有的细分片区（subdivisions）进行规划几乎是唯一的控制工具。城市中心被最利于公共和私人办公的开发所占据，这里的居民不得不被驱逐到最近开发的城市细分片区之中。住房问题、交通设施的缺乏以及公共服务的短缺仍然是最严重的三个问题，这也解释了为何城市规划依然是市议会和媒

---

[*] 这里原文为 Governatorate，指民选市议会之前的国家指派城市管理层。——译者注

体争论最多的话题之一。因为偏袒效率低下、容易产生腐败的市政管理体系，投机者和开发商再次受到了指责。[26] 但不管怎么说，两个对立的政治策略变得非常明显：右翼反对新规划，而左翼则拥护新规划。

1931 年规划到达了自己的规划年限，到了 1950 年，对新的城市规划工具的需求被普遍接受。这开启了又一漫长进程，十多年以后，新的控制规划才真正得以采纳。第一个草案由技术起草委员会（Comitato di Elaborazione Tecnica，简称 CET）于 1955 年提出。该方案的基本思想是，沿着一条主要道路轴线，城市中心职能向东部城区的转移，该轴线后来被称为城东管理体系（Sistema Direzionale Orientale，简称 SDO）*，那里也被认为是新的公共和私人建筑应当落脚的地方。这条道路直接与连接意大利南北的高速公路相连。通过引导城市向东增长，城市中心的过境交通将得以缓解，并将替代土地价值的同心增长模式。然而，这激起了支持城市西侧共同开发（parallel development）的人的反对。

与此同时，1960 年罗马奥运会也影响了城市发展。由于大量的国家投资，一系列重要的基础设施工程相继完成：国际机场（位于相邻的菲乌米奇诺市）；在城市西部的奥林匹克大道将老城区和意大利广场 [Foro Italico，以前称为墨索里尼广场（Foro Mussolini）] 连接到了 EUR 区，这里有一座新体育宫、一个赛车场、一个游泳池、田径设施，以及沿着朗格塔维尔（Lungotevere）和托尔托城墙（Muro Torto）的通道。这推动了城市西部的

发展，却和市政规划办公室的规划意见向左，引发媒体的激烈争论。1962 年，经过了 10 年的辩论，修订后的规划最终在市议会得以通过。当时的罗马拥有 220 万居民，该规划预计罗马人口将在 25 年以后达到 450 万人，并生活在自给自足的社区之中。[27]

规划的悖论：违法开发、法律失效以及新希望

在规划通过的 1962 年，新建房屋数量创造了新纪录。不幸的是，当时正处于经济周期的低迷时期；由于需要支付高昂的土地成本，住宅价格需要保持高位，这导致许多新建住宅无法售出。该规划被指责是此次危机的元凶，因为规划强加了大量环境和功能的限制。在现实中，市场无法满足低收入住户的需求，这导致了非正规聚落（informal settlement）的发展。这些聚落最初既没有街道也没有服务设施，有的在农业用地上开发，有的则清楚地突破了环境因素限制。规划之外的土地相当廉价，同时也是首个"自建"发展模式；非正式建筑行业开始涌现，同时还形成了地下房地产市场。

经过 30 多年不间断的中间偏右政府执政，左翼在 1976 年获得了罗马的执政权，并一直保持到了 1985 年。据估计，那时不正规聚落的居住人口达到 80 万，占到了总人口的三分之一。这些不正规街区的合法化是 1976 年到 1985 年连续左翼政府的一项主要工作，合法化的方式先是正式注册，然后为其提供基础设施和社会服务。[28] 与此同时，也采取措施，维护历史公园：多里亚·潘菲利别墅（Villa Doria Pamphili）、阿达别墅

---

* 此处含义是指以罗马城市东面的区域，建设罗马和整个意大利管理部门的办公楼，形成以政府职能为主的城市轴线。——译者注

（Villa Ada）、卡斯特福萨诺和卡斯特波尔兹亚诺（Castelfusano and Castelporziano）、韦约（Veio）和整个阿庇亚古道区域。同时总体改造（General Amendment）也确立了未来发展的方式和划分阶段。围绕该规划的主要功能之一——以城东为新的城市商业中心——工作继续展开，但该项目不断缩水。被认为能够激活该中心的政府部门搬迁项目不断推迟。历史中心和 19 世纪的建筑被改造成为办公用途，同时管理良好的 EUR 区也足以满足不断增长的办公空间需求。

　　EUR 区是规划方案之外的规划实例，是二战后罗马城市规划的几个成功实例之一。作为独立机构和产权所有者，EUR 区允许其机构首脑维尔吉尼奥·泰斯塔（Virgilio Testa）制定以发展办公室和高档住宅为核心的政策，此政策在时机和经济上都证明具有可行性。直到最近，EUR 区成为罗马城的一部分，并提供了独立的警察服务和公共

场所维护服务，最重要的是，这里一直严格控制着建筑项目的品质。这种环境吸引了多个政府部门（财政部、邮政服务、海事部门）以及一些大公司（埃索石油、意大利电信、意大利航空），这更加加强了它作为行政总部唯一合适选址的地位。另外两个因素也促成了 EUR 区的成功：罗马的第一条地铁线路开通后，直接将 EUR 区和中央火车站——罗马的主火车站——联系了起来；另外，1960 年罗马奥运会为这里建设了非凡的体育设施。

　　当左翼在 1993 年重新执政之时，罗马已产生了深刻变化。旧规划被证实是无效的：规划预测了 450 万居民，但现实却从未超过 280 万，反而人口持续外流到邻近城市。仅有四分之一的地铁线建成，私家车的使用量却暴增，这导致了城市交通成了日常的噩梦。同样地，新规划的编制工作相当缓慢。1997 年，规划方案获得通过，规划意图将尚未城市化

图 15.6　最新版本的总体规划（2003 年）的合成图，更加注重绿地和基础设施，并增大了历史遗迹区域

区域排除在开发之外。这是迈向未来规划的第一步。

2000 年的天主教圣年（Holy Year）是可怕的一年，大量游客涌入罗马，这是罗马人越来越不能接受的现象。尽管新规划（图15.6）强调轨道交通，国家援助资金一部分支持整修道路基础设施，一部分则用于修复和维护不同价值的历史建筑。2001 年 12 月，新规划方案提交给了市长[29]，方案以中期（15年）发展为目标并以约 250 万为稳定规划人口，规划方案最终于 2003 年 3 月在市议会通过。

由于缺乏战略规划下的社会和经济目标，2003 年的控制规划明确将自身限制在了城市的功能组织上，以适应罗马的各种城市肌理，同时积极探索政府和社会资本合作（PPP）。规划重点主要在铁路运输（地区性和城市内部）上，这将确保 50% 的居民能够在 500 米范围内找到一个车站——与其他欧洲国家的首都相比，这只是个适度的目标，但对罗马来说则是很大的创新。公园、公共花园、自然和农业用地已大量存在，但仍然有所增加，形成了人均 21 平方米的开放空间，这使得罗马成为欧洲绿地最多的城市之一。总体上，该规划旨在作为灵活的政策工具，得以在未来几年内开放而又有效地管理这座城市。

最后的评论

让我们试着引出一些结论。罗马显然是个例外，因为罗马是长期存在的罗马帝国的首都，随后则是教皇国的首都，罗马本身一直是个强大的城邦以及世界文化中心。与其他国家不同的是，罗马作为首都的地位从未受到质疑。一直以来，罗马都有形式各异的市政府存在（即使在教皇的统治下仍然存在），罗马从一开始就不得不和中央政府进行竞争，争取诸如区位、基本首都设施类型等的决定权。由于教会与意大利政府在 1870 年关系破裂，教会将其政府成员革除教籍，教会对于新的首都发展已无话语权。新政府发现罗马并不缺少容纳政府高层的著名建筑。国王住进了教皇的主要住所之一 ——奎里纳尔宫（Palazzo del Quirinale，文艺复兴时期的建筑杰作）；议会则最终占据了一座巴洛克式建筑——蒙特奇特利欧宫（Palazzo di Montecitorio）——并在 20 世纪初进行了一些有趣的加建。财政部、国防部、农业部等部门则在历史核心的东面沿着九月二十日街新建了部门大楼。城市东部本是新首都原计划开发的片区，以此来和过去不光彩的宗教统治时代划清界限。然而，罗马从来没有出现过奥斯曼似的人物，因此没能用新的开发来代替旧城中心。拆除亦在罗马上演，但却从未开发成为连贯的新宏伟蓝图。这仅在法西斯统治的 20 年间进行了尝试：恢复城市中心的考古核心，建设一些宏伟的新建筑，并强加特定的建筑风格。

第二次世界大战后诞生的民主共和国则表现为相反的方式。实际上，战后的市政府开始独自控制城市发展，但在第一个十年后，罗马市政府却发现自己在土地投机者的压倒性力量面前不知所措。而且，当城市增长停止时，市政府还不得不去修复那些大规模违法建设的城市土地。只有一个试图重新设计城市结构的规划，那就是在 1955 年和 1962年之间编制的城东管理体系；在 1955 年，这是个有意思的思路，但到了 20 世纪 60 年代，

222

由于社会政治背景和发展趋势的变化,这一思路已然过时。

总的来说,城市规划师(或者更确切地说是规划机器)在适应社会和经济变革的过程中一直困难不断。如今,罗马是一座相当富裕的大都市,其收入主要来自旅游和服务业(含高新技术企业的相关份额)。其影响力涵盖了整个大都市圈,城镇人口和就业岗位都在不断移动。人群的流动可能是其面临的最主要问题,这就正如目前的规划展现的那样,需要提供更有效的公共交通。由于罗马的规划总是花了很长时间方才得以采纳,这些规划的预测经常被城市大事件所取代。只有 1883 年的规划是个例外,支持首都结构建设的特殊资金支持完全独立于官方规划。通过"大事件"(如 1911 年国家展览会、1942 年罗马世博会、1960 年罗马奥运会、1990 年意大利世界杯、2000 年天主教圣年),城市改造和新的开发计划依次引入,然而这些改变并不是通过常规的规划进程引入的。对于其他城市来说,常规的规划进程才是城市发展最为常见的方式。罗马拥有数量非凡的公共艺术、文物建筑和考古遗址,这让罗马很难如其他现代城市一样运转。然而,罗马市民对精心呵护文物相当支持,这从一些重大开发提案所引发的大量激烈辩论便能一眼看出。

注释

1. 意大利王国正式诞生于 1861 年,以支持皮埃蒙特(其首都为都灵,但被称为撒丁王国)扩张愿望和实现资产阶级的现代化两者相结合的政治设计。当时的资产阶级认为,维也纳会议后在亚平宁半岛上建立的区域性小国家团体并不能代表整个意大利。1861 年 3 月 27 日,罗马被宣称为意大利的首都。

2. Caracciolo (1974), pp. 27–34. Also see Bartoccini (1985), pp. 433–473.

3. 路易吉·皮安恰尼(Luigi Piandani,1810–1890 年)是一位自由进步的市长,他从 1872 年 11 月至 1873 年 7 月在市长任上,之后也曾在 1881 年短暂任职。

4. 亚历山德罗·维维亚尼(Alessandro Viviani,1825–1905 年),铁路工程师、土木工程师、政治流亡者,同时也是城市扩张委员会(Commissione per I'ingrandimento della città)的成员。1871 年,他负责编制了罗马的控制规划。

5. Insolera (1962), pp. 29–39

6. Ibid., p. 36.

7. 国家大道可能是现代罗马的首个土地投机实例。比利时枢机主教德梅罗德(De Mérode)从英国人比林汉姆(Billingham)那里获得了戴克里先浴场(Terme di Diodeziano)的土地。1867 年,他提议,如果市政购买半圆形广场(Piazza dell'Esedra)的土地,他将免费出让修建广场到城市之间道路的用地。意大利政府接受了这一提议,维维亚尼在 1871 年提出了将新街道和威尼斯广场相连的方案。参见 Tafuri (1959), pp. 95–108。

8. 昆蒂诺·塞拉(1827–1884 年),政治家,曾在 1862–1873 年间在多国政府担任财政部长。他也是罗马市政委员会的成员,数学家,地质学家,洞窟学者和登山者,纯熟的国会议员。他总是政治经济紧缩政策的支持者,希望政府有大胆的平衡预算。

9. 正如他们前十年所为,政治宣言总是反对首都的工业化,因为许多议员担心大众的示威活动将会改变议会的自由。参见 Caracciolo (1974),

pp. 240–267。

10. Cuccia (1991).

11. Insolera (1962), pp. 44–53; Sanfi lippo (1992), pp.52–60.

12. Insolera (1962), p. 63.

13. 埃内斯托·纳坦（1845—1921 年）出生于伦敦，母亲是意大利人萨拉·莱维（Sara Levi），父亲是德国人迈尔·摩西·纳坦（Meyer Moses Nathan）。父子俩都是朱塞佩·马志尼的追随者，马志尼是意大利历史上的杰出政治人物。纳坦在 1888 年成为意大利公民。他是 1907 年到 1913 年的罗马市长，并且是但丁协会的创始人之一，该协会是意大利文化在国外传播的主要国家机构。

14. 埃德蒙多·圣茹斯特·迪特拉达（1858—1936 年），水力学专家，1903 年到 1908 年间的米兰首席土木工程师，走访过许多欧洲国家（包括在俄罗斯圣彼得堡见到了当时的罗马市长纳坦），他还因会议和政府工作访问过美国。

15. 附属于规划的建筑法规于 1912 年推出，预演了独栋大厦的建筑情况，建筑物只覆盖了地块面积的十二分之一。

16. 公共建筑在意大利的起源参见 Piccinato (1987), pp. 115–133。关于罗马参见 Cocchioni and De Grassi (1984)；关于加尔巴特拉和阿涅内参见 Fraticelli（1982）。

17. Piantoni (1980)；特别参见 Valeriani (1980), pp. 305–326。展览也有外国展馆。其中最著名的分别是 J·霍夫曼（J. Hoffmann）的奥地利馆；E·勒琴斯（E. Lutyens）的英国馆，经过一些修改，两年后成为了罗马的英国学校；"美国殖民"风格的美国馆，该馆由卡雷尔和黑斯廷斯（Carrere and Hastings）事务所纽约办公室设计。

18. 1928 年 11 月 22 日发表于《意大利人民报》（Il Popolo d'Italia）。

19. 建筑师的角色请参见：Cedema (1979); Manacorda and Tamassia (1985), pp. 16–31。

20. 它们是 Santa Maria del Soccorso 区、Primavalle 区和 Val Melaina 区。请参见 Rossi (2000)。

21. 关于马尔切洛·皮亚琴蒂尼（1881—1960 年），参见 Lupano (1991)。另外一位著名人物古斯塔沃·乔万诺尼（Gustavo Giovannoni, 1873—1947 年）是一位建筑师以及杰出的建筑历史学家。乔万诺尼代表了倾向传统的一方，与代表新事物一方的皮亚琴蒂尼相互对立。

22. Governatorato di Roma (1931).

23. 世界博览会原先计划在 1941 年举行，但后来举办时间改到了 1942 年，以便与"法西斯革命"的 20 周年相映衬。

24. 该主题的更多研究请参见 Quilici (1996)。同时参见 Ciucci (1989)。

25. Sanfi lippo (1992), pp. 21–42.

26. Cederna (1956); Della Seta and Della Seta (1988).

27. 该段历史记录在《都市主义》（Urbanistica, 1959 年）第 27 号和第 28-29 号档案之中；之后集合到了一个文档之中：《罗马：城市规划》（Roma. Città e piani, 1959 年）中，以及伊塔洛·因索莱拉（Italo Insolera）（1962）的后续版本之中。维多托（Vidotto, 2001）在最新写作中，反对将土地投机作为过大人口预测的核心解释。

28. Clementi and Perego (1983); Piazzo (1982).

29. 第一版规划展示在《都市主义》，2001 年 6 月，第 116 页。之前的分析则发表在《都市主义》，1998 年 9-10 月，第 302 页；《国会大厦》（Capitolium），1999 年 12 月第三期的第 11—12 页和 2000 年 3 月第四期的第 13 页。

第 16 章

昌迪加尔：印度的现代化试验

尼哈尔·佩雷拉（Nihal Perera）

昌迪加尔是印度独立之后建立的邦首府之一，也是第一座追随国际现代建筑协会（CIAM）模型建立的现代主义首府。1947 年的印巴分治导致了旁遮普省分属印巴两国，曾经旁遮普省宏伟的首府拉合尔被划分到了巴基斯坦（图 16.1），因此印属旁遮普邦急需建立新的首府。尽管昌迪加尔只是印属旁遮普邦首府，但由于它的象征意义，一开始就得到了国家领导人的高度关注，同时许多世界著名的规划师和设计师参与了昌迪加尔的规划和设计。

各种各样的因素在昌迪加尔规划中扮演了重要的角色：印度独立、英国殖民主导下的印巴分治、几座重要城市划归到了巴基斯坦、对失去土地的留恋、难民潮、国家发展目标、去殖民化的幻想。印度国家抱负，特别是首任总理尼赫鲁表达的国家抱负，对昌迪加尔的规划和设计方案产生了深刻的影响。尼赫鲁对印度的构想和对现代化的理念

得到了旁遮普邦官员们的大力推动，尤其是 A·L·弗莱彻（A. L. Fletcher）、T·N·撒帕尔（T. N.Thapar）、P·L·瓦尔马（P. L. Varma）这三位官员的推动。在最初的阶段，官方当局对城市的选址、特点和规模三个方面尚有分歧。昌迪加尔当时规划了两个不同方案，导致规划实现过程更加复杂。一开始，来自美国的迈耶与惠特尔西事务所（Mayer and Whittlesey）于 1950 年 1 月赢得了规划方案，阿尔伯特·迈耶（Albert Mayer）和马修·诺维奇（Matthew Nowicki）是方案的主设计师。第二个方案由柯布西耶主持，皮埃尔·让内（Pierre Jeannert）、麦克斯韦·福莱（Maxwell Fry）和简·德鲁（Jane Drew）是他的助手。诺维奇死于空难和美元汇率上扬被认为是 1950 年 11 月迈耶团队被替换的主要原因。[1] 尽管尼赫鲁一直捍卫第一个方案，但这一方案需要与许多社会利益群体进行协商，尤其是前面提到的诸多因素以及和选址

图 16.1 昌迪加尔区位图

中原住民协调。

1949 年,旁遮普邦新首府建设得到了首肯,昌迪加尔总体规划区的第一阶段场址于 1951 年获取了 70 平方公里土地。1952 年,周边控制法案(Periphery Control Act)得以实施,控制了规划区周边 8 公里的土地建设,到了 1962 年,控制边界延伸到了周边 16 公里。昌迪加尔属于中央直属区,由中央政府直接控制,由首席长官(Chief Commissioner)执政。第一阶段的预计花费为 1.675 亿卢布(合 1050 万英镑),这些花销得到了极好的资金支持。[2] 在印度当时建设的新城中,昌迪加尔的人均政府预算和维护费用都是最高的。[3] 资金支持如下[4]:

印度政府复兴部(Rehabilitation Ministry)贷款(1950—1953 年)3000 万卢布

印度政府拨款(1953—1956 年)3000 万卢布

旁遮普邦政府补贴 3000 万卢布

印度政府住房贷款 440 万卢布

土地销售估算收入 8600 万卢布

1953 年 10 月 7 日,昌迪加尔正式奠基。1966 年,印属旁遮普邦划分为哈里亚纳和旁遮普两个邦,昌迪加尔及其周边地区成为中央政府直辖的中央直属区,但仍然作为两个邦共同的邦首府。自 1984 年以来,旁遮普邦邦长同时兼任中央直属区行政长官,由行政长官顾问协助管理。尽管新选举产生的市政机构在过去十年正在不断要求参与昌迪加尔的管理工作,但现在大部分政策事务仍由行政长官领导下的高级管理与技术官员进行协调解决。

昌迪加尔研究成果既多也很细致。昌迪加尔研究的主要研究者包括诺尔玛·埃文森(Norma Evenson)、基兰·乔希(Kiran Joshi)、拉维·卡利亚(Ravi Kalia)和马杜·沙林（Madhu Sarin）[5]，大部分研究者以建筑师为中心的角度开展研究，着重于柯布西耶的名望，也只有柯布西耶[6]可以用自己的声望实现一整座城市的形态设计，也只有他可以为这座城市留下许多壮丽的建筑。接下来的篇幅将会简要介绍三点内容：简要介绍规划所处政治环境，比较规划方案，以及为了最终实施规划方案做出的调整。

印度的抱负

正如卡利亚所指出的那样，印度领导人具有难以置信的渴望，希望从各个方面将印度建设成为独立现代的国家，正是这种渴望塑造了这座城市。[7]规划过程出现的模糊概念体现在"现代"与"独立"两个概念上的相互冲突。独立要求国家繁荣昌盛，但发展的主要目标是"追赶上西方发达国家"。直到20世纪70年代，基本上世界上所有著名的首都（首府）建筑工程都由"西方"[8]建筑师所设计。只有少数（例如巴西利亚）由本土建筑师和规划师设计，然而这些设计方案最终也遵循了西方现代主义原则。

根据沙林的研究，在自由运动（The Freedom Movement）期间，印度领导人和知识分子一直在寻找建筑与艺术的形式，希望能够借此表现印度作为一个独立国家的地位。许多坚定的国家主义者倾向于从过往历史中搜寻答案：比如莫卧儿风格和其对历史建筑的论述，比如曼沙拉工艺技术（Mansara Shilpa Shastras）。与当时同时期建设的另一首府布巴内什瓦尔相当不同的是，昌迪加尔想要向新时代推动，任何能与"传统"相关的符号都

会被轻易认为是在拖后腿。[9]昌迪加尔的设计竞赛主要在两种现代主义之间展开：欧洲化现代主义和展现印度发展的印度现代主义。[10]

绝大部分受过西方教育的公务员和专业人员渴望建设一座理性而又高效的城市。除了建设新兴工业城市以外，他们也参与了大规模的开发项目（比如大坝建设项目）。因此，工业城市和收留难民的城市建设更多基于可靠的工程原则，这些原则并不带有任何象征形象和美学原则的关注。旁遮普邦的官员们期待昌迪加尔建成一座与拉合尔尺度相似的城市，着重于功能与效率，并向着欧洲现代主义进展。1948年8月内阁新首府小组委员会的建议中，不仅直接引用了田园城市的设计原则，而且设定的目标参数也大多依照西方概念中的适度发展理念。[11]这些理念包括了自给自足、具有配套设施的邻里街区，但这一理念并非印度城市的惯例，却可以在殖民时期建造的新德里中看到。这就是一个悖论：从欧洲殖民统治下独立的国家仍旧以采纳欧洲文化的态度建立自身独立的国家。

尼赫鲁选择了第三条道路，他的建筑和规划的理念与他的经济发展理念相互吻合。[12]尼赫鲁视昌迪加尔为展示经济发展和国家抱负的样板，这种理念根植于自身的坚定信仰，他认为印度必须通过工业化才能够生存并繁荣昌盛。[13]他受到美国和苏联的鼓舞，但并未寄希望于模仿两者中的任何一方。[14]尼赫鲁的思想深深扎根于印度历史，但他关注印度不断转变的精神："时光荏苒，印度养育了一代又一代伟大的印度人民，延续着传统文化，而且不断改变自己来符合时代的变迁。"[15]尼赫鲁的选择是印度化西方的输入而非全盘西化："印度一贯以来的方式就是欢迎并且吸

纳其他文化，这种特质在当下更加需要。"[16]
尼赫鲁一直在寻找一座能够展现现代主义的
城市，期盼这座城市能够与殖民时期风格划
清界限。[17] 尼赫鲁希望能够在更大的尺度上
建立社区生活，同时也不破坏印度的根基。[18]

　　另一些争端则来自空间尺度的探讨。许
多关于昌迪加尔的文献都指出，这座城市遵
从了国家尺度，以满足国家的首要需求。这
个地区许多政治人物都倾向于在毗邻现有城
市的地方建立一座大约 4 万人口的行政小城，
这样也可以离自己的家乡更近一些。但旁遮
普邦的地方官员们希望建设初始人口 15 万的
一座大城市，这样就能在物质和精神上取代
失去的拉合尔，因为拉合尔这座壮丽的城市
在印巴分治之前曾是旁遮普邦的商业与文化
中心。印度领导人和旁遮普邦官员最终在这
个方面达成了一致。当地方官员与旁遮普邦
官员的政治协商手段失败之后，瓦尔马求助
于中央政府来解决争端，尼赫鲁的介入解决
了这一问题，确认了此选址符合新首府的需
求。昌迪加尔位置于 1948 年 3 月确定，位于
喜马拉雅山西瓦利克山脉脚下，有着风景优
美的背景，两条河床限定选址范围。1949 年
的勘察报告认为此选址毫无疑问具有上佳的
物质空间条件。[19]

　　对建设印度国家特征的渴望从拆迁中也
可见一斑，6000 个选址范围内的家庭为建设
而搬迁。这与现有从村民手中获取土地的方
式非常不一样，在那里，这些村民仍允许作
为政府的租客临时住在原处，直到政府需要
建设他们土地为止。[20] 通过这种方式获取土
地，并将难民引导到其他聚居区，政府得到
了一片没有过去历史羁绊的空白土地。

　　旁遮普邦官员们不相信印度设计师可以
完成他们期盼的设想，因此希望寻找欧洲设
计师来完成设计。尼赫鲁坚持不同意，他担
心"大部分美英城市规划师很有可能并不了
解印度的社会背景"。[21] 因此，他建议向两
位已经在印度工作多年的西方建筑师——奥
托·柯尼希斯贝格尔（Otto Koenigsberger）
和阿尔伯特·迈耶（Albert Mayer）——寻求
帮助，认为他们或许熟悉印度现状。旁遮普
邦官员们并不为所动，他们认为这两位建筑
师会过分印度化官员设想的愿景。但是，当
时尼赫鲁强大的权力使得旁遮普邦官员们无
法挑战尼赫鲁的决定，最终迈耶得到了这一
任务。

　　然而，迈耶的任命状并没有结束争端，
印度领导集体并不是都赞成尼赫鲁的观点。
对于建设一座壮丽的纪念城市[22]，一座功能
与效率至上的城市，印度政府有着无与伦比
的热情。尽管尼赫鲁赢得了最开始的争论，
但旁遮普邦官员们却笑到了最后。当诺维奇
意外去世，迈耶在美国表示自己无法完成项
目之后，尼赫鲁授权旁遮普邦官员们前往欧
洲遴选新的设计师。然而，记录档案显示迈
耶被完全替换的原因是他不愿意用设计表现
印度政府的期望。事情的转折点是诺维奇之
死，因为尼赫鲁一直大力支持诺维奇在昌迪
加尔规划中的角色。[23]

设计师的抱负

　　昌迪加尔的物质空间规划方案是从两个
方面的思考开始的：什么塑造了一座好城市？
什么样的空间能让印度受益？（图 16.2）两
个规划方案的差别也是思想意识的差别：两位

A. 议会大厦；
B. 商业与市政中心；
C. 第一阶段居住区；

D. 火车站；
E. 首要工业区

图 16.2 迈耶（左）与柯布西耶（右）的昌迪加尔方案
资料来源：NIC，Kalia，Evenson

规划师采取了相当不同的设计方式。柯布西耶是一位建筑领域的现代主义者，迈耶则深受田园城市理念的影响，当时田园城市理念在美国占据主流地位，同时迈耶也深受他在印度的经历影响。田园城市主张在空间上逃离工业城市，并且试图融合城乡优点，远离问题城市，创造更加清洁的居住环境。现代主义则试图逃离到未来的"后工业"城市之中；现代主义城市展现的未来从根本上不同于当时的工业化现状，也不同于过去的欧洲城市。两种设计方式都回应了欧美工业城市所面临的问题，但从未提及这些回应方式对于未曾经历过工业化的印度是否合适。

尽管雇用柯布西耶的目的是执行迈耶和诺维奇的方案，但柯布西耶却从根本上修改了这一方案：柯布西耶拉直了所有弯曲的道路，创造了方格路网，对交通系统增加了许多层次的隔离，增大了居住街区的尺寸，将市政中心和商业中心合并并移到更远的北侧场址，将火车站移到河流的另一边，增加开放空间和休闲娱乐空间的数量，移除那些依照自然环境条件（比如河流）划分的城市肌理（不过他还是安排了一条季节性的河床穿过总体规划区域，作为绿色空间中的"休闲谷"），同时也移除地标。虽然两个方案仍具有相同点，但在根本上说相当不同。[24]

田园城市模式在当时的美国非常流行，这种模式基于雷德朋（Radburn）*模型中分散组团，自给自足的理念，环境考虑是划分组团的主要准则，这种模式保留开放空间，治理汽车拥堵，努力提升社区生活品质。[25] 田园城市模式对迈耶-诺维奇方案的影响是显

---

* 也有译为"拉德本"。——译者注

而易见的，尤其是在居住区的超大街区中（图16.3）。迈耶用洛杉矶鲍德温山（Baldwin）来解释超大街区的理念，用雷德朋（Radburn, NJ）和格林贝尔特（Greenbelt, MD）来解释内部步行线路系统的理念。[26] 柯布西耶认同的现代主义城市则是由国际现代建筑协会（CIAM）宣言发展而来。国际现代建筑协会的目标是社会变革；在更大范围的意识形态上，这一理念的前提是建成环境的转变能够带动社会的变革，这也就是詹姆斯·霍尔斯顿（James Holston）所说的建筑现代主义（Architectural Modernism）。[27] 对柯布西耶而言，城市必须从过去的种种限制中解放出来。[28] 建筑现代主义者期望通过不熟悉的环境来转变居住者的日常生活，以此来引导他们通向更美好的未来（图 16.3）。

第二个不同之处在于规划中的城市居民。柯布西耶从国会大厦构思这座城市，而迈耶–诺维奇设计团队则是从邻里街区开始规划过程。对迈耶和诺维奇来说，邻里街区是最基本的衍生单元，它的优点、一致和特征是规划方案成功的基础："我们不是自上而下规划到街区，而是从街区自下而上规划整座城市。"[29] 柯布西耶的目的则是从整体上来解决城市问题。[30] 与新德里和堪培拉相似的是，昌迪加尔展现了抽象的未来与特征，但这种抽象却是以牺牲当下文化相容性为代价的。

第三方面，规划师在印度的经历，他们

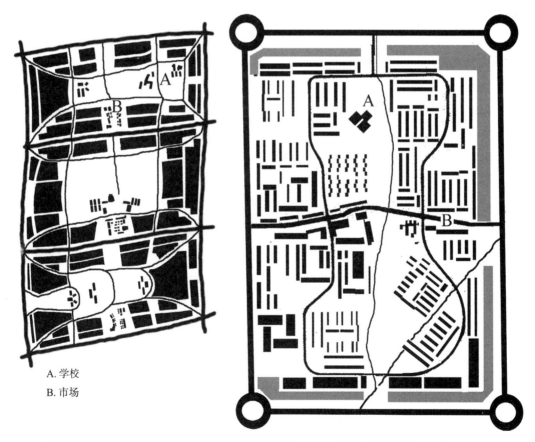

A. 学校
B. 市场

图 16.3　迈耶（右）与柯布西耶（左）的邻里单元：超级街区（Superblock）与功能分区（Sector）

看待这段经历的方式，他们认为自己对印度文化的理解程度，以及印度文化应用于规划方案的程度，都是相当不同的。迈耶在印度的经历从新型村庄开始，之后帮助开发了坎普尔（Kanpur）、孟买和德里的城市总体规划方案。当迈耶接受昌迪加尔的规划任务时，他已经相当印度化了。对印度文化的强烈关注也能从诺维奇的工作中看出，诺维奇实际上负责了大部分设计开发工作。与此相反的是柯布西耶，他在 1951 年的场地勘察是他第一次踏上印度的土地。他对昌迪加尔和印度的观点并非基于对印度社会的切实研究或者体验之上。[31] 埃文森断言："柯布西耶对巴洛克夸张的喜爱与他对工业城市长期以来的疑惑交织在一起，使他对传统印度环境中的功能使用和美学上的细致推敲变得麻木。"[32] 根据肯尼斯·弗兰姆普敦（Kenneth Frampton）的研究，"由于追随雅典宪章的准则，柯布西耶和同事们没能实现亲切的居住肌理和尺度。"[33]

柯布西耶自认为自己知道印度的问题所在，并给出了自己的解决方案：

> 印度曾经在上千年以来一直保留着农民文化，直到现在还是农民文化！印度拥有印度教……以及穆斯林寺庙（王宫和花园）……但印度从未创造现代文明下的建筑形式（办公楼和工厂）……我们必须开启这一篇章。[34]

柯布西耶并没有去熟悉印度的社会与环境条件，他反而选择与旁遮普邦官员熟识。这些官员曾前往法国拜访柯布西耶，并认为建筑应当恰当地体现现代文明。柯布西耶将他们送到马赛参观自己的马赛公寓。[35] 自此，昌迪加尔的规划就站在了一个欧洲意识为主导的角度。柯布西耶的观点反映在三个方面：直接的几何形态、城市元素的统一性、以法国经验为基础的距离和比例概念（比如，巴黎的纪念性轴线和公交停靠站节奏之间的关系）。[36] 少数关于场所独特性的参考可以在"热带建筑"的概念中看到：在来到印度之前，麦克斯韦·福莱和简·德鲁曾在非洲进行建筑实践，并形成了这个概念。[37] 然而，这个基于气候的参考概念是"对于各种因素客观方面微妙分析的结果，以客观化、物质化、科学化的因素为主，而并非是在文化的层面思考"。[38]

迈耶将工业视作发展的催化剂，但是柯布西耶却认为将工业引入昌迪加尔并不合适[39]，然而，印度内阁的相关委员会希望在第三发展阶段开发一片工业区。[40] 在当时西方主流观点的影响下，两个方案都将居住区域和工业区域相隔离（参见图 16.2）。用设计单一功能区的方式消除传统城市中居住和工作之间的纽带，这造成了相当多人口的边缘化。这种类似的陌生化概念亦可以在火车站的选址中看出。火车站是印度城市依赖的交通枢纽，因此印度铁路部门要求将火车站建在距市中心 1.5 公里远的位置。在迈耶和诺维奇的方案中，火车站位于城市的苏赫纳河床一侧（Sukhna Cho，"Cho"在当地方言中是季节性河床的意思，季风到来时候河水泛滥，但在其他时节则很保持干燥），火车站和城市中心有 2.5 公里的距离，仅仅依靠笔直的绿道和步行路连接。柯布西耶设计组更是将火车站设计在了河床的另一边，距离商业中心达 6.4 公里。

不过说到最后，两个方案都极其重视公

图 16.4　议会大厅

园和开放空间，公园系统一直被评论家们认为是想当不错的设计元素。当时的工业城市都使用了非常相似的规划策略。迈耶和诺维奇的方案侧重于公园系统的连接性，柯布西耶则与此相反，更加着重于公园的表现性。诺维奇用不同尺度和形状的建筑来展现城市特性，方案二则包含了许多源于柯布西耶早期设计方案的纪念性建筑。其中最瞩目的就是"开掌"纪念碑（Open Hand），已成为了昌迪加尔的标志[41]："放开去给予，开放去吸收。"另一个殉难者纪念碑也让昌迪加尔与众不同。根据泰和库代希亚的研究（Tai and Kudaisya），这是印度次大陆唯一纪念印巴分治期间受难者的纪念碑。这两座纪念物能够唤起昌迪加尔开始建设的那段特殊时期的记忆，标志着城市的起源与首要任务。[42]

　　迈耶方案没能得以实施的原因其中之一就是缺少纪念性。规划过程的主要参与者更加关注于场地的视觉效果，更加期待能够看到一座纪念性的城市在眼前拔地而起。艾文森指出，迈耶的方案"不能被看作是一座纪念性城市，纪念性城市的优势之处在于，能够通过这座首府，把对一个民族的命运控制符号化"[43]。"尽管昌迪加尔的印度官员们一开始对迈耶的方案相当满意……[或许] 这些纪念性的城市生活……让他们接受了……柯布西耶设计组提出的更改。"[44] 柯布西耶不仅自行隔离了国会大厦区域（la tête），并且设计了许多壮丽的建筑（图 16.4），但最终却没能实现他在印度建造一整座城市的梦想。

成长中的城市

　　正如桑尼特·保罗（Suneet Paul）指出的，

图 16.5   昌迪加尔的市场，从服务高收入人群的市场（左）到服务低收入人群的市场（右）

昌迪加尔在国家尺度和国际尺度上改变了建筑形态（Architectural Morphology）。[45] 尼赫鲁说得更加形象化："（昌迪加尔的新形式）激发了思考，引人深思。在冲击之下，你可能只是嘴角微微蠕动，但这能够引发思考，并吸收新的想法。"[46] "这里的居民以这座城市为荣，享受着其他印度化城市不能提供的生活方式"，保罗补充道。[47] 与此同时，这座城市也在各个方面经历着印度化过程。然而，设计师和城市执政者没能预见到人们很快适应了空间，与此同时，不同的主体（subjects）也通过日常实践逐渐熟悉自身的空间。[48] 昌迪加尔已改变了许多，并一直对游客们宣传这是一个特别的地方。然而，这个地方已经与设计者的预期相差了许多。为了替代城市行政中心、著名的"一个人的奇迹"*和国会大厦的形象，昌迪加尔突显出岩石公园、苏赫纳湖（Sukhna）、仙人掌公园以及曼萨·提毗神庙（Mansa Devi）。[49]

相对来说，昌迪加尔的街旁商业活动活跃度比较低，说明了这种不熟悉、不契合实际的场所对商业活力有所影响。然而，在早期开发的自建市场中，可以看到人们对于场所的逐渐熟悉以及探索可行空间。这些市场绝大部分位于曾经的村庄所在地，比如班贾瓦达村（Bajwada）和纳格拉村（Nagla）（图 16.5）。夏斯特里（Shastri）市场包含了一条条窄窄的街道，让人能够回忆起传统印度集市。正如普拉卡什和普拉卡什（Prakash and Prakash）所说，"这个地方热闹非凡，拥挤不堪，永远都充斥着讨价还价的声音。"[50]

除了居民们的日常生活，城市管理方式也从一开始就破坏了规划方案。因为穷人在一开始就被排除在城市之外，从未得到可支付住宅（affordable housing）供应。直到现在，穷人们建造的"违章"建筑物（"Unauthorized" Settlement）仍然是昌迪加尔的重大问题。为了解决自身的生计问题，建筑工人首先建造起了未曾规划的建筑物，这些建筑物位于班贾瓦达村附近，临近国会大厦建筑工地以及 17 号街区块（Sector 17）。1959 年，政府当局屈从于居民的压力，划定这些"未经规划"的建筑物的场址为"劳动力移民"[51] 的"临时"住所（图 16.6）。单一功能土地利用划分已经成为难以实施的设想，此现象尤其表现在居住与工业的分离之上。因此，城市建设第二期遇到了极大的阻力，而第二期建设目标就是将工业活动转移到工业区域内。政府最终于 1975 年修改了规划条例，允许家庭作坊式工业保留在居住

---

*   英文原文为 one-man wonder，这一雕塑公园由印度艺术家 Nek Chaud Saini 独自偷偷创作并精心布局，直到被印度政府发现才得到政府资助并开放给公众，占地 18 英亩，因此被人称为"一个人的奇迹"。——译者注

图 16.6　昌迪加尔住区分离，从高收入人群住区（左）到低收入人群住区（右）

区域之内。[52]

　　总的来说，昌迪加尔规划过程极其复杂，一群具有极大热情的人们参与其中，其中值得强调的有国家领导人、旁遮普邦官员、两组设计团队以及昌迪加尔居民。规划一直是相互竞争的过程，最终形成的城市也是各方影响下的综合结果。当然，不同角色对最终城市面貌的影响能力是不一样的：昌迪加尔规划的最初目的是展现国家形象，几乎没有关注当地居民和西北印度的社会文化脉络。昌迪加尔并不单纯是个人印记，然而尼赫鲁与柯布西耶的巨大影响是显而易见的。通过强调自身的妥协以及规划方案的缺点，柯布西耶更强调了阶段 I 发展区域人口增长（密度）的重要性，之后才能对城市进行空间扩展以及开发阶段 II 的发展区域。[53] 准确地说，城市化、熟悉化（familiarization）和印度化是昌迪加尔从建立以来经过的三个过程。虽然昌迪加尔尽可能按照规划方案开发，但这座城市仍旧通过别的因素塑造自身：对规划方案的各种违背；管理机构协调下各方利益团体之间的谈判协调。规划方案和设计者为城市提供了不断变化的争端中城市得以紧紧抓住的参考点。

注释

1. 迈耶设计团队的费用是 30000 美元（约合 126000 卢布），包括在美国完成规划方案以及在印度细节深化过程。这些费用包括了 10000 美元（约合 42000 卢布）外专家咨询费用。柯布西耶的年薪是 2000 英镑（32000 卢布），外加在印度期间每日 35 英镑（约合 560 卢布）的津贴，最高限额为 4000 英镑。Kalia(2002), pp.32，43。

2. 这些资金超过一半（8600 万卢布）被用在了城市开发和提供城市中心美化上，剩下的资金（8150 万卢布）用于政府建筑和供水系统。

3. 和人均政府预算最低的宾布里（Pimpri，2352 卢布）相比，昌迪加尔达到了 4384 卢布。

4. Sarin (1982), p. 61; Prakash (1969), p.61. Seealso Joshi (1999).

5. Kalia (1987); Sarin (1982); Evenson (1966).

6. For a critical analysis, see Perera (2004). In his recent book Vikramaditya Prakash (2002) also provides acriticism from a design standpoint.

7. Kalia (1987).

8. Vale (1992).

9. Sarin, (1982), p. 25.

10. Perera (2004).

11. Kalia (1987).

12. 摘自 1949 年 3 月 17 日印度新德里的建筑研讨及展览会上的演讲。India (1957)。

13. Giovannini (1997), p. 41.

14. Nehru (1946), p. 548.

15. Nehru (1946), p. 563.

16. Nehru (1946), p. 566.

17. Khilnani (1997), p. 130.

18. Letter to Mayer, Nehru in Kalia (1987).

19. Kalia (1987), pp. 3–4, 17.

20. Kalia (1987), p. 12; Evenson, (1966), p. 7.

21. Kalia (1987), p. 26.

22. Kalia (1987), p. 33.

23. Kalia (2002), p. 38.

24. Furore (2000).

25. Birch (1997), p. 123.

26. Evenson (1966), p. 17.

27. Holston (1989), pp. 31, 41.

28. Curl (1998), p. 383.

29. Mayer (1950).

30. Sarin (1982), p. 37.

31. Sagar (1999), p. 120.

32. Frampton (2001), p. 38.

33. *Ibid*.

34. In Kalia (2002), p. 87.

35. Le Corbusier (1955), p. 115; Evenson (1966), p.25.

36. Frampton (2001), p. 31.

37. Perera (1998), pp.70–79.

38. Perera (1998), p. 73.

39. Kalia, (2002); Evenson (1966).

40. Kalia (1987), p.18.

41. Prakash (2002).

42. Prakash (2002).

43. Evenson (1966), p.18.

44. Evenson (1966), p.38.

45. Paul (1999), p. 44.

46. Nehru (1959), p. 49.

47. Paul (1999), p.114.

48. Perera (2002).

49. Huet (2001), p.167.

50. Prakash and Prakash (1999), p. 33.

51. Sarin (1982), pp. 110–111.

52. Sarin (1982), pp. 95, 97.

53. Sarin (1982), p.75.

第 17 章

布鲁塞尔——比利时首都和"欧洲之都"

卡萝拉·海因（Carola Hein）[1]

低地国家和布拉班特公国（Duchy of Brabant）塑造了布鲁塞尔的历史和城市形式。[2] 从罗马时期就被持续占领，这个城市围绕一座加固的法国军营生长起来，这个军营是在 979 年由洛林公爵（Duke of Lorraine）和法国的查理（Charles）建立起来的，当时它被称为 "Bruocella"——"沼泽中的聚居地"。最终，城市向东部更高的土地上蔓延。[3] 到 13 世纪，布鲁塞尔迅速发展起来，因为它位于科隆（Cologne）和布鲁日（Bruges）之间的贸易通道上，它被建设成为纺织品、挂毯以及其他奢侈品的加工制造业中心。各种各样的外国人居住在这个区域首府中，根据维也纳会议，比利时与荷兰北部合并，布鲁塞尔成为荷兰国王们的第二个首都。欧洲主要帝国的皇朝演替和冲突使得布鲁塞尔依次被法国、西班牙、哈布斯堡王朝以及德国占领。比利时 1830 年革命以后，布鲁塞尔成为新国家的首都。

新的国家整合了之前代表首都特点的符号，比如公园区建筑群（18 世纪末期）的部分，包括皇家广场、皇家公园，以及 19 世纪初在堡垒城墙遗址上建设的环状林荫大道。[4] 比利时第二任国王，利奥波德二世（Leopold II，1865—1909 年），特别希望给予这个城市大都会和国家的特征，并通过私人资金投入来刺激主要的城市转型。[5] 在他统治期间，市政方面的举措和皇室的干预改变了布鲁塞尔，创造了国家首都的框架。在市长朱尔斯·安斯帕克（Jules Anspach）的管理下，布鲁塞尔完成了中央林荫大道（1868—1871 年），它跨越了蜿蜒的泽恩（Zenne）河，穿过老城连接了南北火车站。这些干预补充了国王那些关注布鲁塞尔郊区的项目。维克托·贝姆（Victor Besme）在 1863 年和 1866 年是布鲁塞尔郊区道路的督查人员（surveyor）[6]，他提出了综合道路开发，与此相一致的是，利奥波德二世为美化城市引入了一个完整的规划，他建设了主要的公园和绿色空间，拓宽了林荫道，并为私人建筑进行了统一的设计。彻底的大规模的改造和拆除是利奥波德时代的特色，在一些传统区域，比如马罗洛斯（Marolles），"建筑师"成为一个辱骂性的词汇，马罗洛斯一些高密度街区被拆除，从而建设巨大的"正义宫"（Palace of Justice），它于 1883 年正式启用。皇家规划与城市政府项目以及一些国家项目不完全一致，比如贝姆在 1858 年提出建设一个中央车站连接南北车站，这个项目拖延了很长时间，直到利奥波德统治时期的 1952 年，新的中转车站才启用。

利奥波德二世之后，再没有哪个布鲁塞尔的权力体系为美化首都发起如此巨大的改变。在两次世界大战期间，德国占领了这个城市，并在二战期间短暂地创立了一个大布鲁塞尔行政管理机构，后来被废除了。尽管布鲁塞尔在二战期间没有受到毁灭性打击，但战后很多街区分崩离析。高层建筑和现代风格正在边缘化的衰败建筑以及空地，成为当时城市的特征。投资者买下整个街区，一个接一个，任由它们衰败，最终当老房子无法继续维护时，理所当然地获得拆除和重建的许可。大师作品，包括重要的建筑师的作品，比如维克托·奥尔塔（Victor Horta）的人民之家（Maison du Peuple），也被拆除了。特别是在 20 世纪 60 年代，新的办公建筑迅速崛起，"布鲁塞尔化"（Bruxellisation）成为城市破坏的一个专有名词。近期对于历史的肤浅理解催生了一个新的趋势，即以"表皮主义"（facadisme）*的方式来

塑造布鲁塞尔，它指的是仅保留建筑表皮，而内部完全重新建设。[7]

二战以后，两种主要文化和语言群体之间的争论直接导致了佛兰芒语（Flemish）和法语社区组织的建立，它们表明文化议题超越了区域范围，并在比利时内设立了三个独立的区域。1989 年的全面区域化为佛兰德斯（Flanders）、沃伦（Walloon）以及布鲁塞尔首都地区增加了重要的权力。在区域化背景中创立的五个组织中，除了沃伦选了那慕尔（Namur）作为总部所在地，其他都选择了布鲁塞尔作为它们的总部所在地，把它作为佛兰芒区域政府（和佛兰芒语社区连接在一起）、布鲁塞尔首都大区以及法语社区的首都。[8] 区域和社区组织在全市建设它们的政府和行政建筑。到现在为止，它们对布鲁塞尔城市形态的影响远远比不上 19 世纪和 20 世纪早期国家首都设计，或者二战以后布鲁塞尔作为欧盟（EU）三大官方总部 [其他两个是斯特拉斯堡（Strasbourg）和卢森堡（Luxembourg）]之一 ——但却是最重要的一个——带来的转变。[9]

布鲁塞尔作为"欧洲首都"的传奇，开始于 1952 年，当时它拒绝接受第一个欧洲组织欧洲煤炭和钢铁共同体（ESCS，简称"欧洲煤钢共同体"）入驻。其他 5 个成员国同意选择布鲁塞尔，但是比利时政府由于部门之间的原因否决了该选择。比利时的谈判者提出一个省级城市，列日（Liege）作为布鲁塞尔的替代城市，但其他成员国拒绝了这一提议。在三天激烈的讨论后，卢森堡总统和外交大臣约瑟夫·贝克（Joseph Bech）提出把他们的小小的首都作为这个新欧洲组织的临时所在地。成员国选定卢森堡作为欧洲

---

* facadisme，可以译为"表皮主义"、"门面主义"或者"立面主义"，是指建筑物的外立面与建筑物的其他部分分开设计或建造的建筑和施工实践。常见的做法是，只保留建筑物的外立面，并在其后面或周围竖立新的建筑物。——译者注

煤钢共同体的临时所在地,同时出于务实的考虑,斯特拉斯堡成为欧洲议会(European Parliament)所在地。另一个更早成立、更大规模但权力很小的欧洲组织,欧洲理事会(the Council of Europe),则把总部设置在斯特拉斯堡,只有它拥有无国界大会堂从而可以容纳新的集会。这个决定有效地把不同的欧洲煤钢共同体机构分散化,这也奠定了当下多中心首都的基础。[10]

布鲁塞尔在 1958 年被选为欧洲第三个临时首都,同时欧洲经济共同体(EEC)和欧洲原子能共同体(Euratom)入驻布鲁塞尔——这是两个根据 1957 年罗马公约成立的新欧洲组织。随着 1967 年欧洲组织的融合,欧洲投资银行(EIB)选择入驻卢森堡而不是布鲁塞尔,但今天欧盟三大重要机构中的两个都把总部设置在布鲁塞尔:欧盟委员会(Commission)的主要驻扎地,它是独立政府以外的超越国家的机构,以及欧盟理事会(Council)唯一的办公室,它是表达政府意愿的决策机构,直到今天都是欧洲最有权力的组织。布鲁塞尔通过多年的努力,也成功获得了第三个主要机构的代表身份,也就是欧洲议会(European Parliament,从 1979 年开始通过直选选出代表)。在过去 50 年中,三大机构每一个都要求并获得了自己的总部大楼。它们的构想和建设依次完成,每一个都用了 10 年甚至更长的时间。它们规划和建设的历史反映了本章讨论的三个时期的行政管理、政治、经济和城市变革。

今天的欧盟委员会大楼(Berlaymont,波拉蒙特大楼)是从原来的上层社会居住区利奥波德区(Quartier Leopold)转变而来,成为一个为欧洲机构而设的行政管理区,当时恰好是国家政府对布鲁塞尔具有无可匹敌的规划权力的时期。欧盟理事会大楼——被称为"尤斯图斯·利普修斯"(Justus Lipsius,根据场地中一条街道的名字命名)[11]——的相关工程和失败的建设映射了 20 世纪 60 年代和 70 年代经济大潮的跌宕起伏。它也标志着针对欧洲机构侵入该区域的公众反对的崛起。尤斯图斯·利普修斯大楼、保罗-亨利·斯帕克(Paul-Henri Spaak)议会大楼以及和它毗邻的以阿尔提艾罗·斯皮内利(Altiero Spinelli)[12]命名的行政办公室的建设表明了 20 世纪 80 年代的经济复苏,欧盟区域的填补,以及布鲁塞尔作为区域整体代表的崛起。从 2004 年开始欧盟增加了 10 个新成员,它们的安置问题给布鲁塞尔带来了挑战——每个新成员国要求 200000 平方米的办公空间,同时还有配套的居住和服务设施——类似的挑战也来自于为欧盟理事会新建一个供国家元首们召开例会的会场[13],这些都要求布鲁塞尔在传统规划基础上产生更好的规划,同时对于主要的利益相关者也提出了挑战,要求他们为布鲁塞尔的欧洲融合产生新的理念。

布鲁塞尔需要产生一个首都理念,从而为欧洲、全国以及区域首都城市的功能融合提供解决方案,并在尊重当地市民及其生活的同时吸收大量外国人口。布鲁塞尔是三大欧洲首都城市中最大的一个,拥有约 100 万居民,其中外籍人士比例大约 30%,包括来自欧盟的 140000 人。到 2005 年欧盟雇用了不少于 34000 名永久员工和大约 2100 名临时工人;据估计,其中有 27000 人居住在布鲁塞尔[14],在布鲁塞尔,欧盟机构大约占据了 160 万平方米的办公面积,是全市办公面积的五分之一。[15]此外,布鲁塞尔还是北大西洋公约组织（NATO）所在地，同时承载了比利时、区域和共同体的首都功能。近几十年来，普通市民开始对布鲁塞尔产生影响，从而发展、促使布鲁塞尔成为公民倡议（citizen initiatives）*的一个中心。但是传统的规划模式，特别是公私部门的亲密合作仍然持续。城市官方自然希望与合适的开发商合作建设利润可观的建筑。在几乎没有譬如社区组织（草根组织）和类似团体的公共参与情况下，场地被清理出来，开发商也获得了建设许可豁免权。

对欧洲组织进驻布鲁塞尔的历史分析提供了一个全球－地方互动的例子。[16] 超国家组织和多国公司因其巨大规模和经济水平，在城市设计和规划中起到了持续增长的重要作用，他们对于城市生活质量和地方表征的影响也在增强。这种情况也表明了在当地市民没有足够政治表达的情况下欧洲政府的建设不利于地方居民。欧洲组织正式的"临时的"入驻使得这种情况进一步恶化，因为总部城市不得不为欧洲功能而竞争。欧洲组织不会产生针对总部所在地提出专门政策，于是所在国家就要提供必要的建筑和基础设施，从而产生巨大的负担，这同时阻碍了国家为城市提供具有首都魅力的建筑。由于欧盟要求选择一个总部城市必须全票通过，因此没有哪一个临时首都城市可以胜出 [17]，而三个假定的临时总部所在城市，布鲁塞尔、斯特拉斯堡和卢森堡，都表现得像是确定的多中心体系下的欧洲首都，在 1993 年于爱丁堡召开

的欧盟理事会上它们的地位也获得了确认。

欧盟及其前身在布鲁塞尔的整合过程与斯特拉斯堡和卢森堡都不一样。布鲁塞尔不得不提供复合功能的建筑来适应快速增长的欧洲组织和它们最重要的机构，委员会和理事会，而斯特拉斯堡和卢森堡只驻扎了专门化的组织，员工数量也不多。布鲁塞尔选择对内城区域进行了大规模改造，而斯特拉斯堡受阻于法国的忽视，建设量很小，主要关注于标志性建筑物的建设，卢森堡则在原来农业为主的基希贝格（Kirchberg）高原开发了一个欧盟区。

布鲁塞尔特殊的政治和行政管理结构也在一定程度上解释了这个现象。从 1952 年开始，佛兰芒和沃伦社区的政治差异性就妨碍了欧洲组织功能的顺利开展。尽管存在国内争端，所有国家政府部门都支持欧洲组织，甚至比官方要求的做得更多，大大促进私人投资提供必要的建筑。

布鲁塞尔作为欧洲总部所在地功能的另一个不利条件是它的特殊的区域组织。布鲁塞尔都市群有两种官方语言，包括 19 个独立的地方行政机构，包括布鲁塞尔市。直到 1989 年，当布鲁塞尔首都区域政府第一次被直选出来，区域规划仍然在中央政府大臣的管控中。中央政府在布鲁塞尔都市群范围内拥有非同寻常的规划权力，对建筑保护甚至布鲁塞尔的公投都没有兴趣，因此它在很大程度上违反了居民意愿，推动了城市的快速转变，对传统格局造成了损害。社会群体之间的竞争使得很多决定得以由国家做出。在布鲁塞尔市的支持下，以及和公司企业紧密合作的基础上，政府把城市从一个区域中心转变成为一个大都市和欧洲的首都。1989 年

---

* 欧盟公民倡议（European Citizens' Initiative，ECI），也译为欧盟公民动议、欧盟公民创制权，是指联盟内有投票权的公民可以直接提出欧盟层面的立法建议。——译者注

通过直选产生的区域政府，布鲁塞尔－首都区域（Brussel-Capital Region），带来了一些改变，包括批准了 1998 年的区域规划。这些措施是开始于 20 世纪 60 年代末的流行风潮所带来的迟到的结果。

建设波拉蒙特大楼（Berlaymont，欧盟委员会大楼）和欧盟入驻推动布鲁塞尔成为一个大都市

1958 年初，欧洲经济共同体和欧洲原子能共同体入驻了布鲁塞尔利奥波德区刚刚建成的私人办公建筑。比利时政府把欧盟入驻作为推动布鲁塞尔城市发展的机遇。随着 1954 年政府的变化，第 58 届世界博览会成为一个意义深远的产生根本性变革的契机。政府以这个名义开展了主要的城市项目，比如环状和中央干路网络，以及扎芬特姆（Zaventem）机场的开发。在很短时间里，布鲁塞尔把自己转变为一个现代城市，博览会的东道主，同时也为欧洲组织提供了理想的驻扎地。[18] 尽管道路行政管理部门（Fond des Routes）坚持并没有因为新的道路而产生大规模的拆除或城市改造，它的工作仍然促使第三产业集中在中心，而人口向郊区聚集。[19] 早些年间，政治和经济领军人物以及市民都是欢迎革新的。当时，建筑和规划办公室阿尔法小组（Group Alpha）编制的区域规划，提出了新的交通基础社会和城市开发方案，从而容纳增长至 200 万的居民，并为未来的欧洲团体提供几个场地（图 17.1）。[20] 在这样一片欢快的氛围中，欧洲经济共同体和欧洲原子能共同体入驻了布鲁塞尔。由于

欧盟的入驻被贴上了临时的标签，比利时政府提供了近期建设的靠近市中心（利奥波德区内）的办公建筑，保留了大规模空地，以便未来欧洲首都所在地最终确定时用来建设一个欧盟区。

利奥波德区靠近市中心，通达性极好，选择它作为欧洲组织的临时所在地并不是偶然的。这在本质上把布鲁塞尔转变成为一个大都市。一个私人组织，把国王利奥波德一世视为它的投资者之一，在布鲁塞尔市第一次扩张之时（1838 年）规划该区域并投入资金（图 17.2）。[21]20 世纪 20 年代，利奥波德区的富人离开这里迁往郊区，因此空出了大量的居住区便于进行整体更新。1948 年，阿尔法小组确定这个区域是国家和国际组织的理想场地。[22] 欧洲组织临时场地的确定伴随

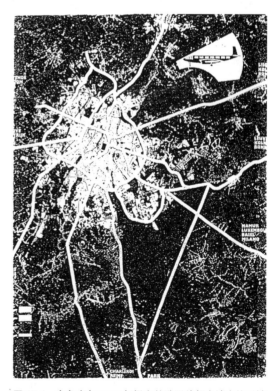

图 17.1 布鲁塞尔 1958 年提交的欧盟首都申请中的区域交通基础设施规划

图 17.2　鸟瞰 1939 年的法律街（Rue de la Loi）和住区广场，一个位于利奥波德区的著名居住综合体，用来避免这个区域的富人外溢到郊区去。五十周年纪念公园（Parc du Cinquantenaire）的凯旋门位于图中背景的位置上

着重要的居住区转变成办公区。

基于公私合作的传统，比利时以一种胜券在握的姿态回应了并不确定的欧盟的入驻。政府从政治角度希望为首都争取欧盟的入驻，因为这可以提升它的经济水平和城市形象。同时服务于欧盟和布鲁塞尔城市开发的建筑物在投资上普遍受到限制。但是政府并不支持仅仅为了提升欧洲组织标志性特点而进行的建设活动。新的欧洲组织进入布鲁塞尔时政府都延续了这些举措：它提供到达场地的道路设施和基本的城市基础设施，并利用政治和行政管理力量来配置私人建筑物。为了不妨碍利奥波德区转变为一个办公区域，国家政府并没有对开发进行控制，实际上政府给了私人企业太多的自由。[23] 后来频繁出现开发商没有执行规划方案。布鲁塞尔市支持了政府的决定，并快速通过了建筑活动的许可。也从来没有出现过市民反对的情况。波拉蒙特大楼综合体是那个时期主要范例。

欧洲经济共同体和欧洲原子能共同体在 1958 年以后经历了不可预期的快速增长，促使它们不断寻找新的办公大楼。一家建设公司建议场地选址在利奥波德区边缘，原来是波拉蒙特修道院。这个条件优越的场地允许各个机构共同位于一个较大的新场地上，取名为"波拉蒙特大楼"。位于环岛路（Rond-point de la loi），办公大楼的主入口正对通向市中心的林荫大道。唯一的规划限制是新建筑不能超过 55 米。随着时间过去，大量布鲁塞尔市民开始批评这些建筑的设计。

在欧洲组织表达了兴趣之后，比利时海外社会保险办公室 [Office de Securite Sociale Outre-Mer (OSSOM)/ Dienst Voor de Overzeese Sociale Zekerheid (DOSZ)] 资助了波拉蒙特大楼，同时比利时中央政府提供了广阔场地的基础设施。波拉蒙特大楼必须具备转变为比利时政府办公建筑的可能性，因此它从来不具有欧洲的标志性特点。1962 年欧盟理事会再一次推迟了欧洲首都所在地的明确决定，之后，总部大楼的东翼开始建设。建筑师设计了现在的 X 形状的建筑，以供所有欧洲组织使用[24]，包括一个大会堂，以及其他为欧洲议会准备的大空间。波拉蒙特大楼的办公室采用了开敞式布局，和比利时各部门一样，主要原因是以防万一欧洲组织撤出布鲁塞尔，城市将不得不继续使用该建筑（图 17.3）。

波拉蒙特大楼成为布鲁塞尔建设新的街道和地铁系统的关键，继续了第 58 届世博会带来的城市更新。一条东西向地铁线代替了原来规划的南北向地铁线，把市中心和欧盟区以及位于首都东南的富人居住区连接在一起。

同时，欧盟社区的需求不断增长，各个组织自行租用了利奥波德区没有建筑管控的

图 17.3　X 形状的波拉蒙特大楼鸟瞰图，前景是法律街（Rue de la Loi）。右侧，圆形立面界定了舒曼广场（Rond-point Schuman）的边界；左侧，查理曼大帝大楼（Charlemagne）的一部分，欧盟理事会的第一栋大楼；背景是位于广场区（Quartier des Squares）的布鲁塞尔典型的低层单户联排房屋

私人住宅，促进了私人开发商建设办公建筑。欧洲机构的需求大大影响了布鲁塞尔的来自投机需求的办公建筑。由于布鲁塞尔位于中心的地理位置、现代道路以及较少的城市限制，其他国际组织也入驻了布鲁塞尔。布鲁塞尔经历了欧洲大陆上最大规模的办公建筑建设大潮，甚至吸引了英国的开发商。

随着欧洲经济共同体、欧洲煤钢共同体和欧洲原子能共同体在 1965—1967 年合并以及随后重组，欧洲组织的需求发生了改变。欧盟在布鲁塞尔的全体员工的数量已经超过了仍然在建设中的波拉蒙特大楼的容量。欧盟对波拉蒙特大楼提出了严厉的批评，并威胁说只使用部分空间或者新建一个大楼。然而，欧洲首都的临时特征导致欧洲组织很难提出太多要求。除了把波拉蒙特大楼全部交由欧盟使用以外，比利时拒绝了其他要求，但是欧盟委员会认为鉴于其声望希望单独使用波拉蒙特大楼。到那个时候，比利时已经在这个区域集中了太多资金和资源，不希望欧盟选择其他地方。比利时决定支付部分租金来说服欧盟委员会使用波拉蒙特大楼中原来为议会设计的正式场所，但这些空间对委员会来说是没法使用的。[25]

随着波拉蒙特大楼入驻和新道路建成，利奥波德区成为欧洲社区在布鲁塞尔的永久家园，以及它在欧洲的中央管理区。[26] 即便是需要加建建筑或者更大空间时，比利时也从来没有考虑过另一个场地。随着在这个场地上投入了高昂的资金，政府甚至准备加速以满足欧盟的需求。欧盟的入驻促进了主要国际组织进入该区域。这也意味着其他所有欧洲组织都将把它们的总部设在利奥波德区，就像欧盟理事会和欧盟议会所做的那样。

经济统一，自大的项目，市民抗议和理事会大楼项目

在欧盟理事会要求建设理事会大楼的时候，欧盟委员会还没有入驻波拉蒙特大楼。这个区域的选址和设计，从 1960 年代末一直讨论到 20 世纪 80 年代中期，中央管控下的技术上和功能上的城市规划挑战了基于公共讨论的美学和社会观点。尽管中央政府试图探索经过实践检验的与私人公司合作的政策，但社会变革、市民意识和地方政府的反对导致了早期狂妄自大的项目的彻底衰败。

当缺少来自总部的关键决定时，欧盟理事会无法设计和投资它自己的大楼。就像波拉蒙特，这个新大楼是由比利时政府建设，再出租给欧盟机构的。欧盟理事会否决了很多场地，原因包括太小或者缺乏可达性（lacking a prestigious approach），因此场地的搜寻一直延伸到郊区。[27] 但是各方利益阻碍了去中心化的各种可能。法国和卢森堡的代表反对去中心化，因为利奥波德区空间扩展上受到的限制阻碍了欧盟机构的扩张，从而保护了他们的利益。[28] 面对这些反对的声音，同时考虑到之前在利奥波德区的投资，比利时政府重新开始了最初位于波拉蒙特大楼对面场地上的项目（图 17.4）。这是第一次政府无法实现并无争议的项目。从 20 世纪 60 年代末开始规划环境发生了翻天覆地的变化。政府的不稳定性限制了政治权力，布鲁塞尔市在选举中经历了公共批评之后不再提供相关支持。[29]

1968 年布鲁塞尔早期的区域化进程步伐

244

催生了区域团体的第一次直选,即布鲁塞尔城市群(Agglomeration de Bruxelles/Agglomeratie Brussel)管理主体,它的权力十分有限。城市群管理主体的干预在很大程度上是和居民团体反对20世纪50年代以来指导城市和区域规划的原则同时发生的。跨学科组织城市行动研究工作室(Atelier de Recherche et d'Action Urbanines,ARAU)[30],和其他两个组织:布鲁塞尔跨环境组织(Inter-Environment Bruxelles, IEB)和佛兰芒团体布鲁塞尔环境委员会(Brusselse Raad voor het Leefmilieu, BRAL),以及活跃的建筑学校拉坎布雷(La Cambre),共同成为布鲁塞尔城市群市民活动的核心。[31]他们呼吁规划过程开放化、规划决策民主化,而不是由大多数公共权力部门定义的功能主义概念。社区团体支持保护内城住宅,功能混合以及公共交通优先。城市行动研究工作室利用公共事件、展示投机建设案例的导览、手册、新闻发布会以及抵制

性项目(counter-projects)来推进他们的工作(图17.5)。面临反对的声音以及城市支持降低,中央政府不得不缩减项目。

1978年其他欧盟成员国拒绝资助理事会大楼,之后比利时政府决定引入一家私人投资者接手这个项目并按照规划继续建设,只是稍微削减了场地。[32]这种方法回避了开展建筑竞赛,曾有人为这个著名大楼提出类似建议。即便竞赛并不能保证建筑质量,但它可以提醒公众,欧盟并不只有经济和政治目标,还有文化目标。但是比利时政府对竞赛不感兴趣,因为它会激发公众讨论,并且要求对来自世界各地的建筑师和城市规划师的参赛作品进行研究,从而延缓建设进程。[33]因此政府选择了来自私人开发商的方案。在当时经济危机的那段时间里,一个主要的建设项目可以刺激全国的建筑市场。

这一次的方案更加强调经济、技术和功能的要求,而不是城市或者建筑质量。欧盟

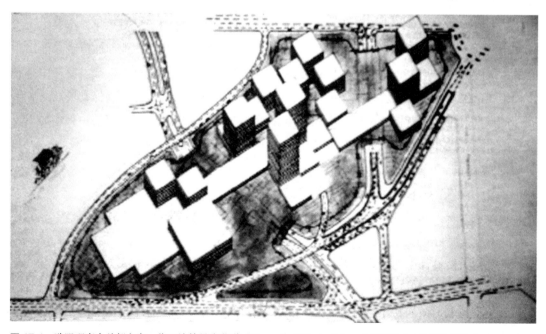

图17.4 欧盟理事会总部方案,位于埃特贝克巷道(Chaussée d'Etterbeek)一个面积为6.4公顷的场地上

图 17.5 理事会建筑沿法律街（Rue de la Loi）的立面，这是由布鲁塞尔跨环境组织发起的一个抵制性项目。这个提案的副标题是："为建设欧洲而毁掉这个城市"（Construire l' Europe en detruisant la villé）

理事会提出了功能、建设和安全方面的建议，但是比利时方面在各种委员会的压力下，希望城市融合。结果让所有人都不满意，也没有做出最终决定。这个无效的过程使得当地市民组织产生了激烈的反应，他们准备了抵制性的方案，包括保持传统街道、小规模建设、城市多样性和融合，并且针对位于原约萨法特（Josaphat）车站场地上的新欧洲城市草拟了计划。[34] 这些抵制性项目并未付诸实践，但是从另一方面来说，施加压力的市民团体并不再是被完全忽视的力量。

理事会大楼设计中的诸多问题是由于缺少一个负责任的政府。理事会拒绝主导大楼的设计迫使比利时政府接手，比利时政府更倾向于功能和经济的优势而不是壮观外表和美学设计。其他成员国也对比利时政府的明确立场和观点表达了反对意见。市民组织没有获得任何官方角色，他们的声音只能出现在嘈杂的抗议中。然而私人开发商在中央和地方政府的默许和支持下确保利奥波德区转变为布鲁塞尔欧盟区，即使唯一兴建的主要项目在那个时期失败了。

布鲁塞尔的新参与者和议会综合体

经年累月的推迟和反对到 20 世纪 80 年代中期终于结束了。布鲁塞尔首都区域政府通过直选建立以后带来了激烈的区域反对情绪，再加上经济复苏，中央政府的态度随之发生了变化。考虑到比利时需要为欧盟议会提供适宜的办公室,如果它还想安置欧洲议会,那么必须加速建设进程。因此比利时政府采取了特殊方法,快速并且连续开发了三个主要建筑综合体:尤斯图斯·利普修斯大楼,理事会的总部所在地;保罗-亨利·斯帕克大楼,议会大会堂,以及毗邻的斯皮内利大楼,它安置了议会的办公设施。

1983 年,在经历了 15 年的关于总部大楼选址和设计的争论之后,理事会终于决定投资大楼的建设。但直到两年后布鲁塞尔区域大臣才签署了必要的许可以及和欧盟达成协议。[35] 城市布局和理事会的建筑设计最终在某种程度上实现了典型的布鲁塞尔的折中方式,城市设计导则由一个独立的布鲁塞尔建筑师和城市规划公司完成,建筑群规划和建筑设计由 21 位参加之前一个方案征集竞赛的建筑师提供。[36] 为了把这个新建筑和周围的银行以及办公楼区别开来,并且为了体现它作为欧盟关键性建筑的地位,建筑师选择了最简单的方法:他们把代表欧洲的大写字母 E 刻在了立面上,位于侧面的支柱上,由混凝土柱和梁组成(图 17.6)。这从建筑上体现欧洲的标志性来说是远远不够的。

尤斯图斯·利普修斯大楼的建设是和欧盟议会建筑综合体的规划开发同时进行的。比利时希望在布鲁塞尔把欧盟理事会、委员会和议会三个机构整合起来,这与欧盟议会的想法不谋而合,欧盟议会一直要求把相关活动重新组合在一个场地中。为议会大楼准备的场地位于利奥波德区边缘,在火车铁道和卢森堡车站一侧。比利时政府不能公开干预欧盟议会综合体的建设,因为那意味着与法国和卢森堡的对抗。[37] 为了避免破坏现有

的政治平衡,政府和商业代表建议引入一个私人投资的项目,一个 750 席位的国际会议中心——实际上就是议会大楼。[38] 为了保证会议中心的快速建设,布鲁塞尔区域大臣绕开了必要要求,修改了官方规划。卢森堡和法国表示严重抗议,并且提醒比利时它并没有权力建立一个议会大楼,欧洲首都的选址问题必须经过全体一致同意才能决定。[39]

1987 年关于项目的声明激起了当地广泛的抗议。市民组织被限定为一个没有权力的咨询委员会,对未来办公建筑的建设过程、投资预测以及可能的影响提出了批评。尽管如此,1988 年争议双方还是签署了一个协议,承诺与当地居民进行协商,对建筑物进行改造,并支持邻里文化建设。但是市民没有任何途径强制执行这一协议,到目前为止主要的部分都没有付诸实施。1988 年,欧盟议会同意租用半圆形建筑。1992 年,即便是在爱丁堡理事会议之前,布鲁塞尔、斯特拉斯堡和卢森堡在这一年晚些时候被指定为总部的三个临时所在地,最终也将是欧洲首都所在地,议会仍然在它周边区域沿铁路线租用了一片土地,大约可以建设 30 万平方米的办公空间,而且根据规划未来还会进一步拓展。

从美学上这个建筑是存在问题的,整个建筑群的尺度显示了缺乏对社会融合以及区域基础设施容纳能力的考虑(图 17.7)。这是缺乏欧盟选址政策下布鲁塞尔城市规划的典型案例。这是波拉蒙特大楼之后第一个引起建筑评论员兴趣的欧盟建筑——建筑分析的潜在趋势是批评和抱怨整合的失败。[40] 有关人士再一次对没有举行设计竞赛以及缺乏民主过程而感到遗憾,这些都有利于一个对于欧盟及其政治都十分关键的建筑的适宜表达。

图 17.6 为理事会准备的尤斯图斯·利普修斯大楼。建筑的这个角被切掉，从而更好地和圆形回旋状的舒曼广场相融合。从沿着法律街的立面能够看到位于立柱上的大写字母 E（代表欧洲）

尽管布鲁塞尔在规划选址的争论中出现得较晚，但它成功地在区域化最终步骤和布鲁塞尔首都区域成立之前把三个主要的欧盟机构在利奥波德区整合在一起。新的区域政府要控制欧盟项目显然已经太晚。不管怎样，它已经开始影响这个区域的未来，从 20 世纪 90 年代开始新区域政府已经就欧盟总部问题与中央政府对抗了几次。投资者之间的合作、公共部门和当地组织迅速发展起来，但经济导向的大型项目中投资者倾向于仅仅做些表面文章来满足美学要求。

由于欧盟区的环境质量较差，一些企业已经离开了这一区域，投资者和政治家最近逐渐意识到建筑和城市形式对生活和工作质量的重要性，特别是在利奥波德区。对于布鲁塞尔首都区域来说，这意味着通过城市家具修饰利奥波德区，改善街道和公共空间的外表，提升公共交通质量。改善城市环境甚至更加重要，因为斯特拉斯堡，作为布鲁塞尔在欧盟议会所在地竞争中的直接对手，有意识地把建筑和城市规划作为获得公众支持的工具，而卢森堡则投入大量资金开发和改造欧盟所在地——基希贝格高原。

为了与对手以及它们在城市和建筑方面所作的努力进行竞争，布鲁塞尔需要一个区域规划，从而获得均衡的开发。1989 年布鲁塞尔首都区域政府直选之后终于发布了这一规划。新的区域规划（Plan Regiounal d'Amenagement du Sol, PRAS）计划把布鲁塞尔发展为一个包括高端功能的大都会，同时控制办公建筑，保证它们有利于城市环境而不是毁坏城市环境。欧洲组织在一段较长

图 17.7　比利时欧洲议会综合体鸟瞰图。平面呈半椭圆形，带有半个拱形穹顶的建筑就是保罗－亨利·斯帕克大楼。斯皮内利大楼中的行政办公室沿覆顶的铁路轨道设置。卢森堡站位于议会轴线上，轴线一直延伸至远处的新古典主义的卢森堡广场。背景中可以看到理事会大楼——尤斯图斯·利普修斯，以及正在改造的委员会总部所在地——波拉蒙特大楼

时间里入驻利奥波德区似乎得到了保障，即便在 1991 年楼内发现了石棉之后 *，欧盟委员会的 3000 个员工离开了波拉蒙特大楼。他们搬到了位于布鲁塞尔东南奥德尔赫姆（Auderghem）的一个新办公楼，这一区域具有较好开发的公共交通和街道网络[41]，也开启了一个新的增长点。布鲁塞尔首都区域政府希望为委员会重建波拉蒙特大楼，强调它已经成为欧洲和城市的标志。波拉蒙特大楼的私人所有者不得不接受布鲁塞尔首都区域政府的要求，开始昂贵而漫长的更新工作。[42] 同时委员会各部门在 1992 年分散在 57 个建筑中。甚至 2004 年 10 月委员会搬回波拉蒙特大楼以后，这种去中心化的特征仍然延续了下来，从而满足现在欧盟 25 个成员国的安置要求。截至 2004 年，委员会共使用了 25 个建筑，面积达到 792000 平方米，目前正在考虑在布鲁塞尔进一步分散工作场所。[43]

利奥波德区中的欧洲

经过中央和地方政府 40 年的工作，利奥

---

* 1991 年，楼内石棉被疑含有致癌物质，大楼自 1991 年开始经过历时 13 年的翻修。——译者注

波德区，从自由主义传统和比利时中产阶级的代表，彻底转变成为一个欧盟区。即便缺乏规划，布鲁塞尔也已经成为实际上的欧洲首都。近期的尝试显示金融人士、城市政府以及普通市民现在已经意识到他们的城市对于商务和旅游人士来说，有的时候是无趣的，不管是城市还是利奥波德区都没有产生积极的形象。到目前为止这一结果并不令人信服。这对于把欧洲作为一个概念的布鲁塞尔来说是十分危险的，因为一个符号化的建筑，比如美国国美大厦或者英国国会大厦，作为一个有益的标志有利于提高公众对政府机构的认同感。

布鲁塞尔被认为是一个没有特点的官僚机构所在地，是一个虚构的地点，这也从社会理论学家让·博德里亚（Jean Baudirillard）的阐释中反映出来："布鲁塞尔市是如此抽象的一个城市，没有人感到和它之间有互利互惠的关系，也没有义务和责任。"[44] 这种感觉不仅仅局限在建筑和设计上；它也影响了欧洲居民，使得他们对于欧洲首都及欧盟组织缺乏责任感。然而，一些自豪的情绪和责任感是必需的，从而对抗那些迄今为止控制位于布鲁塞尔的欧盟的命运的临时力量，才能产生一个清晰的形象，并彻底改造利奥波德区和其他欧洲节点成为宜居场所和积极的欧洲标志。

布鲁塞尔似乎是探索未来欧洲化及其在城市和区域形象上的影响的合适场所，包括欧洲和市民之间的具象的互动。目前的分析清晰地显示出布鲁塞尔的利奥波德区及其他欧洲城市中的欧洲节点的城市和建筑设计，需要从全球和地方的视角同时入手，考虑所有参与者的利益。[45] 如果布鲁塞尔的居民能够与其他欧洲市民建立网络和联系，他们或许能够平衡已经存在的欧洲经济和整理网络，并且催生一种新的文化，从而严厉声明由于这个城市欧洲化所造成的社会、经济和文化问题。

注释

1. 本章基于海因之前的研究报告完成（2004a）。参见 Hein（待发表，2006）。

2. 有关布鲁塞尔的英文文献很有限，比如，可以参见：Billen, Duvosquel and Case (2000); Hein (2004a); Jacobs (1994); Papadopoulos (1996)。通过法语和德语，布鲁塞尔的概貌和城市历史相对比较好地得到了记录。比如，可以参见：Abeels (1982); Aron (1978); Demey (1992); Lambotte-Verdicq (1978)。

3. 布鲁塞尔的工人阶级聚集区在城市西部，上层社会人群聚集区则在城市东部，这在西欧是一个例外；欧洲的主导风向为西风，因此大部分欧洲城市都把工业和工人阶级聚集区布置在城市东部，但布鲁塞尔东部高地能够提供更好的居住环境。

4. 布鲁塞尔历史可参见 Aron, Burniat and Puttemans (1990) and des Marez (1979)。

5. Hall (1997b); Ranieri (1973); Therborn (2002).

6. 贝姆从 1859–1903 年是布鲁塞尔郊区的 Inspecteur Voyer。

7. 对这两个专有名词的讨论可参见 Kapplinger (1993)。

8. 有关布鲁塞尔行政首都功能可参见 Lagrou (2000)。

9. 欧洲在布鲁塞尔表现出来的历史可特别参见，Demey (1990); Hein (1987; 1993; 1995; 2004a;

2005a, b)。

10. 在更广的背景里看待为欧洲创建一个首都，针对单一和纪念性的首都以及标志性建筑的有预见性的工程，以及三大总部城市的实施历史，可以参见 Hein (2004a and b)。

11. 理事会大楼根据比利时学者尤斯图斯·利普修斯（1547—1606 年）的名字命名，同时也为了表达对同样名字街道的致敬，那条街道为了给理事会大楼腾出空间而被拆除。

12. 半椭圆形的议会大楼是以比利时政治家保罗 – 亨利·斯帕克（1899–1972 年）的名字命名的。斯帕克在 1952—1953 年间担任 ECSC 成员大会主席，在 1956 年以后担任 NATO 理事会秘书长。毗邻议会大楼的办公建筑是以阿尔提艾罗·斯皮内利（Altiero Spinelli，1907—1986 年）的名字命名的。斯皮内利是欧洲联邦主义者运动（European federalist movement，1943 年）的发起人，也是欧洲防御共同体（EDC）和欧洲政治共同体（EPC）的主要倡导者。

13. 根据尼斯公约从 2003 年开始在布鲁塞尔召开。

14. Swyngedouw and Baeten (2001). See also www.europa.eu.int

15. Christiane (forthcoming, 2006).

16. 有关布鲁塞尔全球 – 地方互动的议题可以参见 Swyngedouw (1997); Swyngedouw and Baeten (2001)。

17. 罗马公约要求欧洲政府所在地的选择必须是无异议的。最初的 6 个 EEC 国家从来没有同意过，自从成员国增加到 25 个到现在，达到一致的愿望似乎无法实现。

18. See also Bauwelt (1958).

19. Ministère des Travaux Publics et de la Reconstruction (1956).

20. Gourvernment Belge (1958).

21. 一个私人社团，比利时首都扩建与美化协会（Société Civile pour l'aggrandissement et l'embellissement de la Capitale de la Belgique）于 1837 年创造了利奥波德区。有关利奥波德区可参见 Burniat (1958)。

22. Ministère des Travaux Publics (1966).

23. 1962 年比利时城镇和乡村规划法（Belgian Town and Country Planning Act）有关比利时城市改造的内容阐明了规划立法是如何为开发商进行设计的。参见 Laconte (2002)。

24. 委托建筑师，吕西安·德维斯塔尔（Lucien de Vestel）、让·吉尔松（Jean Gilson）、安德烈和让·波拉克（Andre and Jean Polak），在比利时和布鲁塞尔受到广泛认可，从那以后设计了欧洲区的大量建筑。波拉克兄弟还设计了原子塔，第 58 届世界博览会的标志性建筑物。联合国教科文组织位于巴黎的总部经常被看作欧盟委员会总部大楼的参照模板。但欧盟委员会总部大楼的建筑师们，则指出他们更多地参考了瑞士沃韦（Vevey）的雀巢行政管理大楼。来自卡萝拉·海因（Carola Hein）对让·波拉克的访谈，1993 年 6 月 25 日。

25. 大会堂无法出租，因为翻译人员拒绝在那里工作。

26. 这个词是由地理学家帕帕佐普洛斯（Papadopoulos）创造的（1996）。

27. Hein (2004a), chapter 7.

28. *Ibid.*

29. 1958 年至 1985 年，比利时总理更换频繁，前后产生了 11 位总理。

30. ARAU 于 1968 年成立，由莫里斯·库洛特（Maurice Culot）和勒内·舒翁布罗特（Rene Schoonbrodt）领导。

31. On ARAU and La Cambre see wonen-TA/BK (1975); ARAU (1984); Culot (1974; 1975); Culot, Schoonbrodt and Krier (1982); Krier, Culot and AAM (1980); Schoonbrodt (1979); Strauven (1979).

32. 议会大楼的历史可以参见 Laporta (1986) 和 Schoonbrodt (1980)。

33. 竞赛在布鲁塞尔并没有很长的历史。2000 年比利时建筑杂志 A+ 试图通过发布两份有关竞赛的特刊来改变这一情况。见 A+ (2000)。

34. 理事会的雇员批评了该项目：Vaes (1980); Vantroyen (1984)。有关反对团体项目和约萨法特车站项目的参见 Hein (2004a; 2005b) 和 Inter-Environnement Bruxelles Groupement des Comites du Maelbeek (1980)。

35. Vantroyen (1984).

36. Nicaise (1985)。对于 Résidence Palace 的拆迁抵抗成为导致建设推迟的原因。Vaes (1980)。

37. 害怕东欧国家加入欧盟后带来新的有价值的首都功能候选城市，在决策中起了主要作用。

38. 有关细节的讨论参见 Demey (1992)。

39. Fralon (1987)。

40. Dubois (1994); Arca (1993); Kähler (1995); Wislocki (1996)。

41. 有关欧盟委员会使用过的各种场地，参见 Batiment (1992)。

42. 由比利时建筑师史蒂文·贝克尔斯（Steven Beckers）设计，皮埃尔·拉勒曼德（Pierre Lallemand）作为美学顾问。

43. 有关当下对欧盟在布鲁塞尔的整合以及可能发生的分散化的讨论，参见 Hein (forthcoming, 2006)。

44. Sassatelli (2002).

45. Baeten (2001) 讨论过类似话题，在这一背景下，需要从全球和地方视角解决城市的问题，给当下"世界城市政治制度"的"受害者""重新赋予权力"。

第 18 章

纽约：超级首府——公私力量共同推动的结果

尤金妮亚·L·伯奇（Eugénie L. Birch）

纽约作为一个首府城市同时出现在两个类别中：前首都（曾经是美国的政治首都，并保留了重要的城市功能）和超级首府 [跨国政府组织联合国（UN）的总部所在地]。[1] 纽约作为一个超级首府的原因，和本书中其他很多首都或首府有着显著的区别。纽约历史上只做过一年美国首都（1789—1790 年），今天，纽约既不是国家的首都，甚至也不是它所在州的首府。在 1947 年赢得竞赛，联合国入驻之后，纽约成为一个世界首府。

尽管首都或首府和其他城市具有很多相似的特征，它们在设计和开发上仍然具有独特之处。在纽约这个案例中，很多城市设计的元素第一次被应用，并成为相应类型的范例。结合背景环境，纽约阐释了三个层级的政府体系（城市、州和联邦）的工作情况，不同层级的政府定义了明确的权力。而在执行过程中，纽约展示了公共和私人部门如何共同合作从而塑造创新性的投资和管理架构。这些为纽约的政治和金融设计添加了"化学成分"，从而促使纽约作为一个超级首都而崛起。

纽约展现了超级首府的特征，因为它呈现出一种独特的包括各种活动的集合体的特点。它的声望不仅来自联合国所在地，还来自它承载了国际金融和文化的最重要中心这一功能。四个大规模综合体，即联合国总部大楼、洛克菲勒中心、世贸中心和林肯演艺中心，具象化了这一现象。本文将会特别论述这些项目。下文将详细阐述建设这些项目的领导者，并对实施过程中采用的政治、设计和执行策略进行评述。

纽约：作为区域性首府为超级首府奠定了基础

很多学者已经叙述了纽约从一个前国家

首都（1789—1790 年），到第二次世界大战之前，发展成为一个国家城市的过程，其中促使这个城市崛起的原因主要有三个：巨大的人口增长，经济优势以及文化、通信和风格的主导地位。[2] 它们展示了联邦政策是如何鼓励城市从而获得成功的。例如，放宽移民规则加速人口增长——1890 年至 1940 年间，国外出生的居民从全美人口的 29% 升高到 41%（在 1910 年达到顶峰），当时全部城市人口增长了 400% 以上。联邦储备系统（Federal Reserve System）的建立（1913 年）稳定了全国银行业，并使纽约分行占据了主导地位，因为它监管着外汇划转和公开市场交易。这些政策服从于大型劳动力 / 消费者市场，后者刺激了纽约经济增长，并确保顺畅的资本流转，从而鼓励了银行业、制造业、服务业（法律、会计和保险）的激增以及国家重要企业总部在曼哈顿的集中。

城市崛起历程中的其他部分来自人口的需要和利益。银行家和实业家要求良好的信息交流，他们的需要随着不断增多的报纸和期刊出版社、无线电通讯供应商（电报和电话）以及晚些出现的广播电视而得到满足。中等及以上收入市民支撑起了城市的文化，使得纽约建立了国际水准的博物馆、大学、学术团体和演艺机构。低收入居民和新市民未满足的需求激发了公共和私人力量共同致力于社会变革，使得住房、公共医疗、教育等方面的创新模式，包括免学费的城市大学系统，在纽约出现了。

到 20 世纪 40 年代，这个居住了 750 万人口、占地 322 平方英里的城市已经成为"资本主义的首都"，在经济增长和人口方面成为周边地区甚至整个国家的主导。[3] 它在曼哈顿有两个强大的中央商务区，在它的五个区中还分布着很多居住区。

6 个因素塑造了纽约，为后来超级首府各项工程上马准备了舞台。这些因素包括：地理情况；地形地貌；方格路网（1811 年引入）；《住宅条例》（housing code，1901 年）;《综合性分区管制条例》（comprehensive zoning ordinance，1916 年）以及针对港口的基础设施公私合作投资；一个长达 722 英里的大运量交通网络以及周边包括铁路、公路、桥梁和隧道在内的通勤系统（19 世纪早期到 20 世纪中期）。

此外，公共权力部门，作为一种公共利益团体在 20 世纪 20 年代开始发挥作用，在开发为纽约城超级首府特征奠定基石的基础设施项目中产生了关键作用。在州立法的授权下（如果涉及两个州的布局问题，则是在联邦立法授权下），这些团体通过发行免税的收入预期债券来资助建设活动。在 20 世纪的前 50 年中，纽约港口事务管理局（Port Authority of New York，1921 年）负责管控航运，三区大桥* 管理局（Triborough Bridge Authority，1933 年）被创建用来监督主要河流交叉口的建设，它们成功地诠释了这种准政府类型机构的有效性。

总体规划在整个机构中所起的作用微乎其微。它在整个过程中出现得较晚，纽约成为超级首府更多的来自两股作用力下的综合影响。[4] 第一个影响来自纽约区域规划协会

---

* 三区大桥（Triborough Bridge），自 2008 年起被正式称为罗伯特·肯尼迪（Robert F. Kennedy）大桥，也简称为 RFK 大桥，是由三座独立的桥梁及其连接的高架高速公路组成的综合工程。它连接着三个行政区：曼哈顿区、皇后区和布朗克斯区，是纽约重要的交通联络线之一。——译者注

（Regional Plan Association of New York）的诞生，这是一个由基金会资助成立并由具备公民责任心的人士领导的组织。它雇用了这个国家中最具天赋的规划师来编制纽约及周边地区的区域规划（Regional Plan for New York and its Environs, 1922—1931 年），它覆盖了5528 平方英里的区域，包括 12 卷的评估报告和发展策略。由于缺乏法律依据，并于经济大萧条之初颁布，紧跟其后的是世界大战，这个规划不可能立刻付诸实施。不管怎样，它颇具说服力地提出了一些后来成为战后政策的观点，包括推动曼哈顿成为区域经济引擎；强化车行交通路线；以及促进居住的去中心化。

第二个影响来自纽约城市规划委员会（New York City Planning Commission, 1938 年）的创立，其中市长雇用了 7 名成员组成理事会，并授权他们着手编制总体规划及其实施措施。尽管该规划的草案（1940 年）遭遇了失败，但规划委员会对于区划和资本预算的管理鼓励了有利于超级首府的私人投资建设行为。

最后，随着大量工人和居民聚集在一个有限的区域内，特别是曼哈顿，使得纽约成为美国开发密度最高的城市。19 世纪末在芝加哥开始出现的摩天大楼，成为纽约的标志。到 20 世纪 30 年代，曼哈顿天际线就等同于纽约，不久之后它甚至成为超级首府的标志。

纽约成为一个超级首府

纽约成为一个超级首府是一个复杂的过程，它伴随着二战以后美国在国际事务方面的地位日益重要（在这一背景下，纽约在金融、文化和信息方面的声望在国际舞台上逐渐大放异彩）。纽约从美国政治稳定性、卓越的经济优势以及对外国移民者的重新开放等方面获得了利好。[5] 到 20 世纪 70 年代，纽约成为一个超级首府；它是全球治理、金融和文化的领导者。

然而纽约城成为一个超级首府是遵循一个总体规划吗？答案是否定的。区域规划委员会分别于 1968 年和 1996 年发布了两个规划，但一如既往的是，这些努力都没有法律依据。[6] 直到 1969 年这个城市都没有一个城市总体规划，该规划面世以后甚至也没有得到城市议会的批准，只得到了城市规划委员会的许可。

纽约的崛起来自于小规模公私合作团体领导者的努力，他们通过推动大型项目来塑造城市，随着时间流逝，进一步促进了城市的整体强大。正如前面已经提到的，这一传统已经根深蒂固。这来自过去 2 个世纪里纽约人性格中的侵略性、企业创造力和自负，这些性格特点使他们不同于美国其他城市的人，并成为全国嘲讽的对象。这一传统形成的基础设施、商业服务设施以及文化广场的重要投资进一步鼓励或者促进了人口和活动的向心化。但是，在大约 55 年中，主要是二战以后的十年间，这一行为进一步加强，形成了四个典型项目，正是这些项目——而不是规划——有助于把纽约塑造成为一个超级首府。这些项目，每一个都无法独立把这个城市建成超级首府，但它们为一种新的整合了政治、经济和文化领导权的首都类型提供了框架和标志。

1947 年纽约在竞争中成为联合国总部所

在地，使它成为二战后象征性的世界中心。同时，它在全球经济中的主导地位，具体以洛克菲勒中心（1931—1973 年）以及复兴的曼哈顿下城中心区 / 世贸中心综合体（1947—1987 年），以及它在世界文化活动中的领导力，以林肯演艺中心（1955—1992 年）为代表，巩固了这个城市的地位。

公务员和富豪家族提供领导力

在 20 世纪 20 年代到 70 年代之间，三个公务人员，罗伯特·摩西（Robert Moses）、奥斯丁·托宾（Austin Tobin）以及纳尔逊·洛克菲勒（Nelson Rockefeller），在相应项目的开发中发挥了关键的作用。他们的较长时间的任期、政治敏锐度、富于冒险精神的行为、远见以及大量成就使得他们非常优异。大胆积累并运用政治力量获得他们的成就，他们广泛利用政府当局和其他手段开展和组织大型项目。[7]

罗伯特·摩西是从市政研究局（Municipal Research Bureau）的一名分析员开始他的公务员生涯的，市政研究局最早是由洛克菲勒捐赠的改良主义的机构，但很快进入政府序列，一共存续了四十年。他同时承担了州和城市的工作，包括三区大桥管理局（Triborough Bridge Authority）的负责人（1933—1968 年）、纽约城市公园委员会（New York City Parks Commissioner）委员（1933—1959 年）、纽约城市规划委员会（New York City Planning Commission）的成员、城市建设的协调人和主席，以及有关贫民窟清理的市长顾问（1949—1960 年）。在这些岗位上，他推动了

四大项目中的两个，联合国总部大楼和林肯中心。他的工作还促进大都市基础设施的大大加强，从而保障了超级首府所需的大规模人口，除此之外他还推动了数以千计的低收入住房和适宜住房的建设。[8] 他总共监督了 270 亿美元的公共事务投入。[9]

奥斯丁·托宾，作为纽约和新泽西港务局（Port Authority of New York and New Jersey）的负责人（1942—1972 年），直接指导了开始于 1962 年的世贸中心（WTC）的建设。在他的领导下，港务局为支持超级首府提供了必要的设施：它负责运营区域内的三个机场（1947 年）；建设了区域巴士转接站（1947 年）；并建造了集装箱码头（1950 年）来管控纽约的航运。

纳尔逊·洛克菲勒，纽约州州长（1958—1973 年），1931 年从一个租赁代理商开始他的纽约城市建设活动，后来成为了洛克菲勒中心公司的主席。他对于建筑和开发的持续兴趣来自他的工作。他也和其他三个大型项目有着千丝万缕的联系，即联合国总部大楼、曼哈顿下城 / 世贸中心以及林肯中心。再加上作为州长，他监督着支持超级首府生长的州立机构，包括：大都市交通局（the Metropolitan Transportation Authority，MTA，1968 年）、州立住房金融机构（State Housing Finance Agency）、城市开发公司（Urban Development Corporation，UDC，1968）以及联合国开发公司（United Nations Development Corporation，UNDC，1968）。这些机构推动了将数以亿计的美元投入到交通改善、中等收入住房建设以及联合国相关办公室 / 酒店 / 住宅的建设中。

这些公务人员的成功离不开富豪家族的

贡献, 他们把他们的事业心和城市联系在一起 (同时倾注了金钱、时间和努力)。具有代表性的是洛克菲勒家族。约翰·D·洛克菲勒 (John D. Rockefeller), 美国第一个亿万富翁, 1884 年把标准石油公司 (美孚石油公司前身) 总部搬到了纽约城, 并在 1901 年建立了洛克菲勒研究所, 它是纽约享誉全球的杰出的科学研究机构。他的儿子, 小约翰·D·洛克菲勒, 建设了洛克菲勒中心, 并承担了联合国土地开发的成本。家族第三代, 约翰·D·洛克菲勒三世 (John D. III), 引导了林肯演艺中心的开发, 戴维 (David) 则通过 6000 万平方英尺办公空间的连续开发主导了曼哈顿下城的振兴。[10] 当然还有纳尔逊 (Nelson), 不管是作为家族代表还是一个公职人员都参与了所有这些努力。[11]

两种人际关系对于超级城市项目的表现和实施做出了贡献。第一种是洛克菲勒家族与建筑师华莱士·K·哈里森 (Wallace K. Harrison)。哈里森起初在洛克菲勒中心是作为哈维·威利·科比特 (Harvey Wiley Corbett) 的初级助理, 哈维是早期一位非常重要的摩天大楼设计师, 后来还成立了自己的事务所, 同样非常成功。哈里森是联合国国际建筑师委员会的主席; 世贸中心建筑咨询委员会的成员, 以及林肯中心建筑委员会的负责人。哈里森是纳尔逊·洛克菲勒的私人密友和导师, 同时还有姻亲的关系。[12] 第二种是实施者之间的紧密联系, 特别是洛克菲勒家族和罗伯特·摩西。20 世纪 20 年代, 摩西与小约翰·D·洛克菲勒紧密合作, 在特莱恩特堡公园 (Fort Tryon Park) 和帕利塞林荫大道 (Palisades Parkway) 建设了修道院博物馆 (Cloisters Museum); 20 世纪 40 年代,

他和纳尔逊在联合国总部项目中共事 [尽管 1968 年纳尔逊想将他撤职, 从而建立 MTA (大都市交通运输管理局), 吸收三区大桥和隧道管理局 (Triborough Bridge and Tunnel Authority)]; 20 世纪 50 年代和 60 年代, 他在林肯中心项目上和约翰·D·三世合作, 在曼哈顿下城再开发项目中和戴维合作, 特别是规划方面的事务, 但是曼哈顿下城高速公路项目从未按照计划实施。(业主和建筑师、实施者以及投资人之间的) 这些关系, 是在彼此尊重和共享愿景的基础上建立起来的, 促进了超过 10 亿美元的项目投资, 这些项目进行了战略布局并且起到了远大于它们体量的作用。

领跑的洛克菲勒中心

洛克菲勒中心一期建于 1931—1939 年, 位于一块面积为 12 英亩的租赁土地上, 它意外地成为了世界上第一个摩天大楼。它的成功使得联合国总部的相似布置被广泛认可。而且它成为此后超级首府商务功能建筑的一种原型, 比如伦敦的金丝雀码头和巴黎的拉德方斯。这些混合功能的综合体提供了办公和零售空间以及支持国内外经济活动的必要设施。

洛克菲勒中心的设计是出于经济需要的一个偶然结果。最初根据规划该地块应当安置搬迁的大都会歌剧院 (Metropolitan Opera House), 但随着经济大萧条迫使歌剧院退出了建设, 该项目演变成为一个金融项目。小约翰·D·洛克菲勒和土地所有者哥伦比亚大学签署了一个 20 年的租约, 每年租金 330

257

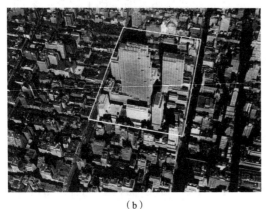

图 18.1 （a）洛克菲勒中心所在场地的特点是密布着高密度小尺度的建筑，洛克菲勒中心刚好位于圣帕特里克大教堂的正上方。（b）和（c）洛克菲勒中心包括 14 个建筑，其中有最为精华的美国无线电公司大楼、开放空间以及公共艺术

万美元，然后他发现他在全年收入额中持有的土地产出只有 30 万美元。债务导致了大都会歌剧院公司（后来更名为洛克菲勒中心公司，它是一家私营公司，是项目运营的主体）发生了彻底转变。公司负责人要求已经聘用的建筑师团队[13]设计一个项目，使其收入能够冲抵租金。

这片破败的场地对于高端金融功能来说并不理想，因为它紧邻高架的城市轨道交通，周边还布置了酒吧，声名狼藉的住宅和其他不理想的功能（图 18.1a）。但是，建筑师团队交出了一份令人惊喜的答卷：他们设计了

一个 14 层的建筑群，包括办公、零售、娱乐以及与城市网格编织在一起的开放空间，这些功能之间通过复杂的地下步道和公共服务网络联系在一起（图 18.1b、c）。特别引人注意的是建筑的统一性、优越的开放空间和广泛的公共艺术的利用。[14]

1931—1940 年间，公司实施了这些规划，建设了 550 万平方英尺的可出租面积。金融方面的主要承租方，美国无线电公司（Radio Corporation of America，RCA），代表了快速扩张的娱乐和新闻领域。周围的建筑包括即将成为媒体大亨的时代生活公司（Time-Life）、

美国联合通讯社（Associated Press）以及雷电华电影公司（Radio-Keith-Orpheum Pictures，RKO）。洛克菲勒公司、标准石油公司、埃索公司（Esso）、辛克莱石油公司（Sinclair Oil）和美国东方航空公司（Eastern Airlines）使得这一群体更加完善稳固。洛克菲勒的销售团队为位于时尚的第五大道沿街的帝国大厦、法国之屋（La Maison Française）以及国际大厦吸引了全球性质的零售业和金融业。[15]（当大多数美国人坚定地持孤立理念的时候，欧洲有意识的空间营销标志着重要的国际推广。）最后，无线电城音乐厅（Radio City Music Hall）也落户于此，它包括一个电影院、标志性的户外溜冰场和几家餐厅。用建筑历史学家卡罗尔·科林斯基（Carol Krinsky）的话来说，洛克菲勒中心代表着"城市的预期未来"。[16]

这一设计有三大来源：巴黎美术学院的传统及其正式的、对称的建筑 / 开放空间主导了场地规划；城市法规，特别是区划和建筑规范条例管理部门认可了开发权变动，批准了剧场上方的建设许可；而房地产市场决定了可出租面积的总量。

综合体总共花费了 1.25 亿（美元，1929年），到 1940 年全部出租出去，并于 1941 年成功冲抵了财政赤字。[17]1950 年综合体结清了抵押贷款。[18]

联合国把纽约建设成为一个世界城市

1945 年，在二战后一系列战胜国之间的政治部署之后，联合国经过选举准备在美国建设总部。俄罗斯投下了关键性的一票，使得法国和英国把联合国留在欧洲的愿望落空了。[19]旧金山、波士顿、费城和纽约立刻就联合国总部所在地展开了竞争。[20]纽约城市公园委员会委员罗伯特·摩西以及一个包括七位成员的顶尖委员会 [包括纳尔逊·洛克菲勒、温斯罗普·奥尔德里奇（Winthrop Aldrich），纳尔逊的叔叔以及大通国家银行的主席] 主持了纽约城的投标工作。法拉盛公园（Flushing Meadow Park）提供了 350 英亩的土地，即 1939 年世界博览会的场地（图 18.2）。投标工作组展望了一个世界首府的景象，包括令人印象深刻的纪念性空间 [一个

图 18.2　罗伯特·摩西及其团队为纽约城角逐联合国总部所在地进行了具体阐释，图中为一个巨大的模型以及休·费里斯（Hugh Ferris）绘制的渲染图

750000 平方英尺的联排建筑，周围布置着 51 个巨大的铁架塔（Pylons）—— 每一个分别代表一个联合国国家——沿着 2000 英尺长的轴线布置；还有一个巨大的白色骨架的圆形露天剧场]、四个主体建筑（为 15000 名工作人员提供了足够空间）、停车场（可容纳 2200 辆机动车）、一个新的通勤火车站场，以及最低限度的、在场地以外布置了 800 个住宅单元（图 18.2，右图）。他们强调了这一区域临近曼哈顿，同时距离拉瓜迪亚机场（Laguardia Airport）只需 5 分钟路程。该提案的成本预算为 850 万美元。[21]

由于位置太过郊区化，场地选择委员会否决了这一场地 [也同时否决了另一个位于韦斯特切斯特县（Westchester County）的场地]。洛克菲勒和摩西以及华莱士·哈里森共同合作，在最后一刻扭转了局面。他们在东 42 街和 48 街之间提供了 6 个街区，这一场地位于第五大道至东河行车道之间，是曼哈顿中城滨水空间的一个屠宰场区域（图 18.3）。这块场地面积大约为 17 英亩，属于地产商威廉·泽肯多夫（William Zeckendorf），哈里森已经为该场地上建设 "X 城市" 设想了一个概念方案，并且计划布置大都会歌剧院和纽约爱乐乐团（New York Philharmonic）的新大厅。在紧张、匆忙的 5 天内，哈里森重新定义了建筑的功能，洛克菲勒说服他的父亲承担了 850 万美元的收购费用，摩西则扫清了来自城市和州的各种障碍，包括确保土地购买额外的 200 万美元、道路终端的临时许可、区划调整、第一大道的改道并把规划界限（bulkhead）一直延伸到东河。[22]

1946 年 12 月 5 日，纽约以压倒性的优势（46 票对 7 票）获得了竞赛的胜利。纽约时

报的编辑们欣喜地进行了庆祝，宣布 "纽约市民通过纽约成长的非常过程，感到他们成为了世界居民"，并预言联合国 "对于古典建筑群，比如国际联盟所在的建筑群，丝毫不感兴趣"，而更倾向于选择 "一个现代摩天大楼……可能类似于无线电城（Radio City）"。[23] 事实证明他们是正确的。

接下去一个月，城市、州和联邦政府梳理了尚待处理的零散问题。纽约城对该区域进行了重新区划，并改善了重大基础设施。州通过立法把该地产的管辖权限交予联邦，同时免于税收。州同时授权城市重新安置场地之上的居民和商业。美国国会批准了联合国的豁免权，并免除了约翰·D·洛克菲勒基金用于购买该场地的联邦赠予税。[24]

联合国很快指派哈里森作为规划的总负责人，同时也成立了一个设计委员会，包括来自成员国的 16 个建筑师，并且仔细筛查他们是否拥护国际风格和国际现代建筑协会（CIAM）提出的原则。[25] 联合国相信作为一个新世界秩序的代表，联合国总部应当具有前瞻性和创新性。这一愿景转移为对于现代主义建筑的渴望。包括勒·柯布西耶在内的设计委员会，从 1947 年 2 月到 7 月，在场地规划和建筑设计达成一致之前召开了 45 次会议。最终，他们提出了一个关于超级街坊的建议，由勒·柯布西耶构想，由他年轻的追随者巴西人奥斯卡·尼迈耶细化。联合国接受该方案之后，哈里森监督了该规划的执行，并于 1953 年完成建设。[26]

尽管还欠洛克菲勒中心一笔钱，这个规划彻底按照国际风格来执行。规划拆除了 5 条街道，设计师把这块场地转换为一个巨大的超级街坊。他们在地段南端布置了综合体

图 18.3　最终联合国选择的场地比原来设想的要小一些（左）; 联合国总部大楼戏剧性地从一块原来是屠宰场所在地的区域中开始崛起了（右）

的主要办公大楼，即秘书处，一个进深较短的朴素无华的 39 层板楼，立面则是嵌有闪闪发光的蓝绿色玻璃幕墙的白色大理石墙面。[27] 在它北侧布置了低层的联合国大会大楼，设计了斜向上的曲面屋顶，并附有一个小小的穹顶（图 18.3）。秘书处大楼以东，建有一个办公楼。场地的其他部分预留作为一个公园。在第一大道的支路上，两侧布置了一排旗杆，飘扬着成员国色彩斑斓的旗帜，这为官员们通往秘书处大楼提供了一个庄严的入口，也为代表们前往联合国大会大楼提供了入口。在公园一侧单独为公众设置了一个入口。室内外空间中特地布置了以和平为主题的公共艺术品。

这一综合体花费了大约 9300 万美元（相当于 2000 年的 6.83 亿美元），包括场地的获得、改善和建设。美国政府为联合国提供了 6500 万美元的无息贷款，纽约市在土地改善和附加购买方面投入了 2000 万美元，约翰·D·洛克菲勒为场地的获取捐赠了 850 万美元。[28]

在其后几年中，联合国及其成员国在场地和周围不断增加新的建筑物。1963 年，联合国在秘书处大楼以南建设了达格·哈马舍尔德图书馆（Dag Hammarkjold Library）。在 1976 年至 1987 年，联合国沿着第一大道建设了 5 栋办公和酒店大楼并雇用了由联合国开发公司（UNDC）批准的免税担保机构为他们的新设施进行投资。这个纽约州的开发公司促使投资资金上升，但是 1986 年的联邦税收改革法案削减了用于该种目的的债券，联合国开发公司的开发行为逐渐停止。[29] 最终，一些国家为了完成官方的任务把毗邻联合国总部的豪华住宅改变了功能，从而在曼哈顿东区形成了一片不甚明确的外交区域。

曼哈顿下城 / 世贸中心为全球金融提供了空间

1955 年，戴维·洛克菲勒，美国第二大银行大通银行（Chase Manhattan Bank）的一名高级职员，在曼哈顿下城活跃起来，曼哈顿下城曾经一度是城市中心，后来衰落了。

261

图18.4 戴维·洛克菲勒（中间）与罗伯特·瓦格纳（Robert Wagner）市长（左）在曼哈顿下城就办公区域复兴问题一起讨论

其中最近建设的办公建筑要追溯到 20 世纪 20 年代，而中城则依仗重要的区域位置优势、条件优良的办公空间和洛克菲勒中心提供的设施，很快成为新的商业建筑的首选。为了阻止这一趋势，洛克菲勒不仅说服大通银行在下城建设了一个新的 1.4 亿美元的总部，而且把设计工作委托给了 SOM 建筑设计公司（Skidmore Owings and Merrill, SOM）——它以现代主义手法著称。SOM 建筑设计公司把这块 2.5 公顷的场地整合为一个超级街区，其中包括一个面积 200 万平方英尺（约 185800 平方米）、高度 800 英尺（约 244 米）的高塔，耸立于一个巨大的广场之上。1960 年完成之后，它成为曼哈顿下城第一个国际风格的建筑。大通银行在下城大胆的投资决策，在接下去的三十年中刺激了 6000 万平方英尺（约 5574000 平方米）的新办公建筑。

洛克菲勒通过召集商业精英组成了曼哈顿下城协会（DLMA），一个倡导性组织（图 18.4）。在 1958 年至 1963 年间，曼哈顿下城协会委托 SOM 建筑设计公司制定了两个土地利用和交通规划，为未来十年制定了计划。

比如，为了加强刺激，SOM 建筑设计公司专门设计了曼哈顿下城高速，也是罗伯特·摩西最看好的项目，但最终在公民活动家简·雅各布斯的努力下被取消。为了刺激经济发展，SOM 建筑设计公司还重新采用了 1947 年由托马斯·杜威（Thomas Dewey）州长提出的建设一个世贸中心（WTC）的概念。

纳尔逊·洛克菲勒，当时是纽约州州长（图 18.5），欣然采纳了建设世贸中心的概念，并委托纽约和新泽西港务局（PA）进行研究。纽约和新泽西港务局雇用了一个建设顾问委员会，包括华莱士·哈里森、戈登·邦沙夫特（Gordon Bunshaft）和爱德华·杜里尔·斯东（Edward Durrell Stone），他们顺利地进行了汇报。特别具有争议的是，世贸中心的提议在州和地方政治中深陷泥潭。就在 1962 年达成共识世贸中心落户于曼哈顿西区一块 16 公顷的土地上，并由纽约和新泽西港务局接管新泽西一段境况不佳的市郊铁路线之后，纽约和新泽西港务局获得了它所要求的立法许可。在同一年，纽约和新泽西港务局选出了世贸中心的设计师，密歇根州建筑师雅马

图18.5　纳尔逊·洛克菲勒（左）也密切参与了曼哈顿下城的复兴工作。他和他的兄弟相信通过重新投资现代办公空间可以使曼哈顿下城继续成为世界首府的中心

萨奇（Minoru Yamasaki，山崎实），并给了他纲领性方向而非美学上的方向。当1973年纽约和新泽西港务局为世贸中心举办落成仪式之时，它也即将完成1000万平方英尺的办公空间、50万平方英尺的零售空间和50万平方英尺的酒店。

在设计这个综合体的过程中，雅马萨奇作为一个国际风格的"叛变者"，封闭了穿越地块的5条道路来创造一个超级街区，但同时在私人建筑中增加了被称为"新形式主义"（New Formalism）风格的装饰。他描绘了银色铝制材料包裹的双塔，占据综合体的支配地位，每一个塔高为110层，占地1公顷。与洛克菲勒中心一样，一个地下多层零售店和交通大厅提供了人流以及通向区域公共交通的联系。[30]在数英里之外就可以看到双塔，它们改变了纽约的天际线，最终和全球经济金融、政治紧密联系，并成为恐怖分子的攻击目标，第一次恐怖袭击发生在1993年，其后就是2001年的那一次。这些袭击强化了世贸中心和纽约城作为一个超级首府的标志的重要性。世贸中心的重新设计也恰如其分地强调了这一主题，它被设计为世界上最高的摩天大楼，并延伸了原来的功能，雄心勃勃地展示这个城市中超级首府的特征。

在建设世贸中心时，纽约和新泽西港务局采用了一个综合的实施策略，以管理和金融方面的技术为主。例如，如果纽约和新泽西港务局对跨州的市郊铁路承担责任，那么在美国宪法中可能会引起美国政府对整个机构的监管，为了避免这一情况，纽约和新泽西港务局创立了一个附属公司。为了获得城市许可封闭街道从而成功形成超级街坊，纽约和新泽西港务局同意支付费用来代替税收，并把开挖形成的建筑垃圾进行了土地填筑（填海）——最终提供了92公顷的巴特里公园（Battery Park City）作为区域中心（图18.6）。[31]为了给建设提供资金，纽约和新泽西港务局提出发行低息的收入预期债券。再加上纽约和新泽西港务局制定了特殊的租赁安排，来提供吸引游客的设施，比如世界之窗餐厅和观景台。最终，世贸中心花费了7亿美元（20世纪70年代），这一成本大大超出了最初的设想。

由于法律强制性限制那些与国际贸易明显相关的租户入驻，在这种情况下运营使得

图 18.6 世贸中心的双塔高达 110 层，在数英里以外就能看到。土地开挖形成的垃圾堆填区（照片最下方）为巴特里公园提供了场地，并布置了更多的办公、居住和公共设施

纽约和新泽西港务局在出租方面经历了比较困难的时期，特别是这些办公空间是在经济大萧条期间完工的。20 世纪 70 年代和 80 年代，纽约和新泽西港务局和州立机构租用了世贸中心 40% 的空间。然而到了 20 世纪 90 年代，政府的比例下降，因为国内银行、证券经纪机构和保险公司作为全球经济的一部分，满足了成为世贸中心租户的资格。

林肯中心建立了文化主导性

林肯中心可以一直追溯到罗伯特·摩西根据 1949 年住房和贫民窟清除法令及其后立法所做出的城市更新的努力。摩西采用了联邦方案来现代化这个城市，特别是曼哈顿遍布贫民窟的区域，建设了新住宅（法律要求的）以及教育、文化设施。在这些建设中有一片包括 17 个地块（80 公顷）的区域，被称为林肯广场（图 18.7）。他描绘了住宅，安排了福德汉姆大学（Fordham University），然后开始着手为大都会歌剧院寻找一个新的位置。通过华莱士·哈里森作为中间人，摩西为歌剧院委员会提供了一个街区的场地。当意识到一个新的设施所必需的巨大的不断提高的投资总额之后，歌剧院委员会向约翰·D·洛克菲勒三世寻求帮助。洛克菲勒的兴趣在于亚洲事务，他被吸引是由于两个原因。第一，通过他在全球的工作，他已经感到美国缺乏文化活动的有力特征。第二，他希望回馈故乡城市。

　　经过几个月的探索性会议以后，洛克菲勒、哈里森、大都会的领导层以及纽约爱乐乐团（纽约爱乐乐团参与其中，是因为项目影响了它与卡内基音乐厅之间的租约），说服摩西采取一个革命性的更具野心的尝试。他们提出建设一个演艺中心，这种类型的建筑群在美国还是第一次出现，它包括大都会歌剧院、爱乐乐团、朱利亚尔（Julliard）音乐学院、芭蕾舞团、固定剧目剧院（Repertory Theatre）以及一个图书馆和一个博物馆。[32]摩西欣然接受了这一提议，并增加了三个组团，到 1954 年，出台了一个初步的规划。当这个项目随着时间变化而演进，它设想了一个配得上一个超级首府的浮夸的文化中心。

　　林肯中心的推动者很快就断言了它的重要性，这来自它在纽约城建立国内外文化霸权方面所起的作用："林肯中心会（为纽约）增加另一个中心，它对于演艺活动的重要程度，就像联合国之于全球事务、华尔街之于金融以及第五大道之于时尚。"[33]米兰斯卡拉歌剧院（La Scala）的一个工作人员对此评论道"迄今为止全世界有两个音乐之都。当林肯中心建设完成时全世界只有一个音乐之都了。"[34]

　　和联合国总部、洛克菲勒中心一样，林肯中心的规划来自优秀建筑师组成的团体，但是在这种情况下，每一个建筑师都是由独立的、选举出的组织委托设计它们各自的建筑。他们组成了一个建筑师委员会，哈里森作为主席（图 18.8）。这一次，哈里森协调了设计，但是并没有像他在联合国总部设计中那样运用了相同的决策权。

　　这一建筑群坐落于一个经过改造的超级街坊之上，布置了一条东西向的轴线。设计中合并了三个地块，从而为一个中央广场腾出了空间，广场周围布置了主体建筑：中间是歌剧院，纽约州剧场和爱乐大厅分别位于南北两侧。摩西要求在设计中包括一个达姆罗施（Damrosch）公园作为户外音乐会场地，设计师们把这个公园布置在场地的东南角，与它相对的是西北角的薇薇安·博蒙特（Vivian Beaumont）剧场 / 纽约公共图书

图 18.7　根据 1949 年住房和贫民窟清除法令，林肯中心所在场地未明确界定为贫民窟（左）；林肯中心的规划是古典主义风格的，同时也受到了国际现代建筑协会原则的影响（右）

馆综合体。第四个地块与这三个地块通过步行天桥连接，上面布置了朱利亚尔音乐学院，后来又建设了一栋建筑供电影协会使用，同时也作为住宅使用（图 18.7）。综合体同时具有国际风格和古典特征，使得它成为后现代设计的一个早期的原型。超级街坊和光洁雪白的石灰石的使用，最低限度地装饰了结构构件，再加上建筑和广场的古典风格布局，使它成为 21 世纪的坎皮多利奥广场（Campidoglio），罗马著名的市民/文化广场综合体。[35]

实施工作是由一个私人团体主持的，即林肯演艺中心公司（LCPAC）。这个公司作为中心的整体承包人和经理人。它的委员会包括构成中心的组织代表，并选举洛克菲勒作为主席。这个强大的组织成功说服了艾森豪威尔总统（Dwight D. Eisenhower）在 1959 年主持了林肯中心的破土动工仪式。在开始的几年中，该组织和罗伯特·摩西密切合作，起初与他在城市更新中的职务有关，后来通过他的世界博览会主席身份，确保了土地和财政处于最优状态。林肯中心综合体最后一个建筑于 1992 年完工。

整个综合体的成本超过了 18500 万美元，按照今天的美元价值计算超过了 10 亿。私人机构提供了 14440 万美元，其中 70% 都来自洛克菲勒基金会的募款。[36] 公共部门的贡献包括通过城市更新过程把土地成本降低（为了使成本最小化，林肯演艺中心公司只购买了建筑占用的那部分土地，其他部分仍然属于城市所用）。纽约市划拨了 1200 万美元用作州剧场和公共图书馆建设所用，还建设了一个停车库。在纳尔逊·洛克菲勒州长的支持下，州政府为州剧场提供了 1500 万美元，把它作为 1964 年世界博览会的一部分来资助，这是一个有趣的概念，因为博览会场远在几英里之外。

普及性 vs 独创性

洛克菲勒中心、联合国总部大楼、曼哈顿下城/世贸中心和林肯演艺中心，这四个项目一起构成了纽约作为超级首府的关键的

图 18.8　林肯演艺中心的设计团队包括了享誉全球的建筑师们。从左至右：爱德华·马修（Edward Matthews，SOM）、菲利普·约翰逊（Philip Johnson）、约瑟夫·梅尔齐纳（Joseph Mielziner）、华莱士·哈里森（Wallace Harrison）、约翰·D·洛克菲勒（甲方）、埃罗·沙里宁（Eero Saarinen）、戈登·邦沙夫特（Gordon Bunshaft）、马克斯·阿布拉莫维茨（Max Abramowitz）和彼得罗·贝鲁奇（Peitro Belluschi）

实体要素。这些项目与众不同的特征是引领它们的是同一群人。在 40 年时间里，一个小团体推动了它们的建设。这群人拥有一个明显但又不是完全一样的愿景。他们都希望建设大型的、具有标志性的重要综合体，因而被紧紧联系在一起。他们专注于提升纽约在区域、国家和世界的中心地位，通过改造城市中衰败或欠发达的区域来实现这一目标。他们在选择场地和项目时具有机会主义的倾向。他们并没有规划，更不要提通过当时认为最好的方法——城市化——来实现一个 19 世纪首府的现代化。他们创造或者改进了已有的工具来实现他们的计划，在实施过程中产生了各种各样的解决方案。

每一个项目都代表着一个针对设计 / 经济 / 政治挑战的地方特有的解决方案。但是在设计层面上，领导层采用了国际风格，特别是二战后超级街坊的应用。他们相信这种消除街道网格的场地规划方式为独一无二的大尺度综合体提供了设计自由度，这种综合体的尺度和建筑形成了它独特的特性，并成为新的世界秩序的象征，其中一个即纽约城在 20 世纪 50 年代是无可比拟的。

在这些引领者们设想项目的时候，他们有意识的向其他人或者案例寻求帮助。例如，哈里森坚持要求勒·柯布西耶应当加入联合国总部设计组，尽管柯布西耶出了名的难以合作。哈里森还两次奔赴欧洲，参观剧场和演艺大厅，希望为洛克菲勒中心和林肯中心寻求参考。

可能这些项目最为艰难的部分就是如何形成协作的关系。具有代表性的做法包括设立设计理事会或者委员会、不同层级政府部门之间形成合作关系、引入公私合作的制度

安排来控制投资。

最后，这些项目的执行时间都不长，一旦做出决策马上付诸实施。尽管平均来看，它们在四十年时间里并没有完全建成，但各自核心部分均在 6—8 年内完成。洛克菲勒中心一期用了 8 年完成；联合国总部大楼，6 年；世贸中心，6 年；林肯中心，7 年。

纽约作为一个超级首府崛起的速度非常快，而且也不是来自一个精心编制的土地总体规划。尽管单独的场地或区域规划引导了开发，但没有具体的成文文件用来引导整个计划。尽管如此，一个提供了交通系统和住房，同时包括了大型革命性项目的规划框架经常存在于领导者们的脑海中，这也是一个包括公私机构参与者的独特的合作模式。他们假设纽约城在二战后能够并且将会越来越重要，并逐渐贡献了更多的特征使得纽约成为一个超级首府。

后记

超级首府是充满活力的动态场所——它们必须保持特性。今天，四个作为原型的项目都在发生变化。洛克菲勒中心正在经历全面的现代化，而联合国总部大楼也将进行翻新，由一个复兴的联合国开发公司资助。经历了 2001 年的恐怖袭击，重新修建的世贸中心会再次成为代表纽约超级首府特征的无所畏惧的标志。最后，林肯中心正在着手开展一项雄心勃勃的规划，让那些老旧的建筑重现活力。

注释

1. 参见 Hall，本书第 2 章。

2. Jackson (1984); Hall (this volume), chapter 2.

3. Jackson (1984), p. 319.

4. 严格意义上说，委员会规划（Commissioner's Plan，1811 年）和纽约城改造规划（New York City Improvement Plan, 1907 年）先于这些努力。国家授权的 1811 年规划塑造了曼哈顿的网格。1907 年的报告明确了城市土地面积有必要和桥梁联系在一起，同时 5 个区内的道路系统需要整合。

5. 美国从 20 世纪 20 年代开始就着手提升它的约束性的移民政策，直到 20 世纪 60 年代，纽约因此重新成为一个民族大熔炉。到 1990 年，纽约人口的 28% 出生于国外。

6. New York City Planning Commission and Richards (1970); Regional Plan Association of New York (1968); Yaro and Hiss (1996).

7. 纽约在利用政府当局开展类似活动方面并不是先驱者，伦敦在 1909 年雇用了伦敦港口事务管理局；但是，纽约广泛利用各种手段，并向全世界阐明它在高效完成大规模项目方面的有效性。

8. See Caro (1975); Schwarz (1993).

9. Newhouse (1989), p. 187.

10. 戴维·洛克菲勒还在其他一系列活动中承担了领导者的角色，包括洛克菲勒大学扩张（20 世纪 50 年代），以及莫宁赛德花园 1000 套住宅的开发（1957 年），纽约第一个种族融合的中等收入住房项目。

11. 这些都是主要项目。其他还有很多，比如斯隆－凯特琳纪念医院（Sloan-Kettering Memoral Hospital）、国际学生之家（International House）、当代艺术博物馆（Museum of Modern Art）、河滨教堂（Riverside Church）。

12. 哈里森妻子埃伦·米尔顿·哈里森（Ellen Milton Harrison）的兄弟戴维·米尔顿（David Milton），娶了纳尔逊的姐妹阿比·洛克菲勒（Abby Rockefeller）。从洛克菲勒中心共事开始，纳尔逊和哈里森就存在亲密的私人关系，他们每天早上一起喝咖啡，并参与其他私人交往活动。哈里森比纳尔逊年长 16 岁，因此哈里森是纳尔逊的导师、朋友和雇员。当总统富兰克林·德拉诺·罗斯福（Franklin Delano Roosevelt）提名纳尔逊统筹美洲事务（Co-ordinator of Inter American Affairs）时，纳尔逊说服了哈里森减少工作量，搬到华盛顿特区作为他的文化事务主管，哈里森在这个岗位上从 1940 年工作到 1946 年。

13. 建筑师团队包括：莱因哈德和霍夫迈斯特（Reinhard & Hofmeister）；科比特、哈里森和麦克默里（Corbett, Harrison & MacMurray），以及胡德、戈德利和富尤（Hood, Godley & Fouilhoux）。

14. 战后时期，公司和华莱士·哈里森合作，增加了 5 栋新的建筑，包括时代生活公司（Time-Life）的新总部及其位于第六大道上的配套开放空间。这些新的建筑还包括斯佩里公司（Sperry Corporation, Emery Roth, 1961 年）；埃克森公司（Exxon, Harrison & Abramowitz, 1971 年）；塞拉尼斯公司（Celanese, Harrison and Abramowitz, 1973 年）。

15. 根据 Krinsky（1978），公司竟然通过联邦立法确保他们的租户获得优惠的关税待遇，联邦法律授权产品的关税并没有像一贯情况那样在进入海关时收取，而是在销售时收取。

16. Krinsky (1978), p. xxiii.

17. 根据洛克菲勒中心权威著作的作者克林斯基（Krinsky，1978）所述，大都会人寿（Met Life）将投入扩大至 6500 万美元，5% 的抵押贷款利息，但公司只用了 4500 万美元。约翰·D·洛克菲勒增设了其他基金。

18. 后来扩建部分的设计并不十分成功。公共开放在功能上存在较大缺陷，以致洛克菲勒兄弟基金会不得不委托城市学家威廉·H·怀特（William H. Whyte）进行公共空间研究。他的具有影响力的结论（Whyte, 1980）成为20世纪70年代城市区划条例改革的基础，并改变了有关这一问题的思考方式。在扩建的财政支持方面，洛克菲勒中心公司并没有全盘投资，而是和每一个建筑的投资人分别签订了单独的合作协议。

19. Dudley (1994).

20. "过渡性的联合国办事处所在地目前还在讨论中"，《纽约时报》（New York Times），1946年1月9日，p.10。

21. Berger, Meyer, "城市为联合国建造了一个缩小了比例的世界首都模型"，《纽约时报》，1946年10月9日，p.3。

22. Warren Moscow, "洛克菲勒为联合国提供了价值850万美元的位于东河的场地，用于建设摩天大楼"，《纽约时报》，1946年12月12日，p.1；联合国总部委员会特别分委员会，"联合国总部委员会报告文本"，《纽约时报》，1946年12月13日，p.4。

23. 'Capitol of Nations', *New York Times*, 16 December, 1946, p. 22.

24. 'City Sets Hearings on U.N. Zoning Plan', *New York Times*, 9 January, 1947, p.3; 'Dewey Signs Bill for U.N. Site Here', *New York Times*, 1 March, 1947, p. 8; 'U.N. to Help Find Homes', *New York Times*, 1 March, 1947, p.8; 'U.N. Building Plan Approved by the City', *New York Times*, 28 March, 1947, p.1.

25. 哈里森之前和该地段所有者威廉·泽肯多夫

共同工作，规划了"X城市"，因此了解该地段的情况和潜在可能性。

26. Dudley (1994).

27. 根据Newhouse(1989)，彼得罗·贝卢希(Pietro Belluschi）的公平大厦（Equitable Builting，波特兰，俄勒冈州）为秘书处大楼提供了一个样本。

28. New York City Bar Association (2001), p.1.

29. *Ibid*., p.8.

30. 他围绕一个5公顷的大理石铺面的广场布置了6个建筑，广场中央还设计了一个直径为90英尺的喷泉，并布置了弗里茨·凯尼格（Fritz Koening）的铜质雕塑"地球仪"（Globe）——它在2001年的袭击中奇迹般地幸存了下来。

31. Gordon (1996).

32. 演艺中心的概念在美国其他城市也出现了。几乎同一时期华盛顿特区也建设了一个演艺中心，后来被命名为肯尼迪中心。

33. "林肯演艺中心的声明"，《纽约时报》，9月12日，1957年，p.28。

34. *Ibid.*

35. 建筑师包括: 歌剧院（哈里森，1996年）; 剧场（约翰逊，1964年);音乐厅（阿布拉莫维茨，1962年）; 公园 [埃格斯（Eggers）和希金斯（Higgins），1969年];博蒙特剧场（沙里宁/邦沙夫特,1965年);朱利亚尔音乐学院（佩鲁斯基，1968年），以及电影协会 [布罗迪事务所（Brody and Associates）和阿布拉莫维茨·金斯兰·希夫（Abramowitz Kings-land Schiff），1992年]。

36. 洛克菲勒家族的代理人及其亲属直接提供的资金至少达到了3540万美元。

第 19 章

首都和首府城市未来将走向何处？

彼得·霍尔（Peter Hall）

　　首都和首府城市未来将走向何方？这个问题完全取决于首都和首府城市自身。正如第 2 章中所提到的那样，首都和首府城市也分为不同的类型和规模：国家或州的政治首都和首府、超越国家的政治首府、次国家或者区域性首府以及金融首都和首府。各个类型的首都和首府城市未来会发生什么取决于全球趋势，也受到特定国家或大陆的特点的影响。

　　当下有两个关键性的全球趋势，独立发生但又紧密相连：一个是世界经济的全球一体化，另一个只能被称为信息化（informationalization，一个恶俗但必要的词汇）：经济正在向先进经济体系转变，从制造业和货物装卸业务转向服务业，特别是掌握信息的高端服务业。[1] 这些趋势早在过去就出现过：早在文艺复兴时期的佛罗伦萨就出现过某种类型的全球化趋势，当时银行家在其中起了重要作用，后来这一趋势在 19 世纪再次出现，这一次承担关键角色的城市是伦敦。[2] 同样的情况也适用于信息化趋势，人们早在半个世纪之前就意识到了这一趋势的存在[3]；截至 20 世纪 90 年代，在典型的发达国家中，3/5 到 3/4 的工作岗位来自服务业，同时 1/3 到 1/2 的就业岗位与信息处理有关：几乎毫无疑问的是，到 2025 年，80%—90% 的工作岗位将来自服务业，而将有高达 60%—70% 的工作人员从事信息生产和交换。[4] 其中最为重要的表现就是所谓的高级商务服务（Advanced Business Services）的出现，它指的是为其他服务部门提供专门化服务的一个活动链条，包括专业知识、处理专门的信息。[5]

　　全球一体化和信息化的共同作用下，位于金字塔顶端的城市，也就是被称为世界城市或全球城市的那些，变得愈发重要。同样的，这个现象也不是第一次出现：古雅典或文艺复兴时期的佛罗伦萨都可以被看作这方面的前例，[6] 它们在整个 20 世纪通过学术上的文学作品被广泛接受。[7]一项针对四个世界城市——伦敦、巴黎、纽约和东京——的研究区分了高级服务活动的四个关键类型:金融和商务服务、"权力和影响力"(或者"强制和控制")、创新和文化产业以及旅游业。所有这些服务业都通过各种各样、各不相同的方式处理信息;它们都对现场工作以及面对面交换信息有较高程度的要求,因此强大的集聚力发挥了作用;它们都要求协同性,很多关键活动——酒店、会展中心、博物馆和美术馆、广告——在空间上互相重叠,从而可以对重要的间质性空间(interstitial space)进行利用。因此强大的集聚趋势不仅仅出现在各个活动类型中,也在它们之间显现出来。[8]

我们对于城市新全球等级的了解最重要的提升来自拉夫堡大学的全球化和世界城市研究组(GaWC)以及研究网络,由彼得·泰勒(Peter Taylor)领导。他们提出之前的方法——甚至包括诸如弗里德曼(Friedmann)和萨森(Sassen)所作出的突出贡献——都仅仅关注了评测城市的属性(attributes),而忽视了城市之间的关系,即"相关性"(interdependencies)。[9]拉夫堡研究小组并没有试图去直接测量城市之间的关系,因为严重缺乏有关信息流动的数据;作为替代,他们选择了一个代理模型,即大型高级生产服务公司的内部结构,表现为总部与其他办公室之间的位置关系。结果(表 19.1)显示所谓的全球城市中只有 2/5(表中斜体字)属于所在国家的首都城市。这一结论十分有趣,因为它证实了很多城市全球化过程中所暗示的现象:那就是 21 世纪的全球经济和国家政治体系至少存在部分分离,这一现象兴起于中世纪和 19 世纪之间。

表 19.1　拉夫堡研究小组"GaWC"的世界城市目录(城市按照世界城市赋值从 1—12 顺序排列。斜体字标注的为首都城市)

A　第一等级世界城市

12:*伦敦*、*巴黎*、纽约、*东京*
10:芝加哥、法兰克福、(中国)香港、洛杉矶、米兰、*新加坡*

B　第二等级世界城市

9:旧金山、悉尼、多伦多、苏黎世
8:*布鲁塞尔*、*马德里*、*墨西哥城*、圣保罗
7:*莫斯科*、*首尔*

C　第三等级世界城市

6:*阿姆斯特丹*、波士顿、*加拉加斯*、达拉斯、杜塞尔多夫、日内瓦、休斯敦、*雅加达*、约翰内斯堡、墨尔本、大阪、*布拉格*、*圣地亚哥*、(中国)台北、*华盛顿*
5:*曼谷*、*北京*、*罗马*、*斯德哥尔摩*、*华沙*
4:亚特兰大、巴塞罗那、*柏林*、*布宜诺斯艾利斯*、*布达佩斯*、*哥本哈根*、汉堡、*伊斯坦布尔*、*吉隆坡*、*马尼拉*、迈阿密、明尼阿波利斯、蒙特利尔、慕尼黑、上海

D 已具备世界城市特征的城市

D（ⅰ）具有相当强的世界城市特征

3：奥克兰、*都柏林*、赫尔辛基、*卢森堡*、里昂、*孟买*、*新德里*、费城、里约热内卢、特拉维夫、*维也纳**

D（ⅱ）具有一些世界城市特征

2：*阿布扎比*、阿拉木图、*雅典*、伯明翰、*波哥大*、*布拉迪斯拉发*、布里斯班、*布加勒斯特*、*开罗*、克利夫兰、科隆、底特律、*迪拜*、胡志明市、*基辅*、*利马*、*里斯本*、曼彻斯特、*蒙得维的亚*、*奥斯陆*、鹿特丹、*利雅得*、西雅图、斯图加特、*海牙*、温哥华

D（ⅲ）具有极少世界城市特征

1：*阿德莱德*、安特卫普、*奥尔胡斯*、*雅典***、巴尔的摩、*班加罗尔*、博洛尼亚、*巴西利亚*、卡尔加里、开普敦、*科伦坡*、*哥伦布*、德累斯顿、*爱丁堡*、热那亚、格拉斯哥、哥德堡、广州、*河内*、堪萨斯城、利兹、里尔、马赛、里士满、*圣彼得堡*、*塔什干*、*德黑兰*、提华纳、都灵、乌得勒支、*惠灵顿*

资料来源：Beaverstock, Taylor and Smith (2000）; Taylor *et al.* (2002）; Taylor (2004）.

---

* 原书中，"维也纳"不是斜体表示，疑为有误。——译者注
** 原书中，"雅典"出现了两次。——译者注

在某种程度上，这是一个人为的概念，来自联邦制政府的政治组织细节：在第一等级第一序列的城市中，纽约不是首都城市，因为美国制宪元勋们决定在联邦范围内创造一个政治首都（即便在确定华盛顿作为首都之前，作为临时首都的也不是纽约，而是费城）；在"第一等级第二序列的六个城市中，只有新加坡属于国家政治首都（也是城市国家）；米兰是唯一一个区域首府，而香港在 1997 年回归中国之后，现在与位于第三等级中的北京的城市地位相似"。在第二等级第一序列的所有四个城市都属于联邦国家中各州的特殊政治首府。继续向下梳理这个表格，越来越明显的证据不断重复了相同的原则：世界上许多顶级城市实际上是联邦国家中规模较大、经济发达的州的首府，欧洲（德国、西班牙）、北美（加拿大、美国）、澳大利亚、巴西或南非均呈现这一现象。但好似另一方面，中央集权国家的重要区域城市也出现在表格中：大阪、伊斯坦布尔、上海、里昂、曼彻斯特、伯明翰、鹿特丹。这些城市代表了真正独立的商业中心。

未来，两个相互矛盾的趋势将会发生角力。首先是权力持续向位于全球最高等级的少数城市集中，并通过不断加强管理关键的先进生产服务业来控制全球经济。但这种权力将是商业性质的，只是恰巧与国家首都所代表的政治权力分布重叠。这尤其适用于大型联邦制国家的城市，也出现在拥有类似管理体制的一些欧洲国家中。然而，强大的全能型首都城市未来重点仍然是欧洲的首都城市，特别是 2005 年欧洲宪法提议被否决以后，建立一个更具联邦性质欧盟的希望受到严重打击。事实上，欧洲国家首都似乎注定要发挥更大的作用，因为 1999 年《欧洲空间发展展望》（European Spatial Development Perspective）提出，鼓励在全欧洲范围内建立多中心城市发展模式，但该政策却产生了一个矛盾的结果，即在国家层面上鼓励了单中心的城市发展模式，在首都城市内部和周围形成了吸引力，吸引了劳动力移民和国际资本流入。[10] 这一过程，在 20 世纪 80 年代和 90 年代的都柏林、里斯本和马德里等首都城市表现得非常明显，现在同样清晰地表现在

东欧首都城市及其周边地区，例如里加、塔林、华沙和布达佩斯等，甚至早在它们的国家在 2004 年 5 月正式加入欧盟之前就已经发生了。其中一个关键的原因，同样也是由于欧洲宪法投票所引起的，语言和文化的分歧似乎在欧洲国家中产生了更加重要的影响（其中，这种分歧至少在比利时和西班牙国家内部，产生了很大影响），相比之下，那些新成立的国家具有更加一致的背景，例如美国、澳大利亚或者巴西，而中国则是相反位置上的最典型案例，它是世界上最大、也是最古老的同质化国家。

在这样一个全球框架及其地方多样性中，必然存在着动态的变化。毫无疑问，其中最为重要的将是北京的崛起，它将在世界城市的最高等级中获得适当的位置。但是，历史上一直是政治首都的北京，将继续与中国沿海的大规模商业城市共同承担世界城市职能，这些城市包括上海 [虽然在全球化和世界城市研究组（GaWC）的世界城市体系中排名出奇的低] 和香港（以及它的区域竞争对手——深圳和广州）。相似的在世界城市排名中上升的情况也发生在其他东亚和南亚国家的首都中，首当其冲是新德里（同样，它和孟买、加尔各答共同扮演世界城市的角色），还包括曼谷、吉隆坡、雅加达和河内。充满活力的环太平洋东亚经济带的城市所发挥的作用也将进一步加强——尽管这一现象将更多地发生在非首都的金融中心或者区域首府（悉尼、墨尔本、奥克兰），而不是堪培拉或惠灵顿。

然而另一方面，同样也会发生城市地位下滑的现象。最大的不确定性是那些实际或潜在衰败国家的首都的未来角色。其中大部分位于撒哈拉以南的非洲或中东地区；少数

位于其他地方，包括苏联边界附近的国家。与此矛盾的是，在非洲某些地区，类似的城市正在增长，这是由于内战或其农村腹地的骚乱导致了移民——这些都将是潜在的弱点，而非力量的源泉。其他则面临由于骚乱、恐怖主义和内战所带来的分崩离析的风险：比如 20 世纪 90 年代的贝鲁特和萨拉热窝，以及 21 世纪初的巴格达和蒙罗维亚。前两个城市的情况，至少提供了一种希望，即当时看起来如此激烈的分裂仍然存在逆转的可能。

与此相对应的是，一些新的首都开始出现：比如巴勒斯坦可能产生新首都，当然在解决东耶路撒冷的动荡问题之前可能只是区域首府；如果这样，那么伊拉克作为第一次世界大战后，奥斯曼帝国解体之后英国介入产生的国家，进而也将不复存在。非洲统治者在浮夸的理念或尖锐的政治矛盾（或者二者兼有）的推动下，可能决定按照阿布贾的模式建立新首都；韩国可能最终采取激进的措施，把首都从首尔迁出，正如已经考虑了很多次那样。但这种案例极为罕见。帝国伟大历史的最后时期已经结束，它开始于 1947 年英国移交印度，完结于 1991 年苏联解体。而大多数拥有建立新首都野心的国家缺乏资金去实现它，除非这些国家的统治者决定劫掠自己国家成员的瑞士银行账户来实现这一目标——当然这是不太可能发生的。

因此世界首都和首府城市排名的稳定性只存在于某一时期——至少在过去半个世纪中产生了频繁的变化。当然在世界秩序中也假设存在相对的稳定性，一种甚至比拿破仑战争和第一次世界大战之间的那一个世纪更强的稳定性：我们应当记得，那个相对稳定的时期使得现代欧洲版图缓缓展现，亚洲和

非洲的很多国家开始进入帝国建设时期。历史让我们惊喜，未来毫无疑问会让我们再次感到惊喜。而另一个关键性的突变已经展现了微弱的迹象。因此，本书若在 2055 年出现新的版本，也许其中的内容并不会让已在九泉之下的作者们惊讶。

注释

1. Castells (1989, 1996); Hall (1988, 1995); and Hall and Pain (2006).

2. Hall (1998); Kynaston (1994, 1995, passim).

3. Clark (1940).

4. Castells (1989), p. xxx.

5. Wood (2002).

6. Taylor (2004), pp. 8–15.

7. Geddes (1915); Hall (1966, 1984); Friedmann (1986); Friedmann and Wolff (1982); Sassen (1991).

8. Department of the Environment and Government Office for London (1996).

9. Taylor (2004), p. 8.

10. Hall and Pain (2006).

参考文献

A + (2000) Concours. *A +*, nos 166 and 167.

Abeels, Gustave (1982) *Pierres et rues: Bruxelles, croissance urbaine, 1780–1980: Exposition organisée par la Société Générale de Banque en collaboration avec la 'Sint-Lukasarchief'*. Brussels: Société Générale de Banque, St.-Lukasarchief.

Abercrombie, P. (1910) Washington and the proposals for its improvement. *Town Planning Review*, **1**(July), pp. 137–147.

Abercrombie, Patrick (1945) *Greater London Plan 1944*. London: HMSO.

Abercrombie, Patrick and Forshaw, J.H. (1943) *County of London Plan 1943*. London: Macmillan.

Aberdeen, Ishbel Gordon, Marchioness of (1960) *The Canadian Journal of Lady Aberdeen*. Toronto: Champlain Society.

Adams, T. (1916) Ottawa-Federal Plan. *Town Planning and the Conservation of Life*, **1**(4), pp. 88–89.

Albuquerque, José Pessôa Cavalcanti de (1958) *Nova metrópole do Brasil: relatório geral de sua localização*. Rio de Janeiro: Imprensa do Exército.

Allen, W. (2001) *History of the United States Capitol: A Chronicle of Design, Construction, and Politics*. Washington DC: US Government Printing Office.

Almandoz, Arturo (ed.) (2002) *Planning Latin America's Capital Cities,1850–1950*. London: Routledge.

Ambroise-Rendu, M. (1987) *Paris – Chirac: Prestige d'une ville, ambition d'un homme*. Paris: Plon.

Andreu, P. and Lion, R. (1991) L'Arche de la Défense: a case study. *RSA Journal*, **139**, pp. 570–580.

Anonymous (1908) Wettbewerb um einen Grundplan für die Bebauung von Gross-Berlin (1908) [announcement of the competition for Greater Berlin]. *Der Baumeister*, p. 18B; also in *Wochenschrift des Architekten-Vereins zu Berlin*, p. 275.

Anomymous (1910) *Beurteilung der zum Wettbewerb 'Gross-Berlin' eingereichten 27 Entwürfe durch das Preisgericht*. Berlin: Wasmuth.

Anonymous (1911) *Wettbewerb Gross-Berlin 1910. Die preisgekrönten Entwürfe mit Erläuterungsberichten*. Berlin: Wasmuth.

Anonymous (1930) Der Berliner Platz der Republik. *Wasmuths Monatshefte für Baukunst & Städtebau*, **14**, pp. 51–56.

Anonymous (1946) Zur Ausstellung 'Berlin plant'. Aus der Ansprache des Stadtrats Professor Scharoun zur Eröffnung. *Neue Bauwelt*, **10**, pp. 3–6.

Anonymous (1958) Ideenwettbewerb zur sozialistischen Umgestaltung des Zentrums der Hauptstadt der Deutschen Demokratischen Republik, Berlin. *Deutsche Architektur*, **7**(10), special attachment.

Anonymous (1960) Ideenwettbewerb zur sozialistischen Umgestaltung des Zentrums der Hauptstadt der Deutschen Demokratischen Republik, Berlin. *Deutsche Architektur*, **9**(1), pp. 3–36.

Anonymous (1988) Rebuilding the capital. *Japan Echo*, **15**(2), pp. 5–7.

APUR (Altelier Parisien d'Urbanisme) (1980) Schéma Directeur d'Aménagement et d'Urbanisme. *Paris Projet*, nos 19–20. Paris: Les Éditions d'Imprimeur.

ARAU (1984) Construire l'Europe en détruisant la ville! in *Bruxelles vu par ses habitants*. Brussels: ARAU, pp. 116–123.

Arca (1993) Il Parlamento Europeo a Bruxelles = The European Parliament HQ. *Arca*, no. 74, pp. 42–47.

Arndt, Adolf (1961) *Demokratie als Bauherr*. Berlin: Verlag Gebrüder Mann.

Arndt, Karl, Koch, Georg Friedrich, and Larsson, Lars Olof (1978) *Albert Speer. Architektur*. Berlin: Propyläen Verlag.

Aron, Jacques (1978) *Le tournant de l'urbanisme bruxellois 1958–1978*. Brussels: Fondation Joseph Jacquemotte.

Aron, Jacques, Burniat, Patrick and Puttemans, Pierre (1990) *Guide d'architecture moderne, Bruxelles et environs, 1890–1990, Itinéraires*.

Bruxelles: Didier Hatier.

Association of Urban Management and Development Authorities (2003) *Land Policy for Development in the National Capital Territory of Delhi*. New Delhi: AMDA.

Astaf'eva-Dlugach, M.I. *et al.*, (1979) *Moskva*. Moscow: Stroiizdat.

Åström, Sven-Erik (1957) *Samhällsplanering och regionsbildning i kejsartidens Helsingfors. Studier I stadens inre differentiering 1810–1910*. Social Planning and the Formation of Social Areas in Imperial Helsingfors. Studies on the Inner Differentiation of the City 1810–1910. Helsinki: Mercators Tryckeri.

Australia, Minister for Home Affairs (1908) Instructions from Minister for Home Affairs in 'Yass- Canberra Site for Federal Capital General (1908–09) Federal Capital Site Surrender of Territory for Seat of Gov-ernment of the Commonwealth. National Archives of Australia (NAA: A110, FC1911/738 Part 1).

Babad, Michael and Mulroney, Catherine (1989) *Campeau: The Building of an Empire*. Toronto: Doubleday.

Backheuser, Everardo (1947–1948) Localização da nova capital. *Boletim Geográfi co*, nos. 53, 56, 57, 58.

Bacon, Edmund N. (1967) *Athènes à Brasília*. Lausanne: Edita.

Baeten, Guy (2001) The Europeanization of Brussels and the urbanization of 'Europe': hybridizing the city-empowerment and disempowerment in the EU district. *European Urban and Regional Studies*, **8**(2), pp. 117–130.

Banham, M. and Hillier, B. (eds.) (1976) *A Tonic to the Nation: The Festival of Britain*. London: Thames and Hudson.

Baran, B. (1985) Office automation and women's work: the technological transformation of the insurance industry, in Castells, M. (ed.) *High Technology, Space, and Society*. Beverly Hills and London: Sage.

Barlow Report (1940) *Report of the Royal*

Commission on the Distribution of the Industrial Population, Cmd 6153. London: HMSO.

Barreto, Frederico Flósculo Pinheiro (ed.) (1996–99) Historiografi a da gestão urbana do Distrito Federal:1956 a 1985, 6 volumes. Brasília: PIBIC, FAU/UnB.

Bartholomew, H. (1950) A Comprehensive Plan for the National Capital and Its Environs. Washington DC: US National Capital Parks and Planning Commission.

Bartoccini, F. (1985) Roma nell'Ottocento. Bologna: Cappelli Editore.

Bastié, Jean (1975) Paris: Baroque elegance and agglomeration, in Eldredge, H.W. (ed.) World Capitals: Towards Guided Urbanization. Garden City, NY: Anchor/Doubleday.

Bastié, Jean (1984) Géographie du Grand Paris. Paris: Masson.

Bater, J.H. (1980) The Soviet City: Idea and Reality. Beverly Hills, CA: Sage Publishers.

Bâtiment (1992) L'administration européenne à Bruxelles doit encore s'aggrandir. Bâtiment, no. 228.

Bauwelt (1958) Petite Ceinture – Schnellverkehrsstraße in Brüssel. Bauwelt, no. 24 pp. 568–569.

Bauwelt (1993) In der ECU-Hauptstadt. Bauwelt, no. 84.

Beard, Charles (1923) A Memorandum Relative to the Reconstruction of Tokyo. Tokyo: Tokyo Institute for Municipal Research.

Beaverstock, J.V., Smith, R.G. and Taylor, P.J. (2000) World-city network: a new metageography? Annals of the Association of American Geographers, 90, pp. 123–134.

Ben-Joseph, Eran and Gordon, David L.A. (2000) Hexagonal planning in theory and practice. Journal of Urban Design, 5(3), pp. 237–265.

Beers, D. (1987) Tomorrowland: we have seen the future and it is Pleasanton. Image (San Francisco Chronicle/Examiner Sunday Magazine), 18 January.

Berg, Max (1927) Der neue Geist im Städtebau auf der Grossen Berliner Kunstausstellung. Stadtbaukunst alter und neuer Zeit, 8(3), pp. 41–50.

Berger, Martine (1992) Paris et l'Ile de France: rôle national et fonctions internationals, in Berger, Martine and Rhein, Catherine (eds.) L'Ile de France et la Recherche Urbaine, Vol. 1. Paris: STRATES/ Université de Paris I.

Berger, Meyer (1946) City sets up scale model world capital for the United Nations, New York Times, October 9, pp. x, 3.

Berlinische Galerie (ed.) (1990) Hauptstadt Berlin. Internationaler städtebaulicher Ideenwettbewerb 1957/ 58. Berlin: Berlinische Galerie.

Bernhardt, Christoph (1998) Bauplatz Gross-Berlin. Wohnungsmärkte, Terraingewerbe und Kommunalpolitik im Städtewachstum der Hochindustrialisierung 1871– 1918. Berlin: de Gruyter.

Berton, K. (1977) Moscow: An Architectural History. New York: St. Martin's Press.

Bierut, Bolesław (1951) The Six-Year Plan for the Rebuilding of Warsaw. Warsaw: Ksiazka i Wiedza.

Billen, Claire, Duvosquel, Jean-Marie and Case, Charley (2000) Brussels, Cities in Europe. Antwerp: Mercatorfonds.

Birch, Eugenie L. (1984) Observation man. Planning Magazine, March, pp. 4–8.

Birch, Eugenie L. (1997, 1983) Radburn and the American planning movement: the persistence of an idea, in Krueckeberg, D. (ed.) Introduction to Planning History in the United States. New Brunswick, NJ: The Center for Urban Policy Research, Rutgers University, pp. 122–151.

Blau, Eve and Platzer, Monika (eds.) (1999) Shaping the Great City. Modern Architecture in Central Europe 1890–1937. Munich: Prestel.

Bleecker, Samuel (1981) The Politics of Architecture: A Perspective on Nelson A. Rockefeller. London: Routledge.

Blomstedt, Yrjö (1963) Johan Albrecht Ehrenström, kustavilainen kaupunkirakentaja. Helsinki:

Helsingfors stads publikationer 14.

Bloom, Nicholas D. (2001) *Suburban Alchemy: 1960s New Towns and the Transformation of the American Dream.* Columbus, OH: Ohio State University Press.

Bonatz, Karl (1947) Der neue Plan von Berlin. *Neue Bauwelt*, **48**, pp. 755–762.

Boyer, Jean-Claude and Deneux, J.-F. (1984) Pour une approche géopolitique de la region parisienne. *Hérodote*, **33**(4).

Brasil, Presidência da República (1960) *Coleção Brasília*, 18 volumes. Rio de Janeiro: Serviço de Documentação.

Brasil, Presidência da República (1977) *Plano Estrutural de Organização Territorial do Distrito Federal*, 2 volumes. Brasília: Secretaria de Planejamento.

Brumfi eld, W.C. (1991) *The Origins of Modernism in Russian Architecture.* Berkeley, CA: University of California Press.

Brumfi eld, W.C. (1993) *A History of Russian Architecture.* Cambridge: Cambridge University Press.

Brunet, R. *et al.* (1989) *Les villes 'européenes'. Rapport pour la DATAR.* Paris: La Documentation Française.

Brunila, Birger and af Schulten, Marius (1955) Asemakaava ja rakennustaide, in *Helsingin kaupungin historia, 1V:1.* Helsinki: SKS/ Suomalaisen Kirjallisuuden Seuran kirjapaino.

Brunn, Gerhard and Reulecke, Jürgen (eds.) (1992) *Metropolis Berlin. Berlin als deutsche Hauptstadt im Vergleich europäischer Hauptstädte 1871–1939.* Bonn: Bouvier.

Buck, N., Gordon, I., and Young, K. (1986) *The London Employment Problem.* Oxford: Oxford University Press.

Buck, N., Gordon, I., Hall, P., Harloe, M. and Kleinman, M. (2002) *Working Capital: Life and Labour in Contemporary London.* London: Routledge.

Bundesminister für Wohnungsbau Bonn und Senator für Bau- und Wohnungswesen Berlin

(ed.) (1957) *Berlin. Planungsgrundlagen für den städtebaulichen Ideenwettbewerb Hauptstadt Berlin.* Berlin: Ernst.

Bundesminister für Wohnungsbau Bonn und Senator für Bau- und Wohnungswesen Berlin (ed.) (1960) *Hauptstadt Berlin. Ergebnis des internationalen städtebaulichen Ideenwettbewerbs.* Stuttgart: Krämer.

Bundesministerium für Raumordnung, Bauwesen, Städtebau (ed.) (1989) *40 Jahre Bundeshauptstadt Bonn 1949–1989.* Karlsruhe: Müller.

Bundesministerium für Verkehr, Bau- und Wohnungswesen (ed.) (2000) *Demokratie als Bauherr. Die Bauten des Bundes in Berlin 1991–2000.* Hamburg: Junius.

Burg, Annegret and Redecke, Sebastian (eds.) (1995) *Kanzleramt und Präsidialamt der Bundesrepublik Deutschland. Internationale Architekturwettbewerbe für die Hauptstadt Berlin (Chancellery and Office of the President of the Federal Republic of Germany. International Architectural Competitions for the Capital Berlin).* Basel: Birkhäuser.

Burlen, K. (ed.) (1987) *La Banlieue Oasis: Henri Sellier et les Cités-Jardins, 1900–1940.* Saint-Denis: Presses Universitaires de Vincennes.

Burnham, Daniel H. and Bennett, Edward H. (1909) *Plan of Chicago.* Chicago: Commercial Club.

Burniat, Patrick (1981–1982) Le Quartier Léopold à Bruxelles, création, transformation, perspectives d'avenir. Mémoire de licence en urbanisme et aménagement du territoire. Université Libre de Bruxelles.

Burniat, Patrick (1992) Die Erosion eines Stadtteils: das Leopold-Viertel in Brüssel. *Werk, Bauen + Wohnen*, **79**(46), pp. 10–21.

Caracciolo, Alberto (1974) *Roma capitale*, 2nd ed. Roma: Editori Riuniti.

Caro, Robert A. (1975) *The Power Broker, Robert Moses and the Fall of New York.* New York: Vintage Books.

Carpenter, Juliet, Chauviré, Yvan and White,

Paul (1994) Marginalization, polarization and planning in Paris. *Built Environment*, **20**(3), pp. 218–230.

Castells, M. (1989) *The Informational City: Information Technology, Economic Restructuring and the Urban Regional Process*. Oxford: Basil Blackwell.

Carter, Paul (1987) *The Road to Botany Bay: An Essay in Spatial History*. London: Faber and Faber.

Carter, Paul (1995) Landscapes of Disappearance. Paper presented at the Asia-Pacific Workshop on Associative Cultural Landscapes. World Heritage Convention and Cultural Landscapes, Sydney Opera House, Australia ICOMOS Report.

Castells, M. (1989) *The Informational City: Information Technology, Economic Restructuring and the Urban- Regional Process*. Oxford: Basil Blackwell.

Castells, M. (1996) *The Information Age: Economy, Society and Culture, Vol. I: The Rise of the Network Society*. Oxford: Blackwell.

Castro, Cristovam Leite de (1946) A nova capital do Brasil. *Revista de Emigração e Colonização*, **7**(4).

Cauchon, Noulan (1922) A Federal District Plan for Ottawa. *Journal of the Town Planning Institute of Canada*, **1**(9), pp. 3–6.

Cederna, A. (1956) *I vandali in casa*. Roma-Bari: Laterza.

Cederna, A. (1979) *Mussolini urbanista*. Roma-Bari: Laterza.

Chakravarty, S. (1986) Architecture and politics in the construction of New Delhi. *Architecture and Design*, **11**(2), pp. 76–93.

Chaslin, F. (1985) *Les Paris de François Mitterrand*. Paris: Gallimard.

Cherry, Gordon and Penny, Leith (1986) *Holford: A Study in Architecture, Planning and Civic Design*. London: Mansell.

Chevalier, Louis (1977) *L'Assassinat de Paris*. Paris: Calmann-Lévy.

Ciucci, G. (1989) *Gli architetti e il fascismo*. Torino: Einaudi.

Clark, C. (1940) *The Conditions of Economic Progress*. London: Macmillan.

Clementi, A. and Perego, F. (eds.) (1983) *La metropoli 'spontanea'. Il caso di Roma 1925–1881*. Roma-Bari: Laterza.

Cobbett, William (1830) *Rural Rides*. London.

Cocchioni, C. and De Grassi, M. (1984) *La casa popolare a Roma*. Roma: Edizioni Kappa.

Cohen, E. (1999) *Paris dans l'imaginaire national de l'entredeux- guerres*. Paris: Publications de la Sorbonne.

Collier, R.W. (1974) *Contemporary Cathedrals: Large-scale Developments in Canadian Cities*. Montreal: Harvest House.

Colton, T.J. (1995) *Moscow: Governing the Socialist Metropolis*. Cambridge, MA.: Harvard University Press.

Congrès Internationaux d'Architecture Moderne (1943) *La Charte d'Athènes*. Paris: Plon.

Connah, Roger (ed.) (1994) Tango Mäntyniemi. The Architecture of the Official Residence of the President of Finland. Helsinki: Painatuskeskus.

Conner, James (1993) Canberra: The Lion, the Witch and the Wardrobe, in Freestone, Robert (ed.) *Spirited Cities: Urban Planning, Traffi c and Environmental Management in the Nineties*. Sydney: The Federation Press.

Costa, Cruz (1967) *Contribuição à história das idéias no Brasil*. Rio de Janeiro: Civilização Brasileira.

Costa, Lúcio (1995) *Registro de uma vivência*. São Paulo: Empresa das Artes and EDUnB.

Coulter, Charles (1901) An Ideal Federal City, Lake George, N.S.W. National Library of Australia, PIC R134 LOC 2596.

Creese, Walter L. (1985) *The Crowning of the American Landscape: Eight Great Spaces and Their Buildings*. Princeton: Princeton University Press.

Cruls, Luis (1894) *Relatório da Comissão Exploradora do Planalto Central do Brasil*. Rio de Janeiro: H. Lombaerts.

Cuccia, G. (1991) *Urbanistica, edilizia, infrastrutture di Roma capitale 1870–1990.* Roma-Bari: Laterza.

Cullen, Michael S. (1995) *Der Reichstag. Parlament, Denkmal, Symbol.* Berlin: Bebra Verlag.

Culot, Maurice (1974) The rearguard battle for Brussels. *Ekistics,* **37**(219), pp. 101–104.

Culot, Maurice (1975) ARAU Brussels. *Architectural Association Quarterly,* **7**(4), pp. 22–25.

Culot, Maurice, René Schoonbrodt, and Krier, L. (1982) *La Reconstruction de Bruxelles: recueil de projets publiés dans la revue des Archives d'architecture moderne de 1977 à 1982, augmenté de trente pages inédites.* Bruxelles: Éditions des Archives d'Architecture Moderne.

Curl, James Stevens (1998) Review of the experience of modernism. Modern architects and the future city, 1928–1953. *Journal of Urban Design,* **3**(3).

Curtis, William J.R. (1990) Grands projets. *Architectural Record,* March, pp. 76–82.

Cybriwsky, Roman (1991) *Tokyo: The Changing Profi le of an Urban Giant.* London: Belhaven.

Dagnaud, M. (1983) A history of planning in the Paris region: from growth to crisis. *International Journal of Urban and Regional Research,* 7.

Davis, Timothy (2002) Preserving nature or creating a formal allée: two schemes, in Miller, Iris, *Washington in Maps,1606–2000.* New York: Rizzoli.

de Swaan, A., Olsen, D.J., Tenenti, A., de Vries, J., Gastelaars, R. v. E. and Lambooy, J.G. (1988) *Capital Cities as Achievement: Essays.* Amsterdam: Centrum voor Grootstedelijk Onderzook, University of Amsterdam.

Delhi Development Authority (1962) *Master Plan for Delhi.* New Delhi: Ministry of Works and Housing.

Delhi Development Authority (1990) *Master Plan for Delhi. Perspective 2001.* New Delhi:

Ministry of Urban Affairs and Employment.

Delhi Development Authority (2003) *Guidelines for the Master Plan of Delhi, 2021,* ddadelhi.gov.in.

Delhi Improvement Trust (1956) *Interim General Plan for Greater Delhi.* New Delhi: Ministry of Health.

Della Seta, Piero and Della Seta, Roberto (1988) *I suoli di Roma. Uso ed abuso del territorio nei cento anni della capitale.* Roma: Editori Riuniti.

Delorme, Jean-Claude (1978) Jacques Gréber: urbaniste francais. *Metropolis,* **3**(32), pp. 49–54.

Demey, Thierry (1990) *Bruxelles. Chronique d'une capitale en chantier,* 2 volumes. Brussels: Paul Legrain.

Demosthenes, M. (1947) *Estudos sobre a nova capital do Brasil.* Rio de Janeiro: Agir.

Department of the Environment and Government Office for London (1996) *Four World Cities: A Comparative Study of London, Paris, New York and Tokyo.*London: Llewelyn Davies Planning.

des Cars, Jean and Pinon, Pierre (1992) *Paris – Haussmann.* Paris: Picard/Pavillon de l'Arsenal.

des Marez, Guillaume(1979) *Guide illustré de Bruxelles. Monuments civils et religieux.* Brussels: Touring Club Royal de Belgique.

Deutscher Bundestag (ed.) (1991) *Berlin – Bonn. Die Debatte. Alle Bundestagsreden vom 20. Juni 1991.*Cologne: Kiepenheuer & Witsch.

Dolff-Bonekämper, Gabi (1999) *Das Hansaviertel. Internationale Nachkriegsmoderne in Berlin.* Berlin: Verlag Bauwesen.

Donald J. Belcher and Associates (1957) *O relatório técnico sobre a nova Capital da República.* Rio de Janeiro: Departamento Administrativo do Serviço Público.

Draper, Joan (1982) *Edward Bennett Architect and City Planner, 1874–1954.* Chicago: Art Institute of Chicago.

DREIF (1994) *Schéma Directeur de l'Ile-de-France.* Paris: DREIF.

DREIF (1995) *Les Bureaux en Ile-de-France.* Paris: Observatoire Régional de l'Immobilier d'Entrepriseen Ile-de-France.

DREIF/APUR/IAURIF (1990) *Le Livre Blanc de l'Ile-de- France*. Paris: DREIF/APUR/IAURIF.

Dubois, Marc (1994) Chi difende la qualità dell'architettura? = Who defends the quality of architecture?*Domus*, no. 758, pp. 78–79.

Dudley, G.A. (1994) *Workshop for Peace: Designing the United Nations Headquarters*. Cambridge, MA: MIT Press.

Durth, Werner (1989) Haupstadtplanungen. Politische Architektur in Berlin, Frankfurt am Main und Bonn nach 1945, in Baumunk, Bodo-Michael and Brunn, Gerhard (eds.) *Hauptstadt. Zentren, Residenzen, Metropolen in der deutschen Geschichte*. Cologne: DuMont.

Durth, Werner, Düwel, Jörn and Gutschow, Niels (1998) *Architektur und Städtebau der DDR, 2 vols.*Frankfurt and New York: Campus Verlag.

Düwel, Jörn (1998) Am Anfang der DDR. Der Zentrale Platz in Berlin, in Schneider, Romana and Wang, Wilfried (eds.) *Moderne Architektur in Deutschland 1900 bis 2000. Macht und Monument*. Stuttgart: Hatje.

Eggleston, W. (1961) *The Queen's Choice: A Story of Canada's Capital*. Ottawa: National Capital Commission.

Enakiev, F.E. (1912) *Tasks for the Reform of St. Petersburg*. St. Petersburg, pp. 19–22.

Engel, Helmut and Ribbe, Wolfgang (eds.) (1993) *Hauptstadt Berlin – Wohin mit der Mitte? Historische, städtebauliche und architektonische Wurzeln des Stadtzentrums*. Berlin: Berliner Wissenschaft Verlag.

Epstein, David G. (1973) *Brasília, Plan and Reality*. Berkeley: University of California Press.

Escher, Felix (1985) *Berlin und sein Umland, Zur Genese der Berliner Stadtlandschaft bis zum Beginn des 20. Jahrhunderts*. Berlin: Colloquium Verlag.

Eskola, Meri and Eskola, Tapani (eds.) (2002) *Helsingin helmi. Helsingfors pärlä. The Pearl of Helsinki. Helsinki Cathedral 1852–2002*.

Helsinki: Kustannus Oy Projektilehti.

Espejo, Arturo L. (1984) *Racionalité et formes d'occupation de l'espace: le projet de Brasília*. Paris: Anthropos.

Evenson, Norma (1966) *Chandigarh*. Berkeley, CA: University of California Press.

Evenson, Norma (1973) *Two Brazilian Capitals*. New Haven, CT: Yale University Press.

Evenson, Norma (1979) *Paris: A Century of Change, 1878–1978*. New Haven, CT: Yale University Press.

Evenson, Norma (1984) Paris, 1890–1940, in Sutcliffe, Anthony (ed.) *Metropolis 1890–1940*. London: Mansell.

Federal Plan Commission for Ottawa and Hull (1916) *Report of the Federal Plan Commission on a General Plan for the Cities of Ottawa and Hull 1915*. Ottawa: Federal Plan Commission.

Ficher, Sylvia and Batista, Geraldo Sá Nogueira (2000) *GuiArquitetura Brasília*. São Paulo: Abril.

Fils, Alexander (1988) *Brasilia*. Dusseldorf: Beton-Verlag.

Fischer, Karl F. (1984) *Canberra: Myths and Models, Forces at Work in the Formation of the Australian Capital*. Hamburg: Institute of Asian Affairs.

Flagge, Ingeborg and Stock, Wolfgang Jean (eds.) (1992) *Architektur und Demokratie. Bauen für die Politik von der amerikanischen Revolution bis zur Gegenwart*. Stuttgart: Hatje.

Ford, George B. (1913) The city scientifi c. *Engineering Record*, No. 67, 17 May, pp. 551–552.

Forsyth, Ann (2002) Planning lessons from three U.S. new towns of the 1960s and 1970s: Irvine, Columbia, and The Woodlands. *Journal of the American Planning Association*, **68**(4), pp. 387–416.

Foster, S. G. and Varghese, M.M. (1996) *The Making of the Australian National University: 1946–96*. Sydney: Allen & Unwin.

Fourcaut, A. (2000) *La Banlieue en Morceaux. La*

crise des lotissements défectueux dans l'Entre-deux-Guerres. Paris: Créaphis.

Frampton, Kenneth (2001) 'Keynote Address', in Takhar, Jaspreet (ed.) *Celebrating Chandigarh: Proceedings of Celebrating Chandigarh: 50 Years of the Idea, 9–11 January 1999*. Chandigarh: Chandigarh Perspectives, pp. 35–41.

França, Dionísio Alves de (2001) *Blocos residenciais deseis pavimentos em Brasília até 1969*. Brasília: FAU/ UnB.

Fralon, José-Alain (1987) Bataille pour un hémicycle. *Le Monde*, 2 July.

Fraticelli, V. (1982) *Roma 1914–1929*. Rome: Offi cina Edizioni.

Freestone, R. (1989) *Model Communities: the Garden City Movement in Australia*. Melbourne: Thomas Nelson Australia.

French, R.A. (1995) *Plans, Pragmatism and People: the Legacy of Soviet Planning for Today's Cities*. Pittsburgh: The University of Pittsburgh Press.

Friedmann, J. (1986) The world city hypothesis. *Development and Change*, **17**, pp. 69–83.

Friedmann, J. and Wolff, G. (1982) World city formation: an agenda for research and action. *International Journal of Urban and Regional Research*, **6**, pp. 309–344.

Fujimori, Terunobu (1982) T*he Planning History of Tokyo in the Meiji Era*. Tokyo: Iwanami Shoten.

Fukuda, Shigeyoshi (1918) Shin Tokyo (New Tokyo). *Journal of the Institute of Japanese Architects*, **32**(380), pp. 86–124.

Fukuoka, Shunji (1991) *Reconstruction Planning in Tokyo: The System of Administration for Urban Redevelopment*. Tokyo: Nihon Hyoronsha.

Furore, Angela M. (2000) Could Mayer Have Made It Work? An Evaluation of the Mayer Plan for Chandigarh, India. Unpublished Thesis, Muncie, IN: Ball State University.

Gaffield, Chad (1997) *History of the Outaouais*. Montreal: Les Presses de l'Université Laval.

Galantay, Ervin Y. (1987) *The Metropolis in Transition*. New York: Paragon House.

Gallagher, Patricia, Krieger, Alex, McGill, Michael and Altman, Andrew (2003) Rethinking fortress federalism. *Places*, **15**(3), pp. 65–71.

Gastellars, R. v. E. (1988) Revitalising the city and the formation of metropolitan culture: rivalry between capital cities in the attraction of new urban elites, in de Swaan, A., Olsen, D.J., Tenenti, A., de Vries, J., Gastelaars, R. v. E. and Lambooy, J.G., *Capital Cities as Achievement: Essays*. Amsterdam: Centrum voor Grootstedelijk Onderzook, University of Amsterdam, pp. 38–43.

Gaudin, J.-P. (1985) *L'avenir en plan; techniques et politique dans la prévision urbaine (1900–1930)*. Seyssel: Champ Vallon.

Geddes, P. (1915) *Cities in Evolution*. London: Williams and Norgate. (Reprinted (1998) in LeGates, R. and Stout, F. (ed.) *Early Urban Planning 1870–1940*, Vol. 4. London: Routledge.)

Gelman, J. (1924) Town Planning in Russia. *Town Planning Review*, **14**(July).

George, J. (1998) *Paris-Province: de la révolution à mondialisation*. Paris: Fayard.

George, P. (1967) Un diffi cile problème d'aménagement urbain: l'évolution des noyaux historiques – centres de villes, in Sporck, J.A. and Schoumaker, B. (eds.) *Mélanges de Géographie Physique, Humaine, Economique, Appliquée Offerts à M. Omer Tulippe*, Vol II. Gembloux: J. Duculot.

Gibbney, Jim (1988) *Canberra: 1913–1953*. Canberra: Australian Government Publishing Service.

Gilbert, A. (1989) Moving the capital of Argentina: a further example of utopian planning? *Cities*, **6**, pp.234–242.

Gillespie, A.E. and Green, A.E. (1987) The changing geography of producer services employment in Britain. *Regional Studies*, **21**, pp. 397–412.

Gillespie, Angus Kress (1999/reprinted 2001) *Twin*

Towers, The Life of New York City's World Trade Center. New Brunswick: Rutgers University Press.

Gillette, Howard Jr. (1995) *Between Justice and Beauty: Race, Planning, and the Failure of Public Policy in Washington, D.C.* Baltimore: Johns Hopkins University Press.

Giovannini, Joseph (1997) Chandigarh revisited, architecture. *The AIA Journal*, **86**(7), pp. 41–45.

Glushkova, V.G. (1998) Economic transformations in Moscow and the socio-cultural environment of the capital, in Luzkov *et al.* (ed) *Moscow and the largest Cities of the world at the Edge of the 21st Century.* Moscow: Committee of Telecommunications and Mass Media of Moscow Government.

Godard, F. *et al.* (1973) *La renovation urbaine à Paris: structure urbaine et logique de classe.* Paris: Mouton.

Goldman, Jasper (2005) Warsaw: reconstruction as propaganda, in Vale Lawrence J. and Campanella, Thomas J. (eds.) *The Resilient City: How Modern Cities Recover from Disaster.* New York: Oxford University Press, pp. 135–158.

Goodsell, Charles (2001) *The American Statehouse.* Lawrence, Kansas: University Press of Kansas.

Gordon, David L.A. (1998) A City Beautiful plan for Canada's capital: Edward Bennett and the 1915 plan for Ottawa and Hull. *Planning Perspectives*, **13**, pp. 275–300.

Gordon, David L.A. (2001*a*) From noblesse oblige to nationalism: elite involvement in planning Canada's capital. *Journal of Urban History*, **28**(1), pp. 3–34

Gordon, David L.A. (2001*b*) Weaving a modern plan for Canada's capital: Jacques Gréber and the 1950plan for the National Capital Region. *Urban History Review*, **29**(2), pp. 43–61.

Gordon, David L.A. (2002*a*) Ottawa-Hull and Canberra: implementation of capital city plans. *Canadian Journal of Urban Research*, **13**(2), pp. 1–16.

Gordon, David L.A. (2002*b*) William Lyon Mackenzie King, town planning advocate. *Planning Perspectives*, **17**(2), pp. 97–122.

Gordon, David L.A. (2002*c*) Frederick G. Todd and the origins of the park system in Canada's capital. *Journal of Planning History*, **1**(1), pp. 29–57.

Gordon, David L.A. and Gournay, Isabelle (2001) Jacques Gréber, urbaniste et architecte. *Urban History Review*, **29**, pp. 3–5.

Gordon, David L.A. and Osborne, B. (2004) Constructing national identity: Confederation Square and the National War Memorial in Canada's capital, 1900–2000. *Journal of Historical Geography*, **30**(4), pp. 618–642.

Gottmann, J. (1983*a*) The Study of Former Capitals. *Ekistics,* **50**, pp. 315, 541–546.

Gottmann, J. (1983*b*) Capital Cities. *Ekistics*, **50**, pp. 88–93.

Gournay, Isabelle and Loeffl er, Jane C. (2002) A tale of two embassies: Ottawa and Washington. *Journal of the Society of Architectural Historians*, **61**, pp. 480–507.

Gouvernment Belge (1958) *Bruxelles E.* Brussels: Gouvernment Belge.

Governatorato di Roma (1931) *Piano Regolatore di Roma 1931-IX.* Milano-Roma: Treves-Treccani-Tumminelli.

Government of India (1951) *District Census Handbook.* Delhi: Directorate of Census Operations.

Government of India (1971) District Census *Handbook.* Delhi: Directorate of Census Operations.

Government of India (1991) *District Census Handbook.* Delhi: Directorate of Census Operations.

Government of the Commonwealth of Australia (1911) *Information, conditions and particulars for guidance in the preparation of competitive designs for the Federal Capital City of the Commonwealth of Australia.* Melbourne: Printed and published for the Government of the Commonwealth of Australia by J. Kemp,

Government Printer for the State of Victoria.

Government of the National Capital Territory of Delhi (1997) *Report of Vijay Kumar Malhotra Committee regarding Amendments in the Unifi ed Building Bye- Laws.* New Delhi: Government of NCT Delhi.

Governo do Distrito Federal (1970) *Plano Diretor de Águas, Esgotos e Controle de Poluição.* Brasília: SVO and Caesb.

Governo do Distrito Federal (1976) *Análise da estrutura urbana do Distrito Federal.* Brasília: GDF and Seplan.

Governo do Distrito Federal (1984) *Atlas do Distrito Federal,* 3 volumes. Brasília: GDF.

Governo do Distrito Federal (1985) *Plano de Ocupação do Território,* 2 volumes. Brasília: SVO and Terracap.

Governo do Distrito Federal (1986) *Plano de Ocupação e Uso de Solo.* Brasília: SVO and Terracap.

Governo do Distrito Federal (1991) *Relatório do Plano Piloto de Brasília.* Brasília: ArPDF, Codeplan and DePHA.

Governo do Distrito Federal (1992) *Plano Diretor de Ordenamento Territorial.* Brasília: IPDF.

Governo do Distrito Federal (1997) *Segundo Plano Diretor de Ordenamento Territorial.* Brasília: IPDF.

Governo do Distrito Federal (2001) *Anuário Estatístico do Distrito Federal.* Brasília: Codeplan.

Gravier, Jean-François (1947) *Paris et le Désert Français.* Paris: Le Portulan.

Greater London Authority (2002) *Draft London Plan.* London.

Greater London Council (1969) *Greater London Development Plan.* London: County Hall.

Gréber, Jacques (1950) *Plan for the National Capital: General Report Submitted to the National Planning Committee.* Ottawa: National Capital Planning Service.

Griffi n, Walter Burley (1912) The plans for Australia's new capital city. *American City,* 7(July), p. 9.

Griffi n, Walter Burley (1914) The Federal *Capital: Report Explanatory of the Preliminary General Plan, Dated October 1913.* Melbourne: Albert J Mullett, Government Printer.

Guglielmo, R. and Moulin, B. (1986) Les grands ensembles et la politique. *Hérodote,* **43**, pp. 39–74.

Guimarães, Fábio de Macedo Soares (1946) O planalto central e o problema da mudança da capital do Brasil. *Revista Brasileira de Geografi a,* **11**(4).

Gupta, Narayani (1988) *The City in Indian History, Report of the National Commission on Urbanisation,* Vol. 4. New Delhi: Ministry of Urban Development.

Gutheim, Frederick (1977) *Worthy of the Nation: the History if Planning for the National Capital.* Washington: Smithsonian Institution Press.

Gwyn, Sandra (1984) *The Private Capital: Ambition and Love in the Age of Macdonald and Laurier.* Toronto: McClelland and Stewart.

Hain, Simone (1998) 'Von der Geschichte beauftragt, Zeichen zu setzen'. Zum Monumentalitätsverständnis in der DDR am Beispiel der Gestaltung der Hauptstadt Berlin, in Schneider, Romana and Wang, Wilfried (eds.) *Moderne Architektur in Deutschland 1900 bis 2000. Macht und Monument.* Stuttgart: Hatje.

Hakala-Zilliacus, Liisa-Maria (2002) *Suomen eduskuntatalo. Kokonaistaideteos, itsenäisyysmonumentti jakansallisen sovun representaatio.* Helsinki: SKS/Suomalaisen Kirjallisuuden Seura toimituksia 875.

Hall, P. (1966) *The World Cities.* London: Weidenfeld and Nicolson.

Hall, P. (1984) *The World Cities,* 3rd ed. London: Weidenfeld and Nicolson.

Hall, P. (1987) The anatomy of job creation: nations, regions and cities in the 1960s and 1970s. *Regional Studies,* **21**, pp. 95–106.

Hall, P. (1988) Regions in the transition to the information economy, in Sternlieb, G. (ed.)

America's new Market Geography. Piscataway, NJ: Rutgers University, Center for Urban Policy Research.

Hall, P. (1995) Towards a general urban theory, in Brotchie, J., Batty, M., Blakely, E., Hall, P. and Newton, P. (ed.) *Cities in Competition: Productive and Sustainable Cities for the 21st Century*. Melbourne: Longman Australia, pp. 3–31.

Hall, P. (1998) *Cities in Civilization*. London: Weidenfeld and Nicolson.

Hall, P. (1999) Planning for the mega-city: a new Eastern Asian urban form? in Brotchie, J., Newton, P., Hall, P. and Dickey, J. (ed.) *East West Perspectives on 21st Century Urban Development: Sustainable Eastern and Western Cities in the New Millennium*. Aldershot: Ashgate, pp. 3–36.

Hall, P. (2000) The changing role of capital cities. *Plan Canada*, **40**(3), pp. 8–11.

Hall, P. (2002) *Cities of Tomorrow*, 3rd ed. Oxford: Blackwell.

Hall, P. and Pain, K. (2006) *The Polycentric Metropolis: Mega-City Regions in the European Space of Flows*. London: Earthscan.

Hall, Thomas (1986) *Planung europäischer Hauptstädte, Zur Entwicklung des Städtebaues im 19. Jh.* Stockholm: Almqvist & Wiksell.

Hall, Thomas (1997a) *Planning Europe's Capital Cities*. London: Spon.

Hall, Thomas (1997b) Brussels, in Hall, Thomas, *Planning Europe's Capital Cities*. London: Spon, pp. 217–244.

Hamnett, Stephen and Freestone, Robert (eds.) (2000) *The Australian Metropolis: A Planning History*. Sydney: Allen & Unwin.

Hardy, Dennis (1983) *Making Sense of the London Docklands: Processes of Change*. London: Middlesex Polytechnic.

Hardy, Dennis (1991) *From Garden Cities to New Towns: Campaigning for Town and Country Planning, 1899– 1946*. London: Spon.

Häring, Hugo (1926) Aspekte des Städtebaues.

Sozialistische Monatshefte, **32**(2), pp. 87–89.

Häring, Hugo and Mendelssohn, Heinrich (1929) Zum Platz der Republik. *Das neue Berlin*, **7**, pp. 145–146.

Häring, Hugo and Wagner, Martin (1929) Der Platz der Republik. *Das Neue Berlin*, **4**, pp. 69–72.

Harrison, Peter (1995) *Walter Burley Griffi n: Landscape Architect*. Canberra: National Library of Australia.

Harvey, David (1979) Monument and myth. *Annals, Association of American Geographers*, **69**, pp. 362–381.

Hebbert, Michael (1998) *London: More By Fortune Than Design*. Chichester: John Wiley.

Hegemann, Werner (1930) *Das steinerne Berlin. Die Geschichte der grössten Mietskasernenstadt der Welt*. Berlin: Verlag von Gustav Kiepenheuer.

Hein, Carola (1987) L'implantation des Communautés Européennes à Bruxelles, son historique, ses intervenants. Diploma thesis at the, Institut Supérieur d'Architecture de l'Etat (ISAE), La Cambre.

Hein, Carola (1993) Europa in Brüssel. *Bauwelt*, **84**(40/41), pp. 2176–2184.

Hein, Carola (1995) Hauptstadt Europa. Hochschule für bildende Künste, Hamburg.

Hein, Carola (2001) Choosing a site for the capital of Europe. *GeoJournal*, **51**, pp. 83–97.

Hein, Carola (2002) Brussels encyclopedia of urban cultures in Ember, Melvin and Ember, Carol, R. (eds.) *Cities and Cultures around the World*. Danbury, CT: Grolier, pp. 430–38

Hein, Carola (2004a) *The Capital of Europe. Confl icts of Architecture. Urban Planning, Politics and European Union*. Westport, CT: Greenwood/ Praeger.

Hein, Carola (2004b) Bruxelles et les villes sièges de l'Union européenne, in Claisse, Joël and Knopes, Liliane (eds.) *Change, Brussels Capital of Europe*. Brussels: Prisme Éditions.

Hein, Carola (2005a) Trauma and transformation in the Japanese city, in Vale, Lawrence J. and

Campanella, Thomas J. (eds.) *The Resilient City: How Modern Cities Recover from Disaster.* New York: Oxford University Press.

Hein, Carola (2005*b*) La Gare Josaphat sur l'axe Bruxelles-Aéropoort: Perspectives pour un projet européen et multifonctionel/Het Josaphatstation op de as Brussel-Luchthaven: Perspectieven voor en Europees en Multifonctioneel Project, in Laconte, Pierre (ed.) *L'aeroport, le train et la ville: Lecas de Bruxelles est-il unique? De Luchthaven, de Trenet de Stad: is Brussel enig?* Brussels: Fondation pourl'Environnenment Urbain.

Hein, Carola (ed.) (forthcoming, 2006) *Bruxelles – l'Européenne. Capitale de qui? Ville de qui? Cahiers de la Cambre-Architecture*, no 5.

Helmer, Stephen (1985) *Hitler's Berlin: The Speer Plans for Reshaping the Central City.* Ann Arbor: UMI Research Press.

Helsinki City Planning Department (2000) *Urban Guide Helsinki.* Helsinki: City Planning Department.

Helsinki City Planning Office (1997) *Helsinki/City in the Forest. Vision for the Next Generation.* Helsinki: City Planning Office.

Helsinki. City in Forest (1997) Helsingin kaupunkisuun nitteluvirasto.

Herzfeld, Hans (1952) Berlin als Kaiserstadt und Reichshauptstadt 1871 bis 1945, in *Jahrbuch für die Geschichte des Deutschen Ostens*, Vol. 1. Tübingen: Niemeyer, pp. 141–170.

Higher Education Funding Council for England (2002) *Regional Profi les of Higher Education 2002*. Bristol: Higher Education Funding Council for England.

Hilberseimer, Ludwig (1927) *Großstadt Architektur*. Stuttgart: Julius Hoffmann.

Hillis, Kent (1992) A history of commissions: threads of an Ottawa planning history. *Urban History Review*, **21**(1), pp. 46–60.

Hindu, The (2003) The Asian Rome that is Delhi. *The Hindu* On-Line edition, 13 March.

Hines, T.S. (1974) *Burnham of Chicago: Architect and Planner.* New York: Oxford University Press.

Hoffmann, Godehard (2000) *Architektur für die Nation? Der Reichstag und die Staatsbauten des Deutschen Kaiserreiches 1871–1918.* Cologne: Dumont.

Hofmann, Albert (1910) Gross-Berlin, sein Verhältnis zur modernen Grossstadtbewegung und der Wettbewerb zur Erlangung eines Grundplanes für die städtebauliche Entwicklung Berlins und seiner Vororte im zwanzigsten Jahrhundert. *Deutsche Bauzeitung*, **44**, pp. 169–176, 181–188, 197–200, 213–216, 233–236, 261–263, 277, 281–287, 311–312, 325–328.

Holford, William (1957) *Observations on the Future Development of Canberra, ACT.* Canberra: Government Printer.

Holston, James (1989) *The Modernistic City: An Anthropological Critique of Brasília.* Chicago: University of Chicago Press.

Howard, Ebenezer (1898) *To-morrow: A Peaceful Path to Real Reform.* London: Swan Sonnenschein.

Howard, Ebenezer (1902) *Garden Cities of Tomorrow.* London: Swann Sonnenschein.

Huet, Bernard (2001) The legacy, in Takhar, Jaspreet (ed.) *Celebrating Chandigarh: Proceedings of Celebrating Chandigarh: 50 Years of the Idea, 9–11 January 1999.* Chandigarh: Chandigarh Perspectives, pp. 166–170.

Hung, Wu (1991) Tiananmen Square: a political history of monuments. *Representations*, **35**, pp. 84–117.

Hüter, Karl-Heinz (1988) *Architektur in Berlin 1900–1933.* Dresden: Verlag der Kunst.

IAURIF (1991) La Charte de l'Ile-de-France. *Cahiers del'IAURIF*, Nos 97/98.

IAURIF (1993) *Le Parc des Bureaux en Ile-de-France.* Paris: IAURIF.

Ichikawa, Hiroo (1995) The expanding metropolis and changing urban space. *Creating a City:*

Considering Tokyo Series, **5**, pp. 15–85.

Insolera, I. (1962) *Roma moderna*. Torino: Einaudi.

Inter-Environnement Bruxelles Groupement des Comités du Maelbeek (1980) Contre-projet pour la construction du bâtiment du Conseil des Ministres de la CEE aux abords du rond-point Schuman. *AAM*, no. 19.

Irving, Robert G. (1981) *Indian Summer: Lutyens, Baker, and Imperial Delhi*. New Haven, CT: Yale University Press.

Ishida, Yorifusa (1992) *Mikan no Tokyo Keikaku* (Unfi nished Plans for Tokyo). Tokyo: Chikuma Shobo.

Ishida, Yorifusa (2004) *Nihon Kin-Gendai Toshikeikaku no Tenkai 1863–2003* (Historical Development of Modern and Contemporary City Planning of Japan 1868–2003). Tokyo: Jichitai Kenkyusha.

Ishizuka, Hiromichi (1991) *Theories of Japanese Modern Cities: Tokyo, 1868–1923*. Tokyo: Tokyo University Press.

Ishizuka, Hiromichi and Narita, Ryuichi (1986) *The 100 Years of Tokyo Prefecture*. Tokyo: Yamakawa Shuppan.

Ishizuka, Hiromichi (1991) *Theories of Japanese Modern Cities: Tokyo, 1868–1923*. Tokyo: Tokyo University Press.

Jackson, Kenneth (1984) Capital of capitalism: the New York Metropolitan Region, 1890–1940, in Sutcliffe, Anthony (ed.) *Metropolis 1890–1940*. London: Mansell.

Jacobs, Jane (1961) *The Death and Life of Great American Cities*. New York: Random House.

Jacobs, P. (1983) Frederick G. Todd and the creation of Canada's urban landscape. *Association for Preservation Technology (APT) Bulletin*, **15**(4), pp. 27–34.

Jacobs, Roel (1994) *Brussels: A City in the Making*. Brugge: Marc van de Wiele.

Jager, Markus (2005) *Der Berliner Lustgarten. Gartenkunst und Stadtgestalt in Preussens Mitte*. Munich: Deutscher Kunst Verlag.

Jauhiainen, Jussi, S. (1995) *Kaupunkisuunnittelu,*

kaupunkiuudistus ja kolme eurooppalaista esimerkkiä. Turku: Publicationes Instituti Geographici Universitatis Turkuensis No. 146.

Jinnai, Hidenobu (1995) *Tokyo: A Spatial Anthropology*. California: University of California Press.

Joardar, Souro D. (2002) From Twin Cities to Two-inone Cities. Paper presented at the IPHS Conference, University of Westminster, London.

Joardar, Souro D. (2003) Urban Space and Ecological Performance of Cities: A Case of Delhi. Paper presented at the Seminar on Ecological Performance of Cities, School of Planning and Architecture, New Delhi.

Joshi, Kiran (1999) *Documenting Chandigarh*. Ahmedabad: Mapin Publishing.

Jung, Bertel (1918) *Pro Helsingfors. Ett förslag till stadsplan för Stor-Helsingfors utarbetat av Eliel Saarinen m.fl* . Helsingfors: Pro Helsingfors säätiö – Stiftelsen Pro Helsingfors.

Kaganovich, L.M. (1931) *Socialist Reconstruction of Moscow and other Cities in the USSR*. Moscow: Cooperative Publishing Society of Foreign Workers in the USSR.

Kähler, Gert (1995) Brüsseler Käse. *Architekt*, **6**, pp. 358–361.

Kahlfeldt, Paul, Kleihues, Josef Paul and Scheer,Thorsten (eds.) (2000) *Stadt der Architektur – Architektur der Stadt. Berlin 1900–2000*. Berlin: Nikolai Verlag.

Kain, Roger (1981) Conservation planning in France: policy and practice in the Marais, Paris, in Kain, Roger (ed.) *Planning for Conservation*. London: Mansell.

Kalia, Ravi (1987) *Chandigarh: In Search of an Identity*. Carbondale and Edwardsville: Southern Illinois University Press.

Kalia, Ravi (2002) *Chandigarh: The Making of an Indian City*, revised ed. New Delhi: Oxford University Press.

Kalman, Harold (1994) *History of Canadian Architecture*, Vol. 2. Don Mills, ON: Oxford University Press.

Käpplinger, Claus (1993) Façadisme et Bruxellisation. *Bauwelt*, **84**(40/41), pp. 2166–2175.

Kervanto Nevanlinna, Anja (2002) *Kadonneen kaupungin jäljillä. Teollisuusyhteiskunnan muutoksia Helsingin historiallisessa ytimessä.* Helsinki: SKS/Suomalaisen Kirjallisuuden Seura toimituksia 836.

Khan-Magomedov, S.O. (1983) *Pioneers of Soviet Architecture.* New York: Rizzoli.

Khilnani, Sunil (1997) *The Idea of India.* New Delhi: Penguin.

King, A.D. (1976) *Colonial Urban Development: Culture, Social Power and Environment.* London: Routledge and Kegan Paul.

Klaus, Susan L. (2002) *A Modern Arcadia : Frederick Law Olmsted Jr. and the Plan for Forest Hills Gardens.* Amherst: University of Massachusetts Press

Kleihues, Josef Paul (ed.) (1986) *International Building Exhibition Berlin (IBA) 1987. Examples of a New Architecture.* London: Academy Editions.

Kleihues, Josef Paul (ed.) (1987) *750 Jahre Architektur und Städtebau in Berlin. Die Internationale Bauausstellung im Kontext der Baugeschichte Berlins.* Stuttgart: Hatje.

Klinge, Matti and Kolbe, Laura (1999) *Helsinki – The Daughter of the Baltic Sea.* Helsinki. Otava Publishing Company Ltd.

Knight, D. (1991) *Choosing Canada's Capital: Confl ict Resolution in a Parliamentary System,* 2nd ed. Ottawa: Carleton University Press.

Kohler, Sue, (1996) *The Commission of Fine Arts: A Brief History 1910–1995.* Washington, DC: CFA.

Kohtz, Otto (1920) Das Reichshaus am Königsplatz in Berlin. Ein Vorschlag zur Verringerung der Wohnungsnot und der Arbeitslosigkeit. *Stadtbaukunst alter und neuer Zeit*, **1**(16), pp. 241–245.

Kolbe, Laura (1988) *Kulosaari – unelma paremmasta tulevaisuudesta.* Helsinki. Otava Publishing Company Ltd.

Kolbe, Laura (2002) *Helsinki kasvaa suurkaupungiksi. Julkisuus, politiikka, hallinto ja kansalaiset 1945–2000. Helsingin historia vuodesta 1945, 3.* Helsinki: Edita Prima AB, pp. 86–88.

Konter, Erich (1995) Verheissungen einer Weltstadtcity. Vorschläge zum Umbau 'Alt-Berlins' in den preisgekrönten Entwürfen des Wettbewerbs Gross-Berlin von 1910, in Fehl, Gerhard and Rodriguez-Lores, Juan (eds.) *Stadt-Umbau. Die planmässige Erneuerung europäischer Grossstädte zwischen Wiener Kongress und Weimarer Republik.* Basel: Birkäuser.

Kopp, A. (1970) *Town and Revolution: Soviet Architecture and City Planning 1917–1935.* New York: Braziller.

Körner, Hans-Michael and Weigand, Katharina (eds.) (1995) *Hauptstadt. Historische Perspektiven einesdeutschen Themas.* Munich: Deutscher Taschenbuch Verlag.

Korvenmaa, Pekka (ed.) (1992) *Arkkitehdin työ. Suomen Arkkitehtiliitto 1892–1992.* Hämeenlinna: Rakennustieto Oy.

Kosel, Gerhard (1958) Aufbau des Zentrums der Hauptstadt des demokratischen Deutschlands Berlin. *Deutsche Architektur*, **7**(4), pp. 177–183.

Koshizawa, Akira. (1991) *The Story of City Planning in Tokyo.* Tokyo: Nihon Hyoronsha.

Krier, Léon (1986) The completion of Washington DC: a bicentennial masterplan for the year 2000. *Archives d'Architecture Moderne*, **30**, pp. 7–43.

Krier, Léon, Culot, Maurice and AAM. (1980) *Contreprojets/ Contreprogetti/Counterprojects.* Brussels: AAM.

Krinsky, Carol (1978) *Rockefeller Center.* New York: Oxford University Press.

Kropotkin, Peter (1899, 1985) *Fields, Factories and Workshops.* New ed. annotated by Colin Ward. London: Freedom Press.

Kumar, Ashok (2000) The inverted compact city of Delhi, in Jenks, Mike and Burgess, Rod (eds.)

Compact Cities: Sustainable Urban Forms for Developing Countries. London: Spon Press.

Kuusanmäki, Jussi (1992) *Sosiaalipolitiikkaa ja kaupunkisuunnittelua. Tietoa, taitoa, asiantuntemusta. Helsinki euroopplaisessa kehityksessä 1875–1917, 2*. Helsinki: Suomen Historiallinen Seura. Historiallisia tutkimuksia 99.

Kynaston, D. (1994) *The City of London: Vol. I A World of its Own 1815–1890*. London: Chatto & Windus.

Kynaston, D. (1995) *The City of London: Vol. II Golden Years 1890–1914*. London: Chatto & Windus.

Lacaze, J.-P. (1994) *Paris: Urbanisme d'État et destin d'uneville*. Paris: Flammarion.

Lacaze, J.-P. (1995) *Introduction à la planifi cation urbaine: imprécis d'urbanisme à la Française*. Paris: Presse de l'ENPC.

Laconte, Pierre (2002) La loi de 1962, quarante ans après/De wet van 1962 feertig jaar later. *A+*, no 176, pp. 18–19.

Ladd, Brian (1997) *The Ghosts of Berlin: Confronting German History in the Urban Landscape*. Chicago: University of Chicago Press.

Lafer, Celso (1970) The Planning Process and the Political System in Brasil: A Study of Kubitschek Target Plan, 1956–1961. PhD Dissertation, Cornell University, Ithaca, NY.

Lagrou, Evert (2000) Brussels: fi ve capitals in search of a place. The citizens, the planners and the functions. *GeoJournal*, **51**(1/2), pp. 99–112.

Lambooy, J.G. (1988) Global cities and the world economic system: rivalry and decision-making, in de Swaan, A. *et al.* (eds.) *Capital Cities as Achievement: Essays*. Amsterdam: Centrum voor Grootstedelijk Onderzook, University of Amsterdam.

Lambotte-Verdicq, Georgette (1978) *Contribution à une anthologie de l'espace bâti bruxellois, de Léopold II à nos jours*. Brussels: Edition Louis Musin.

Lampugnani, Vittorio Magnago (1986) Eine Leere voller Pläne. Die Projekte für das nie verwirklichte Zentrum von Gross-Berlin 1839–1985, in Lampugnani, Vittorio Magnago (ed.) *Architektur als Kultur. Die Ideen und die Formen*. Cologne: Deutsche Verlags-Anstalt.

Lang, Michael H. (1996) Yorkship Garden Village: progressive expression of the Architectural, Planning and Housing Reform Movement, in Sies, Mary and Silver, Christopher (eds.) *Planning the Twentieth Century American City*. Baltimore, MD: Johns Hopkins University Press.

Lang, Michael H. (2001) Town planning and radicalism in the Progressive Era: the legacy of F.L. Ackerman. *Planning Perspectives*, **16**(2), pp. 143–168.

Lang, M.H. and Rapoutov, L. (1996) Capital City as Garden City: The Planning of Post-Revolutionary Moscow. Conference Proceedings, International Planning History Society Conference, 'The Planning of Capital Cities', Thessaloniki, pp. 795–812.

Laporta, Philippe (1986) La CEE à Bruxelles, mariage ou viol. Vers une régionalisation de l'urbanisme, **91**, pp. 19–26.

Larsson, Bo (1994) *Stadens språk. Stadsgestaltning och bostadsbyggande i nordiska huvudstader under 1970- och 1980-talen*. Lunds: Lunds Universitet.

Larsson, Lars Olof (1978) *Die Neugestaltung der Reichshauptstadt. Albert Speers Generalbebauungsplan für Berlin*. Stuttgart: Hatje.

Laurier, Wilfrid (1989) *Dearest Émilie: The Love Letters of Sir Wilfrid Laurier to Madame Émilie Lavergne*. Toronto: NC Press Limited.

Lavedan, Pierre (1963) Jacques Gréber, 1882–1962. *La Vie Urbain*, January, pp. 1–14.

Laveden, P. (1975) *Historie de l'urbanisme à Paris*. Paris: Hachette.

Law, Christopher M. (1996) *Tourism in Major Cities*. London: International Thompson Business Press.

Lawrence, D.H. (1923, 1995) *Kangaroo*. Pymble: HarperCollins Publishers.

Le Corbusier (1925) *Urbanisme*. Paris: Vicent Fréal.

Le Corbusier (1935*) La Ville Radieuse*. Paris: L'architectured'aujourd'hui.

Le Corbusier (1946) *OEuvre complète, 1938–1946*. Zurich: Editions d'architecture.

Le Corbusier (1947) *OEuvre complète, 1934–1938*. Zurich: Editions d'architecture.

Le Corbusier (1955) *Ouvre Complete 1946–52*. Zurich: M. Ginsberger.

Le Corbusier (1959) *L'urbanisme des trois établissementshumains*. Paris: Minuit.

Lehwess, Walter (1911) Architektonisches von derallgemeinen Städtebau-Ausstellung zu Berlin. *Berliner Architekturwelt*, **13**(4), pp. 123–162.

Levenson, Michael (2002) London 2000: the millennial imagination in a city of monuments, in Gilbert, Pamela K. (ed.) *Imagined Londons*. Albany: State University of New York Press, pp. 219–239.

Levey, Jane (2000) Lost highways. The plan to pave Washington and the people who stopped it. *Washington Post Magazine*, 26 November 26.

Lidgi, S. (2001) *Paris – gouvernance; ou les malices despolitiques urbaines (J. Chirac/J. Tiberi)*. Paris: L'Harmattan.

Lilius, Henrik (1984) *The Esplanade During the 19th Century*. Helsinki: Akateeminen Kirjakauppa.

Lindberg, Carolus and Rein, Gabriel (1950) Asemakaavoittelu ja rakennustoiminta. *Helsingin kaupungin historia, III:I*. Helsinki: SKS/Suomalaisen Kirjallisuuden Seuran kirjapaino.

Lissitzky, E. (1986) *Russia: An Architecture for World Revolution*. Cambridge, MA: MIT Press.

Longstreth, Richard (2002) The unusual transformation of downtown Washington in the early twentieth century. *Washington History*, Fall/Winter, pp. 50–75.

Lortie, André (1997) Jacques Gréber (1882–1962) et L' Urbanisme le temps et l'espace de la ville. Unpublished Doctoral Thesis, Université Paris XII.

Lortie, André (1993) *Jacques Gréber urbaniste. Les Gréber: Une dynastie, des artistes*. Beauvais: Musée départemental de l'Oise, catalogue de l'exposition.

Lupano, M. (1991) *Marcello Piacentini*. Roma-Bari: Laterza.

Luzkov, Y.M. *et al.* (1998) *Moscow and the Largest Cities of the World at the Edge of the 21st Century*. Moscow: Committee of Telecommunications and Mass Media of the Moscow Government.

Lynch, Kevin (1960) *The Image of the City*. Cambridge, MA: MIT Press.

Mächler, Martin (1920) Ein Detail aus dem Bebauungsplan Gross-Berlin. *Der Städtebau*, **17**, pp. 54–56.

Magistrat von Berlin (ed.) (1951) *Wettbewerb zur Erlangung von Bebauungsvorschlägen und Entwürfenfür die städtebauliche und architektonische Gestaltung der Stalinallee in Berlin*. Berlin: Magistrat.

Magritz, Kurt (1959) Die sozialistische Umgestaltung des Zentrums von Berlin. *Deutsche Architektur*, **8**(1), pp. 1–5.

Malagutti, Cecília Juno (1996) Loteamentos clandestinos no DF: legalização ou exclusão? Master Thesis, Faculdade de Arquitetura e Urbanismo, Universidade de Brasília.

Manacorda, D. and Tamassia, R. (1985) *Il piccone delregime*. Roma: Curcio Editore.

Marchand, Bernard (1993) *Paris, histoire d'une ville, XIXe–XXe siècle*. Paris: Seuil.

Maryland Department of Planning (2001) *Smart Growth in Maryland*. Baltimore MD: Maryland Department of Planning.

Maryland National Capital Park and Planning Commission (2001) *Legacy Open Space Functional Master Plan. Open Space Conservation in the 21st Century*. Silver Spring, MD: MNCPPC.

Mawson, Thomas H. (1911) Town planning in England. *City Club Bulletin*, **4**, pp. 263–269.

Mayer, Albert (1950) The New Capital of the Punjab, Address before Convention Symposium I: Urban and Regional Planning, The American Institute of Architects, Washington DC. In Papers on India, 1934–1975. Unpublished Papers, University of Chicago, 1950, May 11.

Mayor of London (2002) *The Draft London Plan: Draft Spatial Development Strategy for London.* London: Greater London Authority.

Michel, C. (1988) *Les Halles. La renaissance d'un quartier, 1966–1988.* Paris: Masson.

Mikuriya, Takashi (1994) The 50 Years of Tokyo's Administration. Considering Tokyo Series, Vol. 1.

Miller, M. (1989) *Letchworth: The First Garden City.* Chichester: Phillimore.

Miller, M. and Gray, A.S. (1992) *Hampstead Garden Suburb.* Chichester: Phillimore.

Miller Lane, Barbara (1968) *Architecture and Politics in Germany 1918–1945.* Cambridge, MA: Harvard University Press.

Mills, E. (1987) Service sector suburbanization, in Sternlieb, G. (ed.) *America's New Economic Geography: Nation, Region, and Central City.* New Brunswick: Rutgers University, Center for Urban Policy Research.

Mindlin, Henrique Ephim (1961) *Brazilian Architecture.* Roma: Embaixada do Brasil.

Ministère des Travaux Publics (1966) *Études régionales, Notes synthétiques des rapports du Groupe Alpha sur les propositions d'Aménagement et de développement de la région bruxelloise.* Brussels: Ministère des Travaux Publics, Commission Nationale de l'Aménagement du Territoire.

Ministère des Travaux Publics et de la Reconstruction (1956) *Carrefour de l'Occident.* Brussels: Fonds des Routes.

Mission Interministérielle de Coordination des Grandes Opérations d'Architecture et d'Urbanisme (1988) *Architectures capitales:*

Paris 1979–1989. Paris: Electa Moniteur.

Miyakawa, Y. (1983) Metamorphosis of the capital and evolution of the urban system in Japan. *Ekistics*, No. 299, pp. 110–122.

Moest, Walter (1947) *Der Zehlendorfer Plan. Ein Vorschlag zum Wiederaufbau Berlins.* Berlin: Verlag des Druckhauses Tempelhof.

Moore, C. (ed.) (1902) *The Improvement of the Park System of the District of Columbia.* 57th Congress, 1st. sess. S. Rept. 166. Washington: US Government Printing Office.

Moore, Charles (1921, 1968) *Daniel H. Burnham: Architect, Planner of Cities.* New York, Da CapoPress.

Moreira, Vânia Maria Losada (1998) *Brasília: a construção da nacionalidade.* Vitória: Editora UFES.

Morris, William (1890, 1970) *News from Nowhere.* London: Routledge & Kegan Paul.

Moscow, Warren (1946) Rockefeller offers UN $8,500,000 site on the East River for skyscraper center. *New York Times*, December 12.

Müller, Peter (1999) *Symbol mit Aussicht. Die Geschichte des Berliner Fernsehturms.* Berlin: Verlag für Bauwesen.

Müller, Peter (2005) *Symbolsuche. Die Ost-Berliner Zentrumsplanung zwischen Repräsentation und Agitation.* Berlin: Mann.

National Capital Authority (2004) *The Griffin Legacy: Canberra the Nation's Capital in the 21st Century.* Canberra: Commonwealth of Australia.

National Capital Commission (1998) *A Capital for Future Generations.* Ottawa: National Capital Commission.

National Capital Development Commission (1970) *Tomorrow's Canberra.* Canberra: Australian National University Press.

National Capital Planning Commission (1961) *A Policies Plan for the Year 2000.* Washington DC: NCPC.

National Capital Planning Commission (1997) *Extending the Legacy: Planning America's*

Capital for the 21ˢᵗ Century, Washington DC: NCPC.

National Capital Planning Commission (2001) *Memorials and Museums Master Plan.* Washington DC: NCPC.

National Capital Planning Commission (2002)

National Capital Planning Commission (2004)

National Capital Region Planning Board (NCRPB) (1988) *National Capital Region Plan for Delhi.* New Delhi: Ministry of Urban Affairs and Employment.

National Capital Region Planning Board (NCRPB) (1999) *Base Paper for the Preparation of Regional Plan – 2021, Monograph.* New Delhi: NCRPB.

Nehru, Jawaharlal (1946) *The Discovery of India.* Calcutta: Signet Press.

Nehru, Jawaharlal (1959) Mr. Nehru on Architecture. *Urban and Rural Thought*, **2**(2), pp. 46–49.

Nelson, K. (1986) Labor demand, labor supply and the suburbanization of low-wage office work, in Scott, A.J. and Storper, M. (eds.) *Production, Work, Territory: The Geographical Anatomy of Industrial Capitalism.* Boston: Allen and Unwin.

Nerdinger, Winfried (1998) Ein deutlicher Strich durch die Achse der Herrscher. Diskussionen um Symmetrie, Achse und Monumentalität zwischen Kaiserreich und Bundesrepublik, in Schneider, Romana and Wang, Wilfried (eds.) *Moderne Architektur in Deutschland 1900 bis 2000. Macht und Monument.* Stuttgart: Hatje.

New York City Planning Commission and Richards, Peter (1970) *Plan for the City of New York*, 5 volumes. Cambridge, MA: MIT Press.

New York City Bar Association (2001) Special Committee on the United Nations of the Association of the Bar of the City of New York, 'New York City and the United Nations: Towards a Renewed Relationship', December.

Newhouse, Victoria (1989) *Wallace K. Harrison.* New York: Rizzoli.

Newman, P. and Tual, M. (2002) The Stade de France. The last expression of French centralism? *European Planning Studies*, **10**, pp. 831–843.

Nicaise, Lucien (1985) Vingt et un architectes vont réaliser le projet de l'immeuble C.E.E. à Bruxelles. *Le Soir*, 20 November.

Nicolaus, Herbert and Obeth, Alexander (1997) *Die Stalinallee. Geschichte einer deutschen Strasse.* Berlin: Verlag für Bauwesen.

Niemeyer, Oscar (1960) Fala Niemeyer sobre o plano de urbanização. *Engenharia*, No. 209.

Nikula, Riitta (1931) *Yhtenäinen kaupunkikuva 1900–1930. Suomalaisen kaupunkirakentamisen ihanteista japäämääristä, esimerkkinä Helsingin Etu-Töölö ja uusi Vallila.* Helsinki. Finska Vetenskaps-societeten.

Nilsson, S. (1973) *The Capitals of India, Pakistan and Bangladesh, Monograph Series 12.* Sweden: Scandinavian Institute of South Asian Studies.

Noin, Daniel (1976) *L'Espace Français.* Paris: Armand Colin.

Noin, Daniel and White, Paul (1997) *Paris.* Chichester: Wiley.

Nossa, Leonêncio (2002) Brasília, do planejamento ao toque de recolher. *O Estado de São Paulo*, 8 December.

Nowack, Hans (1953) Das Werden von Gross-Berlin 1890–1920. PhD Dissertation, Freie Universität, Berlin.

Oishi, Manabu. (2002) *The Birth of the Capital Edo: How the Great Edo Was Built?* Tokyo: Kadokawa Shoten.

Olmsted, Frederick Law Jr. (1911) The City Beautiful. *The Builder*, **101**(July 7), pp. 15–17.

Olsen, Donald (1986) *The City as a Work of Art: London, Paris, Vienna.* New Haven, CT: Yale University Press.

Ottawa Improvement Commission (1913) *Special Report of the Ottawa Improvement Commission, from its inception in 1899 to March 13, 1912.* Ottawa: Ottawa Improvement Commission.

Ottawa-Carleton, Regional Municipality (1976) *Official Plan: Region of Ottawa-Carleton*, Ottawa:

Regional Municipality of Ottawa Carleton Planning Department.

Overall, John (1995) *Canberra Yesterday, Today & Tomorrow: A Personal Memoir*. Canberra: The Federal Capital Press of Australia.

Papadopoulos, Alex G. (1996) *Urban Regimes and Strategies: Building Europe's Central Executive District in Brussels*. University of Chicago Geography Research Paper no. 239. Chicago: University of Chicago Press.

Parkins, M.F. (1953) *City Planning in Soviet Russia*. Chicago: University of Chicago Press.

Parliament of Canada (1899) *An Act Respecting the City of Ottawa*, 62–63 Vict. Ch 10. 7 (c), assented 11th August, 1899.

Parliament of Canada (1912) *Report and Correspondence of the Ottawa Improvement Commission relating to the Improvement*. 2 George V. Sessional Paper No. 51A. Ottawa: C.H. Parmelee.

Paul, Suneet (1999) The drubbing of the LeCorb's Chandigarh. *Architecture + Design*, **16**(2), pp. 113–114.

Paviani, Aldo (ed.) (1985) *Brasília em questão: ideologia e realidade*. São Paulo: Projeto.

Paviani, Aldo (ed.) (1987) *Urbanização e metropolização: a gestão dos confl itos em Brasília*. Brasília: EDUnB.

Paviani, Aldo (ed.) (1989) *Brasília: a metrópole em crise*. Brasília: EDUnB.

Paviani, Aldo (ed.) (1991) *A conquista da cidade: movimentos populares em Brasília*. Brasília: EDUnB.

Paviani, Aldo (ed.) (1996) *Brasília: moradia e exclusão*. Brasília: EDUnB.

Paviani, Aldo (ed.) (1999) *Brasília – gestão urbana: confl itos e cidadania*. Brasília: EDUnB.

Pegrum, Roger (1983) *The Bush Capital: How Australia chose Canberra as Its Federal City*. Sydney: Hale & Iremonger.

Pegrum, Roger (1990) Canberra: the bush capital, in Statham, Pamela (ed.) *The Origins of Australia's Capital Cities*. Cambridge:

Cambridge University Press.

Perchik, L. (1936) *The Reconstruction of Moscow*. Moscow: Cooperative Publishing Society of Foreign Workers in the USSR.

Perera, Nihal (1998) *Society and Space: Colonialism, Nationalism, and Postcolonial Identity*. Boulder, CO: Westview Press.

Perera, Nihal (2002) Indigenising the colonial city: late 19th-century Colombo and its landscape. *UrbanStudies*, **39**(9), pp. 1703–1721.

Perera, Nihal (2004) Contested imaginations: hybridity, liminality, and authorship of the Chandigarh plan. *Planning Perspectives*, **19**(2), pp. 175–203.

Perry, Clarence Arthur (1910) *Wider Use of the School Plant*. New York: Charities Publication Committee.

Perry, Clarence Arthur (1916) *Community Center Activities*. New York: Russell Sage Foundation.

Perry, Clarence Arthur (1929) *Neighborhood and Community Planning*. New York: Regional Plan of New York.

Pescatori, Carolina (2002) *Habitações populares no DF – Atuação do Governo (1956–1985)*. Brasília: PIBIC, FAU/UnB.

Peterson, Jon A. (1985) The nation's first comprehensive city plan. A political analysis of the McMillan Plan for Washington, DC, 1900–1902. *American Planning Association Journal*, **55**(Spring), pp. 134–150.

Peterson, Jon A. (1996) Frederick Law Olmsted Sr. and Frederick Law Olmsted Jr.: the visionary and the professional, in Sies, Mary C. and Silver, C. (eds.) *Planning the Twentieth Century American City*. Baltimore, MD: Johns Hopkins University Press. pp. 37–54.

Piantoni, Gianna (ed.) (1980) *Roma 1911*. Roma: De Luca Editore.

Piazzo, P. (1982) *Roma: La crescita metropolitana abusiva*. Roma: Offi cina Edizioni.

Piccinato, G. (1987) La nascita dell'edilizia popolare in Italia: un profi lo generale. *Storia Urbana*, **39**, pp. 115–133.

Pinon, P. (2002) *Atlas du Paris Haussmannien: la ville en héritage du second Empire à nos jours.* Paris: Parigramme.

Posener, Julius (1979) *Berlin auf dem Wege zu einer neuen Architektur. Das Zeitalter Wilhelms II.* Munich: Prestel.

Prakash, Aditya, and Prakash, Vikramaditya (1999) *Chandigarh: The City Beautiful.* Chandigarh: Abhishek Publications.

Prakash, Ved (1969) *New Towns in India.* Detroit, MI: Duke University Press.

Prakash, Vikramaditya (2002) *Chandigarh's Corbusier: The Struggle for Modernity in Postcolonial India.* Seattle, WA: University of Washington Press.

President's Council on Pennsylvania Avenue (1964) *Pennsylvania Avenue: Report.* Washington DC: US Government Printing Office.

Price, Roger (2002) *The French Second Empire: An Anatomy of Power.* Cambridge: Cambridge University Press.

Proceedings of the Congress of Engineers, Architects, Surveyors and Others Interested in the Building of the Federal Capital of Australia, Held in Melbourne, in May 1901 (1901) Melbourne: J.C. Stephens, Printer.

Punin, N. (1921) *Tatlin: Against Cubism.* St. Petersburg: State Publishing House.

Purdom, C.B. (1945) *How Should We Rebuild London?* London: Dent.

Quilici, V. (ed.) (1996) *E42-EUR. Un centro per la metropoli.* Roma: Olmo Edizioni.

Raatikainen, Voitto (1994) *Meidän kaikkien Stadion.* Helsinki: WSOY Publishing Company Ltd.

Ranieri, Liane (1973) *Léopold II urbaniste.* Bruxelles: Fonds Mercator/Hayez.

Rapoport, Amos (1972) *Human Aspects of Urban Form.* Oxford: Pergamon.

Rapoport, Amos (1993) On the nature of capitals and their physical expression, in Taylor, John, Lengellé, Jean G., and Andrew, Caroline (eds.) *Capital Cities/ Les Capitales.* Ottawa: Carleton University Press.

Rapoutov, L. (1998) *Siberian Garden Cities in the Early 20th Century Manuscript.* Moscow: Moscow Architectural Institute.

Rapoutov, L. (1998) *The First Garden City near Moscow Manuscript.* Moscow: Moscow Architectural Institute.

Regional Plan Association of New York (1968) *Second Regional Plan.* New York: RPA.

Reichhardt, Hans J. and Schäche, Wolfgang (1985) *Von Berlin nach Germania. Über die Zerstörungen der Reichshauptstadt durch Albert Speers Neugestaltungsplanungen.* Berlin: Transit.

Reid, Paul (2002) *Canberra following Griffin: A Design History of Australia's National Capital.* Canberra: National Archives of Australia.

Reps, John W. (1967) *Monumental Washington: The Planning and Development of the Capital Center.* Princeton, NJ: Princeton University Press.

Reps, John W. (1997) *Canberra 1912: Plans and Planners of the Australian Capital Competition.* Melbourne: Melbourne University Press.

Ribeiro, Edgar F.N. (1983) The Future of New Delhi: Conservation versus Growth. Paper presented at the Golden Jubilee Celebration of the New Delhi Municipal Corporation.

Ribeiro, Gustavo (1982) Arqueologia de uma cidade: Brasília e suas cidades satélites. *Espaço e Debates,* No. 6.

Robbins, Anthony (1995) World Trade Center, in Jackson, Kenneth T. (ed.) *Encyclopedia of New York City.* New Haven: Yale University Press.

Robert, Jean (1994) Paris and the Ile-de-France: national capital, world city. *Nederlandse Geografische Studies,* **176**, pp. 13–28.

Roncayolo, Marcel (1983) La production de la ville, in Agulhon, Maurice *et al.* (eds.) *Histoire de la France urbaine, Vol 4: La ville de l'age industriel.* Paris: Seuil.

Rossi, P.O. (2000) *Roma. Guida all'architettura moderna 1909–2000.* Roma-Bari: Laterza.

Rouleau, Bernard (1985) *Villages et faubourgs de l'ancien Paris. Histoire d'un espace urbain.* Paris: Seuil.

Rouleau, Bernard (1988) *Le tracé des rues de Paris.* Paris: Presse du C.N.R.S.

Rowat, D.C. (1966) The proposal for a federal capital territory for Canada's capital, in Macdonald, H.I. (ed.) *The Confederation Challenge.* Toronto: Queen's Printer.

Royal Institute of British Architects (1911) Town Planning Conference, London, 10–15 October 1910: Transactions. London: RIBA.

Sagar, Jagdish (1999) Chandigarh: an overview. *Architecture + Design*, **16**(2).

Sanders, Spencer E. and Rabuck, Arthur J. (1946) *New City Patterns.* New York: Reinhold.

Sanfi lippo, Mario (1992) *La costruzione di una capitale. Roma 1870-1911.* Cinisello Balsamo: Silvana Editoriale.

Sarin, Madhu (1982) *Urban Planning in the Third World: The Chandigarh Experience.* London: Mansell Publishing.

Sasaki, Suguru (2001) *The Day That Edo Became Tokyo: The Move of Capital of 1869.* Tokyo: Kodansha.

Sassatelli, Monica (2002) An interview with Jean Baudrillard: Europe, globalization and the destiny of culture. *European Journal of Social Theory*, **5**(4), pp. 521–530.

Sassen, S. (1991) *The Global City.* Princeton, NJ: Princeton University Press.

Sassen, S. (2001) *The Global City*, 2nd edition. Princeton, NJ: Princeton University Press.

Savitch, H.V. (1988) *Post-Industrial Cities: Politics and Planning in New York, Paris, and London.* Princeton, NJ: Princeton University Press.

SCAB (Société Centrale d'Architecture de Belgique) (1979) Quartier Loi-Schuman 'Un Nouveau Berlaymonstre'? *Bulletin hebdomadaire d'information*, no. 6 (numéro spécial de la deuxième série- premier et deuxième numéros spéciaux de la troisième série), p. 30.

Scarpa, Ludovica (1986) *Martin Wagner und Berlin. Architektur und Städtebau in der Weimarer Republik.* Braunschweig and Wiesbaden: Friedr. Vieweg & Sohn.

Schäche, Wolfgang (1991) *Architektur und Städtebau in Berlin zwischen 1933 und 1945. Planen und Bauenunter der Ägide der Stadtverwaltung.* Berlin: Mann.

Schieder, Theodor and Brunn, Gerhard (eds.) (1983) *Hauptstädte in europäischen Nationalstaaten.* Munich: R. Oldenbourg.

Schinz, Alfred (1964) *Berlin. Stadtschicksal und Städtebau.* Berlin: Westermann.

Schirren, Matthias (2001) *Hugo Häring. Architekt desNeuen Bauens 1882–1958.* Ostfi ldern-Ruit: Hatje.

Schneer, Jonathan (1999) *London 1900: The Imperial Metropolis.* New Haven: Yale University Press.

Schneider, Romana and Wang, Wilfried (eds.) (1998) *Moderne Architektur in Deutschland 1900 bis 2000. Macht und Monument.* Stuttgart: Hatje.

Schönberger, Angela (1981) *Die Neue Reichskanzlei von Albert Speer. Zum Zusammenhang von nationalsozialistischer Ideologie und Architektur.* Berlin: Mann.

Schoonbrodt, René (1979) ARAU (Atelier de Recherche et d'Action Urbaine): balance and prospects after fi ve years' struggle, in Appleyard, Donald (ed.) *The Conservation of European Cities.* Cambridge, MA: MIT Press, pp. 126–132.

Schoonbrodt, René (1980) Intégrer la CEE à la ville. *Ville et Habitant*, **16**, pp. 1–4.

Schrag, Zachary M. (2001) Mapping Metro, 1955–1968. Urban, suburban and metropolitan alternatives. *Washington History*, Spring/Summer, pp. 4–23.

Schubert, D. and Sutcliffe, A. (1996) The 'Haussmanisation' of London? The planning and construction of Kingsway-Aldwych, 1899–1935. *Planning Perspectives*, **11**, pp. 115–144.

Schulman, Harri (2000) Helsingin aluesuunnittelu jarakentuminen, in *Helsingin historia vuodesta 1945*. Helsinki: Edita Prima AB, pp. 55–58.

Schultz, Uwe (ed.) (1993) *Die Hauptstädte der Deutschen. Von der Kaiserpfalz in Aachen zum Regierungssitz Berlin*. München: C.H. Beck Verlag.

Schwartz, Joel (1993) *The New York Approach: Robert Moses, Urban Liberals, and Redevelopment of the Inner City*. Columbus, OH: Ohio State University Press.

Schwippert, Hans (1951) Das Bonner Bundeshaus. *Neue Bauwelt*, **17**, pp. 65–72.

Scott, Pamela (1991) This vast empire: the iconography of the Mall, 1791–1848, in Longstreth, Richard (ed.) *The Mall in Washington, 1791–1991*. Washington: National Gallery of Art.

SDAU (1980) *Schéma Directeur d'Aménagement et d'Urbanisme de la Ville de Paris*. Paris Projet 19–20. Paris: Les Éditions de l'Imprimeur/L'Atelier parisien d'urbanisme, pp. 74–92.

Seidensticker, Edward (1983) *Low City, High City: Tokyo from Edo to the Earthquake*. New York: Alfred A. Knopf.

Seidensticker, Edward (1990) *Tokyo Rising: The City Since the Great Earthquake*. New York: Alfred A. Knopf.

Sellier, Henri and Brüggemann, A. (1927) *Le problème dulogement, son infl uence sur les conditions de l'habitationet l'aménagement des grandes villes*. Paris: PUF.

Senate Select Committee Appointed to Inquire into and Report upon the Development of Canberra (1955) *Report of the Senate Select Committee Appointed to Inquire into and Report upon the Development of Canberra*. Parliamentary Paper no. S2. Canberra: Government Printer.

Senatsverwaltung für Bau- und Wohnungswesen Berlin (ed.) (1992) *Hauptstadt Berlin. Zur Geschichte der Regierungsstandorte*. Berlin: Senatsverwaltung für Bau- und Wohnungswesen.

Senatsverwaltung für Bau- und Wohnungswesen Berlin (ed.) (1993) *Parlaments- und Regierungsviertel Berlin. Ergebnisse der vorbereitenden Untersuchungen*. Berlin: Senatsverwaltung für Bau- und Wohnungswesen.

Senatsverwaltung für Bau- und Wohnungswesen, Berlin (ed.) (1996) *Projekte für die Hauptstadt Berlin*. Berlin: Senatsverwaltung für Bau- und Wohnungswesen.

Shvidkovsky, O.A. (ed.) (1970) *Building in the USSR 1917–1932*. New York: Praeger.

Simpson, Michael (1985) *Thomas Adams and the modern planning movement: Britain, Canada, and the United States, 1900–1940*. London: Mansell.

Smith, Henry D. (1979) *Tokyo and London. Japan: A Comparative View*. Princeton, NJ: Princeton University Press.

Sonne, Wolfgang (2000) Ideas for a metropolis. The competition for Greater Berlin 1910, in Kahlfeldt, Paul, Kleihues, Josef Paul and Scheer, Thorsten (eds.) *City of Architecture – Architecture of the City. Berlin 1900-2000*. Berlin: Nicolai pp. 66–77.

Sonne, Wolfgang (2003) *Representing the State: Capital City Planning in the Early Twentieth Century*. Munich: Prestel.

Special Committee on the United Nations of the Association of the Bar of the City of New York (2001) *New York City and the United Nations: Towards a Renewed Relationship*. New York: Association of the Bar of the City of New York.

Speer, Albert (1939) Neuplanung der Reichshauptstadt. *Der Deutsche Baumeister*, **1**(1), pp. 3–4.

Speer, Albert (1970) *Inside the Third Reich. Memoirs*. New York: Simon and Schuster.

Stadtgeschichtliches Museum Leipzig (ed.) (1995) *Das Reichsgericht*. Leipzig: Edition Leipzig.

Starr, S.F. (1976) The revival and schism of urban planning in twentieth century Russia, in Hamm, Michael (ed.) *The City in Russian History*. Lexington, KY: The University Press of Kentucky.

Stein, Clarence S. (1951) *Toward New Towns for America*. Liverpool: Liverpool University Press.

Stenius, Olof (1969) *Helsingfors stadsplanehistoriska atlas*. Helsinki: Pro Helsingfors säätiö – Stiftelsen Pro Helsingfors.

Stephan, Hans (1939) *Die Baukunst im Dritten Reich. Insbesondere die Umgestaltung der Reichshauptstadt*. Berlin: Junker und Dünnhaupt.

Stimmann, Hans (1999) Berlin nach der Wende. Experimente mit der Tradition des europäischen Städtebaus, in Süß, Werner and Rytlewski, Ralf (eds.) *Berlin. Die Hauptstadt. Vergangenheit und Zukunft einer europäischen Metropole*. Berlin: Nicolai.

Stovall, Tyler (1990) *The Rise of the Paris Red Belt*. Berkeley, CA: University of California Press.

Strauven, Francis (1979) Brussels: urban transformations since the eighteenth century, in Appleyard, Donald (ed.) *The Conservation of European Cities*, pp. 104–125. Cambridge, MA: MIT Press.

Striner, Richard (1995) *The Committee of 100 on the Federal City: Its History and Its Service to the Nation's Capital*. Washington DC: The Committee of 100.

Sundman, Mikael (1991) Urban planning in Finland after 1850, in Hall, Thomas (ed.) *Planning and Urban Growth in the Nordic Countries*. London: E & FN Spon.

Süß, Werner (ed.) (1994, 1995, 1996) *Hauptstadt Berlin*, 3 volumes. Berlin: Arno Spitz

Süß, Werner and Rytlewski, Ralf (eds.) (1999) *Berlin. Die Hauptstadt. Vergangenheit und Zukunft einer europäischen Metropole*. Berlin: Nicolai.

Sutcliffe, Anthony (1970) *The Autumn of Central Paris: The Defeat of Town Planning, 1950–1970*. London: Edward Arnold.

Sutcliffe, Anthony (1979) Environmental control and planning in European capitals, 1850–1914: London, Paris and Berlin, in Hammarström, I. and Hall, Thomas (eds.) *Growth and Transformation of the Modern City*. Stockholm: Swedish Council for Building Research.

Sutcliffe, Anthony (1981) *Towards the Planned City: Germany, Britain, the United States and France, 1780– 1914*. Oxford: Basil Blackwell.

Sutcliffe, Anthony (ed.) (1984) *Metropolis 1890–1940*. London: Mansell.

Sutcliffe, Anthony (1993) *Paris: An Architectural History*. New Haven, CT: Yale University Press.

Suzuki, Eiki (1992) *The Master Plan for the Modern City of Tokyo: New Tokyo Plan, 1918. Mikan no Tokyo Keikaku*. Tokyo: Chikuma Shobo.

Swyngedouw, Erik (1997) Neither global nor local. 'Glocalization' and the politics of scale, in Cox, Kevin (ed.) *Spaces of Globalization: Reasserting the Power of the Local*. New York: Guilford, pp. 137–66.

Swyngedouw, Erik and Baeten, Guy (2001) Scaling the city: the political economy of 'glocal' development – Brussels' Conundrum. *European Planning Studies*, **9**(7), pp. 827–849.

Szilard, Adalberto and Reis, José de Oliveira (1950) *Urbanismo no Rio de Janeiro*. Rio de Janeiro: O Construtor.

Tafuri, M. (1959) La prima strada di Roma moderna: via Nazionale. *Urbanistica*, **27**, pp. 95–108.

Takhar, Jaspreet (ed.) (2001) *Celebrating Chandigarh: Proceedings of Celebrating Chandigarh: 50 Years of the Idea, 9–11 January 1999*. Chandigarh: Chandigarh Perspectives.

Tamanini, Lourenço Fernando (1994) *Brasília: memória da construção*. Brasília: Editora Royal Court.

Tan, Tai Yong and Kudaisya, Gyanesh (2000) *The Aftermath of Partition in South Asia*. London and New York: Routledge.

Taylor, John H. (1986) *Ottawa: An Illustrated History*. Toronto: J. Lorimer.

Taylor, John H. (1989) City form and capital culture: remaking Ottawa. *Planning*

Perspectives, **4**, pp. 79–105.

Taylor, John H. (1996) Whose Plan: Planning in Canada's Capital after 1945. Conference Proceedings, International Planning History Society Conference, 'The Planning of Capital Cities', Thessaloniki, pp. 781–794.

Taylor, John, Lengellé, Jean G. and Andrew, Caroline (eds.) (1993) *Capital Cities: International Perspectives*. Ottawa: Carleton University Press.

Taylor, P.J. (2004) *World City Network: A Global Urban Analysis*. London: Routledge.

Taylor, P.J., Catalano, G. and Walker, D.R.F. (2002) Measurement of the world city network. *Urban Studies*, **39**, pp. 2367–2376

Taylor, Robert R. (1985) *Hohenzollern Berlin. Construction and Reconstruction*. Port Credit, Ontario: Meany.

Thakore, M.P. (1962) Aspects for the Urban Geography of New Delhi. PhD Dissertation, University of London.

Therborn, Göran (2002) Monumental Europe: the national years. On the iconography of European capital cities. *Housing, Theory and Society*, **19**(1), pp. 26–47.

Thompson, Ian (1970) *Modern France: A Social and Economic Geography*. London: Butterworth.

Todd, F.G. (1903) *Preliminary Report to the Ottawa Improvement Commission*. Ottawa: OIC.

Togo, Naotake (1995) *The Creation of the City*. Considering Tokyo Series Volume 5. Tokyo: Toshi Shuppan.

Tokyo Metropolitan University, Center for Urban Studies (1988) *Tokyo: Urban Growth and Planning 1868–1988*. Tokyo: Tokyo Metropolitan University Press.

Tompkins, Sally Kress (1992) *A Quest for Grandeur: Charles Moore and the Federal Triangle*. Washington, DC: Smithsonian Institution Press.

Tsurumi, Shunsuke (1976) *Goto Shinpei*, Vol. 4. Tokyo.

Turnbull, Jeff and Navaretti, Peter Y. (1998) *The Griffi ns in Australia and India: The Complete Works and Projects of Walter Burley Griffi n and Marion Mahony Griffi n*. Melbourne: Melbourne University Press.

Ulbricht, Walter (1950) Die Grossbauten im Fünfjahrplan. Rede auf dem III. Parteitag des SED. *Neues Deutschland*, 23 July, quoted in Engel, Helmut and Ribbe, Wolfgang (eds.) (1993) *Hauptstadt Berlin – Wohin mit der Mitte? Historische, städtebauliche und architektonische Wurzeln des Stadtzentrums*. Berlin: Berliner Wissenschafts Verlag.

Unwin, Raymond (1911) Garden cities in England. *City Club Bulletin*, **4**, pp. 133–140.

US (1962) Report to the President by the Ad Hoc Committee on Federal Office Space, May 23, 1962.

Vaes, Benedicte (1980) Extensions C.E.E. (II): sept pouvoirs s'affrontent sur l'aménagement du centre de Bruxelles. *Le Soir*, **27**(8).

Vaitsman, Maurício (1968) *Quanto custou Brasília*. Riode Janeiro: Posto de Serviço.

Vale, Lawrence (1992) *Architecture, Power and National Identity*. New Haven, CT: Yale University Press.

Vale, Lawrence (1999) Mediated monuments and national identity. *The Journal of Architecture*, **4**, pp. 391–407.

Valeriani, E. (1980) Il concorso nazionale in architettura, in Piantoni, G. (ed.) *Roma 1911*. Roma: De Luca Editore.

Vantroyen, J.-C. (1984) Mêmes ses fonctionnaires refusent que la C.E.E. détruise Bruxelles. *Le Soir,* 6 November.

Varma, P.L. (1950) Letter to Mayer and Whittlesey. In Albert Mayer Papers on India, 1934–1975. Unpublished Papers, University of Chicago.

Varnhagen, Francisco Adolfo de (Visconde de Porto Seguro) (1877, 1978) *A questão da capital: marítima ouno interior?* Brasília: Thesaurus.

Vereinigung Berliner Architekten and Architektenverein zu Berlin (ed.) (1907) *Anregungen zur Erlangung eines Grundplanes für die städtebauliche Entwicklung von Gross-Berlin. Gegeben von der Vereinigung Berliner Architekten und dem Architektenverein zu Berlin.* Berlin: Wasmuth.

Verner, Paul (1960) Grossbaustelle Zentrum Berlin. *Deutsche Architektur*, **9**(3), pp. 119–126.

Vernon, Christopher (1995) Expressing natural conditions with maximum possibility: The American landscape art (1901–c 1912) of Walter Burley Griffi n. *Journal of Garden History*, **15**(1), pp. 19–47.

Vernon, Christopher (1998) An 'accidental' Australian: Walter Burley Griffi n's Australian-American landscape art, in Turnbull, Jeff and Navaretti, Peter (eds.) *The Griffi ns in Australia and India: the Complete Works and Projects of Walter Burley Griffi n and Marion Mahony Griffi n.* Melbourne: The Miegunyah Press of the Melbourne University Press.

Veuillot, L. (1871) *Paris pendant les deux sièges*, 2 volumes. Paris: V. Palmé.

Vidotto, V. (2001) *Roma contemporanea*. Bari-Roma: Laterza.

Vieira, Denise Sales (2002) *Habitação popular no DF: políticas públicas a partir de 1986.* Brasília: PIBIC, FAU/UnB.

Vinogradov, V.A. (1998) Meaning of the Architecture [sic] Heritage in Luzkov *et al.* (eds.) *Moscow and the Largest Cities of the World at the Edge of the 21st Century.* Moscow: Committee of Telecommunications and Mass Media of Moscow Government.

Voldman, D. (1997) *La reconstruction des villes françaisesde 1940 à 1954: histoire d'une politique.* Paris: L'Harmattan.

Volkov, S. (1995) *St. Petersburg: A Cultural History.* New York: The Free Press.

Wagner, Martin (1929) Behörden als Städtebauer. *Das Neue Berlin*, **11**, pp. 230–232.

Wagner, Volker (2001) *Regierungsbauten in Berlin. Geschichte, Politik, Architektur.* Berlin: bebra Verlag.

Ward, S. V. (2002) *Planning the Twentieth Century City: The Advanced Capitalist World.* Chichester: Wiley.

Waris, Heikki (1973) *Työläisyhteiskunnan syntyminen Helsingin Pitkänsillan pohjoispuolelle.* Helsinki: Oy Weilin & Göös Ab.

Watanabe, Shun-ichi J. (1980) Garden city Japanese style: the case of Den-en Toshi Co. Ltd., 1918–28, in Cherry, Gordon (ed.) *Shaping an Urban World.* London: Mansell, pp. 129-143.

Watanabe, Shun-ichi J. (1984) Metropolitanism as a way of life: the case of Tokyo, 1868–1930 in Sutcliffe, Anthony (ed.) *Metropolis 1890–1940.* London: Mansell, pp. 403–429.

Watanabe, Shun-ichi J. (1992) The Japanese garden city, in Ward, Stephen V. (ed.) *The Garden City: Past, Present and Future.* London: E & FN Spon, pp. 69–87.

Watanabe, Shun-ichi J. (1993) *'Toshi Keikaku' no Tanjo: Kokusai Hikaku kara Mita Nihon Kindai Toshikeikaku* (The Birth of 'City Planning': An International Comparison of Japan's Approach to Modern Urban Planning). Tokyo: Kashiwa Shobo.

Watson, Anne (ed.) (1998) *Beyond Architecture: Marion Mahony and Walter Burley Griffi n, America, Australia, India.* Sydney: Powerhouse Publishing.

Wefi ng, Heinrich (ed.) (1999) *Dem Deutschen Volke. Der Bundestag im Berliner Reichstagsgebäude.* Bonn: Bouvier.

Wefi ng, Heinrich (2001) *Kulisse der Macht. Das Berliner Kanzleramt.* Stuttgart and Munich: Deutsche Verlags- Anstalt.

Weirick, James (1988) The Griffi ns and modernism. *Transition*, **24**(Autumn), pp. 5–13.

Welch Guerra, Max (1999) *Hauptstadt Einig Vaterland. Planung und Politik zwischen Bonn und Berlin.* Berlin: Verlag Bauwesen.

Werner, Frank (1976) *Stadtplanung Berlin.* Berlin: Kiepert.

White, Jerry (2001) *London in the Twentieth Century: A City and its People.* London: Viking.

White, Paul (1989) Internal migration in the nineteenth and twentieth centuries, in Ogden, Philip and White, Paul (eds.) *Migrants in Modern France: Population Mobility in the Later 19th and 20th Centuries*. London: Unwin Hyman.

Whyte, William H. (1980) *Social Life of Small Urban Spaces*. Washington DC: The Conservation Foundation.

Wilson, Elizabeth (1992) *The Sphinx in The City*. Los Angeles: University of California Press.

Wilson, William H. (1989) *The City Beautiful Movement*. Baltimore: Johns Hopkins University Press.

Wise, Michael Z. (1998) *Capital Dilemma: Germany's Search for a New Architecture of Democracy*. New York: Princeton Architectural Press.

Wislocki, Peter (1996) Faceless federalism. *World Architecture*, **47**, pp. 84–87.

Wolfe, J. M. (1994) Our common past: an interpretation of Canadian planning history. *Plan Canada*, **34**(July), pp. 12–34.

Wonen-TA/BK (1975) ARAU Brussel = Bruxelles = Brussels. *wonen-TA/BK*, no. 15/16.

Wood, P. (2002) *Consultancy and Innovation: The Business Service Revolution in Europe*. London: Routledge.

Woolf, P.J. (1987) 'Le caprice du Prince' – the problem of the Bastille Opéra (Paris). *Planning Perspectives*, **2**, pp. 53–69.

Wright, Janet (1997) *Crown Assets – The Architecture of the Department of Public Works: 1867–1967*. Toronto: University of Toronto Press.

Yaro, Robert D. and Hiss, Tony (1996) *Region at Risk*. Washington, DC: Island Press.

Young, Carolyn A. (1995) *The Glory of Ottawa: Canada's First Parliament Buildings*. Montréal: McGill-Queen's University Press.

Zwoch, Felix (ed.) (1993) *Hauptstadt Berlin. Parlamentsviertel im Spreebogen. Internationaler Städtebaulicher Ideenwettbewerb 1993*. Basel: Birkhäuser.

Zwoch, Felix (ed.) (1994) *Hauptstadt Berlin. Stadtmitte Spreeinsel. Internationaler Städtebaulicher Ideenwettbewerb 1994*. Basel: Birkhäuser.

主题索引 *

Athens Charter 雅典宪章参见 CIAM 词条，169, 232

Bolshevik Revolution 布尔什维克革命 2, 58, 60–62, 67

CIAM，Congrès internationaux d'architecture moderne 国际现代建筑协会 6, 169, 205, 226, 230, 260, 265

City Beautiful movement 城市美化运动 6, 17, 20–21, 38, 117, 119, 121, 124, 133–135, 152–153, 155

comprehensive planning 总体规划 7, 60–61, 68, 79, 121, 125–127, 152, 158, 197, 201, 203, 214–218, 221–222

Ecole des Beaux Arts 巴黎美术学院，巴黎（Paris）153,193

façades 立面，表皮 63, 84, 238, 242, 246, 248

finger plan 指向规划 123

garden cities 田园城市 6, 16, 24, 60, 68, 92, 134, 169, 187, 189, 191, 215, 218, 228–229

gentrification 中产阶级化 116, 122, 172

global cities 世界城市 3, 9, 12, 24, 40, 54, 90, 270–273

globalization 全球化 7, 12, 40, 50, 111, 270–273

industrialization 工业化 9, 22, 59, 70, 73, 95, 188–189, 214, 217, 228, 232

International Monetary Fund 国际货币基金组织 116

neighbourhood unit 邻里单元 157, 170, 220, 228, 231

neo-gothic style 新哥特式风格 20, 150

public-private partnership 公私合作 13, 126, 221, 267–269

Radiant City 光辉城市 70

Smart Growth 精明增长 126

suburbanization 郊区化 41–42, 47, 50, 77, 83, 104–106, 115, 122–123, 160, 176, 191

superblocks 超级街坊 4, 35, 66, 68, 168–170, 230–231, 261–267

urbanism 都市主义 17, 26–27, 167–169, 196, 211, 215–217, 267

---

* 词条后的页码为原版书页码，在中文版书中为边码。——译者注